D1719325

Die Grenzgänge des Johann Sebastian Bach

Prof. Dr. Dr. h.c. Andreas Kruse ist Professor für Gerontologie und Direktor des Instituts für Gerontologie der Universität Heidelberg. Er hat Psychologie, Philosophie und Musik studiert. Andreas Kruse ist seit 2003 Vorsitzender der Altenberichtskommissionen der Bundesregierung. Er war Vorsitzender der Kommission „Altern" des Rates der EKD und ist Mitglied der Synode der EKD. Zudem war er Mitglied der vom Generalsekretär der Vereinten Nationen berufenen Expertenkommission zur Erstellung des Weltaltenplans der Vereinten Nationen. Seine Forschung ist thematisch weit gespannt. Sie umfasst Entwicklungspotenziale und Kompetenz im hohen Alter, Rehabilitation und Palliativversorgung älterer Menschen, Altersbilder in anderen Kulturen, ethische Grundlagen der Lebensgestaltung im Alter. Er wurde für seine Forschung und politische Beratungstätigkeit von Bundespräsident Prof. Köhler persönlich im Jahre 2008 mit dem Verdienstkreuz am Bande des Verdienstordens der Bundesrepublik Deutschland ausgezeichnet.

Andreas Kruse

Die Grenzgänge des Johann Sebastian Bach

Psychologische Einblicke

2. Auflage

 Springer Spektrum

Andreas Kruse
Institut für Gerontologie, Universität Heidelberg, Heidelberg, Deutschland

ISBN 978-3-642-54626-6   ISBN 978-3-642-54627-3 (eBook)
DOI 10.1007/978-3-642-54627-3

Die Deutsche Nationalbibliothek verzeichnet diese Publikation in der Deutschen Nationalbibliografie; detaillierte bibliografische Daten sind im Internet über http://dnb.d-nb.de abrufbar.

Springer Spektrum
© Springer-Verlag Berlin Heidelberg 2013,2014

Redaktion: Dr. Rainer Aschemeier, Projektmanagement und Verlagslösungen, Weinheim

Gedruckt auf säurefreiem und chlorfrei gebleichtem Papier.

Springer Spektrum ist eine Marke von Springer DE. Springer DE ist Teil der Fachverlagsgruppe Springer Science+Business Media
www.springer-spektrum.de

Für Sylvia

Sey dennoch unverzagt. Gieb dennoch unverlohren.
Weich keinem Gluecke nicht. Steh' hoeher als der Neid.
Vergnuege dich an dir/und acht es fuer kein Leid/
hat sich gleich wider dich Glueck'/Ort/und Zeit verschworen.

(Aus: *An Sich*. Paul Fleming)

Ich lotse dich hinter die Welt,
da bist du bei dir, unbeirrbar,
heiter
vermessen die Stare den Tod,
das Schilf winkt dem Stein ab, du hast
alles
für heut Abend.

(Paul Celan)

Vorwort

Die vorliegende Schrift stellt sich die Aufgabe einer psychologischen Deutung der Biografie wie auch einzelner Werke Johann Sebastian Bachs. Sie konzentriert sich auf die letzten Lebensjahre des Komponisten, betrachtet diese jedoch gleichzeitig in ihrem biografischen Kontext: Inwiefern lässt uns die Biografie, inwiefern lassen uns einzelne Kompositionen Johann Sebastian Bachs dessen Kreativität in den letzten Lebensjahren, ja, sogar noch in den letzten Lebensmonaten besser verstehen? Im Zentrum steht die Integration der beiden großen Ordnungen: der Ordnung des Lebens, der Ordnung des Todes. Die Fähigkeit, rechtzeitig im Leben beide Ordnungen miteinander zu verbinden, das heißt sich sowohl auf die eigenen Entwicklungsmöglichkeiten als auch auf die eigene Verletzlichkeit und Endlichkeit einzustellen, wird als Grundlage für das Schöpferische Johann Sebastian Bachs in Grenzsituationen, vor allem am Ende seines Lebens, verstanden. Zugleich werden die drei Themen „Generativität", „Integrität" und „Transzendenz" hervorgehoben: Es wird dargelegt, wie sehr das Engagement für andere Menschen, vor allem nachfolgender Generationen (Generativität), die Akzeptanz des eigenen Lebens trotz vielfältiger, schwerer Verluste und Belastungen (Integrität) sowie die über das eigene Leben hinausweisende Perspektive (Transzendenz) – und zwar im Sinne der Einbettung des eigenen Lebens in die göttliche Ordnung – das Leben Johann Sebastian Bachs geprägt und auch seinen Umgang mit der eigenen Endlichkeit mitbestimmt haben.

Das Buch ist aus einer besonderen Nähe des Verfassers zu Johann Sebastian Bach entstanden und nähert sich diesem Komponisten auch immer wieder persönlich. Doch eben nicht nur persönlich, sondern auch und vor allem psychologisch. Psychologische Theorien können uns helfen, die Entwicklung Johann Sebastian Bachs über den gesamten Lebenslauf besser zu verstehen, sie können uns vor allem helfen, eine Antwort darauf zu geben, warum dieser seine Kreativität bis zum Lebensende bewahrt hat – wobei der Tod für ihn ja nicht *Ende*, sondern *Ziel* bedeutete. Umgekehrt aber, und dies rechtfertigt in den Augen des Verfassers dieses Buch, gehen von Leben und Werk Johann Sebastian Bachs bedeutende Impulse für die weitere Vertiefung des psychologischen Verständnisses von Entwicklung über den gesamten Lebenslauf aus. Musik und Psychologie sollen in diesem Buch in einen fruchtbaren

Diskurs treten. Hineingestellt wird dieser Diskurs in die Auseinandersetzung des Komponisten mit dem Göttlichen in der Welt. Leben und Werk dieses Komponisten sind nicht nur ein musikalisches Geschenk. Sie sind auch ein psychologisches Geschenk, sie sind auch ein Geschenk für jene Menschen, denen der Glaube an den Großen Gott etwas bedeutet.

Der Dank des Verfassers gilt vielen: Zunächst jenen Musikwissenschaftlern, die mit ihrer Analyse von Leben und Werk Johann Sebastian Bachs die entscheidende Grundlage dafür geschaffen haben, dass überhaupt die Auseinandersetzung mit dem Leben und Werk Johann Sebastian Bachs auch aus der Perspektive anderer Disziplinen vorgenommen werden kann. Der Dank gilt weiterhin jenen Fachkolleginnen und Fachkollegen aus Psychologie und Gerontologie, die mit ihren Theorien und Befunden eine bedeutende Grundlage dafür geschaffen haben, sich dem Leben und Werk des Komponisten aus psychologischer Sicht zu nähern. Nur ein kleiner Teil dieser Schriften konnte berücksichtigt werden, versteht sich doch das Buch als ein Sachbuch und nicht als eine tiefgreifende wissenschaftliche Erörterung.

Der Dank ist bislang noch allgemein geblieben und soll nun persönlicher werden. Zunächst ist der Spektrum-Verlag zu nennen, hier die ehemalige Cheflektorin Psychologie, Frau Katharina Neuser-von Oettingen, für die gemeinsame Entwicklung der Idee zu diesem Buch und die wertvolle Begleitung bei den ersten Schritten zur Verwirklichung dieser Idee. Sodann die jetzige Cheflektorin Psychologie, Frau Marion Krämer, für die engagierte, stets motivierende, stets unterstützende Begleitung bei der Entstehung des Buches, wie auch Frau Sabine Bartels für die wertvolle Hilfe im Prozess der Drucklegung. Der Dank gilt weiterhin Frau Dr. Gabriele Becker und Herrn Prof. Dr. Eric Schmitt für intensive Diskussionen aller Teile dieses Buches und wertvolle Anregungen, die in diesen gegeben wurden, ebenso Herrn Michael Bolk M.A. für die gründliche Durchsicht des Manuskripts und Herrn Dr. Jörg Hinner für die Unterstützung bei der Zusammenstellung des Bildmaterials. Frau Dr. Kerstin Baiker, Herrn Prof. Dr. Bartelmann und Frau Dr. Klara Obermüller sei für ihre differenzierten, motivierenden Rückmeldungen zum Gesamtmanuskript gedankt.

Seine Freude am Werk Johann Sebastian Bachs verdankt der Verfasser zum einen seinen früheren akademischen Lehrern an der Musikhochschule Köln, den Professoren Hömberg, Ostendorf und Runtze, darüber hinaus seinen ersten Lernschritten bei den Regensburger Domspatzen, vor allem aber dem frühen Austausch mit seinen Eltern und seinen drei Brüdern, Christoph, Michael und Thomas Kruse, im Reden über Bach, im gemeinsamen Spielen einzelner Werke Bachs.

Gewidmet ist dieses Buch meiner geliebten Ehefrau, die mir die Freude an der Musik, die Freude am Glauben, die Freude am Leben täglich aufs Neue schenkt.

Andreas Kruse

Inhaltsverzeichnis

1

Präludium – welchen Blick auf Person und Werk des Komponisten Johann Sebastian Bach legt die Alternsforschung nahe?

Johann Sebastian Bach, geboren im Jahre 1685 in Eisenach, gestorben im Jahre 1750 in Leipzig, und sein Werk sollen vom Blickwinkel der Alternsforschung aus betrachtet werden. Zum einen, so wird angenommen, lassen uns Theorien des Alterns sein Alterswerk besser verstehen: Hier sind vor allem Theorien zur Kreativität, auch zur Alterskreativität zu nennen. Sie vermögen Antwort auf die Frage zu geben, wodurch die Besonderheiten der Werkentwicklung in den letzten zehn Jahren seines Lebens – eine verringerte Anzahl an Werken, zugleich eine unübersehbare Steigerung ihrer Komplexität, ja, ihres „experimentellen" Charakters – bedingt sind. Sie können Aufschluss darüber geben, wie sich diese Spätwerke kognitions-, entwicklungs- und persönlichkeitspsychologisch deuten lassen.

Zum anderen kann uns das Alterswerk von Johann Sebastian Bach helfen, die kreativen Potenziale des Alters zu veranschaulichen. Diese werden vor allem dann sichtbar, wenn Menschen in ihrer Biografie immer wieder Möglichkeiten gesucht und gefunden haben, schöpferisch tätig zu sein (und zwar im Beruf wie auch in der Familie und in der Freizeit), wenn sie in einer Umwelt gelebt haben, in der sie Förderung erfuhren (die selbstverständlich Belastungen, Verluste und Krisen nicht ausschließt – und von letzteren war die Biografie Johann Sebastian Bachs in hohem Maße bestimmt), wenn sie sich auch im Alter gefordert fühlen, etwas zu schaffen, was für sie selbst, was aber auch für andere hilfreich oder nützlich sein könnte.

Für die Alternsforschung besonders wichtig, zugleich aber auch von ihr zu erklären, ist die Tatsache, dass es Johann Sebastian Bach selbst in Grenzsituationen seines Lebens – zu nennen ist hier vor allem der Tod seiner ersten Ehefrau, Maria Barbara – und auch in den gesundheitlichen Grenzsituationen seiner letzten Lebensjahre gelungen ist, kreative Potenziale zu verwirklichen.

Künstlerische Kreativität in Grenzsituationen

Nach dem Tod Maria Barbaras – Johann Sebastian Bach war damals 35 Jahre alt und musste für vier Kinder sorgen – entstand die *Chaconne* (BWV 1004), die von vielen Musikwissenschaftlern als eine *der* großen Kompositionen gewertet wird, die in den vergangenen Jahrhunderten in unserem Kulturkreis entstanden sind. In seinem Todesjahr arbeitet Johann Sebastian Bach intensiv an zwei Kompositionen, in denen zusammengefasst und weitergeführt wird, was bis dahin in der jeweiligen Gattung geschaffen worden war: Die *Missa in h-Moll* (BWV 232) wird in der Musikwissenschaft als Meisterwerk der geistlichen Chormusik, die *Kunst der Fuge* (BWV 1080) als Meisterwerk der Fugenkomposition, als *das* Werk der Fuge charakterisiert. Die beiden genannten Werke, die im Verständnis Johann Sebastian Bachs auch der Nachwelt als Vorbild dienen sollten, sind nicht über einen Zeitraum von wenigen Monaten entstanden – vielmehr bilden sie, wie später noch zu zeigen sein wird, das Ergebnis jahrelanger intensiver Arbeit. Diese beiden Werke wurden zu einem Zeitpunkt zum Abschluss (*Missa in h-Moll*) oder fast zum Abschluss geführt (*Kunst der Fuge*; diese blieb zwar in der endgültigen Niederschrift unvollendet, jedoch kann angenommen werden, dass Bach bereits das Konzept für den abschließenden *Contrapunctus 14* ausgearbeitet hatte), zu dem der Komponist über eine weit fortgeschrittene Sehschwäche klagte, die schließlich in eine Erblindung mündete. Zudem litt er an Symptomen eines schweren, lebensstilbedingten Diabetes, der schließlich, kurz vor seinem Tode, zu einem Schlaganfall führte.

An dieser Stelle sollte man sich vergegenwärtigen, was es bedeutet, unter solch schweren gesundheitlichen Belastungen zu komponieren – was im Falle von Bach ja auch hieß, Schülern Noten zu diktieren, da er aufgrund seines geschwächten und schließlich erloschenen Augenlichts nicht mehr selbst schreiben konnte.

Betrachtet man die Entstehung bedeutsamer, geradezu eine „Zäsur" darstellender Kompositionen in den Grenzsituationen seines Lebens, drängt sich die Frage auf, ob Bach gerade in solchen Situationen seine gesamte seelisch-geistige Energie aufgewendet hat, um Belastungen und Krisen innerlich überwinden, um ein persönliches Zeichen setzen zu können – was im Falle Johann Sebastian Bachs immer auch hieß, ein „Glaubenszeichen" zu geben. Vor allem aber, und dies ist alternspsychologisch besonders wichtig, schließt das hohe Lebensalter selbst in gesundheitlichen Grenzsituationen höchste Kreativität, die immer auch das Ergebnis eines weit überdurchschnittlichen Fleißes darstellt, nicht aus.

Es ist nur schwer vorstellbar, dass unter starken gesundheitlichen Belastungen und unter dem Eindruck des herannahenden Todes das Motiv dominiert, das bereits Geschaffene weiterzuführen und ständig zu verbessern. Hier scheint, wie Christoph Wolff in seiner Bach-Monografie (2009a) ausführlich darlegt, das Verlangen dominiert zu haben, im Bestreben um eine möglichst „perfekte", vollkommene Musik nicht nachzulassen – wo sich doch in der Musik nach Auffassung Johann Sebastian Bachs (wie auch vieler anderer Komponisten seiner Zeit) die göttliche Ordnung widerspiegelt. Neben dem Verlangen nach einer vollkommenen Musik, so schreibt Wolff weiter, sei für dieses ungebrochene Streben nach Kreativität auch der tiefe Wunsch ausschlaggebend gewesen, mit einem abgeschlossenen und nicht unvollendet gebliebenen Werk vor Gottes Angesicht zu treten.

Künstlerische Kreativität als Grundlage positiver Lebensbewertung

Gerade dieses auch im Angesicht des Todes erkennbare Streben nach weiterer Vervollkommnung des Werkes – bei aller Bescheidenheit, die die persönliche Lebensführung anging – ist für Theorien der psychologischen Alternsforschung von großer Bedeutung. Hier nämlich kommt ein theoretisches Konzept ins Spiel, das für ein tieferes Verständnis der seelisch-geistigen Situation schwer kranker und sterbender Menschen nicht hoch genug gewertet werden kann: das von M. Powell Lawton entwickelte und empirisch vielfach überprüfte Konzept der „Lebensbewertung" (valuation of life).

Lebensbewertung definiert Lawton als das Ausmaß, in dem eine Person an ihr Leben (present life) gebunden ist – und dies nicht allein aufgrund der Erfahrung von Freude oder fehlender Belastung, sondern auch und vor allem aufgrund von Plänen und Zielen, Hoffnungen, Sinn-Erleben, Kompetenz im Umgang mit gegenwärtigen Anforderungen, Zukunftsbezogenheit (die über die irdische Zukunft hinausgehen kann) und Fortbestehen im Leben anderer Menschen (Lawton et al., 1999). Nach M. Powell Lawton ist die Lebensbewertung als ein Komplex aus Bewertungen, Emotionen und Projektionen in die Zukunft zu verstehen. Er operationalisiert diese im Sinne der Zeitspanne (Tage, Wochen, Monate, Jahre), die eine Person leben will.

Die hier genannten Merkmale der Lebensbewertung eignen sich sehr gut für die psychologische Analyse der letzten Lebensmonate Johann Sebastian Bachs und des im Angesicht des Todes fortbestehenden Wunsches nach weiterer Vervollkommnung der aktuell bearbeiteten Werke und damit auch des Gesamtwerks. Ob Johann Sebastian Bach in den letzten Monaten seines Lebens Erfahrungen der Freude und des Glücks vergönnt waren, lässt sich nicht mit Sicherheit sagen. Wohl aber lässt sich feststellen, dass er manchen Belastungen ausgesetzt war, zu denen zwei – letztlich nicht erfolgreiche – Augenoperationen (durch den englischen „Starstecher", das heißt, Augenarzt John Taylor) gehörten, aber auch der Auszug seines 18 Jahre alten Sohns Johann Christoph Friedrich, der durch Vermittlung seines Vaters Hofmusiker beim Grafen Wilhelm von Schaumburg-Lippe in Norddeutschland wurde. Schließlich zählen auch die schon zu seinen Lebzeiten einsetzenden Bemühungen des Rates der Stadt Leipzig, seine Stelle als Thomaskantor neu zu besetzen, dazu; Bemühungen, die ihm nicht verborgen geblieben waren.

Eher ist anzunehmen, dass es vor allem Merkmale wie Hoffnung und Sinn-Erleben, Zukunftsbezogenheit und Fortbestehen waren, welche die zentrale Motivstruktur für das bis in die letzten Lebenstage erkennbare Bestreben bildeten, das eigene Werk abzurunden und abzuschließen: Zum einen war ihm der nahende Tod bewusst, was auch aus der Tatsache hervorgeht, dass er sich in den letzten Lebenstagen dafür entschied, das von ihm in einer früheren Phase seines Schaffens komponierte Choralvorspiel *Wenn wir in höchsten Nöten sein* (BWV 668a) so umzugestalten, dass es auf den Text des Chorals *Vor deinen Thron tret ich hiermit* (BWV 668) passen würde. Seinem Schüler und Schwiegersohn Christoph Altnickol diktierte er dieses veränderte Choralvorspiel in die Feder. Mit diesem Choralpräludium wollte er – symbolisch – vor das Angesicht Gottes treten. Doch nicht nur damit, sondern auch mit einer im letzten Kontrapunkt (*Contrapunctus 14*) der *Kunst der Fuge* vorgenommenen kompositorischen Wendung: Er setzt – wie später noch ausführlich darzulegen sein wird – seinen Namen *b-a-c-h* als drittes Fugenmotiv ein und führt dieses zum Ton *d*, der als symmetrischer Ton des diatonischen Systems auch als „königlicher" oder „göttlicher Ton" interpretierbar ist. Diese Wendung kann in der Hinsicht charakterisiert werden, dass Johann Sebastian Bach seinen Namen, mithin sein Leben in die Hände Gottes legt (Eggebrecht, 1998). In der Erwartung, mit dem Tod in das göttliche Reich einzutreten, spiegelt sich somit eine Form der Hoffnung, des Sinn-Erlebens, der hier transzendental zu verstehenden Zukunftsbezogenheit wider.

Als weitere Form der Hoffnung und des Sinn-Erlebens, aber auch der Zukunftsbezogenheit und des Fortbestehens ist die tiefe Überzeugung zu nennen, durch das eigene kompositorische Werk zur Verwirklichung der göttlichen Ordnung auf Erden beizutragen – wurde doch die Musik (nicht erst in der Barockzeit, sondern schon in der altgriechischen Philosophie) als Ausdruck göttlicher Ordnung interpretiert; eine Deutung, die vor allem einen christlich-anthropologisch orientierten Komponisten wie Bach überzeugen musste. Der eigene Beitrag zur Verwirklichung der göttlichen Ordnung auf Erden lässt den Blick über das eigene Leben hinausgehen: dieses wird als

Teil einer umfassenderen, nämlich göttlichen Ordnung gedeutet und in den Dienst dieser Ordnung gestellt.

Künstlerische Kreativität als Ausdruck von Gerotranszendenz und Generativität

Mit dieser Sichtweise ergeben sich enge Bezüge zur Theorie der Gerotranszendenz, die als bedeutende Entwicklungsaufgabe, aber auch als Entwicklungsmöglichkeit die Einordnung des eigenen Lebens in eine kosmische Ordnung betont, auf deren Grundlage sowohl der Rückblick auf das eigene Leben als auch dessen Bewertung neue Impulse erfahren können.

Ebenso ergeben sich enge Bezüge zur Theorie der Generativität, in der das Fortleben in nachfolgenden Generationen, aber auch die praktizierte Mitverantwortung für diese als zentrales Element eines Lebensentwurfs gedeutet werden. Ein derartiger Lebensentwurf stellt das eigene Leben in eine Generationenfolge und akzentuiert damit das Über-sich-hinaus-Sein im Sinne eines Gebraucht-Werdens – darin eine besondere Aufgabe wie auch ein besonderes Potenzial gerade des höheren Lebensalters erblickend.

Die hier beschriebene Form der Generativität zeigte sich in den letzten Lebenswochen Johann Sebastian Bachs in konkreter Art und Weise: Im Mai 1750, also zwei Monate vor dem Tod des Komponisten, bat Johann Gottfried Müthel aus Schwerin darum, bei ihm studieren zu dürfen, was auch bedeutete, dass dieser Quartier in der Kantorenwohnung beziehen würde. Bach entsprach dieser Bitte – vor allem in der Überzeugung, etwas von seinem Wissen, von seinen Erfahrungen an einen jungen Menschen und werdenden Komponisten weitergeben zu können; er erblickte auch hier eine Möglichkeit zur Kreativität. Müthel wurde, zusammen mit Altnickol, dem erblindeten Bach zu einer unentbehrlichen Hilfe. 18 Orgelchoräle wurden mit Hilfe der beiden für den Druck vorbereitet.

Dieser Blick auf die letzten Monate und Wochen von Bachs Leben macht deutlich, welche schöpferischen Leistungen Menschen in Grenzsituationen ihres Lebens erbringen können – in diesem Falle ältere Menschen in gesundheitlichen Grenzsituationen, ja selbst kurz vor dem Tod. Von solchen Biographien gehen wertvolle Impulse für die Alternsforschung aus, wie uns umgekehrt zentrale theoretische Konzepte der Alternsforschung helfen können, individuelle Entwicklungen besser zu verstehen.

Zur Definition von Alternsforschung

Gehen wir nun etwas allgemeiner auf die Alternsforschung ein und verlassen wir die Beispielebene. Es wurde zu Beginn dieses Kapitels hervorgehoben, dass wir Johann Sebastian Bach und sein Werk aus dem Blickwinkel der Alternsforschung betrachten wollen. Dazu ist es notwendig, eine Definition dessen vorzunehmen, was Alternsforschung eigentlich ist.

Die Alternsforschung beschäftigt sich mit den körperlichen, seelischen und geistigen Entwicklungsprozessen des Menschen im höheren Lebensalter, stellt diese aber sowohl in einen biografischen als auch in einen sozialen, kulturellen und historischen Kontext. Dies heißt: Entwicklungsprozesse im höheren Lebensalter – körperliche, seelische, geistige – werden als von Entwicklungsprozessen in Kindheit, Jugend, frühem und mittlerem Erwachsenenalter beeinflusst angesehen. Zudem werden soziale Einflussfaktoren – hier vor allem die Lebensbedingungen und sozialen Netzwerke des Menschen sowie Möglichkeiten der sozialen Teilhabe –, kulturelle Einflussfaktoren – hier vor allem die Art und Weise, wie eine Gesellschaft Altern und Alter deutet, deren Menschenbilder, deren Einstellungen – sowie historisch-epochale Einflussfaktoren – hier vor allem grundlegende historische und politische Entwicklungen – als bedeutsam für die Entwicklungsprozesse im höheren Lebensalter betrachtet (ausführlich in Kruse und Wahl 2010).

Das Werk von Johann Sebastian als Beispiel für Alterskreativität

Alternsforschung fragt zudem nach den potenziellen Stärken und Schwächen älterer Menschen sowie nach deren Bedingungsfaktoren. Für die vorliegende Analyse sind vor allem die Stärken und Schwächen im kognitiven Bereich von Bedeutung: Diese lassen sich auf der Grundlage der kognitiven Alternsforschung präzise beschreiben. Die Stärken, dies sei hier bereits angedeutet, liegen in den Wissenssystemen und Handlungsstrategien, die das Individuum im Laufe seiner Biografie ausgebildet hat, weiterhin im kausalen und synthetischen Denken, im Überblick über ein Arbeitsgebiet sowie in der zielgerichteten Informationssuche.

Auf dieser Grundlage kann sich eine *Alterskreativität* entwickeln, die – folgt man Aussagen zur Kreativitätsforschung (Lubart und Sternberg, 1998) – vor allem durch vier Merkmale gekennzeichnet ist: (a) durch ein hohes Maß an subjektiver Erfahrung, (b) durch eine geschlossene Gestalt im Sinne von Einheit und Harmonie, (c) durch die Integration sehr verschiedenartiger Ideen und Perspektiven, (d) durch die besondere Akzentsetzung auf Alternsprozesse.

Fragen wir hier: Kann sich eine solche Definition, die an späterer Stelle durch grundlegende Beiträge zur Kreativitätsforschung umfassend ergänzt werden soll, für das Verständnis des späten, also des „Alterswerks" von Johann Sebastian Bach als hilfreich erweisen?

Beantworten wir diese Frage vor dem Hintergrund der *Kunst der Fuge* (BWV 1080). Und wählen wir dabei als Grundlage für diese Antwort jene Charakterisierung dieses Musikwerks, die von praktizierenden Musikern oder Musikwissenschaftlern gegeben wurde – um nämlich zu prüfen, ob die von Robert Sternberg genannten Merkmale der Alterskreativität (*old age style of creativity*) auf die von Musikern und Musikwissenschaftlern vorgenommene Charakterisierung eines Alterswerkes von Johann Sebastian Bach angewendet werden können: Damit wird aufzuzeigen versucht, inwieweit sich Erkenntnisse der Altersforschung dazu eignen, den Zugang zu jenen künstlerischen Werken zu fördern, die im Alter geschaffen wurden, beziehungsweise inwieweit der Blick auf solche Werke die Theorienbildung der Altersforschung zu befruchten vermag.

In der Musikwissenschaft finden wir zum Beispiel folgende Deutungen des Werkes *Kunst der Fuge*:

> Die *Kunst der Fuge* ist kein Auftrags- oder Gelegenheitswerk, auf welch hohem Niveau auch immer – sie ist Bachs Philosophie der Musik (Geck, 2000a, S. 164).

Und an anderer Stelle:

> Es „ist freilich der Wille spürbar, wesentlich zu werden, das heißt: möglichst nahe zum Kern der Musik, wie er ihn begreift, zu gelangen." (Geck, 2000a, S. 160)

Oder:

> Bis zuletzt arbeitet Bach an dem Werk, verwirft, verbessert, ändert die Reihenfolge, mit dem Ziel ständiger Vervollkommnung. Schließlich, 65 Jahre alt, stirbt er darüber: Inmitten einer Quadrupelfuge, mit vier Themen, deren musikalische Verarbeitung kaum mehr menschenmöglich scheint, bricht die Partitur ab (Korff 2000, S. 132).

Albert Schweitzer (1979) schreibt in seiner Bach-Monographie über die *Kunst der Fuge*:

> Interessant kann man das Werk eigentlich nicht nennen; es ist nicht einer genialen Intuition entsprungen, sondern mehr in Hinsicht auf seine allseitige

Verwendbarkeit und in Absicht auf die Umkehrung so geformt worden. Und dennoch fesselt es denjenigen, der es immer wieder hört. Es ist eine stille, ernste Welt, die es erschließt. Öd und starr, ohne Farbe, ohne Licht, ohne Bewegung liegt sie da; sie erfreut und zerstreut nicht; und dennoch kommt man von ihr nicht los … Man weiß nicht, ob man mehr darüber staunen soll, dass alle diese Kombinationen von einem musikalischen Geist ausgedacht werden konnten, oder darüber, dass bei aller Künstlichkeit die Stimmen immer so natürlich und ungezwungen dahin fließen, als wäre ihnen der Weg nicht durch soundso viele rein technische Notwendigkeiten vorgeschrieben (Schweitzer 1979, S. 374 f.).

Und bei Christoph Wolff (2009a) ist zu lesen:

Doch selbst in ihrem unvollendeten Zustand präsentiert sich die Kunst der Fuge als das umfassendste Resümee der Instrumentalsprache des betagten Bach. Zugleich kann sie als eine sehr persönliche Aussage gelten; die Buchstabenfolge B-A-C-H, in den letzten Satz eingewoben, ist weit mehr als einfach eine kuriose Signatur. Theorie und Praxis verschmelzen in diesem Werk (Wolff 2009a, S. 476).

Die hier gegebenen Charakterisierungen korrespondieren eindrucksvoll mit jenen vier Merkmalen der Alterskreativität, die Robert Sternberg auf der Grundlage seiner kognitionspsychologischen Analysen herausgearbeitet hat:

„Sie ist Bachs Philosophie" und „es ist der Wille spürbar, wesentlich zu werden", „möglichst nahe zum Kern der Musik, wie er ihn begreift, zu gelangen", „dass bei aller Künstlichkeit die Stimmen immer so natürlich und ungezwungen dahin fließen" und „das umfassendste Resümee der Instrumentalsprache": In diesen oben genannten Charakterisierungen spiegelt sich die von Robert Sternberg beschriebene „geschlossene Gestalt im Sinne von Einheit und Harmonie" wider.

„Dass alle diese Kombinationen von einem musikalischen Geist ausgedacht werden konnten", „es ist mehr in Hinsicht auf seine allseitige Verwendbarkeit und in Absicht auf die Umkehrung so geformt worden" und „das umfassendste Resümee der Instrumentalsprache": In diesen Charakterisierungen kommt die von Robert Sternberg hervorgehobene „Integration sehr verschiedenartiger Ideen und Perspektiven" zum Ausdruck.

„Zugleich kann sie als eine sehr persönliche Aussage gelten; die Buchstabenfolge B-A-C-H, in den letzten Satz eingewoben, ist weit mehr als einfach eine kuriose Signatur", „es ist eine stille und ernste Welt, die es erschließt" und „möglichst nahe zum Kern der Musik, wie er ihn begreift, zu gelangen": Diese Charakterisierungen korrespondieren mit dem von Robert Sternberg betonten „hohen Maß an subjektiver Erfahrung".

„Es ist der Wille spürbar, wesentlich zu werden", „doch selbst in ihrem unvollendeten Zustand präsentiert sich die Kunst der Fuge als das umfassendste Resümee der Instrumentalsprache des betagten Bach": In diesen Charakterisierungen klingt schließlich die von Robert Sternberg hervorgehobene „besondere Akzentsetzung auf Alternsprozesse" an.

Mit „Alter" sind dabei zwei verschiedenartige Aspekte angesprochen, deren Verständnis zwei unterschiedliche Zugänge erfordert. Diese sollen nachfolgend genauer betrachtet werden.

Zwei Zugänge zum Verständnis von Altern im Kontext der „Kunst der Fuge"

Der erste Zugang: Wenn in der Biografie eine intensive, kontinuierliche Auseinandersetzung mit einem Gebiet (wie jenem der Kompositionslehre und Kompositionspraxis) stattgefunden hat, so bietet sich im Alter die Möglichkeit, auf ein hoch entwickeltes Wissenssystem zurückzugreifen und dieses zusätzlich zu verfeinern. Dieses Wissenssystem bildet dabei die Grundlage für die noch tiefere Durchdringung des Gebietes oder – wie es Christoph Wolff mit Blick auf Johann Sebastian Bach ausdrückt – für ein umfassendes Resümee der Instrumentalsprache.

In diesem Kontext ist wichtig, dass Johann Sebastian Bach die *Kunst der Fuge* nicht als eine „weitere" Komposition verstand, die auf den um 1740 fertiggestellten zweiten Band des *Wohltemperierten Klaviers* – der 24 Präludien und Fugen umfasst – folgte, sondern vielmehr als eine grundlegende Betrachtung der Fuge, mithin als eine Komposition, die Einblick in das Wesen der Fuge und der Fugentechniken geben soll. Dies geht vor allem aus der Tatsache hervor, dass die um 1742 entstandene Reinschrift der *Kunst der Fuge* – die vierzehn Sätze umfasste – von Johann Sebastian Bach in den folgenden Jahren, vermutlich bis zu seinem letzten Lebensjahr, immer wieder revidiert und (um vier Sätze) erweitert wurde.

Bach erkannte in diesem Projekt nicht nur sich immer wieder neu bietende Möglichkeiten zur Weiterentwicklung der Fugentechniken, sondern er wollte, darin sind sich alle Autoren einig, die über dieses Werk geschrieben haben (zu nennen sind hier zum Beispiel die grundlegenden Arbeiten von Hans-Eberhard Dentler (2004) und von Hans Heinrich Eggebrecht (1998)), mit der *Kunst der Fuge* ein Vermächtnis für nachfolgende Musikergenerationen schaffen. Dies lässt uns auch verstehen, warum Johann Sebastian Bach bis in sein Todesjahr nicht von diesem Werk abließ. In dem Motiv, ein Vermächtnis für nachfolgende Musikergenerationen zu schaffen, klingt deutlich die Akzentuierung des eigenen Alters an.

Der zweite Zugang: Das letzte Lebensjahr war für Bach mit der Erfahrung wachsender Verletzlichkeit verbunden, die auch die eigene Endlichkeit immer deutlicher in das Bewusstsein treten ließ. Das Arbeiten an der *Kunst der Fuge* war in den letzten Lebensjahren durch zunehmende körperliche Einbußen – vor allem durch den schleichenden Verlust des Augenlichts – erkennbar erschwert, es erfolgte schließlich mehr und mehr in der Gewissheit des herannahenden Todes.

Wie anders ist es zu erklären, dass Johann Sebastian Bach in den letzten Kontrapunkt – der auch den Abschluss der *Kunst der Fuge* markieren sollte – als drittes Fugenmotiv die mit seinem eigenen Namen korrespondierenden Töne (b-a-c-h) eingraviert und schließlich zum „göttlichen" Ton *d* geführt hat? Diese zunehmende Endlichkeitserfahrung des Komponisten wird auch durch einen Vermerk veranschaulicht, den Carl Philipp Emanuel Bach, ein Sohn von Johann Sebastian Bach, auf der letzten Manuskriptseite der *Kunst der Fuge* angebracht hat: „NB.: Üeber dieser Fuge, wo der Nahme BACH im Contrasubjekt angebracht worden, ist der Verfaßer gestorben".

Neuere musikwissenschaftliche Erkenntnisse sprechen zwar dafür, dass die *Kunst der Fuge* schon weiter gediehen war, als dies durch den von Carl Philipp Emanuel Bach angebrachten Vermerk nahegelegt wird, doch in einer Hinsicht ist an diesem Vermerk nicht zu zweifeln: In den letzten Arbeitsphasen an diesem Werk war Johann Sebastian Bach gesundheitlich geschwächt, und so wurde ihm die Endlichkeit des eigenen Lebens zu einer immer drängenderen Thematik.

Dies zeigt auch die bereits erwähnte Arbeit an dem Choralvorspiel *Vor deinen Thron tret ich hiermit*, die zeitlich mit den letzten Arbeiten an der *Kunst der Fuge* zusammenfällt. Die *Kunst der Fuge* wird in den letzten Sätzen, vielleicht auch erst im abschließenden Satz (*Contrapunctus 14*) zu einem Werk, in dem das Erleben der Verletzlichkeit und Endlichkeit immer mehr an die Seite des Experimentierens (in der Generierung neuer Fugentechniken) und des Vererbens (des Wissens an die nachfolgenden Musikergenerationen) tritt. Es ist ja gerade der letzte, abschließende Satz, der mit seinem getragenen ersten Fugenmotiv den Eindruck vermittelt, dass sich die Seele des Komponisten immer weiter nach innen zurückzieht, es ist gerade dieser Satz, der Albert Schweitzer zu der Gesamtcharakterisierung dieses Werkes als einer „stillen, ernsten Welt", die „öd und starr, ohne Farbe, ohne Licht, ohne Bewegung" daliege, bewogen hat.

Der erste der beiden hier genannten Aspekte des Alters verweist unmittelbar auf das Potenzial zur Kreativität – wenn nämlich auf ein hoch entwickeltes Wissenssystem Bezug genommen wird, das die Grundlage für eine noch tiefere Durchdringung des Gegenstandes bildet. Der zweite der genannten Aspekte des Alters – die zunehmende Bewusstwerdung der eigenen Verletzlichkeit und Endlichkeit – scheint *prima facie* in keinem oder nur in einem geringen Zusammenhang zur Kreativität im Alter zu stehen. Aber eben nur *prima facie*!

Blicken wir nämlich auf das Werk Johann Sebastian Bachs in seinem letzten Lebensjahr, so erscheint die Annahme gerechtfertigt, dass dieser Aspekt des Alters durchaus dazu beitragen kann, dass sich das Potenzial zur Kreativität ausbildet. Gemeint ist hier nicht, dass Grenzsituationen zusätzliche Impulse zu kreativem Handeln geben – dass dies durchaus der Fall sein kann und im Leben von Johann Sebastian Bach tatsächlich der Fall gewesen ist, wurde bereits betont. Gemeint ist an dieser Stelle vielmehr die Tatsache, dass die Erfahrung von Verletzlichkeit und Endlichkeit Anregungen zu einer bestimmten Komposition, einem bestimmten Kompositionsduktus oder einem bestimmten Motiv beziehungsweise bestimmten Motiven innerhalb der Komposition gibt.

Dies heißt nun nicht – und vor einer solchen Annahme wäre zu warnen –, dass Johann Sebastian Bach seine jeweilige emotionale Befindlichkeit unmittelbar in die entstehenden Kompositionen einfließen lassen würde – etwa in dem Sinne, dass eine Komposition den unmittelbaren Ausdruck einer gegebenen Gefühlslage bildete. Nein, die Übersetzung von Erlebnissen, Erfahrungen und Erkenntnissen in die Musik ist komplizierter. Es geht dabei nicht um die unmittelbare Übersetzung der in einer Situation gegebenen emotionalen Befindlichkeit in die Musik, sondern vielmehr um die Übersetzung von persönlichen Erkenntnissen über die Beschaffenheit einer existenziellen Situation in die Musik: Diese erscheint somit immer auch als das Ergebnis persönlicher Reflexion.

Wenn in der *Kunst der Fuge* – wie es Albert Schweitzer ausdrückt – eine „stille, ernste Welt" hörbar wird, die sich als „öd und starr, ohne Farbe, ohne Licht, ohne Bewegung" darstellt, so verweist uns diese durch die Komposition hervorgerufene Stimmung nicht auf die emotionale Befindlichkeit, die Johann Sebastian Bach im Verlaufe dieser Komposition gezeigt hat. Bach teilt uns in der *Kunst der Fuge* – neben seinem theoretisch-praktischen Wissen bezüglich der Fugenkomposition – vielmehr auch sein geistig-emotionales Wissen über das Wesen jener existenziellen Situation mit, die in dieser angesprochen wird. Mit der Einfügung seines Namens als drittes Fugenthema in den letzten Kontrapunkt, mit der Hinführung seines Namens zum „göttlichen" Ton, mit der auf die abschließenden Arbeiten an der *Kunst der Fuge* zusammenfallenden Arbeit an dem Choralvorspiel *Vor deinen Thron tret ich hiermit* ist angedeutet, welche existenzielle Situation hier angesprochen ist:

die Vergänglichkeit und Endlichkeit menschlichen Lebens, der Übergang von der menschlichen in die göttliche Ordnung.

Die „stille, ernste Welt" ist im Kontext dieser Deutung nicht Ausdruck einer niedergedrückten Stimmung, sondern einer gefassten, konzentrierten seelisch-geistigen Haltung im Angesicht der Endlichkeit, aber auch in Erwartung der göttlichen Ordnung, in die hinein die menschliche Ordnung im Tod verwandelt wird.

Zum Verständnis der Subjektivität im Werk Johann Sebastian Bachs

Wenn also von der besonderen Akzentsetzung auf Alternsprozesse – wie auch von einem hohen Maß an subjektiver Erfahrung – als Merkmal der Alterskreativität gesprochen wird, so ist damit nicht gemeint, dass einzelne subjektive Erlebnisse und Erfahrungen, dass Gefühle und Affekte unmittelbar in Werke „übersetzt", in Werken „umgesetzt" werden. Vielmehr sind hier umfassendere Reflexionen über das Altern und das Alter angesprochen – die an den eigenen Erlebnissen und Erfahrungen ansetzen, diese aber auch weiterführen zu grundlegenden Betrachtungen über Altern und Alter.

Auf Johann Sebastian Bach trifft diese Aussage auf alle Fälle zu: Er hat sich mit Äußerungen über seine persönliche Lebenssituation sehr zurückgehalten – im Kern ist nur ein Brief aus seiner Feder überliefert, in dem er ausführlich auf seine aktuelle berufliche Lebenslage Bezug nimmt und an einen – mittlerweile zu Anerkennung und Einfluss gelangten – Jugendfreund die Bitte um Unterstützung in dieser Lage richtet. Zudem sind sich viele Musikwissenschaftler darin einig, dass die „Privatperson" Bach ganz hinter den „Komponisten" Bach zurücktritt, dass von seinen Werken nicht unmittelbar auf seine Lebenslage, nicht auf seine inneren Zustände und Prozesse zu jenen Zeitpunkten geschlossen werden darf, zu denen diese Werke entstanden sind. Das erscheint als ein Akt großer Disziplin! Wolfgang Hildesheimer hat dies in einem Vortrag unter der Überschrift *Der ferne Bach* wie folgt ausgedrückt:

> Aber selbst wenn wir uns ohne ihn kaum mehr vorstellbar sind, so bleibt er – mir jedenfalls – unvorstellbar. Selbst wenn wir das gewohnte und mehr oder weniger bewährte Bild als Stütze akzeptieren, bleibt er fern. Die Dokumentation des Menschen Bach beschränkt sich auf ein verschwindendes Minimum, die Primärquellen sind versiegt, wahrscheinlich endgültig (Hildesheimer, 1985, S. 15 f.).

Trotz der ausgeprägten Zurückhaltung in der Vermittlung „privater Dinge" gelingt es Johann Sebastian Bach, den aufmerksamen, seiner Musik zugewandten Hörer in einer geistig und emotional tiefen Art und Weise existenzielle Situationen innewerden zu lassen und ihm seine tiefen Reflexionen über eben diese Situationen zu vermitteln. Hier könnten wir zahlreiche Beispiele – vor allem aus den beiden großen Passionen, der *Johannes-Passion* (BWV 245) und der *Matthäus-Passion* (BWV 244) – anführen. Wie jedoch dargelegt wurde, gibt uns schon die *Kunst der Fuge* (BWV 1080) genügend Einblick in diese Fähigkeit des Komponisten.

In dieser wird – betrachten wir sie aus der Perspektive einer besonderen Betonung von Altersprozessen – mehr und mehr zum Thema, wie sich der Mensch auf die Vergänglichkeit und Endlichkeit einstellen und dabei von der Hoffnung auf Erlösung tragen lassen kann. Den musischen Kern des Werkes bildet die Reflexion über das Wesen der Fuge. Den existenziellen Kern die Reflexion über die Vergänglichkeit und Endlichkeit, die für den gläubigen Menschen in eine göttliche Ordnung mündet.

Nun mag es überraschen, dass hier neben dem musischen Kern ein existenzieller Kern angenommen wird. Aber abgesehen davon, dass Johann Sebastian Bach die Annahme eines solchen existenziellen Kerns durch die im letzten Kontrapunkt eingravierte und zum Ton *d* weitergeführte Tonfolge *b-a-c-h* ausdrücklich nahelegt, lässt auch schon ein erster Hinweis auf das Wesen der Fuge eine solche Annahme zu. Ohne hier zu sehr ins Detail gehen zu wollen, sei angemerkt, dass sich der Begriff *Fuge* aus dem lateinischen *fuga* (Flucht), das lateinische *fuga* aus dem griechischen φυγή (Flucht) herleitet.

Flucht aber bedeutet bei dem Neuplatoniker Plotin (205–270) die Loslösung der Seele von der Materie, die Rückkehr der Seele zu Gott. Es ist davon auszugehen, dass Johann Sebastian Bach als Mitglied der *Societät der musikalischen Wissenschaften*, in der die altgriechischen Deutungen der Musik und der verschiedenen Formen der Musik diskutiert wurden, dieses Plotin'sche Verständnis der Fuge nur zu gut bekannt war – und eben mit seiner Intention korrespondierte, in der *Kunst der Fuge* (BWV 1080) neben einem musischen Kern auch einen existenziellen Kern anklingen zu lassen.

Die körperliche Dimension im Alternsprozess von Johann Sebastian Bach: Plötzlich zunehmende Verletzlichkeit in den letzten Lebensjahren

In der körperlichen Dimension lassen sich bereits ab Mitte des dritten Lebensjahrzehnts in einzelnen Organen erste Einbußen der Leistungskapazität beobachten – die sich durch kontinuierliches Training nur in Teilen kompensieren lassen. Auch wenn in den aufeinanderfolgenden Generationen älterer Menschen im Durchschnitt eine kontinuierliche Verbesserung der Gesundheit konstatiert werden kann – dieser empirische Befund lässt sich in der Aussage zusammenfassen, wonach die heute 70-Jährigen einen Gesundheitszustand aufweisen, der jenem der 65-Jährigen von vor drei Jahrzehnten entspricht –, so ist doch zu bedenken, dass vor allem im hohen Lebensalter (80 Jahre und älter) die körperliche Verletzlichkeit immer deutlicher in den Vordergrund tritt.

Im Kontext körperlicher Entwicklungsprozesse ist der große Einfluss von Kultur auf die Biologie hervorzuheben: Vergleichen wir 50- oder 60-jährige Frauen und Männer aus der Zeit des Barock mit gleichaltrigen Frauen und Männern der Gegenwart, so werden schon in der körperlichen Morphologie sehr große Unterschiede sichtbar; und es ist davon auszugehen, dass sich derartige Unterschiede auch in der physiologischen Leistungskapazität zeigen.

In der Alternsforschung werden gerne Bildnisse aus dem 16. und 17. Jh. herangezogen, um den körperlichen Gestaltwandel des Alters über einen Zeitraum von mehreren Jahrhunderten zu veranschaulichen. Ein Bild sei hier stellvertretend genannt: Das im Jahre 1514 entstandene Bildnis der Mutter Albrecht Dürers (1471–1528). Auf dem oberen Bildrand findet sich folgender Eintrag des Malers: „albrecht dürers muter dy was alt 63 Jor". Würde man dieses Bildnis in die heutige Zeit übertragen, so fühlte man sich nicht an eine 63-jährige, sondern eher an eine 90-jährige oder noch ältere Dame erinnert.

Von Johann Sebastian Bach existiert nur ein Porträt, bei dem die Authentizität mit Sicherheit angegeben werden kann. Dieses datiert auf 1743, also auf jenes Jahr, in dem Bach der bereits erwähnten *Societät der musikalischen Wissenschaften* beigetreten ist.

Dieses von Elias Gottlob Haußmann geschaffene Ölgemälde vermittelt uns eigentlich kein wirklich prägnantes Profil, sondern erweist sich bei genauerem Hinsehen als „Routinegemälde", wie diese in der damaligen Zeit vielfach entstanden sind – das individuelle Profil tritt zugunsten eines durchschnittlichen Profils, wie es auch auf viele andere Menschen gepasst hätte, zurück. Aus diesem Grund wird von Musikwissenschaftlern wiederholt hervorgehoben, dass wir eigentlich über kein zuverlässiges Porträt von Johann Sebastian Bach verfügen. Diese Aussage musste getroffen werden, um nicht die Frage zu provozieren, warum für die Veranschaulichung des körperlichen Gestaltwandels des Alters nicht auf Porträts von Johann Sebastian Bach zurückgegriffen wurde.

Kehren wir nun wieder unmittelbar zu dieser Thematik zurück. Die Unterschiede in der körperlichen Morphologie, die sich zwischen weit voneinander entfernt liegenden Generationen älterer Menschen zeigen, führen vor Augen, dass das körperliche Altern in der Vergangenheit etwas ganz Anderes bedeutete als in der Gegenwart. Als Ursachen dafür sind deutlich schlechtere Bedingungen in Bezug auf Ernährung, Hygiene, Bildung, Einkommen und ärztliche Versorgung, aber auch eine sehr viel stärkere körperliche Belastung zu nennen. Der gesellschaftliche und kulturelle Fortschritt der vergangenen Jahrhunderte wirkte sich (im Durchschnitt) nicht nur lebensverlängernd, sondern auch gesundheits- und leistungsförderlich aus. Die positiven Auswirkungen auf Gesundheit und körperliche Leistungskapazität zeigen sich dabei besonders augenfällig in der körperlichen Gestalt.

Wie also lässt sich Bachs körperlicher Zustand charakterisieren? Über diesen gibt der von Carl Philipp Emanuel Bach (ein Sohn des Komponisten) und Johann Friedrich Agricola (ein Schwiegersohn und Schüler des Komponisten) verfasste Nekrolog Aufschluss, der 1750 – also kurz nach dem Tod Johann Sebastian Bachs – verfasst und im Jahre 1754 veröffentlicht wurde (Bach-Dokumente III, Nr. 666). In ihm wird Bachs „überaus gesunder Cörper" hervorgehoben. Zudem lässt er die Annahme zu, dass erst in den letzten Lebensjahren ernste gesundheitliche Probleme auftraten, die auch im Zusammenhang mit den beiden bereits erwähnten Augenoperationen standen, denen sich Johann Sebastian in den letzten Monaten seines Lebens unterzogen hatte, um einer drohenden Erblindung zu entgehen. So lesen wir über seine letzten Lebensmonate:

Er konnte nicht nur sein Gesicht nicht wieder brauchen: sondern sein, im übrigen überaus gesunder Cörper, wurde auch zugleich dadurch, und durch hinzugefügte schädliche Medicamente, und Nebendinge, gäntzlich über den Haufen geworfen: so dass er darauf ein völliges halbes Jahr lang, fast immer kränklich war. Zehn Tage vor seinem Tode schien es sich gähling mit seinen Augen zu bessern; so dass er einsmals des Morgens ganz gut wieder sehen, und auch das Licht wieder vertragen konnte. Allein wenige Stunden darauf, wurde er von einem Schlagflusse überfallen; auf diesen erfolgte ein hitziges Fieber, an welchem er, ungeachtet aller möglichen Sorgfalt zweyer der geschicktesten Leipziger Aerzte, am 28. Julius 1750, des Abends nach einem Viertel auf 9 Uhr, im sechs und sechszigsten Jahre seines Alters, auf das Verdienst seines Erlösers sanft und seelig verschied (Bach-Dokumente III, Nr. 666).

Es ist Johann Sebastian Bach gelungen, bis in die letzten Lebensjahre eine vergleichsweise stabile Gesundheit zu bewahren, wobei allerdings aus Analysen von Detlev Kranemann (1990) hervorgeht, dass er an einem Diabetes mellitus Typ II (lebensstilbedingter Diabetes) litt, der im letzten Lebensjahr entgleiste. Der unmittelbar vor dem Tod auftretende Schlaganfall, von dem sich Bach nicht mehr erholte, war auch Folge dieses Diabetes.

Jedoch war die Erblindung nicht (allein) auf den Diabetes zurückzuführen, sondern auch auf eine über weite Phasen der Biographie extreme Beanspruchung der Augen, die mit dem Komponieren unter sehr schlechten Lichtbedingungen verbunden war. Schließlich ist eine schwere Infektion als Folge der beiden misslungenen Augenoperationen zu erwähnen.

Für die Alternsforschung ist die Frage von Bedeutung, inwieweit auch unter körperlichen Belastungen in der seelischen und geistigen Dimension Differenzierung, Wachstum und Kreativität erkennbar sind. Diese Frage berührt in besonderer Weise die Verschiedenartigkeit von Entwicklungsgesetzen, denen die Veränderungen in der körperlichen, seelischen und geistigen Dimension folgen.

Die seelische und geistige Dimension im Alternsprozess von Johann Sebastian Bach: Wachstum und Differenzierung bis zum Lebensende

Der seelischen Dimension nähert sich die Alternsforschung vor allem mit folgenden Fragestellungen: Verändert sich die Persönlichkeit im Alternsprozess? Lassen sich in diesem typische Veränderungen der Emotionalität beobachten? Ergeben sich im Alternsprozess charakteristische Wandlungen der Lebensthematik? Welche Entwicklungsanforderungen sind im höheren Alter erkennbar? Gelingt es älteren Menschen, trotz der während des Alterns eintretenden bleibenden Verluste eine tragfähige, positive Lebens- und Zukunftsperspektive aufrechtzuerhalten (ausführlich in Staudinger und Häfner, 2008)?

Diese Fragen deuten das breite Spektrum wissenschaftlicher Themen an, die mit einer Analyse der seelischen Entwicklung im Alter verbunden sind. An dieser Stelle sollen erste Hinweise auf Antworten gegeben werden, die deutlich machen, dass die Alternsforschung Theorien und Befunde bereitstellen kann, die uns helfen, Person und Werk Johann Sebastian Bachs besser zu verstehen, und die umgekehrt veranschaulichen, inwieweit die Alternsforschung in ihrer Konzept- und Theorienbildung von dem Blick auf die Kreativität älterer Menschen profitieren kann.

Persönlichkeit

Zur ersten Frage: Verändert sich die Persönlichkeit im Alternsprozess? Hier lassen sich die entwicklungs- und persönlichkeitspsychologischen Befunde wie folgt zusammenfassen: Es finden sich bei den meisten Menschen Wandlungen in der Persönlichkeit, die vor allem das Ergebnis einer Wechselwirkung zwischen individuellen Dispositionen, Neigungen und Haltungen einerseits sowie situativen Anforderungen und Anregungen andererseits darstellen.

Dabei ist zu bedenken, dass Menschen – sofern sie die Möglichkeit dazu haben – Situationen und Umwelten auswählen, die ihrer Persönlichkeit am meisten entsprechen und auf diese Weise ihre Entwicklung mehr oder minder bewusst mitgestalten. Die vielfach geäußerte Annahme, die Persönlichkeit erweise sich über weite Phasen des Lebenslaufs als stabil, kann mittlerweile als widerlegt gelten – dies gilt auch im Hinblick auf zentrale Persönlichkeitseigenschaften, die in der psychologischen Forschung differenziert werden. Zudem finden sich keine „alterstypischen" Veränderungen der Persönlichkeit – etwa im Sinne einer zunehmenden Introversion, einer zunehmenden Rigidität, einer abnehmenden Plastizität. Nur in Bezug auf die Offenheit des Menschen für neue Anforderungen und Anregungen sind im höheren Alter eher (leichtere) Rückgänge erkennbar, die aber durch gezielte Vorbereitung älterer Menschen auf neue situative Anforderungen weitgehend kompensiert werden können.

Diese Befunde sind für die Analyse des Œuvres eines Komponisten interessant, da sie die Frage nahelegen, inwieweit (produktive) Wandlungen der Persönlichkeit auch durch die Kompositionstätigkeit, vor allem durch das Komponieren in besonders schöpferischen (kreativen) Phasen gefördert werden.

Emotionalität

Zur zweiten Frage: Lassen sich typische Veränderungen der Emotionalität beobachten? Hier verweisen die Befunde auf eine hohe biografische Kontinuität im Ausdruck von Emotionen, zugleich aber auf eine allgemeine höhere Durchlässigkeit der Gefühle und im idealen Fall auf eine intensivere Verschmelzung zwischen Denken und Fühlen. Von besonderer Bedeutung sind hier zudem Befunde zur sozioemotionalen Produktivität im Alter, die zum einen deutlich machen, dass mit zunehmendem Alter die emotionale Bedeutung von Beziehungen (Werden in einer Beziehung positive Emotionen angestoßen?) deren instrumentelle Bedeutung (Welchen praktischen Nutzen hat eine Beziehung?) überwiegt. Zum anderen zeigen sie, dass ältere Menschen in der gefühlten Mitverantwortung für Andere, in der emotionalen Anteilnahme an der Situation einer anderen Person eine bedeutsame Quelle der Produktivität erblicken. Deren Verwirklichung trägt zu einer als offen und gestaltbar erlebten Zukunft bei – selbst im höchsten Alter.

Das Werk Johann Sebastian Bachs verweist einerseits auf eine biografische Kontinuität im Ausdruck von Emotionen – auch darin weist seine Musik einen hohen Wiedererkennungseffekt auf. Gleich, ob frühe oder späte Werke: Bach gelingt es immer wieder, eine ganz bestimmte Stimmung im Hörer seines Werkes zu evozieren. Dies gelingt ihm zudem immer schon nach wenigen Takten, zum Teil sogar schon nach einem Takt. Andererseits zeigt sich im hohen Alter die wachsende Verschmelzung von Denken und Fühlen, was vor allem in den „experimentell" anmutenden Spätwerken – *Musikalisches Opfer* (BWV 1079) und *Kunst der Fuge* (BWV 1080) – deutlich wird: Diese berühren emotional tief, doch sie bilden zugleich Ergebnis höchst komplexer und innovativer Konstruktionen.

Und die sozioemotionale Produktivität, die gefühlte Mitverantwortung, die emotionale Anteilnahme an der Situation eines anderen Menschen? Der bereits gegebene Hinweis auf Schüler, die er noch in den letzten Monaten seines Lebens bei sich aufnahm, um sie in Kompositionslehre zu unterrichten, die Tatsache, dass ein Schüler – Altnickol – sein Schwiegersohn werden sollte, seine hohe Verantwortung für die Familie: dies alles sind zentrale Ausdrucksformen der sozioemotionalen Produktivität, die auch dazu beigetragen haben, dass Johann Sebastian Bach selbst in seinem letzten Lebensjahr immer wieder versucht hat, die hohen körperlichen Belastungen *passager* zu überwinden – und dass ihm dies gelungen ist.

Lebensthematik und Entwicklungsanforderungen

Zur dritten und vierten Frage: Finden sich im Altern Wandlungen in der Lebensthematik? Und welche Entwicklungsanforderungen sind in dieser Phase des Lebenslaufs erkennbar?

Es wurde bereits hervorgehoben und soll auch an späteren Stellen dieses Buches betont werden, dass die differenzierte Bewertung eigener Stärken und Grenzen im höheren Lebensalter an Bedeutung gewinnt. Gleiches gilt für die subjektiv gestellte Frage, welches Wissen, welche Erfahrungen an nachfolgende Generationen weitergegeben werden und damit das Gefühl des Gebraucht-Werdens stärken können. Selbiges gilt auch für das Innewerden sowie das Annehmen-Können der eigenen Verletzlichkeit und Endlichkeit – diese Themen werden im höheren Lebensalter zunehmend wichtiger. In Bezug auf Entwicklungsanforderungen oder -aufgaben sind Generativität (im Sinne der Mitverantwortung für nachfolgende Generationen) und Integrität

(Annehmen-Können der eigenen Biografie trotz unerfüllt gebliebener Wünsche, trotz erfahrener Enttäuschungen und Rückschläge) in das Zentrum zu stellen.

In der Lebensgeschichte von Johann Sebastian Bach finden sich – darauf wurde schon hingewiesen – zahlreiche Beispiele für die hier beschriebenen Themen und Entwicklungsaufgaben. Dabei ist vor allem entscheidend, dass er in Familie und Arbeit, aber auch in seinem Glauben viele Möglichkeiten, viele Anstöße für die Reflexion der hier genannten Themen und Aufgaben, vor allem für die Verwirklichung von Generativität und Integrität erhalten hat.

In der Zeit des Barock bildeten Verletzlichkeit, Vergänglichkeit und Endlichkeit nicht nur individuell, sondern auch kollektiv bedeutsame Themen. Der Glaube stellte in dieser Zeit die zentrale (sowohl individuelle als auch kollektive) Antwort auf diese Themen dar. Johann Sebastian Bach stellte hier keine Ausnahme dar, sondern er griff im Gegenteil diese Themen sowie Glaubensinhalte als Antworten auf diese Themen in seinen Kompositionen auf – zu nennen sind hier vor allem die Kantaten, die Passionen oder die Motetten. Auch veranschaulichte er sie in musikalisch eindrucksvoller Weise: darin, wie bisweilen angemerkt wurde, zum „Fünften Evangelisten" werdend.

Bewältigung von Belastungen

Gehen wir nun auf die fünfte Frage ein: Gelingt es älteren Menschen, trotz der eintretenden Einbußen und Verluste eine tragfähige Lebensperspektive aufrechtzuerhalten?

Empirische Beiträge aus der Bewältigungsforschung machen deutlich, dass die Bewältigung von Belastungen im hohen Alter mehr und mehr von dem Bemühen um eine Einstellungsveränderung bestimmt ist, während in früheren Lebensaltern eher das Bemühen um eine Situationsveränderung im Vordergrund steht.

Die Einstellungsveränderung beschreibt Prozesse der Neubewertung einer Situation – die vor allem im Falle endgültiger, nicht korrigierbarer Einbußen und unwiederbringlicher Verluste notwendig sind. Die Tatsache, dass sich bei älteren Menschen zunehmend das Bemühen um Einstellungsveränderung als Reaktion auf Belastungen findet, wird zum einen darauf zurückgeführt, dass die Belastungen im Alter eher einen zeitlich überdauernden Charakter haben – zu nennen sind hier chronische oder chronisch-progrediente Erkrankungen, zu nennen ist hier der Verlust nahestehender Menschen. Zum anderen wird in der Fähigkeit, Belastungen zu ertragen – und diese Fähigkeit ist ja eng mit der Einstellungsveränderung des Individuums verknüpft –, ein eindeutiges Zeichen für die seelische Widerstandsfähigkeit (Resilienz) vieler älterer Menschen gesehen. Die Tatsache, dass die Häufigkeit des Auftretens depressiver Störungen im Alter nicht höher ist als in früheren Lebensabschnitten – obwohl die bleibenden Einbußen und Verluste deutlich häufiger stattfinden –, gilt ebenfalls als Zeichen für Resilienz.

Die Aufrechterhaltung einer positiven, wenn nicht sogar optimistischen Lebenseinstellung und Zukunftsperspektive trotz stark ausgeprägter Belastungen wird in der Alternsforschung als ein bedeutsames Potenzial des Alters für die Gesellschaft interpretiert. Auch in Bezug auf diesen Umgang mit Grenzsituationen des Lebens können junge Menschen von Älteren durchaus lernen. In den Worten des römischen Philosophen Seneca (4 v. Chr.–65 n. Chr.):

> Die Mühen eines rechtschaffenen Bürgers sind nie ganz nutzlos. Er hilft schon dadurch, dass man von ihm hört und sieht, durch seine Blicke, seine Winke, seine wortlose Widersetzlichkeit und durch seine ganze Art des Auftretens. Wie gewisse Heilkräuter, die – ohne dass man sie kostet oder berührt – schon durch ihren bloßen Geruch Heilung bewirken, so entfaltet die Tugend ihre heilsame Wirkung auch aus der Ferne und im Verborgenen (Seneca, 58/1980, S. 25).

Übertragen wir diese Aussagen auf das Leben des Johann Sebastian Bach: In seiner Biografie finden sich zahlreiche – vielfach stark ausgeprägte – Belastungen: Mit neun Jahren verliert er beide Elternteile. Er wächst dann fünf Jahre bei seinem ältesten Bruder auf, bevor er mit einem engen Schulfreund nach Lüneburg aufbricht, um dort einer Kantorei beizutreten und die Lateinschule zu besuchen. Im relativ jungen Erwachsenenalter verliert er seine erste Frau und muss nun alleine für vier Kinder sorgen.

Und im letzten Lebensjahr? Die Erblindung, die Häufung schwerer Krankheitssymptome, die Nachricht, dass schon zu seinen Lebzeiten ein Nachfolger als Thomaskantor bestimmt werde, die Angriffe von Musikgelehrten auf sein Verständnis von Musik, auf seine Art der Schulung in Musik sind hier zu nennen. Und schließlich: Er musste im Laufe seines Lebens den Tod von elf seiner 20 Kinder verarbeiten; diese starben unmittelbar nach der Geburt oder im sehr jungen Alter. Aber: In seiner Musik begegnet man immer wieder der Innerlichkeit, der Frömmigkeit, auch der Freude und Hoffnung, die neben dem Ernst und der Trauer stehen! Vor allem erkennt man hier den tiefen Glauben an die göttliche Ordnung, die feste Überzeugung: *Ein feste Burg ist unser Gott.* Und man merkt die (allerdings nicht ungetrübte) Freude in und an seiner Familie sowie an seinen Schülern, zudem die häufig zuteilwerdende Anerkennung als Komponist, Organist und Violinist.

Es gibt in Bachs Leben also manches, was ihm hilft, mit Verlusten und Rückschlägen, schließlich mit gesundheitlichen Grenzsituationen umzugehen und diese innerlich zu überwinden. Aber schon früh – bereits ab seinem zehnten Lebensjahr – war er gezwungen, große und größte Verluste, Einschnitte in sein Leben zu ertragen. Dies scheint ihm gelungen zu sein, wenn man bedenkt, dass er mit 15 Jahren – nämlich mit der Entscheidung, sich um ein Stipendium in Lüneburg zu bemühen – sein Leben in die Hand nimmt. Diese Entwicklungen werden dazu beigetragen haben, dass er im Alter gefasst auf Anforderungen blicken konnte, die ihm das Leben bereitete. Und wenn man bedenkt, dass in seinem letzten Lebensjahr, ja, in den letzten Lebensmonaten ein neuer Schüler aufgenommen wurde, zu seiner Familie ziehen konnte: Da kommt eine freundliche Haltung gegenüber anderen Menschen zum Ausdruck, die vielleicht stellvertretend für seine Lebenshaltung steht.

Kognitive Pragmatik und kognitive Mechanik

Für die Alternsforschung sind solche Entwicklungen bedeutsam – Entwicklungen, die darauf deuten, dass trotz der dramatisch zunehmenden körperlichen Verletzlichkeit der Lebensmut, die subjektiv als „groß" erfahrene Lebensaufgabe, die Bindung an das Leben nicht zurückgehen, sondern, im Gegenteil, noch stärker betont werden. Hier finden wir ein bemerkenswertes Beispiel für die in den verschiedenen Dimensionen der Person unterschiedlichen Entwicklungsprozesse, die eben verschiedenen Entwicklungsgesetzen folgen. In dieser seelischen Kompetenz kann Johann Sebastian Bach bis heute vorbildlich wirken.

Die Verschiedenartigkeit von Entwicklungsprozessen in den unterschiedlichen Persönlichkeitsdimensionen wird noch deutlicher sichtbar, wenn wir in unserer Betrachtung neben der seelischen die geistige Ebene berücksichtigen. Schon bei der Behandlung des Themas „Alterskreativität" wurde gezeigt, wie trotz der körperlichen Einbußen und Belastungen die geistige Lebendigkeit und Kraft sowie die Kreativität erhalten bleiben und sogar noch wachsen können. Damit wird eine grundlegende Erkenntnis der kognitiven Alternsforschung bestätigt, der zufolge die erfahrungsgebundene Intelligenz (kognitive Pragmatik) bis in das achte Lebensjahrzehnt hinein erhalten bleibt und sogar noch zunehmen kann – während wir in der flüssigen Intelligenz (kognitive Mechanik) bereits ab dem dritten Lebensjahrzehnt Rückgänge beobachten können, die allerdings bis zum siebten Lebensjahrzehnt eher diskret und unmerklich verlaufen. Außerdem können sie relativ gut kompensiert werden, wenn sich Menschen immer wieder neuen Herausforderungen aussetzen (ausführlich in Martin und Kliegel 2010). Diese Zunahme in der erfahrungsgebundenen Intelligenz, diese Kompensation von Verlusten in der flüssigen

Intelligenz lässt sich auch für das Spätwerk Johann Sebastian Bachs konstatieren.

Wie anders können wir die Tatsache interpretieren, dass der Komponist bei seinem Besuch bei Friedrich dem Großen in Potsdam 1747, also im Alter von 62 Jahren, eine dreistimmige Fuge über das höchst komplexe, königliche Thema des *Musikalischen Opfers* (BWV 1080) improvisieren konnte – und sich sogar anschickte, eine sechsstimmige Fuge zu improvisieren? Dies, wo doch gerade die Technik der Improvisation ein hoch differenziertes Wissenssystem (im Sinne der kognitiven Pragmatik) einerseits und eine ebenso hohe Umstellungsfähigkeit und Flüssigkeit des Denkens (im Sinne der kognitiven Mechanik) andererseits erfordert? Ganz ähnliches gilt für die *Kunst der Fuge* sowie die *Missa in h-Moll*, also die beiden Spätwerke.

Wir lernen hier nicht nur sehr viel über die Verschiedenartigkeit der Entwicklungsprozesse in den verschiedenen Dimensionen der Person – und beziehen daraus bedeutende Anregungen für das Verständnis für Altern, für Theorien des Alterns. Wir lernen hier auch viel über die Möglichkeit, sich selbst durch das Aufgehen in einer anspruchsvollen Aufgabe, in einem Werk, in einer Technik immer wieder neue Anregungen zu geben, an sich selbst immer wieder neue Anforderungen zu stellen, wodurch kognitive Fähigkeiten nicht nur länger erhalten bleiben, sondern sich auch weiter differenzieren können – und dies bis ins hohe Alter (hier ist die kognitive Pragmatik angesprochen). Dadurch können auch kognitive Verluste deutlich verringert, hinausgeschoben, sehr viel besser kompensiert werden – und auch dies ist bis ins hohe Alter möglich (hier ist die kognitive Mechanik angesprochen).

Schließen wir nun dieses Präludium ab. Es hatte, wie schon das Wort sagt, die Aufgabe eines „Vorspiels", nämlich in dem Sinne, dass es auf die folgenden Sätze vorbereiten sollte. Vorbereiten, indem deutlich wird, mit welchen psychologischen Kategorien wir uns Johann Sebastian Bach und seinem Werk annähern möchten.

Setzen wir zunächst fort mit seiner Biografie. Betreiben wir nun bei ihm die Spurensuche und versuchen wir, diese Spuren psychologisch zu deuten. Dabei kann die biografische Skizze auf zahlreichen Arbeiten aufbauen, die zu Leben und Werk Johann Sebastian Bachs entstanden sind. Uns dienten zunächst die Arbeiten von Johann Nikolaus Forkel (1802/2000), Philipp Spitta (Band I: 1873, Band II: 1880) und Albert Schweitzer (1908/1979) als Grundlage, hinzu kamen Schriften von Karl Geiringer (1977), Martin Geck (2000a, 2000b), Malte Korff (2000), Klaus Eidam (2005), James R. Gaines (2008), Christoph Wolff (2009a) und Till Sailer (2010); zudem griffen wir auf Komponistenporträts von Peter Bach (2012) und Martin Schlu (2012) zurück. Weiterhin bildeten die vom Bach-Archiv Leipzig herausgegebenen Bach-Dokumente (vor allem die Bach-Dokumente Band I–III) eine Basis für die biografische Skizze.

Bei der Erarbeitung dieser Skizze wie auch bei den Versuchen psychologischer Deutung lassen wir uns von einem Verständnis biografischen Forschens leiten (Kruse, 2005a), das sich am besten in den Worten Johann Wolfgang von Goethes, die dieser im Vorwort zu *Dichtung und Wahrheit* – seiner zwischen 1818 und 1831 entstandenen Autobiografie – gewählt hat, ausdrücken lässt:

> Denn dieses scheint die Hauptaufgabe der Biographie zu sein, den Menschen in seinen Zeitverhältnissen darzustellen und zu zeigen, inwiefern ihm das Ganze widerstrebt, inwiefern es ihn begünstigt, wie er sich eine Welt- und Menschenansicht daraus gebildet und wie er sie, wenn er Künstler, Dichter, Schriftsteller ist, wieder nach außen abgebildet. Hierzu wird aber ein kaum Erreichbares gefordert, dass nämlich das Individuum sich und sein Jahrhundert kenne, sich, inwiefern es unter allen Umständen dasselbe geblieben, das Jahrhundert, als welches sowohl den Willigen als Unwilligen mit sich fortreißt, bestimmt und bildet, dergestalt, dass man wohl sagen kann, ein jeder, nur zehn Jahre früher oder später, dürfte, was seine eigene Bildung und die Wirkung nach außen betrifft, ein ganz anderer geworden sein (Johann Wolfgang von Goethe, *Dichtung und Wahrheit*, Vorwort).

2

Media in vita – eine psychologische Analyse der Familiengeschichte und Biografie Johann Sebastian Bachs

Beginnen wir mit einem in der Bach-Familie gepflegten Brauch, der uns auf drei Dinge aufmerksam macht, die bei der Betrachtung von Johann Sebastian Bachs Biografie zu berücksichtigen sind. Zum einen ist Bachs Leben beeinflusst von seiner Zugehörigkeit zu einer Familie mit einer langen Musiker-Tradition, mit weitverzweigten familiären Kontakten, auch über mehrere Generationen hinweg. Zum anderen ist diese lange Musiker-Tradition, der große Erfolg, den die Bache (wie es in der Musikwissenschaft heißt) auf dem Gebiet der Musik über mehr als ein Jahrhundert hatten, für deren Selbstverständnis wichtig – dies gilt ausdrücklich auch für Johann Sebastian. Schließlich wirken die Erlebnisse und Erfahrungen, die dieser Komponist in Kindheit und Jugend mit einzelnen Angehörigen, aber auch mit der Familie insgesamt gemacht hat, bis in seine späten und selbst in seine letzten Lebensjahre fort. Aus diesem Grund erscheint es sinnvoll, der Biografie Bachs eine ausführlichere Familienchronik voranzustellen und dabei immer schon die Bezüge anzudeuten, die sich zwischen dieser Chronik und dem Leben von Johann Sebastian Bach ergeben.

Welcher Brauch ist denn nun gemeint?

Carl Philipp Emanuel Bach (1714–1788), einer der Söhne Johann Sebastian Bachs, berichtete dem ersten Bach-Biografen Johann Nikolaus Forkel, dass sich einmal im Jahr die ganze Familie an diesem oder jenem Ort in Thüringen zu einem Fest traf, bei dem Musik, „die für die Kirche nicht taugte", im Zentrum stand. Man sang aus dem Stegreif Volkslieder – und zwar so, dass trotz verschiedener, aber gleichzeitig gesungener Volkslieder die Stimmen eine Harmonie bildeten, obwohl die Texte in jeder Stimme einen anderen Inhalt hatten. Diese Art der Zusammenstimmung nannten sie Quodlibet, was übersetzt bedeutet: „wie es beliebt". Als Singform war das Quodlibet in Renaissance und Barock sehr populär. Der Begriff Quodlibet geht auf Wolfgang Schmeltzl (ca. 1505–1564) zurück.

Die Besonderheit in der Familie Bach bestand nun darin, dass in dieser das Quodlibet improvisiert wurde, was auf eine besondere Musikalität hindeutet. Im jährlichen Treffen der Familie drückt sich ein bemerkenswerter Zusammenhalt ihrer Angehörigen aus, im improvisierten Quodlibet zudem die Überzeugung, als Musiker-Familie zahlreiche musikalische Begabungen zu vereinen, die auch zu harmonieren verstehen.

Dass Johann Sebastian Bach der Zugehörigkeit zu einer anerkannten Musiker-Familie, die zudem auf eine lange Tradition zurückblicken konnte, große Bedeutung beigemessen hat, ergibt sich aus der Tatsache, dass er als fünfzigjähriger Mann sein Wissen über die Familie in einer genealogischen Aufstellung niedergelegt und zudem eine Sammlung von Kompositionen seiner älteren Verwandten angelegt hat. Aber er nimmt auch in Kompositionen ausdrücklich auf diese Familientreffen, vor allem auf das gemeinsame Singen, Bezug: 1742 wandte sich Reichsgraf von Keyserlingk, der russische Abgesandte am Dresdner Hof, mit dem Auftrag an ihn, ein Klavierstück von „sanftem und etwas munterem Character" zu schreiben, welches das Einschlafen erleichtere. Ob nun tatsächlich die Aussage gefallen ist, dass dieses Klavierstück dem leichteren Einschlafen dienen solle, mag bezweifelt werden, auch wenn sich diese Aussage bis heute erhalten hat. Entscheidend für uns ist vielmehr: Bach komponiert eine *„Aria mit verschiedenen Veraenderungen vors Clavicimbal mit 2 Manualen"*, die Keyserlingk von seinem Cembalisten Gottlieb Goldberg vorgespielt wird. Unter dem Namen des Cembalisten und ehemaligen Schülers von Johann Sebastian Bach gehen diese Variationen in die Musikgeschichte ein (*Goldberg-Variationen*, BWV 988, *Clavierübung, Teil IV*).

Die letzte der dreißig Variationen verbindet zwei damals höchst populäre Volkslieder zu einem Quodlibet: (I) Kraut und Rüben haben mich vertrieben hätt mein Mutter Fleisch gekocht so wär ich länger blieben. (II) Ich bin so lang nicht bei dir g'west Ruck her, ruck her, ruck her! Zahlreiche Deutungen der Goldberg-Variationen wollen in diesem Quodlibet ein biografisches Erinnerungszeichen erkennen. – Übrigens findet der Graf großen Gefallen an dieser Musik und zahlt einen fürstlichen Lohn: Einhundert Louis d'or-Goldstücke; einen so hohen Lohn hat Bach für keine andere Komposition erhalten.

Wenn Johann Sebastian Bach selbst der Familientradition, in der er stand, so große Bedeutung beigemessen hat, ist es dann nicht gerechtfertigt und sogar notwendig, dass vor der Analyse seiner Biografie eine Analyse der Biografie ausgewählter Personen aus den vorangehenden Generationen der Bache erfolgt? Denn wie deutlich werden wird, finden sich Parallelen zwischen den Biografien der Vorfahren und der des Johann Sebastian Bach.

Diese Parallelen sind so auffällig, dass die Annahme naheliegt, Erlebnisse und Erfahrungen der vorlaufenden Generationen hätten in Teilen ihren Niederschlag in der Biografie Johann Sebastians gefunden – zu nennen ist hier vor allem die Art und Weise, wie Mitglieder der verschiedenen Generationen auf Grenzsituationen antworten, die Art und Weise, wie sich in den verschiedenen Generationen die Familienangehörigen gegenseitig stützen, unterstützen und fördern.

Die Wirkung dieser weitergegebenen, „tradierten" Deutungen und Handlungen ist sicherlich nicht nur dem damaligen Zeitgeist geschuldet, der die Annahme von Grenzsituationen – vor allem des Todes nahestehender Menschen sowie des eigenen Sterbens – aus einer christlich geprägten Haltung und der damit verbundenen Hoffnung auf Erlösung erklärt. Diese Wirkung geht auch auf das Miterleben der Art und Weise, wie die Mitglieder vorangehender Generationen mit Grenzen umgehen, aber auch, wie sie füreinander einstehen, zurück; wobei hier nicht die sprachliche und mündliche Überlieferung übersehen werden darf. Schließlich ist die in der Biogenetik vertretene Annahme, wonach sich die über viele Generationen wiederholenden Erlebnisse und Erfahrungen nach und nach in die Erbsubstanz „einschreiben" können, für das Verständnis dieser Wirkung wichtig. Die Tatsache, dass die Genealogie der Bache viele Generationen umfasst und dabei auf eine bemerkenswerte Übereinstimmung von Erlebnissen und Erfahrungen verweist, könnte diese biogenetische Annahme durchaus stützen.

Grenzsituationen durchziehen das Leben der verschiedenen Generationen genauso wie musikalische Erfolge. Die zentrale Grenzsituation, mit denen die Bache in ihrem Leben immer wieder konfrontiert sind, bildet dabei der Tod nahestehender Menschen – der frühe Tod eines Elternteils, der frühe Tod eines Kindes, die schwere Krankheit und der Tod anderer nahestehender Angehöriger: *Media in vita in morte sumus* – mitten im Leben wir sind vom Tod umfangen.

Vergänglichkeit und Endlichkeit des Lebens bildeten ein zentrales Lebensthema in allen Generationen der Bache, vor allem im Leben von Johann Sebastian Bach, der, wie schon früher erwähnt, mit neun Jahren Vollwaise war, der mit 35 Jahren seine erste Frau, Maria Barbara, verlor, von dessen 20 Kindern elf bei Geburt oder in sehr jungem Alter verstarben (Rueger 2000). Und doch ist es den meisten der Bache, so auch Johann Sebastian, gelungen, trotz dieser zum Teil schon sehr früh in das individuelle Leben eingreifenden Ordnung des Todes eine bemerkenswerte musikalische Laufbahn zu verwirklichen, ein erfülltes Familienleben zu führen, Angehörige und Schüler zu fördern und zu der hohen Reputation beizutragen, die die Bache über Generationen hinweg in Thüringen und über dessen Grenzen hinaus bewahren sollten. Mit dem Begriff „Ordnung" soll dabei verdeutlicht werden, dass der Tod kein einzelnes Ereignis, sondern vielmehr eine umfassende, unser ganzes Leben prägende Ordnung darstellt (ausführlich dazu Kruse 2007; v. Weizsäcker 2005). In ganz ähnlicher Weise ist von einer Ordnung des

Lebens zu sprechen, die ebenfalls nicht eine Folge von einzelnen Ereignissen, sondern vielmehr ein fundamentales Prinzip darstellt: Sie umfasst Prozesse der Differenzierung, der Weiterentwicklung, der positiven Veränderung.

Noch etwas Anderes lässt sich in der Familie der Bache immer wieder erkennen, zieht sich wie ein *cantus firmus* durch das Leben vieler Angehöriger aus verschiedenen Generationen: Die bewusst angenommene Abhängigkeit (Kruse 2010) im Falle bleibender, letztlich zum Tode führender gesundheitlicher Verluste und die darauf gründende Fähigkeit, loszulassen, gepaart mit dem Bedürfnis nach selbstbestimmter Alltags- und Lebensgestaltung auch in dieser letzten Grenzsituation. Dies aber eben auch gepaart mit der christlich fundierten Hoffnung auf ein jenseitiges Leben – eine Verbindung von Haltungen also, wie sie zum Beispiel in Johann Sebastian Bachs Kantaten *Actus Tragicus* (BWV 106), *Ich will den Kreuzstab gerne tragen* (BWV 56) und *Ich habe genug* (BWV 82) musikalisch ausgedrückt, umschrieben wird. *Media in morte in vita sumus* – mitten im Tode sind wir vom Leben umfangen: Diese Aussage gilt für die meisten Bache nicht nur in ihrer theologischen Dimension (im Tode tritt Christus „herfür"), sondern auch in ihrer anthropologischen Dimension (das Sterben ist Teil des Lebens, es ist Abschluss des Lebens und sollte – soweit möglich – eben in dieser Weise gestaltet werden).

Zu nennen ist hier stellvertretend die Tatsache, dass Johann Sebastian Bach noch im Sterben den Choral *Wenn wir in höchsten Nöten sein* (BWV 668a) zum Choral *Vor Deinen Thron tret ich hiermit* (BWV 668) umarbeitet. In den genannten Kantaten, so kann man sagen, drückt sich nicht nur Bachs Einstellung zur Endlichkeit und Vergänglichkeit des Lebens aus, auch nicht nur der Zeitgeist. Nein, hier verdichtet sich eine Einstellung, eine Haltung, die über Generationen der Bache hinweg gewachsen ist.

Beginnen wir also mit einer etwas ausführlicheren Genealogie der Familie Bach, weisen wir bereits im Kontext dieser Genealogie auf Parallelen zur Biografie des Johann Sebastian Bach hin, und nehmen wir dann erst eine psychologische Analyse dieser Biografie vor.

Die Generation des Veit Bach – Musik als dominantes Familienthema von Beginn an

Geschichte

Johann Christoph Bach (1673–1727), der Musik und Theologie studiert hatte und von 1698 an als Kantor in dem thüringischen Ort Gehren tätig war, schrieb wenige Monate vor seinem Tod, die „weltbekannte Bachsche Familie" könne ihre Genealogie vom Jahr 1504 an nachweisen. Mit diesem Hinweis wollte Johann Christoph Bach die Einzigartigkeit der Familientradition in Fragen der Musik hervorheben und zudem einen gewissen Stolz darüber zum Ausdruck bringen, einer derartigen Familie anzugehören.

Es lässt sich nicht nachweisen, ob der Ursprung der Familie wirklich bis auf das Jahr 1504 zurückreicht. Eine von Johann Sebastian Bach 1735 verfasste Familienchronik – die dem ersten Bach-Biographen J. Nikolaus Forkel als Grundlage für sein 1802 erschienenes und auch heute noch intensiv rezipiertes Buch *Über J. S. Bachs Leben, Kunst und Kunstwerke* diente – beginnt mit Vitus (Veit) Bach, der um 1550 geboren wurde und 1619 verstarb. Johann Sebastian Bach leitet die Familienchronik mit folgenden Ausführungen ein:

> Vitus Bach, ein Weißbecker aus Ungarn, hat im 16ten Seculo der lutherischen Religion halber aus Ungarn entweichen müssen. Ist dannenhero, nachdem er seine Güter, so viel es sich hat wollen thun lassen, zu Gelde gemacht, in Deutschland gezogen, und da er in Thüringen genugsame Sicherheit für die lutherische Religion gefunden hat, hat er sich in Wechmar, nahe bey Gotha niedergelassen, und seines Beckers Profeßion fortgetrieben. Er hat sein meistes Vergnügen an einem Cythringen gehabt, welches er auch mit in die Mühle genommen, und unter während Mahlen darauf gespielet. Es muß doch hübsch zusammen geklungen haben! Wiewol er doch dabey den Tact sich hat inprimiren lernen: Und dieses ist gleichsam der Anfang zur Musik bey seinen Nachkommen gewesen (Bach-Dokumente III, 666).

Mit Cythringen ist übrigens die Cister gemeint, die zwischen dem 10. und 12. Jh. von der Laute abgeleitet wurde. Cistern haben stets Metallsaiten und unterscheiden sich auch darin von Lauten. Die Anzahl der Saiten variiert, und auch die Stimmung ist nicht einheitlich. Die Cister fand vor allem in der Renaissancezeit weite Verbreitung und wurde dabei auch bevorzugt von Anfängern auf dem Gebiet der Musik gespielt.

Es ist an dieser Stelle nicht entscheidend, ob Veit Bach ungarischer Abstammung war oder aber auf seiner Gesellenreise von Deutschland nach Ungarn wanderte und sich dort niederließ. Heute wird angenommen, dass er im Umkreis von Pressburg (Bratislava) geboren wurde und dort später als Müllergeselle tätig war. Während des Schmalkaldischen Krieges wanderte er nach Ungarn aus und flüchtete vor der Gegenreformation nach Wechmar, wo er wieder als Müller arbeitete. Vielmehr ist von Interesse, dass Veit Bach *seines Glaubens wegen* eine gesicherte berufliche Existenz aufgab und mit der Flucht nach Wechmar seine tief verwurzelte Zugehörigkeit zum Luthertum dokumentierte: ein für die Bache und damit auch für Johann Sebastian Bach bedeutsames Thema! Zudem stellt die Wahl Thüringens als neue Heimat ein Vorzeichen für mehrere Generationen der Bach-Familie dar, denn die meisten Mitglieder dieser Familie folgten dem Beispiel Veit Bachs und blieben in Thüringen, wo sich in den nächsten 100 Jahren mehr und mehr Bach-Zentren bilden sollten.

Nicht nur vom religiösen Standpunkt aus war die Wahl von Thüringen eine richtige. Dies war ein Land, wo man sonntags einfach Bauernknechte in der Kirche als Sänger und Instrumentalisten hören konnte, die es – wie ein Jenaer Amtmann bemerkt – „manchen Federhansen wo nicht *pronunciatione*, jedoch *arte* weit zuvor" taten, ein Land, wo sogar in kleinen Kirchen die „vocalis musica zum wenigsten mit ein fünf oder sechs Geigen ornirt und gezieret" wurde (Geiringer 1977, S. 10).

Dabei wird in der Familienchronik hervorgehoben, welche Freude Veit Bach an der Musik gehabt haben muss, wenn er die Cister nicht nur in Stunden der Muße gespielt hat, sondern diese sogar mit in die Mühle nahm. Auch im Hinblick auf die Musikalität scheint Veit Bach den nachfolgenden Generationen als Vorbild gedient zu haben, sodass Johann Sebastian Bach in seiner Familienchronik betont:

Und dieses ist gleichsam der Anfang zur Musik bey seinen Nachkommen gewesen (Bach-Dokumente III, 666).

Bleiben wir noch in der Generation des Veit Bach, denn auch ein kurzer Blick auf dessen Brüder Hans Bach (1555–1615) und Caspar Bach (um 1570–1642) lässt uns verstehen, in welchem Maße und in welcher Weise die Musik schon in den Vorgängergenerationen Johann Sebastians ein dominantes Familienthema bildete und seine Musikalität zumindest mittelbar mitgeprägt hat.

Dass diese Deutung nicht übertrieben ist, zeigt uns die von Johann Sebastian Bach selbst vorgenommene Genealogie der Musikalität in seiner Familie – warum sonst hätte er sich um die Darlegung der musikalischen Ursprünge in seiner Familie bemühen sollen?

Hans Bach war als Zimmermann sowie als Spielmann und Schalksnarr am Hof der Herzogin Ursula von Württemberg in Nürtingen beschäftigt. Im Kirchenregister kann man lesen, dass „dem fleißigen und treuen Diener ihrer Herzoglichen Hoheit ein ehrliches Begräbnis" zuteil geworden sei – Ausdruck der Achtung, die Hans Bach entgegengebracht wurde, Ausdruck der Tatsache, dass dieser nicht als ein gewöhnlicher Schalksnarr angesehen wurde. Darauf deutet auch hin, dass es von Hans Bach sowohl einen Kupferstich als auch einen Holzschnitt gibt, die ihn als einen Mann mittleren Alters, mit kurzem Haar, Schnurrbart und Spitzbart, ausgestattet mit einer Fiedel und einem Bogen darstellen. Auf dem Kupferstich findet sich ein bekannt gewordener

Knittelvers, der uns Auskunft über die Musik, aber auch über das Naturell dieses Spielmanns und Schalksnarren gibt:

> Hie siehst du geigen Hans Bachen,
> Wenn du es hörst, so mustu lachen.
> Er geigt gleichwol nach seiner Art,
> Und trug ein hipschen Hanns Bachen Bart.
>
> Ein volksbekannter Narr und Witzbold, ein spaßhafter Fiedler,
> dabei ein Mann, fleißig, schlicht und fromm.

Caspar Bach hingegen war Stadtpfeifer in Gotha und später in Arnstadt – er hatte einen Beruf inne, der für die Bache nachfolgender Generationen typisch werden sollte. So waren zum Beispiel der Großvater und der Vater von Johann Sebastian Bach, Christoph Bach (1613–1661) und Johann Ambrosius Bach (1645–1695), ebenfalls als Stadtpfeifer tätig. Es könnten noch zahlreiche Familienmitglieder genannt werden, die dieser Tätigkeit ebenfalls nachgingen. In Arnstadt waren Musiker der Familie – mit kurzen Unterbrechungen – über einen Zeitraum von fast zwei Jahrhunderten als Stadtpfeifer tätig. Zudem, und für uns noch wichtiger, begann dort die Laufbahn von Johann Sebastian Bach als Organist.

Welche Tätigkeiten umfasste damals der Beruf des Stadtpfeifers? Darüber gibt die vom Bachhaus Eisenach herausgegebene Schrift „*Ich habe fleißig seyn müssen …* " *Johann Sebastian Bach und seine Kindheit in Eisenach* (Nentwig 2004) Auskunft:

> Stadtpfeifer waren durch ihre langjährige Ausbildung und ihre unterschiedlichen musikalischen Aufgaben instrumentale „Alleskönner". Bei Aufführungen im Freien und in großen Räumen kamen vor allem kräftig klingende Blasinstrumente zum Einsatz. Der häufig gebrauchte krumme oder auch schwarze Zink mit seinem klaren, trompetenähnlichen, modulierbaren Klang war im Zusammenspiel mit Posaunen beim Einsatz in der Kirche, beim Turmblasen und bei besonders feierlichen Anlässen beliebt. Für die Tanz- und Tafelmusik zu höfischen Festen oder bürgerlichen Feiern wurden verschiedene Streichinstrumente und Rohrblattinstrumente (Krummhorn, Dulzian, Cornamuse) eingesetzt. Der schnarrende und näselnde Klang dieser Holzblasinstrumente entsprach jedoch bereits am Ende des 17. Jh. nicht mehr dem Zeitgeschmack. Stattdessen wurden verschiedene Flöten bevorzugt (Nentwig 2004, S. 19).

Deutung im Hinblick auf Johann Sebastian Bach

Halten wir hier zunächst einmal inne. Für unser Verständnis der besonderen Musikalität Johann Sebastian Bachs ist wichtig, dass dieser Komponist einer Familie entstammt, die von ihren Anfängen im 16. Jh. an nicht nur großes Interesse an Musik gezeigt hat, sondern in der es Mitglieder aller Generationen – auch über die Generation Johann Sebastian Bachs hinaus – zur Meisterschaft auf dem Gebiet der Musik gebracht haben. Johann Sebastian Bach und sein Werk erscheinen also in dieser Generationenfolge als Kulmination, nämlich als End- und Höhepunkt eines musikalischen Entwicklungsprozesses, der sich durch die Familie zieht, wobei man bedenken muss, dass in dieser Familie die vorausgehende Generation vielfach die nachfolgende Generation unterrichtet hat – und dies sowohl in der Theorie der Musik als auch im Spiel eines oder gar mehrerer Instrumente. Eine derart intensive, fundierte Beschäftigung mit Musik von Beginn der Familiengeschichte an und über viele Generationen hinweg lässt sich in keiner Biografie eines anderen Komponisten finden.

In diesem Kontext ist der Begriff der Genealogie in doppeltem Sinne von Bedeutung: Zum einen im Hinblick auf die Familiengeschichte, zum anderen im Hinblick auf den Ursprung der Musikalität in dieser Familie. In dem Begriff der Genealogie finden sich sowohl das altgriechische *geneá*, das mit „Abstammung" übersetzt werden kann, als auch das altgriechische *génesis*, das sich mit „Ursprung" übersetzen lässt. Bereits der kurze Blick auf den Beginn der Familiengeschichte, auf die beiden ersten Generationen, gibt uns erste Hinweise auf den Ursprung der Musikalität, die in der Person und im Werk des Johann Sebastian Bach so eindrucksvoll kulminiert – und, auch dies sei hier hervorgehoben, die von ihm an die nachfolgenden Generationen weitergegeben wurde.

Uns beschäftigt auch die Frage, wie sich die ausgeprägte Musikalität von Johann Sebastian Bach erklären lässt. Bei der Beantwortung dieser Frage sind Erklärungsansätze hilfreich, die aus dem Forschungsgebiet der Genetik stammen: mittlerweile finden sich wissenschaftlich anspruchsvolle Untersuchungen, die für die Existenz eines „Musikalitäts-Gens" sprechen (siehe zum Beispiel Pulli, Karma, Nurio et al., 2008).

Ebenso sind Erklärungsansätze von Interesse, die die Vorbildfunktion der Eltern-Generation für die Entwicklung ausgeprägter Musikalität und die große Bedeutung des Fleißes für die Ausbildung einer Meisterschaft auf musikalischem Gebiet betonen (Gembris 2005; Lowis 2011). Über diese Erklärungsansätze hinaus erscheint uns aber der Blick auf die Entwicklung von Fähigkeiten und Neigungen – wie sich diese in der Musikalität eines Menschen zusammenfügen – über mehrere Familiengenerationen hinweg als ein lohnenswertes Unterfangen. Denn es ist gerade dieser Blick, der uns besser verstehen lässt, wie es kommen konnte, dass aus dieser Familie ein Musiker hervorging, der zu den größten in unserer Kulturgeschichte gezählt werden darf, der nicht nur Musik ausgeübt, sondern diese theoretisch in höchst anspruchsvoller Weise weiterentwickelt hat und dabei schon früh (nämlich mit Beginn seiner beruflichen Tätigkeit als Organist in Arnstadt) Sicherheit und Kreativität im Umgang mit Musik zeigte.

Bleiben wir also noch ein wenig bei der Familiengeschichte. Sie führt uns ja nicht nur näher an die Musikalität Johann Sebastian Bachs heran, sondern lässt uns auch besser verstehen, wie es ihm gelungen ist, trotz der früh in seinem Leben eingetretenen Grenzsituation, gemeint ist hier der Tod der Eltern in seinem zehnten Lebensjahr, eine lebensbejahende Einstellung zu bewahren und mit Lebensmut, Eigeninitiative und großem Fleiß seine Kindheit und Jugend zu durchschreiten und in hohem Maße mitzugestalten.

Der in der Klinischen Psychologie und Psychiatrie bewanderte Leser fühlt sich durch diese Aussagen an Forschungsarbeiten zur *Resilienz* erinnert, in denen die Frage im Zentrum steht, wie es Menschen gelingt, trotz hoher psychischer Belastungen oder sogar traumatischer Erlebnisse in Kindheit und Jugend zu einer Persönlichkeit heranzureifen, die beziehungs-, leistungs- und genussfähig ist und die eine positive Lebenseinstellung sowie hohe Kompetenz in der Bewältigung von Alltagsanforderungen zeigt (Lösel und Bender 1999; Rutter 1990, 2008; Werner und Smith 1982; aus einer alternspsychologischen Perspektive Greve und Staudinger 2006; aus einer zeitgeschichtlich-psychologischen Perspektive Fooken und Zinnecker 2007).

Resilienz (aus dem Lateinischen: *resilire* = zurückprallen) lässt sich mit „psychischer Widerstandsfähigkeit" übersetzen. Dies heißt: Es gibt Menschen, die vor langfristigen negativen Folgen psychischer Belastungen geschützt sind, wobei dieser emotionale Schutz auf einer Wechselwirkung genetischer, psychologischer und sozialer Faktoren gründet. Die hier angesprochene Resilienz-Forschung wird uns an späterer Stelle dieses Kapitels noch intensiver beschäftigen. Denn Johann Sebastian Bach ist als Beispiel für einen Menschen anzusehen, der trotz höchster psychischer Belastungen in Kindheit und Jugend beziehungs-, leistungs- und genussfähig geworden ist, der seine persönlichen Interessen deutlich zu artikulieren und vielfach durchzusetzen vermochte, der zugleich von hoher Mitverantwortung seinen Angehörigen und Schülern gegenüber bestimmt war und der in zahlreichen Lebensbereichen – nicht nur in der Musik, in den Sprachen, in der Religion, in der Philosophie und in der Mathematik, sondern auch in der Gestaltung seines Familienlebens wie auch in der Erziehung und Bildung nachfolgender Generationen – hohes, zum Teil höchstes Engagement und ebenso hohe, zum Teil höchste Kreativität zeigte.

Die Generation des Johannes Bach und die Generation seiner Kinder – Musikalische Vorläufer Johann Sebastian Bachs

Geschichte

Kehren wir aber nun zur Familienchronik zurück und setzen wir diese bei Johannes Bach (1580–1626), einem Sohn Veit Bachs und Urgroßvater von Johann Sebastian Bach, fort. Johannes Bach gilt als Begründer des Bach'schen Musikgeschlechts.

Johannes absolvierte eine Stadtpfeiferlehre in Gotha und übte dort seinen Beruf aus. Seine drei Söhne wurden Musiker und erwarben sich auf diesem Gebiet hohes Ansehen. Es lohnt, auch im Hinblick auf die Biografie Johann Sebastian Bachs, sich den Lebensweg – nicht nur den beruflichen, sondern auch den persönlichen – der drei Söhne von Johannes Bach etwas genauer anzuschauen. Vor allem der Lebensweg des jüngsten Sohnes, Heinrich Bach (1615–1692), verdient besondere Beachtung. In dessen letzten Lebensjahren zeigen sich Grenzsituationen, die denen ähneln, mit denen auch Johann Sebastian Bach konfrontiert war. Weil die Lebenseinstellung, die Heinrich Bach in diesen Grenzsituationen zeigte, deutliche Ähnlichkeit zur Lebenseinstellung Johann Sebastians in solchen Situationen erkennen ließ, ist dieser Exkurs ebenfalls interessant. Dabei ist zu berücksichtigen, dass Johann Sebastian Bach vom Schicksal seines Großonkels Heinrich Bach sicherlich viel erfahren hat, da dieser in seinen späten Lebensjahren (1689–90) von Johann Christoph Bach, dem ältesten Bruder Johann Sebastian Bachs, in seiner Organistentätigkeit intensiv unterstützt wurde – mithin von jenem Bruder, der nach dem Tod von Johann Sebastian Bachs Eltern seine Erziehung und musikalische Ausbildung übernehmen sollte.

Kommen wir jedoch zunächst auf Heinrich Bachs ältere Brüder zu sprechen. Der älteste, Johann Bach (1604–1673), gilt als der erste eigentliche Komponist der Familie Bach. Auch er war Stadtpfeifer und Organist; seine fünfjährige Ausbildung hat er bei seinem späteren Schwiegervater durchlaufen. Wir sehen also auch hier, in welchem Ausmaß die Familie – sei es die Herkunftsfamilie, sei es die Familie der späteren Ehefrau – Verantwortung für die musikalische Ausbildung nachfolgender Generationen übernahm. Er war an vielen Orten Thüringens tätig, so auch in Arnstadt, der späteren Wirkungsstätte Johann Sebastian Bachs. Dort nahm er bedeutende, sozial anerkannte Positionen ein: 1635 wurde er Direktor der Ratsmusik der Stadt Erfurt und ein Jahr später Organist der Predigerkirche. Seine Kinder wurden ausnahmslos Musiker und bekleideten in aller Regel Kantoren- oder sogar Direktorenämter.

Mit anderen Worten: Die Familie des Johann Bach hat sehr dazu beigetragen, die Bache zur führenden Musikerdynastie in Thüringen zu machen. In Erfurt waren sie mehr als ein Jahrhundert tonangebend im Hinblick auf die liturgische und weltliche Musik. Dies führte dazu, dass noch in den 1790er-Jahren alle Stadtpfeifer Erfurts *Bache* genannt wurden, obwohl gar kein Bach-Abkömmling mehr unter ihnen lebte.

Dies zeigt, dass Johann Sebastian Bach, als er seine Organistenkarriere in Arnstadt begann, auf den vorzüglichen Ruf seiner Familie in ganz Thüringen bauen konnte. Es lässt uns auch verstehen, warum er – fast immer mit Erfolg – seine Söhne darin unterstützte, Positionen zu erlangen, die ihrer hohen Musikalität angemessen waren: Es war auch die Überzeugung, den großen Einfluss, den die Bache auf die Musik in Thüringen (aber auch in anderen Regionen Deutschlands) ausübten, über Generationen hinweg sichern zu müssen. Die von Johann Sebastian Bach angefertigte Familienchronik kann dabei als Selbstvergewisserung gedeutet werden – und zwar in der Hinsicht, in einer Tradition hoher Musikalität zu stehen, diese fortzuführen und schließlich im Werk seiner Kinder fortgesetzt zu sehen.

Kommen wir zum zweitältesten Bruder Heinrich Bachs, nämlich Christoph Bach (1613–1661), dem Großvater Johann Sebastian Bachs. Die musikalische Ausbildung erhielt Christoph Bach vor allem durch seinen Vater. Er war zunächst als Stadtmusikant und „Fürstlicher Bedienter" tätig, heiratete die Tochter eines Stadtpfeifers, die ihm sechs Söhne schenkte. Von ihnen fielen drei durch besonders hohe musikalische Begabung auf (darunter Johannes Ambrosius Bach, der Vater von Johann Sebastian Bach). Er bekleidete die Stellung des Ratsmusikanten in Erfurt und wurde 1654 zum „Gräflichen Hof- und Stadtmusikus" in Arnstadt berufen – wobei an dieser Berufung auch sein jüngerer Bruder Heinrich Bach mitgewirkt hat, der seit 1641 in Arnstadt als anerkannter Organist und Kantor tätig war. Die vom Grafen zu Schwarzburg und Honstein am 17. Mai 1654 unterzeichnete Bestallungsurkunde vermittelt eine Vorstellung davon, welche Erwartungen in der damaligen Zeit an einen „Hof- und Stadtmusiker" (der ja in vielen Fällen zugleich das Amt des „Stadtpfeifers" ausübte) gestellt wurden. In dieser Urkunde heißt es:

> In der Kirchen bei der Music und auf dem Chor, wie auch zu Hof ... nebst seinen Adjuvanten sowohl mit Violen als blasenden Instrumenten, wie es die Kunst mit sich bringet, fleißig und unverdrossen aufwarten, täglich von dem Schloßthurm ... zweymahl, als zu Mittags und Abends und auf die Hohe Feste den ersten Tag auch Morgens frühe, abblasen (Aus: Geiringer 1977, S. 22).

Kommen wir nun zu Johannes Bachs jüngstem Sohn, nämlich zu Heinrich Bach (1615–1692), der uns in manchem an Johann Sebastian Bach erinnert. Wie Johann Sebastian Bach in der Genealogie schreibt, war Heinrich Bach „eine sonderbare Beliebung zu dem Orgelschlagen" zu Eigen. Da sich im heimatlichen Wechmar keine Orgel fand, legte er an den Sonntagen weite Wege zu Fuß zurück, um an anderen Orten eine Orgel zu hören.

Hier finden wir bereits eine erste Parallele zu Johann Sebastian Bach, der es sich nicht nehmen ließ, als 15-Jähriger vom thüringischen Ohrdruf bis nach Lüneburg zu wandern, um dort an der Partikularschule des Michaelisklosters seine schulische und musikalische Ausbildung fortsetzen zu können. Heinrich Bach studierte die Musik sowohl bei seinem Vater als auch bei seinem älteren Bruder Johann. 1641 wurde er als Organist an die Liebfrauenkirche und an die Oberkirche in Arnstadt berufen, wo er bis 1690 aktiv wirkte. Hier treffen wir auf eine weitere Parallele zu Johann Sebastian Bachs Lebenslauf: Wie sich dieser nämlich während seiner Tätigkeit als Organist an der Neuen Kirche in Arnstadt einmal acht Wochen länger vom Dienstort entfernte, als ihm – für Studienzwecke bei Buxtehude in Lübeck – zugestanden worden war (Bach wurde ob dieses Verhaltens vom Arnstadter Konsistorium getadelt und ermahnt), so zeigte auch schon Heinrich Bach die Tendenz, ohne Erlaubnis durch die Vorgesetzten Arnstadt zeitweise zu verlassen, um seine beiden ältesten Söhne, die in nahe gelegenen Orten Stellungen angenommen hatten, zu besuchen. Zwar hatte er, ähnlich wie später Johann Sebastian Bach, einen Stellvertreter eingesetzt, ohne allerdings davon seine Vorgesetzten in Kenntnis gesetzt zu haben. So wie Johann Sebastian Bach getadelt und gerügt wurde, so geschah dies auch Heinrich Bach. So wie Johann Sebastian Bach das Verbot, die Stadt ohne Genehmigung des Konsistoriums zu verlassen, als eine nicht hinnehmbare Einschränkung seiner Bewegungsfreiheit empfunden und derentwegen Konflikte mit dem Konsistorium in Kauf genommen hatte, so hatte schon fünf bis sechs Jahrzehnte vor ihm Heinrich Bach seinen Unmut über eine ganz ähnliche Einschränkung formuliert.

Es sei hier nur in Parenthese angemerkt, dass sich ähnliche Konflikte mit den Vorgesetzten auch bei Wilhelm Friedemann Bach (1710–1784) und Johann Ernst Bach (1722–1777), das heißt, bei Johann Sebastian Bachs Kindern, finden lassen.

1679 verlor Heinrich Bach seine Frau und zog zu seiner Tochter, die mit dem Organisten und gräflichen Küchenschreiber Christoph Herthum verheiratet war. Christoph Herthum übernahm – aufgrund schwerer Erkrankungen Heinrich Bachs – mehr und mehr dessen Arbeit als Organist. In den Jahren 1689–90 wurde er dabei von Johann Sebastian Bachs ältestem Bruder, Johann Christoph Bach, unterstützt.

Wie später Johann Sebastian, so erblindete auch Heinrich Bach in seinen letzten Lebensjahren und stand, wie die Leichenpredigt bezeugt, „wegen vieler und steter Flüsse und offener Schenkel viel Ungemach aus". Und doch bewahrte er, auch hier Johann Sebastian Bach sehr ähnlich, selbst in solchen gesundheitlichen Grenzsituationen, selbst im Angesicht der eigenen Endlichkeit eine heitere Ruhe, die für ihn Zeit seines Lebens charakteristisch gewesen sein muss. Der Pfarrer beschrieb in der Gedenkpredigt (die dem damaligen Gebrauch wie auch dem hohen sozialen Status des Verstorbenen folgend gedruckt wurde) Heinrich Bachs Einstellung zu seinem Lebensende mit den Worten:

Seinem Nahmen nach/hieß und war Er ein Bach/von geringem Menschlichen Ursprung; Der Gnaden nach/aber/hatte Gottes Gütigkeit des heilsamen Lebens Bach/durch Wort und Sacramenta/mit vielen guten Christenthums- und Ampts-Gaben in seine Seele geleitet: Daneben aber auch so manche Ströhme seines Lebens Bachs bey reichen Eh-Segen/biß ins dritte Glied/und zugleiche die besondere Gnade über Ihn ergossen/darinn Er Ihm allzeit eine solche Gemüths-Zufriedenheit verliehen/daß man Ihn/wann gleich noch so viel *Creutz, contrapuncten* und *Chromatische* Töne Ihm fürgestanden/Er dennoch allzeit als ein Trauriger/dennoch allzeit frölich und auff sein fest fürgesetztes Freuden-Final stets gerichtet gewesen/wovon Ich an meinen wenigen Theil/aus augenscheinlicher befindung/wahres Zeugniß erstatten kann (Aus: Geiringer 1977, S. 26).

Der von ihm wenige Wochen vor seinem Tod diktierte Brief an seinen Dienstgeber, den gräflichen Herrn, hätte auch von Johann Sebastian Bach verfasst sein können:

Hochgeborner Graff, Gnädigster Herr,
Nachdem ich nun durch Gottes Gnade über 50 Jahre in hiesigen beiden Stadt-Kirchen Organist bin, jetzt aber hohen Alters und Schwachheit halber schon geraume Zeit zu Bette gelegen und nunmehro eines seligen Endes von Gott erwarte, inzwischen jedoch mein Amt in beyden Kirchen durch Ew. Hochgräffl. Küchenschreiber Christoph Herthumen, als meinem Eydam, zu Eur. Hoch Gräffl. Gnaden sowohl alß zu hiesigem Ministerii und der gantzen Gemeinde verhoffentlichen Vergnügen, dennoch allschon ins dritte Jahr richtig versehen lassen, und nunmehro bald an deme, dass dieser Kirchendienst nach meinem Todte mit einem anderen, hierzu tauglichen Subject wieder bestellt werden muß, so habe, für alltäglich erwartenden meinem seel. Ende nicht ermangeln wollen (weil Ew. Hoch Gräffl. Gnaden ich doch meine Lebetage noch umb nichts gebeten) dieselbe auf meinem Todtbette hierdurch unterthänigst zu ersuchen, mir die hohe Gnade zu erweisen, solchen Dienst gedachten Ihren Küchenschreiber, seiner kundbahren perfection und excolirten Kunst

halber in Gnaden zu gönnen, ihm auch zu dem Ende noch für meinen Abscheiden mir gnädig substituiren und die succession versprechen zu lassen. Gleichwie solche Gnade mir in meinem miserablen Zustande eine besondere Freude und Consolation sein wird, also werde auch nicht ermangeln den Allerhöchsten, weil ich noch lebe, so tags als nachts demüthigst anzuflehen, daß er Ew. Hochgräffl. Gnaden dafür segnen, glückliche Regierung verleihen, und nebst Dero Gemahlin Durchl. bei unabfälliger Gesundheit und langem Leben beständig erhalten wolle.
Ew. Hochgräffl. Gnaden
unterthänigster
Heinrich Bach.
Arnstadt, den 14. Januar 1692. (Aus: Geiringer 1977, S. 25).

Deutung mit Blick auf Johann Sebastian Bach

Worin liegen die Parallelen? In diesem Brief kommt zunächst die gefasste Haltung des Heinrich Bach gegenüber der eigenen Endlichkeit zum Ausdruck, wobei diese Haltung sicherlich auf dem Glauben an die göttliche Gnade gründet, der für die Menschen in der damaligen Zeit geradezu charakteristisch war – in dieser Haltung gegenüber der eigenen Endlichkeit wie auch in diesem Glauben ergeben sich eindeutig Parallelen zu Johann Sebastian Bach. Doch nicht nur darin.

Auch das Engagement für einen Familienangehörigen, das als das eigentliche Motiv dieses Briefes gewertet werden darf, ähnelt sehr Johann Sebastian Bachs eigenem Verhalten, der noch in seinem letzten Lebensjahr alles dafür getan hat, um seine Verwandten bei der Bewerbung um eine attraktive Organisten- und Kantorenstelle zu unterstützen. Wir treffen hier wieder auf den Einsatz der Familie für das berufliche Fortkommen ihrer Mitglieder, wobei in vielen (wenn auch nicht in allen) Fällen deren musikalisches Talent den Einsatz rechtfertigte.

Schließlich sei noch eine Parallele zwischen Heinrich Bach und Johann Sebastian Bach genannt: Der Brief ist angefüllt mit Phrasen, in denen die unterwürfige Haltung seines Verfassers zum Ausdruck kommt. Zudem deutet er auf dessen mangelnde Erfahrung beim Abfassen von Briefen hin – die ungelenke Sprache ist dafür ein eindeutiges Indiz. Verstärkt wird dieser Eindruck noch durch die Tendenz, hochgestellten Persönlichkeiten ganz nach dem Munde zu reden und sich damit als untertänig zu erweisen. Ganz ähnliche Auffälligkeiten sind in den – sehr wenigen – Briefen zu finden, die Johann Sebastian Bach geschrieben hat. In den an die Obrigkeiten gerichteten Briefen neigt er ebenfalls dazu, Phrasen zu verwenden, in denen die unterwürfige

Haltung wie auch die Tendenz, den Obrigkeiten nach dem Munde zu reden und sich selbst klein zu machen, zum Ausdruck kommen.

Dies geht sogar so weit, dass er in seinem Brief vom 28. Oktober 1730 an Georg Erdmann, mit dem er in seiner Jugendzeit gemeinsam nach Lüneburg gewandert ist, da beide an dem dortigen St. Michaeliskloster ihre schulische und musikalische Ausbildung fortsetzen wollten, ebenfalls zu dem untertänigen Ton neigt. Hier interessiert uns die Haltung Johann Sebastian Bachs gegenüber hochgestellten Persönlichkeiten – zu denen Georg Erdmann als Gesandter des Russischen Hofes gezählt werden durfte. So leitet er den Brief wie folgt ein:

> Ew: Hochwohlgebohren werden einem alten treüen Diener bestens excusiren, daß er sich die Freyheit nimmet Ihnen mit diesen zu incommodiren. Es werden nunmehr fast 4 Jahre verflossen seyn, da E: Hochwohlgebohren auf mein an Ihnen abgelaßenes mit einer gütigen Antwort mich beglückten; Wenn mich dann entsinne, daß Ihnen wegen meiner Fatalitäten einige Nachricht zu geben, hochgeneigt verlanget wurde, als soll solches hiermit gehorsamst erstattet werden (Bach-Dokumente I, 23).

Und er beendet den Brief in folgender Weise:

> Ich überschreite fast das Maaß der Höflichkeit wenn Eu: Hochwohlgebohren mit mehreren incommodire, derowegen eile zum Schluß mit allem ergebensten respekt zeit Lebens verharrend Eu. Hochwohlgebohren gantz gehorsamst ergebester Diener Joh: Sebast: Bach (Bach-Dokumente I, 23).

Maarten 't Hart gelangt in seinem Buch *Bach und ich* ('t Hart 2000) zu folgendem Schluss:

> Lasst es uns frank und frei und rundheraus sagen: Bach konnte nicht schreiben. (…) Bach hatte keine Lust, Briefe zu schreiben, Bach schreckte davor zurück, Bach konnte das nämlich nicht.

Und an anderer Stelle hebt 't Hart hervor:

> Wie Bach komponierte, so schrieb er. Auch als Komponist fährt er beharrlich fort, weiß nicht aufzuhören, reiht Takt an Takt mit endlos sich über die Linien hinziehenden Noten und lässt bemerkenswert lang auf den Doppelstrich warten. Doch was in der Musik die Seele entzückt, ist in seinen Briefen ungenießbar ('t Hart 2000, S. 69).

't Hart zitiert Musikwissenschaftler, die hervorheben, dass Bach bisweilen grammatikalisch fehlerhaftes Deutsch geschrieben und einen unklaren Ausdruck verwendet habe, was im Kontrast zu den komplexen, höchst differenzierten Strukturen in seinen Kompositionen stehe. Vermutlich, so sei hier mit 't Hart angenommen, war Johann Sebastian Bach letztlich das Briefeschreiben ähnlich unwichtig wie seinem Großonkel Heinrich Bach – und auch anderen Bachen, für die das entscheidende Medium die Musik und nicht die Schriftsprache bildete.

Die bisweilen fehlerhafte Schriftsprache war bei Johann Sebastian Bach in keinerlei Hinsicht Folge mangelnder Bildung. Er gehörte zu den besten Schülern und lernte neben den alten Sprachen Französisch und Italienisch, um die Musik aus diesen Ländern besser verstehen zu können. Nein, hier kommt noch einmal die eindeutige Orientierung an der Musik zum Ausdruck.

Und die unterwürfige Haltung? Diese zeigte sich bei Johann Sebastian Bach wie auch bei seinem Großonkel Heinrich Bach in jenen Briefen, in denen er als Bittsteller auftreten musste: sei es als Bittsteller in eigenen, vor allem finanziellen Angelegenheiten, sei es als Bittsteller in Angelegenheiten nächster Angehöriger, für die er etwas tun wollte und auch tun musste.

Kehren wir noch einmal zu jenem Thema zurück, mit dem wir die Charakterisierung dieses Briefes begonnen haben: Welche Haltung gegenüber dem Tod ist bei Heinrich Bach erkennbar? Heinrich blickte gefasst auf das nahende Lebensende – dies in der Hoffnung auf die Gnade Gottes, aber auch als Ergebnis einer intensiven Auseinandersetzung mit der Endlichkeit des Lebens. Karl Geiringer deutet in seinem Buch *Die Musikerfamilie Bach* (Geiringer 1977) diese gefasste Haltung als das Ergebnis der subjektiv erlebten Verschränkung von Leben und Tod, wenn er schreibt:

> Die sachliche Art, mit der Heinrich auf seinen bevorstehenden Tod hinweist, ist ebenso bezeichnend für den tiefgläubigen Mann wie für seine Zeit. Dass der Gedanke an den Tod ihn ständig beschäftigte – ein Zug, den wir bei seinem Großneffen Sebastian wieder begegnen werden –, zeigt sich auch in der Tatsache, dass Heinrich, solange er noch nicht ans Bett gefesselt war, jedem Begräbnis in Arnstadt – sei es auch des ärmsten Mitbürgers – beiwohnte (Geiringer 1977, S. 26).

Die von Karl Geiringer vorgenommene Charakterisierung der Haltung des Heinrich Bach gegenüber seiner Endlichkeit ist für unsere Überlegungen auch deswegen so wichtig, weil er ausdrücklich eine Parallele zu der Haltung gegenüber dem nahenden Tod herstellt, die bei Johann Sebastian Bach zu finden war. Es wird uns noch ausführlich beschäftigen, wie klar, wie gefasst Johann Sebastian Bach auf den Tod blickte, wie er sich – unmittelbar nach Auftreten des Schlaganfalls wenige Tage vor seinem Tod – darauf vorbereitete, vor Gottes Thron zu treten. Die Veränderungen, die er an dem Choral *Wenn wir in höchsten Nöten sein* (BWV 668a) vornahm, auf dass dieser zu dem Choral *Vor deinen Thron tret ich hiermit* (BWV 668) passe, zeugen von dieser Klarheit, Gefasstheit und (im Kern) positiven Erwartung. Noch auf dem Sterbebett befasste er sich mit der *Kunst der Fuge* (BWV 1080). Die von Christoph Wolff in seiner Monographie *Johann Sebastian Bach* (Wolff 2009a) gegebene Deutung der hinter der Veränderung des Chorals *Wenn wir in höchsten Nöten sein* stehenden persönlichen und musikalischen Haltung lässt uns besser verstehen, warum wir bei Heinrich und Johann Sebastian Bach (aber auch bei anderen Bachen) diese gefasste, erwartungsvolle Haltung gegenüber dem Tod beobachten können:

> Die überlieferten Quellen dieses außergewöhnlichen Orgelchorals in seinen drei Fassungen legen beredtes Zeugnis ab von dem geistigen wie künstlerischen Engagement des Komponisten gleichsam bis zum letzten Atemzug, lassen zudem die tiefe Frömmigkeit Bachs erahnen. Vor allem jedoch bieten die Korrekturen, die die ältere Fassung von „Wenn wir in höchsten Nöten sein" auf die Stufe von „Vor deinen Thron tret ich hiermit" erheben, ein letztes Beispiel für ein lebenslanges Streben nach musikalischer Vollkommenheit (Wolff 2009a, S. 492).

Das Leben stand im Dienst der Musik, im Dienst des Strebens nach musikalischer Vollkommenheit – wobei die Musik immer auch Ausdruck der Frömmigkeit bildete. Die Musik vermittelte den beiden hier einander gegenübergestellten Bachen ein bemerkenswertes Gefühl der Kontinuität ihres Selbst – über den Lebenslauf, aber auch über diesen hinaus, nämlich mit Blick auf die Erhaltung der individuellen Existenz in Gott.

Warum konnte gerade die Musik dieses Gefühl der Kontinuität, auch über das irdische Leben hinaus, vermitteln? Der Grund dafür liegt in dem Verständnis, das die Bache vom Wesen der Musik, von der Aufgabe der Musik besaßen: Deren Wesen sahen sie in der Widerspiegelung der göttlichen Ordnung, deren Aufgabe in der Verkündigung der göttlichen Botschaft. Sich in den Dienst der Musik zu stellen, bedeutete, sich in den Dienst Gottes und seiner Botschaft zu stellen. Das Streben nach musikalischer Vollkommenheit lässt sich vor diesem Hintergrund als das Bemühen interpretieren, die göttliche Ordnung *in* unserer Welt nicht nur zu erfassen, sondern auch – musikalisch – auszudrücken. In dem Maße, in dem dies gelingt, begreift sich das Individuum als Teil der göttlichen Ordnung, in die sein Leben eingebettet ist, die aber über das irdische Leben hinaus Gültigkeit und Bestand hat. Und damit kann sie das Gefühl der Kontinuität des Selbst auch über das irdische Leben hinaus vermitteln – ein Gefühl, das den Menschen in einer anderen Art und Weise auf den Tod blicken lässt, der nun nicht mehr als Ende, auch nicht einfach als Durchgang, sondern als Verwandlung erlebt und gedeutet wird.

Die Bache lebten in einer Zeit, in welcher der Tod im Leben des Einzelnen sehr viel stärker präsent war, als dies heute in unserer Gesellschaft der Fall ist. Das Leben in der Todeserwartung stellte in dieser Zeit in allen Lebensphasen des Menschen eine bedeutende psychologische (und spirituelle) Aufgabe dar. Musiker – vor allem, wenn sie die Symbolisierung der göttlichen Ordnung als *das* zentrale Moment ihrer Musik betrachteten – fanden mit ihren Kompositionen und Werkinterpretationen nicht nur die Möglichkeit, dieses Leben in der Todeserwartung auszudrücken, sondern die Musik bereitete vielfach den Weg zur vertieften seelisch-geistigen Auseinandersetzung mit der Ordnung des Todes. Auch aus diesem Grund konnte sich im biografischen Verlauf diese gefasste Haltung zur eigenen Endlichkeit entwickeln.

Johann Sebastian Bachs Elternhaus – Anregungen und tragische Verluste

Schreiten wir fort in der Familienchronik der Bache, wenden wir uns der nächsten Generation zu. Der Blick ist nun auf einen der Söhne Christoph Bachs, nämlich Johann Ambrosius Bach (1645–1695), wie auch auf dessen Ehefrau, Maria Elisabeth Lämmerhirt (1644–1694), gerichtet (Abb. 2.1).

Johann Ambrosius und sein Zwillingsbruder kamen in Erfurt zur Welt. Als die Söhne acht Jahre alt waren, zog die Familie von Erfurt nach Arnstadt, wo ihr Vater der Stadtkapelle beitrat und sich um die musikalische Ausbildung seiner Kinder kümmerte. Der Vater starb 1661, als die Söhne 16 Jahre alt waren. Von da an kümmerte sich der ältere Bruder, der schon seit zwölf Jahren als Organist in Arnstadt tätig war, um ihre Ausbildung. Hier finden wir eine bedeutende Parallele zur Biografie Johann Sebastian Bachs, denn auch seine Erziehung und musikalische Ausbildung wurden nach dem Tod der Eltern von seinem älteren Bruder übernommen.

1667, nach Abschluss ihrer Lehrzeit, kehrten die Zwillinge nach Erfurt zurück und traten in die Erfurter Stadtmusik ein. Ein Jahr später heiratete Johann Ambrosius Maria Elisabeth in der Erfurter Kaufmannskirche. Maria Elisabeth war die Tochter Valentin Lämmerhirts, eines ehemals sehr wohlhabenden Kürschners, der bis zu seinem Tod in Erfurt angesehen und einflussreich war, auch als er in den sieben Jahren seiner Krankheit einen Großteil seines Vermögens aufgebraucht hatte. Die von Maria Elisabeth in die Ehe eingebrachte Mitgift war zwar gering, doch ihre soziale Stellung in der Stadt

Abb. 2.1 Bachs Vater Johann Ambrosius Bach (1645–1695), Stadtpfeifer und Hof-trompeter in Eisenach. Porträt, Johann David Herlicius zugeschrieben. (© dpa-Picture-Alliance)

war hoch – auch nach dem Tode des Vaters –, wovon Johann Ambrosius in Bezug auf seine musikalische Laufbahn profitierte.

Die Lämmerhirts waren fromme Wiedertäufer. Sie bekannten sich offen zum Täufertum, obwohl sie damit im lutherischen Erfurt Gefahr liefen, Diskriminierungen ausgesetzt zu sein. Maria Elisabeth war eine sehr fromme Frau. In ihrem Leben spielte der Glaube eine hervorgehobene Rolle, was sicher nicht ohne Einfluss auf Johann Sebastian Bach blieb. 1671 zogen Johann Ambrosius und Maria Elisabeth Bach mit ihrem zweiten Kind, Johann Christoph (1671–1721), der Großmutter und der behinderten Schwester von Johann Ambrosius nach Eisenach. Das erste Kind, Johann Rudolf, war 1670 im Alter von sechs Monaten gestorben. In Eisenach brachte Maria Elisabeth sechs Kinder zur Welt, Johann Sebastian (1685–1750) war das jüngste unter ihnen. Eines seiner Geschwister starb zwei Monate, ein weiteres 14 Monate nach seiner Geburt.

Johann Ambrosius war in Eisenach Leiter der Stadtmusik und der Stadt-kapelle. Morgens um zehn Uhr und nachmittags um fünf Uhr spielte die

Stadtkapelle unter seiner Leitung auf dem Balkon des Rathauses Choräle, Tänze und Lieder. Die Stadtkapelle zählte zwar nur fünf Musiker, doch konnte jeder von ihnen mehrere Instrumente spielen.

Dank seiner hohen Stellung gehörte Ambrosius zu den am meisten geachteten und wohlhabenden Bürgern der Stadt. Er kaufte am Marktplatz ein Haus, erwarb das Bürgerrecht und wurde Mitglied des Stadtrats. Zu seinem festen Jahresgehalt von 40 Gulden kamen zahlreiche Nebenverdienste aus dem Musizieren bei Hofe, Hochzeiten und Beerdigungen. Diese Nebenverdienste überstiegen das Festgehalt. Sie waren für den Lebensunterhalt notwendig.

Johann Ambrosius muss die Eisenacher Musik zu hohem Niveau geführt und auf diesem gehalten haben: Dies galt für die weltliche ebenso wie für die geistliche Musik. In einer Stellungnahme seiner Vorgesetzten findet sich zur Frage, ob er ein bestimmtes Quantum Bier steuerfrei brauen dürfe, die folgende Aussage:

> Dr neue Hausmann *(gemeint ist der Stadtpfeifer im Rathaus, der Verf.)* hat sich nicht nur eines stillen und jedermann genehmen Christlichen Wandels befleißiget, sondern auch in seiner profession dermaßen qualificirt, daß er sowohl mit vocal- als instrumental Music beym Gottes Dienst vndt ehrlichen Zusammenkünften mit hoch vndt niedrigen Standespersonen guter vergnügung aufwarten kann, also, daß wir uns desgleichen soweit wir gedencken, hiesigen Orths nicht erinnern (Aus: Geiringer 1977, S. 80).

Ein Stadtchronist gelangt schließlich zu der Bewertung:

> 1672 hat der neue Hausmann *(gemeint ist auch hier der Stadtpfeifer im Rathaus, der Verf.)* auf Ostern mit Orgel, Geigen, Singen und Trompeten und mit Heerpauken dreingeschlagen, daß noch kein Kantor oder Hausmann, weil Eisenach gestanden, nicht geschehen (Aus: Geiringer 1977, S. 81).

Das Haus von Ambrosius und Maria Elisabeth Bach diente als Wohnung und Stadtpfeiferei. Neben den Kindern lebten in diesem Lehrlinge, die von Ambrosius Bach in der Stadtpfeiferei unterrichtet wurden. Johann Ambrosius lehrte zudem seine Kinder Violine und Cembalo.

Die letzten Lebensjahre des Johann Ambrosius Bach waren von zwei Schicksalsschlägen überschattet, die sicherlich zu seinem Tod – zwei Tage vor seinem 50. Geburtstag, am 20. Februar 1695 – beigetragen haben. 1693 stirbt sein Zwillingsbruder, zu dem er Zeit seines Lebens eine sehr enge, vertrauensvolle, freundschaftliche Beziehung gepflegt hatte; dieser Verlust hat Johann Ambrosius zutiefst getroffen, ja geradezu erschüttert. 1694 stirbt nach 26-jähriger Ehe seine Frau Maria Elisabeth, mit der er eine glückliche

Ehe geführt und die ihn sowohl in seiner persönlichen als auch in seiner beruflichen Entwicklung gefördert und ihm Halt gegeben hat.

Johann Ambrosius Bach blieb mit drei unmündigen Kindern zurück, und es war vor allem das Bedürfnis, diesen drei Kindern – darunter Johann Sebastian Bach – eine Mutter zu geben, das ihn dazu bewogen hat, circa ein halbes Jahr nach dem Tod seiner Frau wieder zu heiraten. Im November 1694 fand die Eheschließung mit der 36-jährigen Barbara Margaretha Keul statt. Sie war selbst Mutter von zwei kleinen Töchtern und bereits zweimal verwitwet. Zwei Monate nach Eheschließung erkrankte Johann Ambrosius Bach schwer. Nach einem weiteren Monat starb er. Seine Witwe beantragte ein Gnadenjahr, wobei das entsprechende Gesuch vom Kantor Eisenachs, Andreas Dedekind, formuliert wurde, da sie als Frau damals nicht für sich sprechen durfte.

Sie erhielt die Besoldung von 40 Talern für ein halbes Jahr. Über ihr weiteres Schicksal ist nichts bekannt.

Johann Sebastian Bach ist mit neun Jahren Vollwaise. Seine Stiefmutter kann alleine nicht für die drei Stiefkinder sorgen; aus diesem Grunde übernehmen die älteren Geschwister die Verantwortung für deren Erziehung. Der älteste Bruder Johann Christoph nimmt die beiden Jüngsten, Johann Jacob und Johann Sebastian, zu sich nach Ohrdruf, einem kleinen Ort in der Nähe von Eisenach. Er hat wenige Monate vor Johann Ambrosius' Tod geheiratet, seit 1690 ist er Organist an der Ohrdrufer Hauptkirche und genießt als Musiker und Person hohes Ansehen. Er hatte unter anderem bei Johann Pachelbel Unterricht erhalten, einem der bedeutendsten deutschen Organisten der damaligen Zeit. Die dort gewonnenen Erfahrungen gibt er an seine fünf Söhne und an die beiden jüngeren Brüder weiter. Alle Söhne werden Musiker – seine Nachkommen werden über mehr als ein Jahrhundert das Organistenamt an der Ohrdrufer Hauptkirche ausüben oder als Kantoren an der Lateinschule unterrichten.

„Ich habe fleißig seyn müssen … " – Kindheit und Jugend des Johann Sebastian Bach

Nun ist der Blick auf die ersten 17 Lebensjahre des Johann Sebastian gerichtet, also auf jenen Zeitraum, der seine Kindheit und Jugend bis zum Abschluss seiner Schulausbildung mit der Hochschulreife beschreibt. Im ersten Schritt wird auf biografische Stationen eingegangen, bevor im zweiten eine psychologische Interpretation der Entwicklung in diesen ersten 17 Lebensjahren versucht wird.

Am 21. März 1685 wurde Johann Sebastian Bach geboren, am 23. März 1685 in der Georgenkirche am Markt der Stadt Eisenach getauft. Im Kirchenbuch St. Georgen der Stadtkirchnerei Eisenach, 1684–1695, ist vermerkt (Bach-Dokumente I, 1):

Lunæ, den 23. Martij.
4. Herrn Johann Ambrosio Baachen, Haußman ein Sohn, G. getaufft.
Nagel, Haußman zu Gotha, vnd Johann Georg Kochen, Fürstlicher Forstbedienter allhier.
NF. Joh. Sebastian

Seine beiden Vornamen erhielt er von den beiden Taufpaten, Sebastian Nagel, Stadtpfeifer von Gotha, einem befreundeten Berufskollegen Johann Ambrosius Bachs, und dem in Diensten des Fürsten von Eisenach stehenden Forstbeamten Johann Georg Koch. Schon in seiner Kindheit wurde er von seinem Vater in den musikalischen Dienst genommen: Er musste Blasinstrumente putzen und Streichinstrumente besaiten. Zudem kam er durch einen Cousin seines Vaters, den Organisten der Eisenacher Georgenkirche, Johann Christoph Bach, erstmals mit Kirchen- und Orgelmusik in Kontakt.

Er fiel schon früh durch seine schöne Singstimme wie auch durch sein hohes Interesse an Musik auf, das sich zum Beispiel darin äußerte, dass er den Proben seines Vaters mit den Stadtpfeifern und dem Unterricht beiwohnte, den dieser für verschiedene Instrumente gab. Die Grundlagen des Violin- und Cembalospiels vermittelte ihm sein Vater. Sowohl seine schöne Singstimme als auch seine hohe Musikalität führten dazu, dass er als Mitglied des Chorus Symphonaicus der Georgenkirche den Gottesdienst begleitete, nachdem er vorher – als Mitglied des der Schule zugehörigen Kurrendechors – auf der Straße einfache Choräle gesungen hatte, und zwar gegen Naturalien und Geldgaben.

Im Alter von acht Jahren kam er auf die Lateinschule des Eisenacher Dominikanerklosters, nachdem er vermutlich während der zwei vorangegangenen Jahre die deutsche Schule besucht hatte. Der Unterricht der Lateinschule ist mit dem Lehrstoff des heutigen Gymnasiums nicht vergleichbar, auf dem Stundenplan fanden sich Fächer wie Religion, Lateinische Grammatik, Lesen und Schreiben in Latein und Deutsch. Die Lateinschule wurde von 350 Jungen besucht, Mädchen wurden nicht aufgenommen. Johann Sebastians Klasse gehörten ungefähr 80 Schüler an, eine damals übliche Größe. Unterrichtet wurde montags bis samstags von sechs bis neun Uhr morgens (im Winter begann der Unterricht eine Stunde später) und nachmittags von 12 bis 15 Uhr (außer am Mittwoch und Samstag).

Johann Sebastian besuchte die Lateinschule über einen Zeitraum von drei Jahren, von 1693 bis 1695. Dabei ist hervorzuheben, dass er die Sexta der Lateinschule übersprang und direkt in die Quinta aufgenommen wurde. Es findet sich der Schuleintrag der Lateinschule:

Nomina Discipulorum [Quintae] Classis [1693]
supra nominatæ
47. Johannes Sebastian Bach

Für die drei Schuljahre sind 96, 59 beziehungsweise 103 Eintragungen wegen Fehlens im Unterricht belegt: Diese Fehlzeiten waren zunächst durch Aushilfen bedingt, die er in seinem Elternhaus zu leisten hatte. Dazu gehörten auch musikalische Tätigkeiten für seinen Vater. In den Jahren 1694/95 bildeten der Tod der Mutter und des Vaters entscheidende Gründe für die hohe Anzahl an Fehlzeiten. Die Quinta schloss Johann Sebastian Bach 1694 als vierzehntbester Schüler der Schule ab; dies zeigt, dass er die hohe Anzahl an Fehlzeiten auszugleichen vermochte – sowohl durch hohe Begabung als auch durch besonderen Fleiß. 1695, in der Quarta, belegte Bach den 23. Platz – hier machte sich der überaus große Verlust, den der Tod der beiden Eltern für ihn bedeutete, bemerkbar.

Da Johann Sebastians Stiefmutter nach dem Tod ihres Ehemannes nicht über jene finanziellen Mittel verfügte, die für die Erziehung der Kinder notwendig gewesen wären – der von Stadtpfeifern Eisenachs stellvertretend für sie an die Stadt Eisenach gerichtete Antrag, das Gehalt ihres Mannes über einen Zeitraum von zwölf Monaten weiterzubezahlen, wurde abgelehnt –, mussten die noch im Elternhaus lebenden Kinder auf die Bach-Familie verteilt werden. Der älteste Bruder Johann Christoph nahm die beiden jüngsten Kinder, Johann Jacob und Johann Sebastian, bei sich auf. Johann Christoph galt als ein freundlicher, ausgeglichener Mensch, ausgestattet mit besonderen Begabungen sowohl in Dingen der Erziehung als auch bei der musikalischen Bildung.

Johann Christoph, 13 Jahre älter als Johann Sebastian, übernahm Verantwortung sowohl für die Erziehung als auch für die musikalische Ausbildung seines jüngsten Bruders, wobei letztere die Vermittlung des Spielens auf den Tasteninstrumenten einschloss. Johann Sebastian lernte zudem mit dem Spielen der Orgel Aufbau und Mechanik des Instruments kennen, was ihm vor allem in den frühen Phasen seiner Berufstätigkeit zugutekam, da er sich in diesen intensiv der Qualitätsanalyse von Orgeln widmete und auch durch diese Qualitätsprüfungen seine hohe Reputation zu begründen vermochte.

Hier ist zu erwähnen, dass die Michaeliskirche 1695 eine neue Orgel erhielt, deren Einbau erst 1706 vollendet wurde und dazwischen viele Anpassungen notwendig machte. Da diese unter Mitwirkung von Johann Christoph erfolgten, kann angenommen werden, dass Bach wertvolle Einblicke in den Orgelbau erhielt. Unter Supervision seines Bruders war ihm zudem das Spielen der Orgel erlaubt. Er entwickelte auf dieser Grundlage eine hohe Spielkultur und vertiefte kontinuierlich sein Wissen über Aufbau, Mechanik und Funktionsweise der Orgel. Auch in die Kunst des Tonsatzes wurde er von seinem Bruder eingeführt. Die vertiefte Auseinandersetzung damit erfolgte allerdings autodidaktisch: So hebt Carl Philipp Emanuel Bach im Nekrolog ausdrücklich hervor, dass sein Vater im Komponieren Autodidakt gewesen sei und sich selbst auch als solchen betrachtet habe. Es ließen sich, so schreibt er weiter, keine Hinweise auf einen formellen Kompositionsunterricht finden. Mit Blick auf den Unterricht Johann Sebastian Bachs bei seinem Bruder Johann Christoph merkt er an, dass dieser

> [...] wohl einen Organisten zum Vorwurf gehabt haben [mag] u. weiter nichts (Bach-Dokumente III, Nr. 666).

Und weiter heißt es:

> Der seelige hat durch eigene Zusätze seinen Geschmack gebildet. [...] Blos eigenes Nachsinnen hat ihn schon in seiner Jugend zum reinen u. starcken Fughisten gemacht. [...] Durch die Aufführung sehr vieler starcken Musiken, [...] ohne systematisches Studium der Phonurgie hat er das arrangement des Orchesters gelernt (Bach-Dokumente, Nr. 666).

Da zu dieser Zeit kaum gedruckte Noten zu erwerben waren, entschied sich Johann Christoph dafür, Lernstücke handschriftlich in Notenbücher zu übertragen. Sehr rasch spielte Johann Sebastian diese Stücke auf dem Cembalo fehlerfrei und auswendig nach. Im Nekrolog findet sich die Aussage, dass er aus dem Notenschrank seines Bruder Noten genommen und diese – meist in Nachtstunden – abgeschrieben habe; sein besonderes Interesse habe den Werken Frobergers, Kerlls und Pachelbels gegolten. Sein Bruder habe ihm diese Noten abgenommen, auch weil er befürchtet habe, Johann Sebastian könne sich mit dem Einüben dieser Werke überfordern.

Doch hat diese Handlung des ältesten Bruders das Verhältnis zwischen beiden nicht getrübt. Denn Johann Sebastian hat noch in späteren Lebensjahren den großen Dank zum Ausdruck gebracht, den er seinem ältesten Bruder gegenüber für Erziehung und musikalische Bildung empfand. Hier ist zu erwähnen, dass er nach dem Tod seines ältesten Bruders seinen Neffen von 1724 bis 1728 bei sich in Leipzig aufnahm – dies auch aus Gefühlen der Dankbarkeit gegenüber seinem Bruder.

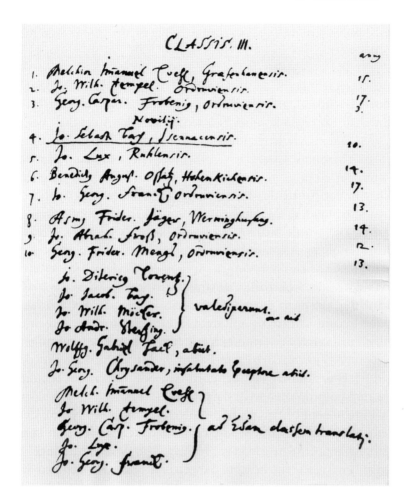

Abb. 2.2 Liste der Schüler der Schule von Ohrdruf mit dem Namen Johann Sebastian Bachs aus dem Jahre 1696. (© dpa-Picture-Alliance)

Ohrdruf besaß eine sehr gute evangelische Lateinschule mit sechs Klassenstufen. Mit Abschluss der Prima hatte man das Recht zum Studium an einer Universität erworben. Johann Sebastian besuchte die Schule von 1696 bis 1700 und absolvierte dort die Tertia, Sekunda und Prima (Abb. 2.2). Sein besonderes Interesse galt den Fächern Latein, Griechisch, Religion und Musik. Aber auch in Mathematik und Geografie erzielte er gute bis sehr gute Noten. Er zeigte mit 14 Jahren Leistungen, die jenen seiner 15- bis 17-jährigen Mitschüler entsprachen. Als Erwachsener hat er diesen Schulerfolg einmal mit den Worten erklärt:

Ich habe fleißig seyn müssen; wer eben so fleißig ist, der wird es eben so weit bringen können.

Aufgrund dieser sehr guten Leistungen erhielt er einen „Freitisch" beziehungsweise einen „Freiplatz", also ein Schulstipendium, durch das er selbst zu seinem Unterhalt beitragen konnte: Nur so ließ sich der Aufenthalt bei seinem Bruder finanzieren. Schulstipendien wurden durch wohlhabende Bürger gestiftet. Damit verbunden war die Verpflichtung, den Söhnen dieser Familien Privatunterricht zu erteilen. Zudem sang Johann Sebastian – wie schon in Eisenach – in der Kurrende, die den begabten Schülern aus ärmlichen Verhältnissen offenstand, damit diese ein Zubrot erwerben konnten.

Im Jahr 1700 wurde Johann Sebastian Bach 15 Jahre alt – mit Erreichen dieses Alters war damals die Erwartung verknüpft, auf eigenen Beinen zu stehen und für sich selbst sorgen zu können. Zudem hatte er als zweitbester Schüler seiner Klasse die Primarreife erworben, sodass das Verbleiben in Ohrdruf für ihn nicht erstrebenswert sein konnte. Schließlich hatte sich die Familie Johann Christophs mit der Geburt einer Tochter und eines Sohnes noch einmal vergrößert, wodurch weiterer Wohnraum notwendig wurde. Allerdings verließ Johann Sebastian Bach Ohrdruf nicht deswegen, sondern aufgrund fehlender Stipendien; der entsprechende Eintrag im Schulregister: „ob defectum hospitiorum" weist darauf hin.

Einer Bitte Johann Christoph Bachs folgend empfahl der Kantor der evangelischen Lateinschule Johann Sebastian an das Michaeliskloster in Lüneburg. Diese Empfehlung erfolgte genau zur rechten Zeit, da dort Mitsänger fehlten und zudem Freistellen für begabte Sänger und Schüler angeboten wurden. Mit seinem Schulfreund Georg Erdmann brach Johann Sebastian im Frühjahr 1700 zu seiner Wanderung in das 320 Kilometer entfernte Lüneburg auf. Ostern 1700 trafen sie schließlich im Michaeliskloster ein.

Zu diesem Kloster (eigentlich handelte es sich um eine Stiftung, in die 1655 das ehemalige Benediktinerkloster umgewandelt worden war) gehörten neben der Kirche drei Schultypen: Neben einer Ritterakademie, die von adeligen Jugendlichen besucht wurde, gab es eine bürgerliche Lateinschule und ein – durchaus mit einer Universität vergleichbares – Collegium Academicum. Johann Sebastian wurde als Freischüler im Michaeliskloster aufgenommen; dafür wurde die musikalische Begleitung der Messen und Abendgottesdienste erwartet.

Wegen seiner schönen und hohen Gesangsstimme wurde er dem Diskant (Sopran) zugeteilt. Die Mettensänger erhielten neben einem kleinen Taschengeld freie Unterkunft im Kloster, kostenlose Verpflegung und Unterricht, im Winter Brennholz und Talklampen. Dieser Mettenchor war der Elitechor der Schulkantorei und stand nur begabten Kindern (in vielen Fällen handelte es sich um Halb- oder Vollwaisen) aus armen Familien offen. Johann Sebastian sang nicht nur im Mettenchor, sondern auch im Chorus Symphoniacus, also dem Gesamtchor, der die Hauptgottesdienste an Sonn- und Feiertagen mitgestaltete. Um weiteres Geld zu verdienen, konnten die Kinder aus armen Familien wohlhabenden Adelssöhnen als „Famuli" zur Seite gestellt werden. Sie hatten diesen die Schuhe zu putzen, den Tisch zu decken und Besorgungen für sie zu erledigen.

Als der Stimmbruch eintrat, konzentrierte sich Johann Sebastian auf das Violin- und Cembalospiel und damit auf die Begleitung des Chores. Vor allem aber wandte er sich intensiv dem Orgelspiel zu. Die Musikbibliothek des Klosters gehörte damals zu den besten und bekanntesten Musikbibliotheken in Deutschland mit mehr als 1100 Handschriften von ungefähr 200 Komponisten auf dem Gebiet der sakralen Tonkunst. Hier bot sich Johann Sebastian die Möglichkeit der systematischen Vertiefung in Kompositionstechniken der berühmten Meister seiner Zeit. Bach schrieb einige Kompositionen ab, um so später ausreichend Zeit für eine ausführliche Analyse dieser Werke zu finden.

In der Prima des Michaelisklosters standen auf dem Stundenplan Latein, Griechisch, Theologie, Logik, Rhetorik und Philosophie. Hinzu kam die „Kunst des Versedichtens". Die Ritterakademie war für die Unterweisung in französischer Kultur verantwortlich, deren Kenntnis Voraussetzung für den Umgang bei Hofe bildete. Johann Sebastian erlernte die französische und die italienische Sprache sowie die Kunst der Konversation, er erhielt Tanzunterricht und wurde in der „Verfertigung netter Briefe" angeleitet. In diese Zeit fielen auch Wanderungen Bachs nach Hamburg und Lübeck, um dort die Orgelvirtuosen seiner Zeit kennenzulernen. Besonders beeindruckte ihn der 77-jährige Hamburger Organist Johann Adam Reincken mit seiner Kunst der Improvisation. Um diesen hören zu können, unternahm Johann Sebastian mehrere Wanderungen nach Hamburg. Der Besuch des Orgelbauers Johann Balthasar Held in Lüneburg gab ihm abermals die Möglichkeit, sein Wissen um den Orgelbau zu erweitern und damit seinen späteren Ruf als einer der Sachverständigen für dieses Instrument zu begründen.

1702 erwarb der 17-jährige Johann Sebastian die Hochschulreife und verließ im Sommer des gleichen Jahres das Michaeliskloster. Er hat im Vergleich mit seinen Geschwistern und mit den vorangehenden Generationen die längste Schulausbildung genossen und diese einer Handwerkerlehre vorgezogen. Und doch entschied er sich nicht für ein Studium, sondern für die musikalische Praxis mit dem Ziel, sein musikalisches Können zu vervollkommnen, es zur Meisterschaft auf diesem Gebiet zu bringen – und zwar nicht nur praktisch, sondern auch theoretisch.

Wahrscheinlich zog er 1702 von Lüneburg nach Thüringen zurück, da er mit Ende der Schulzeit die freie Kost und Logis verloren hatte. Vermutlich kam er bei seiner älteren Schwester Maria Salome in Erfurt und dann bei seinem Ohrdrufer Bruder Christoph unter, der sich wirtschaftlich wesentlich verbessert hatte. Er bewarb sich im Juli 1702 um die Organistenstelle an St. Jacobi in Sangerhausen und war beim dortigen Rat wie auch bei den Vorstandsmitgliedern der Kirche bevorzugter Kandidat. Der Rat bestimmte den 17-jährigen Bach in einem einstimmigen Votum zum Nachfolger des weit über die Grenzen Arnstadts bekannten Organisten Gräffenhayn. Herzog Johann Georg von Sachsen-Weißenfels setzte sich jedoch über das Votum des Rats hinweg und vergab die Stelle an den Komponisten Kobelius. Dies war in Bachs Vita die einzige Stellenbewerbung, die scheiterte. Seine nächste Bewerbung, nämlich jene in Arnstadt, war erfolgreich.

Psychologische Deutung der Kindheit und Jugend: Bemerkenswerte Entwicklungspotenziale des jungen Bach

Blicken wir auf die ersten 17 Lebensjahre Johann Sebastian Bachs, stellen sich unmittelbar zwei Fragen: Wie ist es dem Kind, wie ist es dem Heranwachsenden gelungen, den Tod seiner Eltern psychisch zu verarbeiten? Wie ist zu erklären, dass Bach trotz der mit diesem Schicksalsschlag verbundenen Traumatisierung schon in Kindheit und Jugend ein solches Maß an Eigeninitiative entwickeln und einen solchen Lebensmut zeigen konnte, ja, dass sich schon früh Zeichen einer bemerkenswerten Kreativität erkennen ließen? Aus psychologischer Perspektive bieten sich zwei Erklärungsansätze an, die sich zudem miteinander in Beziehung setzen lassen.

Der erste Ansatz argumentiert von den Lebensthemen und Lebenszielen des Menschen (Intentionalität), dessen Fähigkeit zur Selbstgestaltung und Selbstreflexion (Autopoiesis), dessen Offenheit für neue Entwicklungsanforderungen und Entwicklungsmöglichkeiten (Plastizität) sowie dessen Sinnerleben aus. Er misst dabei sowohl der Zieldefinition und Zielverfolgung als auch den hinter den Zielen und Plänen stehenden Lebens- oder Daseinsthemen große Bedeutung für den individuellen Entwicklungsprozess bei. Zudem beschreibt er die Ausbildung von Wissens- und Sinnsystemen, die für die Integration der rückwärts gerichteten Bedeutungsfindung und der vorwärts gerichteten Zieldefinition wichtig sind.

Der zweite Ansatz postuliert auch für den Fall ausgeprägter psychischer Belastungen ein Entwicklungspotenzial – unter der Voraussetzung, dass das Individuum in einem unterstützenden, anregenden und entwicklungsförderlichen sozialen Kontext lebt und über Techniken verfügt, die auf die aktive Problembewältigung ausgerichtet sind. Dabei lässt sich der letztgenannte theoretische Ansatz noch um eine medizinsoziologische Theorie erweitern, die – auf Aaron Antonovsky zurückgehend – nach den Grundlagen der Entwicklung von psychischer (aber auch von körperlicher) Gesundheit fragt und diese vor allem im „Kohärenzgefühl" des Menschen sieht.

Im Folgenden sei der Blick auf diese theoretischen Konzepte gerichtet – wobei nach Einführung eines Deutungsansatzes Bezüge zum Bericht über die ersten 17 Lebensjahre Johann Sebastian Bachs hergestellt werden.

Bevor dies geschieht, sei eine allgemeine Anmerkung vorausgeschickt. Kindheit und Jugend Johann Sebastian Bachs veranschaulichen in besonderer Weise die genannten Theorienansätze in ihren biografischen Bezügen. Wie zu zeigen sein wird, bilden sich bei diesem Komponisten schon in der Jugend Lebensziele aus, die für sein Selbst von entscheidender Bedeutung sind, und dies eben auch auf der Grundlage jener Erfahrungen, die er in Kindheit und Jugendalter gemacht hat. Diese Lebenserfahrungen sowie die Art des Umgangs mit ihnen lassen schon den 17-jährigen Bach als einen Menschen erscheinen, bei dem vom „Lebenserfahren-Sein", vom „Etwas-Besonderes-Sein" (Staudinger 2005) gesprochen werden kann. Hier sei schon ein wenig das erste Berufsjahr vorweggenommen, da es vor Augen führt, welche musikalische und menschliche Reife der 17- beziehungsweise 18-jährige Johann Sebastian Bach bei seinem Probekonzert in Sangerhausen (1702) und bei seinem Probekonzert und Dienstantritt in Arnstadt (1703) besaß. Wir ziehen hierzu die Worte der Bach-Monografie Christoph Wolffs (2009a) heran:

Bachs Arnstädter Einweihungskonzert *(Anm. d. Verf.: dies datiert vermutlich auf den 24. Juni, also den Johannistag 1703)* mag formell oder auch unter der Hand als Probespiel für die Stellung des Neukirchen-Organisten *(Anm. d. Verf.: dies ist die Bachkirche in Arnstadt)* gegolten haben. Aber wie schon 1702 in Sangerhausen stellt sich auch bei dem Orgelkonzert von 1703 in Arnstadt die Frage, aufgrund welcher Beweise und konkreten Unterlagen die erstaunlichen musikalischen Leistungen des jungen und ehrgeizigen Bach an diesem frühen Wendepunkt seiner Laufbahn eingeschätzt und bewertet werden können. Die Obrigkeiten in Sangerhausen und Arnstadt erkannten in ihm einen fertigen Musiker, der älteren Berufskollegen ebenbürtig war. Als Clavierspieler übertraf Bach alle seine Mitbewerber, und mit seinen siebzehn oder achtzehn Jahren stand er virtuosen Meistern wie Reincken, Buxtehude, Pachelbel und Böhm kaum nach, wenn er sie nicht schon überflügelte. Gewiss war Bach als Komponist noch nicht so reif und erfahren wie sie, doch nahm er in seinen eigenen Werken deren Herausforderung eindeutig an und versuchte, es ihnen gleichzutun oder sie sogar noch zu überbieten. Wir können also davon ausgehen, dass Bachs Leistungsstand bereits um 1702/03 viel höher angesetzt werden muss, als das dürftige Autographenmaterial aus der Zeit vor 1714 glauben lassen mag (S. 78).

Dieses bemerkenswerte seelische und geistige Entwicklungsniveau Johann Sebastian Bachs bereits im 18. und 19. Lebensjahr verdeutlicht das – den nun vorzustellenden theoretischen Ansätzen gemeinsame – Postulat, dass in Kindheit und Jugend bemerkenswerte seelische und geistige Entwicklungsprozesse stattfinden können, die Grundlage für die schöpferischen Kräfte in späteren Lebensjahren bilden: Sei es, dass schon in frühen Lebensjahren die Entwicklung des Selbst deutlich erkennbar ist, sei es, dass sich schon in frühen Lebensjahren eine differenzierte Vorstellung zentraler Lebensziele ausbildet, oder sei es, dass schon in frühen Lebensjahren eine bemerkenswerte Fähigkeit zur Bewältigung belastender Ereignisse beobachtet werden kann.

Der erste Deutungsansatz: Zielgerichtetheit, Selbstgestaltung und Offenheit

Im Folgenden soll eine kurze Einführung in fünf psychologische Theorien gegeben werden, die uns helfen, die seelische und geistige Entwicklung Johann Sebastian Bachs noch besser zu verstehen; in einem weiteren Schritt werden Aussagen dieser Theorien unmittelbar in Beziehung zur Biografie des Komponisten gesetzt.

Einführung in die psychologischen Theorien

(1) Charlotte Bühler: Intentionalität des Menschen

In ihrem klassischen, für die Psychologie des Lebenslaufs grundlegenden Werk *Der menschliche Lebenslauf als psychologisches Problem* (1933/1959) stellt Charlotte Bühler fest:

> Es wurde mir ... sehr bald klar, dass ein wirkliches Verständnis der Vorgänge bei Bedürfnis und Aufgabe weder durch ein Studium einzelner, aus dem Lebensganzen herausgerissener Handlungen noch aber durch das bloße Bemühen um die Entstehung dieser Vorgänge in der Kindheit zu erlangen ist. Vielmehr erschien mir unbedingt erforderlich, aus dem Ganzen und vor allem vom Ende des menschlichen Lebenslaufs her zu erfassen, was Menschen eigentlich letztlich im Leben wollen, wie ihre Ziele bis zu diesem letzten gestaffelt sind (1933, S. VII).

Nach Charlotte Bühler (1969) ist das Individuum durch seine Intentionalität, seine aktive und kreative Hinordnung auf Ziele, charakterisiert:

Das Selbst ... erscheint uns als ein unterbewusstes System, welches die Potenzialität des Individuums und die ihm innewohnenden Direktiven enthält. Es repräsentiert und entwickelt die Intentionalität des Menschen auf letzte Erfüllung, ein Stadium, das er durch die Verwirklichung seines Potenzials zu erreichen hofft, wie sehr dies auch von äußeren Einflüssen modifiziert sein mag (Bühler 1969, S. 297).

Die Entfaltung des „integrierenden Selbst" im Prozess der Entwicklung steht für sie im Zentrum der biografischen Analyse. Dabei gilt ihr Interesse auch der Frage nach jenen Aspekten, die dazu beitragen, dass dem Selbst eine Integration gelingen kann. In diesem Zusammenhang verweist sie auf letzte Absichten der Person – zum Beispiel Glück, Erfolg oder Ruhm zu erlangen, ein sinnvolles Leben zu führen oder Leistungen in Beruf oder Gesellschaft zu erbringen –, durch die schöpferische Expansion ermöglicht wird. Dabei ist der Sinn „als Grundprinzip für die Aufrechterhaltung der inneren Ordnung und die Integration in unserer Existenz zu bezeichnen" (Bühler 1969, S. 295).

(2) Hans Thomae und Ursula Lehr: Offenheit, Nichtfestgelegtheit und Nichtvorhersagbarkeit des Menschen

Im Kern postulieren die Arbeiten Charlotte Bühlers ein dynamisches Verständnis von Persönlichkeit, das die prinzipielle Offenheit des Menschen sowohl für neue Aufgaben und Anforderungen als auch für veränderte Möglichkeiten der Lebensgestaltung hervorhebt. Gleichzeitig berücksichtigt diese Theorie den Einfluss der in der Biografie gewonnenen Erfahrungen und ausgebildeten Werthaltungen auf die Art und Weise, wie Menschen neue Aufgaben, Anforderungen und Möglichkeiten der Lebensgestaltung bewerten, ja, ob sie diese überhaupt differenziert wahrnehmen und aufgreifen.

Will man nun diese theoretische Position in ein umfassenderes Verständnis von Persönlichkeit eingliedern, so erweist sich als notwendig, die Fähigkeit des Menschen zur verantwortlichen Gestaltung seines Lebens (Autopoiesis) wie auch dessen prinzipielle Offenheit, Veränderungsfähigkeit und Nichtvorhersagbarkeit (Plastizität) besonders zu betonen, denn es sind dies Merkmale des Psychischen, die für das Verständnis der Intentionalität des Menschen, der Differenzierung des Selbst, der Zieldefinition und -revision sowie des Prozesses der Zielverfolgung wichtig sind. Zudem gewinnt hier die thematische Analyse der Persönlichkeit große Bedeutung, ist doch davon auszugehen, dass sich die genannten Merkmale und Prozesse (Intentionalität, Zieldefinition, Zielrevision, Zielverfolgung) in den Lebensthemen eines Menschen widerspiegeln.

Der Bonner Psychologe Hans Thomae geht in seiner Persönlichkeitstheorie (1966) von der Differenzierung des „Ich" in drei dynamische Kerngebiete aus: das „impulsive Ich", das er als „Sphäre der festgelegten Triebe" umschreibt, das „prospektive Ich", das sich – als hochorganisierte Form – durch seine „vordenkende, das Verhalten auf weite Sicht hinlenkende Funktion" auszeichnet, und schließlich das „propulsive Ich", das er als „plastisch bleibenden Antriebsfonds" begreift, dessen wesentlichste Kennzeichen „Nichtfestgelegtheit, Formbarkeit, Nichtvorhersagbarkeit" sind. Das propulsive Ich charakterisiert er dabei mit folgenden Worten:

> Es gibt letzten Endes das Gefühl der Initiative und Freiheit, das Empfinden, dass selbst der größte Verlust und die äußerste Begrenzung unseres Daseins uns nicht alles nehmen können, sondern letztlich nur eine neue Seite der eigenen Entwicklungsmöglichkeiten offenbaren (1966, S. 124).

Mit der Differenzierung des Ich in diese drei Kerngebiete leistet Hans Thomae eine strukturelle Analyse der Persönlichkeit. Neben die strukturelle tritt eine thematische Analyse (Thomae 1968). Diese konzentriert sich auf die Frage, welche Themen (man könnte auch sagen: Anliegen) das Erleben des Individuums in einer gegebenen Situation bestimmen. Dabei ist zwischen aktuellen, temporären und chronifizierten Themen zu unterscheiden. Während die aktuelle Strukturierung Themen beschreibt, die ganz durch die gegebene Situation bestimmt sind – wie zum Beispiel die Freude an einem inspirierenden Gespräch, zum Beispiel über ein gerade betrachtetes Kunstwerk –, ist mit temporärer Strukturierung das Vorherrschen eines Themas über einen längeren Zeitraum gemeint – so zum Beispiel die intensive Beschäftigung mit dem Verlust eines nahestehenden Menschen oder die Anregung, die von einer neuen, als erfüllend erlebten beruflichen Tätigkeit ausgeht.

Mit „chronischer thematischer Strukturierung" sind schließlich die über größere Abschnitte des Lebenslaufes (manchmal sogar über den gesamten Lebenslauf) bestimmenden Themen eines Menschen angesprochen – und eben mit Blick auf diese verwendet Hans Thomae den Begriff des Daseinsthemas (oder Lebensthemas). Als Beispiel ist hier die intensive Ausübung einer Tätigkeit zu nennen, die immer und immer wieder als erfüllend und identitätsstiftend erlebt wird – wie bei Johann Sebastian Bach die Musik, die ihm ja sehr viel mehr bedeutete als „nur" berufliche Tätigkeit: sie bildete vielmehr ein Kernelement seiner Identität in allen Phasen des Lebenslaufes.

Dabei können, wie Hans Thomae und die Heidelberger Alternsforscherin und Psychologin Ursula Lehr in zahlreichen empirischen Studien aufzeigen (vor allem Lehr und Thomae 1987), in den verschiedenen Lebensaltern Daseinsthemen zugunsten anderer zurücktreten, es können aber auch Daseinsthemen bestehen bleiben, dabei allerdings in ihrer inhaltlichen Konturierung variieren (Lehr und Thomae 1965; Thomae und Lehr 1986). So kann man bei Bach zwar über den gesamten Lebenslauf von der Musik als einem Daseinsthema sprechen, doch zugleich Variationen in dessen inhaltlicher Konturierung erkennen: Während in den frühen Lebensaltern die Autonomie- und Kompetenzentwicklung auf dem Gebiet der Musik im Vordergrund stand (bis hin zur Meisterschaft in der Komposition und Aufführung), dominierte im mittleren Erwachsenenalter das Verlangen, etwas Besonderes zu schaffen, was so bislang (auch von ihm selbst) noch nicht geschaffen worden war (siehe zum Beispiel die *Johannes-Passion* (BWV 245) und die *Matthäus-Passion* (BWV 244)). Und schließlich trat mehr und mehr das Motiv in den Vordergrund, die Musik auch wissenschaftlich, theoretisch weiterzuführen und dieses Wissen nachfolgenden Musikergenerationen zu überliefern (siehe zum Beispiel das *Musikalische Opfer* (BWV 1079) und die *Kunst der Fuge* (BWV 1080)).

Mit anderen Worten: Das Daseinsthema der „Musik", des forschenden und praktizierenden Musikers, bestand über den gesamten Lebenslauf, aber es variierte mit Blick auf die spezifischen Herausforderungen, die er wahrnahm, aufnahm und bewältigte.

Dabei konnten weitere Daseinsthemen an die Seite dieses großen Daseinsthemas treten, wie zum Beispiel das Verlangen, von den geistlichen und politischen Autoritäten in seiner Kreativität und Kompetenz anerkannt zu sein, oder aber in seinem Wunsch, sich für nachfolgende Musikergenerationen zu engagieren – übrigens ein Verlangen, das Bach noch in den letzten Wochen seines Lebens zeigte und umsetzte. Die in einer spezifischen Situation wirkenden, aktuellen, temporären und chronifizierten Themen mitbestimmen sowohl die subjektive Wahrnehmung dieser Situation als auch den individuellen Umgang mit dieser (Thomae 2002).

Um hier noch einmal auf Johann Sebastian Bach zu sprechen zu kommen: Immer wenn es um eine besondere musikalische Aufgabe ging, die er an sich selbst stellte oder die von anderen an ihn herangetragen wurde, fühlte er sich „herausgefordert" – dabei wirkte neben dem aktuellen Thema, nämlich diese spezifische Aufgabe zu meistern, ein chronifiziertes Thema, nämlich sich ganz in den Dienst der Musik zu stellen und diese systematisch weiterzuentwickeln. Und dieses chronifizierte Thema gab dem aktuellen Thema in diesen spezifischen Situationen erst seine besondere Dynamik, ließ Johann Sebastian Bach überhaupt erst die Herausforderungen, die in diesen spezifischen Situationen lagen, als solche wahrnehmen. In der Interaktion zwischen den aktuellen, temporären und chronifizierten Themen und dem – dadurch bedingten – individuellen Umgang mit Entwicklungsaufgaben und Entwicklungsmöglichkeiten erblicken Hans Thomae (1968) und Ursula Lehr (2007) schließlich das individuelle, das unverwechselbare Wesen des Menschen, erblicken sie das Prinzip der Individualität:

> So gesehen wird das Konstruktum der thematischen Strukturierung als des wesentlichsten Prinzips personaler Geschehensordnung gleichzeitig zum principum individuationis (Thomae 1968, S. 586).

Im Unterschied zu den Daseinsthemen, die vor allem für das Verständnis der Intentionalität und der Ziele eines Individuums zentral sind, haben Daseinstechniken die Funktion, eine gegebene Situation so zu gestalten (oder umzugestalten), dass sie in Übereinstimmung mit den Daseinsthemen (oder der daseinsthematischen Struktur) des Individuums steht.

Daseinstechniken sind also Reaktionen des Menschen in Situationen, in denen dieser eine Abweichung von seinen grundlegenden Themen – Werthaltungen, Anliegen, Zielen – wahrnimmt. Ein Beispiel, wieder mit Blick auf Johann Sebastian Bach: Wenn sich dieser in seiner musikalischen Kreativität und Kompetenz von geistlichen und politischen Autoritäten nicht ernstgenommen und geachtet fühlte (was ihm ja, wie bereits dargelegt, sehr wichtig war), dann setzte dies Reaktionen – in der Sprache Hans Thomaes (2002) und Ursula Lehrs (2007): Daseinstechniken – in Gang, die darauf zielten, diesen fehlenden Respekt wiederherzustellen.

Zu solchen Daseinstechniken zählten Eingaben an den Rat oder an Behörden, der offen ausgetragene Konflikt, das Sich-Verweigern gegenüber Anweisungen von Autoritäten, die Vernachlässigung oder der bewusste Verstoß gegen Dienstvorschriften. Dies wird noch sehr deutlich werden, wenn wir die Arnstädter, die Weimarer und die Leipziger Zeit Johann Sebastian Bachs genauer betrachten. Hans Thomae (1968) definiert die Daseinstechniken als Oberbegriff für alle instrumentellen und expressiven Antworten auf belastende Situationen und bringt damit zum Ausdruck, dass solche Techniken auf der einen Seite der Problemlösung (weshalb aus diesem Grund der Begriff „instrumentell" gewählt wird), auf der anderen Seite der Mitteilung von Emotionen und Affekten in Problemsituationen dienen sollen (weshalb aus diesem Grund der Begriff „expressiv" gewählt wird).

(3) Jochen Brandtstädter: Die intentionale Selbstentwicklung und Selbstreflexion des Menschen

Dieses dynamische, die Selbstgestaltung (Autopoiesis) und Offenheit (Plastizität) des Menschen in das Zentrum rückende Verständnis von Persönlichkeit korrespondiert mit einem Entwicklungsbegriff, der die Intentionalität und Selbstreflexion als zentrale Merkmale von Entwicklung im gesamten Lebenslauf identifiziert. Dieser Entwicklungsbegriff findet sich in den Arbeiten des Psychologen Jochen Brandtstädter, der in seiner Schrift *Das flexible Selbst. Selbstentwicklung zwischen Zielbindung und Ablösung* (2007a) folgenden Entwicklungsbegriff einführt:

> Menschliche Entwicklung ist kein rein „naturwüchsiges" Geschehen, sondern ein wesentlich durch Handlungen auf sozialer und personaler Ebene geformter Prozess. Die Ontogenese bringt Intentionalität und die Möglichkeit der Selbstreflexion hervor; damit erst wird es möglich, dass die Person sich und ihre Entwicklung zum Gegenstand zielgerichteten Handelns macht. Wir selektieren und gestalten unsere Lebensumstände aufgrund von persönlichen Zielen und Identitätsprojekten und im Rahmen unserer Kompetenzen und Handlungsressourcen; unsere Lebensgeschichte wird so zu einer Extension unseres Selbst, zugleich aber auch Ausdruck des kulturellen und historischen Rahmens, innerhalb dessen sich unsere Vorstellungen von möglicher und gelingender Entwicklung ausbilden. Das Konzept der „intentionalen Selbstentwicklung" bezeichnet diese theoretische Perspektive (Brandtstädter 2007a, S. 3).

Dabei geht Jochen Brandtstädter ausführlich auf Aktivitäten des Menschen ein, die darauf ausgerichtet sind, die persönliche Entwicklung so zu gestalten, dass diese mit den persönlichen Werten, Normen und Zielen übereinstimmt:

> Assimilative Aktivitäten richten sich im allgemeinsten Sinne darauf, das eigene Verhalten und die eigene Entwicklung entsprechend bestimmter Ziele und Normen zu gestalten; sie sind insofern grundlegend für den lebensspannenumfassenden Prozess intentionaler Selbstentwicklung. Assimilatives Handeln kann präventive, korrektive und optimierende Intentionen verfolgen: Es kann auf die Vermeidung oder Beseitigung von Entwicklungsverlusten wie auch auf die Verbesserung persönlicher Entwicklungsaussichten gerichtet sein (Brandtstädter 2007a, S. 12).

In dieser Entwicklungstheorie finden wir – hierin eine thematische Nähe zur Persönlichkeitstheorie Hans Thomaes zeigend – auch die Hervorhebung von Lebensthemen in ihrer Bedeutung für den individuellen Entwicklungsprozess. Brandtstädter begreift die Lebensthemen als „regulative Hintergrundbedingungen" für Präferenzen, Entscheidungen und Zukunftsprojektionen, und in dieser Funktion bestimmen sie die Ausformung von Lebensformen, Lebensstilen und Lebenslinien mit. Daneben misst diese Entwicklungstheorie den Plänen und Zielen des Individuums große Bedeutung für dessen individuellen Entwicklungsprozess bei, wobei das Durchführen und Durchhalten von Plänen – Brandtstädter (2007a, b) zufolge – selbstregulatorische

Kompetenzen erfordern, die Durchhaltemotivation, Selbstvertrauen und Verantwortungsbewusstsein einschließen (Greve 2007; Brandtstädter und Greve 2006).

> Die Pläne und Ziele, die wir in unserem Leben verfolgen, sind Ausdruck übergreifender Sinn- und Motivationsstrukturen, die unseren Handlungen und unserer Lebensorganisation ein gewisses Maß an Kohärenz und Kontinuität, eventuell auch einen persönlichen Charakter und Stil verleihen (Brandtstädter 2007a, S. 107).

Der Bildung wie auch der Verwirklichung persönlicher Ziele lassen sich drei übergeordnete Zweckbestimmungen zuordnen: Sinnstiftung, Vitalität und Selbstbestimmung. Zugleich bieten sie Orientierungspunkte für die Planung und Gestaltung des eigenen Lebens. Soziale Beziehungen wie auch die informative, emotionale und instrumentelle Unterstützung bilden dabei eine bedeutende Ressource bei der Zielverwirklichung (Brunstein, Maier und Dargel 2007).

> Aus zieltheoretischer Sicht wird ein Sinn für die Kontinuität des eigenen Lebens dadurch gestiftet, dass sich eine Person dauerhaft und auf vielfältige Weise für ein übergeordnetes Lebensziel einsetzt. ... Übergreifende Lebensziele werden zumeist vor Beginn neuer Lebensphasen gebildet; nirgend jedoch werden sie umfassender reflektiert als im Jugend- und frühen Erwachsenenalter (Brunstein, Maier und Dargel 2007, S. 295).

(4) Daniel Levinson: Die persönlich bedeutsamen Beziehungen des Menschen

Daniel Levinson (1986) führt in seiner Konzeption von Entwicklung das Konzept der Lebensstruktur ein, mit dem er das zu einem spezifischen Zeitpunkt der individuellen Entwicklung bestimmende, innere Lebensmuster umschreibt. Als zentrale Komponenten dieses Lebensmusters wertet er dabei die persönlich bedeutsamen Beziehungen des Individuums zu den verschiedenen Anderen in der externen Welt. Die verschiedenen Anderen können Menschen sein, eine Gruppe, eine Institution, eine Kultur, ein bestimmter Ort. Von bedeutsamen Beziehungen ist – der Theorie Levinsons zufolge – dann auszugehen, wenn das Selbst in hohem Maße in diese Beziehungen eingebunden ist, in diese investiert, aber durch diese zugleich wertvolle Anstöße und Anregungen erhält. In diesem Prozess der Entwicklung, Erhaltung und Erweiterung bedeutsamer Beziehungen entwickelt und differenziert sich das Selbst. Aus diesem Grund ist gerade der Beziehung zu den verschiedenen Anderen große Bedeutung für das Verständnis der psychischen Entwicklung beizumessen.

(5) Lebenserfahrung und Lebenssinn des Menschen

In ihrer theoretisch-konzeptionellen Arbeit mit dem Titel *Lebenserfahrung, Lebenssinn und Weisheit* (2005) merkt die Psychologin Ursula Staudinger kritisch an, dass unter Lebenserfahrung vielfach nur das Sammeln von Erfahrungen verstanden werde. Dieses Verständnis von Lebenserfahrung sei allerdings einer tieferen Analyse des Lebenswissens abträglich; vielmehr komme es hier auf die *bewusst reflektierten* Lebenserfahrungen an, aus denen erst Lebensverständnis und Lebenseinsicht resultierten. (In ganz ähnlicher Richtung argumentieren Lehr (2011) und Rosenmayr (2011a, b), wenn sie hervorheben, dass Erfahrungen allein keine Grundlage für die kreative Bewältigung von Anforderungen, so auch von Anforderungen des Lebens, bildeten, sondern dass die Verarbeitungstiefe dieser Erfahrungen entscheidend für Kreativität sei.)

Lebenserfahrung in diesem theoretisch anspruchsvollen Sinne wird von Ursula Staudinger mit „Lebenserfahren-Sein" gleichgesetzt, wobei dies auch im Sinne des „Etwas-Besonderes-Sein" zu verstehen sei. Etwas-Besonderes-Sein ist nicht in der Hinsicht zu interpretieren, dass sich jemand über andere erhebt. Es meint vielmehr, dass sich das Individuum als von anderen verschieden, als unwiederholbar begreift.

> Lebenserfahrung umfasst auch Einsicht in die eigenen Stärken und Schwächen, Wünsche und Reaktionsweisen. Sie beinhaltet aber ebenso Wissen über die Reaktionsweisen anderer und Menschen im Allgemeinen, über deren Ziele und Einflussmöglichkeiten auf das eigene Leben oder auf das Leben anderer. Weiterhin gehört zu Lebenserfahrung die Kenntnis von den in unserem Gemeinwesen herrschenden sozialen Regeln sowie deren Grenzen, d. h. wann diese Regeln überschritten werden können oder sogar müssen. Schließlich bezieht sich Lebenserfahrung auf Erkenntnisse über das Eingebettet-Sein menschlicher Existenz in den Generationenzusammenhang, über das Woher und Wohin der eigenen Existenz und der menschlichen Existenz allgemein. Lebenserfahrung bezieht sich auch auf die Unverständlichkeiten des Lebens, die Lebensrätsel der Zeugung, der Geburt, der Entwicklung und des Todes. Lebenserfahrung bietet Einsicht in die Macht des Zufalls und die Grundbedingungen der menschlichen Existenz, wie zum Beispiel Sterblichkeit, Verletzlichkeit, Sexualität und Emotionalität (Staudinger 2005, S. 740).

> In jede zur Lebenserfahrung verarbeitete Erinnerung fließen Erwartungen, Werte, Ziele oder Sinndimensionen – also in gewisser Weise die Zukunft – als organisierende Größen ein (Staudinger 2005, S. 741).

Lernen gehöre notwendigerweise zur Lebenserfahrung, und zwar in der Hinsicht, dass aus Ereignissen und Geschehnissen Konsequenzen für das eigene Leben gezogen würden. Dabei müsse dieses Gelernte jedoch auch bestimmten Qualitätsanforderungen entsprechen, zu denen unter anderem zu zählen sind: (I) Reiches Faktenwissen, (II) reiche Strategien und Heuristiken zum Umgang mit schwierigen Lebensfragen, (III) Einordnen von Personen und Ereignissen in vielfache thematische und lebensweltliche Bezüge, (IV) Anerkennen der Relativität individueller und gesellschaftlicher Werthaltungen, ohne dabei einen kleinen Kanon universeller Werte aus dem Auge zu verlieren oder aufzugeben, (V) Erkennen und Bewältigen von Ungewissheit, verbunden mit der Erkenntnis, dass die Zukunft nicht völlig vorhersehbar ist. In jenen Fällen, in denen alle Qualitätsanforderungen erfüllt werden, kann auch von Weisheit gesprochen werden.

In engem Bezug zu Lebenserfahrungen steht der Lebenssinn eines Menschen. Denn der Lebenssinn gründet, wie Ursula Staudinger hervorhebt, zum einen auf der Ordnung des bisherigen Lebens zu einem integrierten Ganzen (Vergangenheitsperspektive), zum anderen auf der erfolgreichen Verfolgung von Lebenszielen (Zukunftsperspektive), wobei die Definition von Lebenszielen auch auf Erkenntnissen aufbaut, die aus einzelnen Ereignissen und Geschehnissen in der Vergangenheit abgeleitet wurden. Die Integration der Vergangenheits- und der Zukunftsperspektive lässt sich nach Ansicht des Verfassers auch mit der altgriechischen Aussage: „Lerne die Vergangenheit, bevor Du die Zukunft planst" (Μάθε το παρελθόν πριν σχεδιάσεις το μέλλον) umschreiben.

> Lebenssinn ist nicht etwas einmal „Gefundenes", das wir dann besitzen, sondern Lebenssinn ist dynamisch. Lebenssinn muss in der Auseinandersetzung mit den jeweils gegebenen Lebensumständen immer wieder neu gefunden, besser gesagt, neu konstruiert werden. In diesem Sinne lässt sich Lebenssinn als spezieller Bereich des Selbstkonzepts auffassen, das durch eine ebensolche Dynamik gekennzeichnet ist (Staudinger 2005, S. 752 f.).

Das von Ursula Staudinger hervorgehobene dynamische Verständnis von Lebenssinn weist Beziehungen zu einer Theorie des Psychologen Alexei Nikolajewitsch Leontjew (1979) auf, der die Tätigkeit als Ausgangspunkt der Analyse von Persönlichkeit wählt: In der Tätigkeit gebe ein Mensch zu erkennen, wer er ist. Die Tätigkeit werde dabei durch bewusste und unbewusste Motive gesteuert, die das Individuum subjektiv als bedeutsam, als sinnvoll deutet. Im Selbstbewusstsein drücke sich die Geschichtlichkeit der individuellen Biografie aus, da es eine „psychologische Grundtatsache" sei, dass der Mensch eine Beziehung zu seiner Vergangenheit aufnimmt, die auf unterschiedliche Weise zum Bestandteil des für ihn Gegenwärtigen wird – sozusagen zum Gedächtnis seiner Persönlichkeit (Leontjew 1979, S. 207).

Die Persönlichkeit deutet Leontjew – ganz ähnlich wie Charlotte Bühler – von den Zielen her, deren Verwirklichung sie in ihrer Biografie anstrebt.

Herstellung von Beziehungen zwischen diesen psychologischen Theorien und der Biografie Johann Sebastian Bachs

Betrachten wir nun die ersten 17 Lebensjahre Johann Sebastian Bachs im Kontext dieser Theorien. Inwiefern vertiefen diese unser Verständnis der Entwicklung Bachs – vor allem seiner früh sichtbar werdenden Eigeninitiative, seines Lebensmutes, seiner Kreativität?

Beginnen wir mit den von Daniel Levinson (1986) entwickelten Konzepten der „Lebensstruktur" und der „bedeutsamen Beziehungen zu den verschiedenen Anderen": Wer waren in seinen ersten Lebensjahren die verschiedenen Anderen, zu denen er bedeutsame Beziehungen aufbauen konnte?

Hier sei zunächst auf die Familientradition hingewiesen, in die sich die Bache hineingestellt sahen und – wie zu Beginn des Kapitels betont – die auch für Johann Sebastian identitätsstiftend war. Die Tatsache, einer großen Familie anzugehören, die seit Generationen auf dem Gebiet der Musik führend war, gepaart mit der Tatsache, dass sich viele Familienmitglieder einmal jährlich zum gemeinsamen Musizieren trafen, kann für die Identität Johann Sebastian Bachs, kann für dessen Lebensgefühl und Lebenseinstellung nicht ohne Einfluss geblieben sein.

Damit ist bereits ein erster Bezugspunkt genannt, auf den sich das Streben nach einer bedeutsamen Beziehung richten konnte. Die intensive gegenseitige Unterstützung, die sich die Familienmitglieder gegenseitig zuteil werden ließen, hat sicherlich das Gefühl verstärkt, in einer Familie zu leben, auf die Verlass war. Und die Bereitschaft seines ältesten Bruders, Verantwortung für seine Erziehung und musikalische Ausbildung zu übernehmen, hat dieses Vertrauen bestätigt.

Selbstverständlich gehörte zu den verschiedenen Anderen auch die Musik, man kann sagen, der musikalische Kosmos, zu dem Johann Sebastian Bach schon sehr früh Zugang fand und in dem er sich schon sehr früh zu orientieren vermochte. Dieser musikalische Kosmos wurde ihm zum einen durch die Proben der Stadtpfeifer und den Instrumentalunterricht im Elternhaus nahe gebracht, zum anderen durch den Unterricht, den er bei seinem Vater in zwei Instrumenten, der Geige und dem Cembalo, erhielt. Die Tatsache, dass er seinem Vater aushelfen musste (zum Beispiel beim Säubern von Instrumenten, bei dem Aufspannen von Saiten), hat diese Beziehung zur Musik sicherlich noch einmal verstärkt, war er doch in gewisser Hinsicht „Assistent" seines Vaters auf einem für die ganze Familie bedeutsamen Gebiet.

Bleiben wir noch bei dem musikalischen Kosmos, zu dem sich Johann Sebastian Bach schon so früh hingezogen fühlte. In seinem Buch *Das musikalische Opfer. Johann Sebastian Bach trifft Friedrich den Großen am Abend der Aufklärung* stellt James R. Gaines (2008) die interessante Annahme auf, dass die Versenkung in die Theologie wie auch später in die Logik des Kontrapunkts für Bach Wege gewesen seien, „in seinem Leben Ordnung zu schaffen" (S. 59) und Phasen der Melancholie zu überwinden. Der Tod der Eltern mit seinen traumatischen Folgen habe dazu beigetragen, dass sich Bach schon so früh so intensiv mit Musik beschäftigt habe, so James R. Gaines:

> Jedenfalls sollte Sebastian von nun an und Zeit seines Lebens in der Musik nach Ordnung, Vollkommenheit und Spiritualität streben – und nirgendwo ergreifender als dort, wo der Triumph über den Tod sein Thema war (Gaines 2008, S. 20).

Zudem, so argumentiert Gaines weiter, habe die gefühlsbetonte Frömmigkeit des Pietismus, die Johann Sebastian zum ersten Mal in Ohrdruf erlebt hat, Bach geholfen, den tiefen Kummer seiner Kindheit nach und nach zu überwinden:

> Obwohl Sebastian sein Leben lang im Lager des orthodoxen Luthertums blieb, wurzelte sein Selbstverständnis als Kirchenmusiker doch in der mystischen Spiritualität des Pietismus – diesem Einfluss begegnete er in Ohrdruf und inmitten des tiefsten Kummers seiner Kindheit zum ersten Mal (Gaines 2008, S. 21).

Gaines konzentriert sich in seinem überzeugenden Deutungsversuch auch auf jene Episode, die mit dem Begriff des „Mondschein-Manuskripts" umschrieben wird (auf diese Episode wurde ja bereits in einem früheren Abschnitt des Kapitels eingegangen): Bach findet in der Notenbibliothek des Bruders Werke der großen Meister des Kontrapunkts und schreibt in vielen Nachtstunden die Noten ab.

Wie James R. Gaines sicherlich zu Recht hervorhebt, hatten diese Meister des Kontrapunkts eine Ahnung von der Weltordnung und verstanden diese in Musik zu übersetzen – in eine Kunst also, die nach Pythagoras (um 570–510 v. Chr.) immer auch in Begriffen der Mathematik gedeutet werden kann und über diese vermittelt enge Beziehungen zu der – mathematisch abbildbaren – Ordnung der Gestirne aufweist („Sphärenmusik").

Johannes Kepler (1571–1630) setzte die Umlaufbahnen der Planeten in Beziehung zu den Intervallen der Tonleiter und schrieb, dass die himmlischen Bewegungen als ein vielstimmiger Gesang einer harmonia mundi zu interpretieren seien, der nur gedanklich, nicht durch Töne erkennbar, dahin schreite. Diese in der Musik ausgedrückte Ordnung muss Johann Sebastian Bach beeindruckt und fasziniert haben: Sie bildet das „Andere", auf das er sich schon früh bezog und das ihm – so argumentiert ja James R. Gaines – Halt gab.

Bleiben wir noch kurz bei Johannes Kepler. Denn das Verständnis seiner grundlegenden Idee – die Harmonie der Welt, die in Form von Musikgesetzen nachweisbar ist – lässt uns eher begreifen, warum dieser große Wissenschaftler Einfluss auf Johann Sebastian Bach ausgeübt hat. Johannes Kepler legte bereits 1596 eine damals vielbeachtete Schrift mit dem Titel *Mysterium cosmographicum* vor (von Max Caspar im Jahre 1923 unter dem Titel *Das Weltgeheimnis* herausgegeben), in der er eine kosmologische Theorie entfaltete, deren Kernaussage die von ihm angenommene Weltharmonie bildete, die sich in geometrischen Konstruktionen darstellen ließ; in dieser Weltharmonie, in dieser geometrischen Konstruktion spiegele sich die göttliche Ordnung wider. Seine im Jahre 1619 abgeschlossenen *Harmonices mundi libri V* (von Caspar (1967) übersetzt und unter dem Titel *Fünf Bücher von der Weltharmonik* herausgegeben) sollten nun dazu dienen, die musikalische Beschaffenheit der Harmoniegesetze aufzuzeigen. Lassen wir mit Blick auf die grundlegenden Intentionen der *Harmonices* und die in diesen vorgenommenen Analysen Johannes Kepler selbst sprechen, wobei die nachfolgenden Ausschnitte dem V. Buch der *Harmonices* entnommen sind (Kepler 1619/1967).

Die grundlegenden Intentionen beschreibt Johannes Kepler wie folgt:

Was ich vor 25 Jahren vorausgeahnt habe, ehe ich noch die fünf regulären Körper zwischen den Himmelsbahnen entdeckt hatte, was in meiner Überzeugung feststand, ehe ich die harmonische Schrift des Ptolemäus gelesen hatte, was ich durch den Titel zu diesem Buch meinen Freunden versprochen habe, ehe ich über die Sache selber ganz im klaren war, was ich vor 16 Jahren in einer Veröffentlichung als Ziel der Forschung aufgestellt habe, was mich veranlaßt hat, den besten Teil meines Lebens astronomischen Studien zu widmen, Tycho Brahe aufzusuchen und Prag als Wohnsitz zu wählen, das habe ich mit Gottes Hilfe, der meine Begeisterung entzündet und ein unbändiges Verlangen in mir geweckt hatte, der mein Leben und meine Geisteskraft frisch erhielt und mir auch die übrigen Mittel durch die Freigebigkeit zweier Kaiser und der Stände meines Landes Österreich ob der Enns verschaffte – das habe ich nach Erledigung meiner astronomischen Aufgabe, bis es genug war, endlich ans Licht gebracht. In einem höheren Maße als ich je hoffen konnte, habe ich als durchaus wahr und richtig erkannt, daß sich die ganze Welt der Harmonik, so groß sie ist, mit allen ihren im III. Buch auseinandergesetzten Teilen bei den himmlischen Bewegungen findet, zwar nicht in der Art, wie ich mir vorgestellt hatte (und das ist nicht der letzte Teil meiner Freude), sondern in einer ganz anderen, zugleich höchst ausgezeichneten und vollkommenen Weise. In der Zwischenzeit, in der mich die höchst mühsame Verbesserung der Theorie der Himmelsbewegungen in Spannung hielt, kam zu besonderer Steigerung meines leidenschaftlichen Wissensverlangens und zum Ansporn meines Vorsatzes die Lektüre der harmonischen Schrift des Ptolemäus hinzu, von der mir ein ausgezeichneter Mann, ein geborener Förderer der Wissenschaft und jeglicher Art von Bildung, der bayerische Kanzler Johann Georg Herwart, eine Handschrift geschickt hat. Darin fand sich wider Erwarten und zu meiner höchsten Verwunderung, daß sich fast das ganze III. Buch schon vor 1500 Jahren mit einer gleichen Betrachtung der himmlischen Harmonie beschäftigte. Allein es fehlte zu jener Zeit der Astronomie noch vieles. Daher konnte Ptolemäus, der die Sache erfolglos angefaßt hatte, ihre Aussichtslosigkeit anderen vorhalten; machte er doch den Eindruck, als würde er eher mit dem Scipio bei Cicero einen lieblichen pythagoreischen Traum vortragen, als die philosophische Erkenntnis fördern. Mich jedoch hat in der nachdrücklichen Verfolgung meines Vorhabens nicht nur der niedere Stand der alten Astronomie gewaltig bestärkt, sondern auch die auffallend genaue Übereinstimmung unserer fünfzehn Jahrhunderte auseinanderliegenden Betrachtungen. Denn wozu bedarf es vieler Worte? Die Natur selber wollte sich den Menschen offenbaren durch den Mund von Männern, die sich zu ganz verschiedenen Jahrhunderten an ihre Deutung machten. Es liegt ein Fingerzeig Gottes darin, um mit den Hebräern zu reden, daß im Geist von zwei Männern, die sich ganz der Betrachtung der Natur hingegeben hatten, der gleiche Gedanke an die harmonische Gestaltung der Welt auftauchte; denn keiner war Führer des andern beim Beschreiten dieses Weges (Kepler 1619/1967, S. 279 f).

Die im V. Buch der *Harmonices* vorgenommenen Analysen untergliedert Johannes Kepler in zehn Abschnitte, die er jeweils in ein eigenes Kapitel kleidet. Die von ihm gewählten Kapitelüberschriften geben unmittelbar Aufschluss über die Inhalte der vorgenommenen Analyse und machen deutlich, dass Musikgesetze deren entscheidende Rahmung bilden:

Die Kapitel dieses Buches sind folgende:
I.   Über die fünf regulären Körper.
II.   Über die Verwandtschaft der harmonischen Proportionen mit diesen.
III. Die bei der Betrachtung der himmlischen Harmonien notwendigen Hauptsätze der Astronomie.
IV.   Worin bei den Bewegungen der Planeten die einfachen Harmonien ausgedrückt sind und daß alle Harmonien, die in der Musik auftreten, sich am Himmel finden.

V. Daß die Töne der Tonleiter oder die Stufen des Systems sowie die Tongeschlechter Dur und Moll von bestimmten Bewegungen ausgedrückt werden.

VI. Daß die Tonarten oder die musikalischen Modi je in gewisser Weise von den einzelnen Planeten ausgedrückt werden.

VII. Daß es Kontrapunkte oder Gesamtharmonien aller Planeten geben kann, und zwar verschiedene, indem eine aus der anderen folgt.

VIII. Daß in den Planeten die Natur der vier Stimmen Diskant, Alt, Tenor, Baß ausgedrückt ist.

IX. Beweis, daß zur Erziehung dieser harmonischen Anordnung die Exzentrizitäten der Planeten geradeso, wie sie ein jeder von ihnen besitzt, und nicht anders gemacht werden dürfen.

X. Epilog über die Sonne, aus gedrängten mutmaßlichen Annahmen (Kepler 1619/1967, S. 280).

Schließlich sei aus der Einleitung zum V. Kapitel zitiert, in dem die auf Musikgesetzen gründende Analyse der kosmischen Ordnung besonders anschaulich wird:

Daß also zwischen diesen zwölf Werten oder Bewegungen der sechs um die Sonne kreisenden Planeten nach aufwärts und abwärts überallhin harmonische Proportionen oder solche Proportionen, die jenen bis auf einen unmerklichen Teilbetrag des kleinsten melodischen Intervalls nahekommen, bestehen, das ist im bisherigen durch Zahlen, wie sie einerseits die Astronomie, andererseits die Harmonik liefert, bewiesen worden. Wie wir nun aber im III. Buch zuerst die harmonischen Proportionen einzeln für sich im I. Kapitel aufsuchten und dann erst im II. Kapitel sie alle, so viele ihrer waren, zu einem gemeinsamen System oder einer Tonleiter zusammenfügten, oder vielmehr eine von ihnen, die Oktav, die die übrigen der Potenz nach umfaßt, mit Hilfe der übrigen in ihre Stufen aufteilten, so daß hiedurch die Tonleiter entstand, so müssen wir auch jetzt nach der Auffindung der Harmonien, die Gott selber in der Welt verwirklicht hat, die Frage erheben, ob diese Harmonien einzeln für sich so dastehen ohne gegenseitige Beziehung, oder ob sie alle untereinander übereinstimmen. Freilich ist es leicht, auch ohne weitere Untersuchung den Schluß zu ziehen, dass diese Harmonien nach höherem Ratschluß einander so angepaßt sind, daß sie sich gegenseitig gleichsam als Teile eines einzigen Bauwerks tragen und keine die andere zerdrückt. Sehen wir doch bei unserer so vielfältigen Gegenüberstellung immer der gleichen Werte, daß uns überall Harmonien begegnen. Wären nämlich nicht alle allen angepaßt zu einer Leiter, so hätte es leicht geschehen können (und ist auch da und dort zwangsläufig geschehen), daß mehrere Dissonanzen auftreten. Wollte jemand z. B. zwischen dem ersten und zweiten Wert eine große Sext, zwischen dem zweiten und dritten eine gleichfalls große Terz ohne Rücksicht auf das erste Intervall festsetzen, so würde er zwischen dem ersten und dritten Wert eine Dissonanz, das unmelodische Intervall 12/25, zulassen (Kepler 1619/1967, S. 305).

Wenden wir uns nun wieder unmittelbar Johann Sebastian Bach zu – diesmal vor dem Hintergrund der Theorien Charlotte Bühlers und Jochen Brandtstädters. Woraufhin, so ist vor dem Hintergrund dieser Theorien zu fragen, war das Streben Johann Sebastian Bachs in den ersten 17 Jahren seiner Biografie gerichtet? Oder, noch grundlegender gefragt, ist in diesen Jahren bereits eine Intentionalität, eine aktive und kreative Hinordnung auf Ziele, wie dies Charlotte Bühler nennt, erkennbar? Finden sich in diesen ersten 17 Jahren Hinweise sowohl auf subjektiv wahrgenommene Potenziale als auch auf das Streben danach, diese Potenziale zu verwirklichen? Und drücken sich darin die für die Theorie Jochen Brandtstädters zentralen Merkmale der intentionalen Selbstentwicklung und der Selbstreflexion aus, spiegeln sich darin assimilative Aktivitäten wider?

Die von Johann Sebastian Bach getroffene Aussage: „Ich habe fleißig seyn müssen; wer eben so fleißig ist, der wird es eben so weit bringen können" rechtfertigt – auch wenn sie retrospektiv getroffen wurde und somit als eine vom Komponisten selbst vorgenommene Deutung seiner Entwicklung in frühen Jahren verstanden werden muss – die Annahme, dass sich schon früh im Leben ein Leistungsmotiv ausbilden konnte. Dieses lässt uns verstehen, warum Johann Sebastian Bach trotz der hohen Anforderungen, die mit der Unterstützung seines Vaters bei dessen musikalischen Aufgaben verbunden waren, ein sehr guter Schüler war: Wie aus dem *catalogus discipulorum* des Ohrdrufer Lyzeums hervorgeht (Bach-Dokumente II, 4), schloss Johann Sebastian Bach das erste Jahr der Tertia (Classis III) als viertbester Schüler, das zweite Jahr als bester Schüler ab; die beiden Jahre der Sekunda (Classis II) absolvierte er als fünft- beziehungsweise als zweitbester Schüler; das erste Jahr der Prima (Classis I) weist ihn als viertbesten Schüler aus, zugleich findet sich der Eintrag, dass Johann Sebastian Bach aufgrund eines Mangels an Freitischen nach Lüneburg wechselte.

In der Monografie *Johann Sebastian Bach* von Christoph Wolff (2009a) findet sich folgende Charakterisierung dieser schulischen Leistungen, die deutlich macht, wie sehr er im Hinblick darauf aus seiner Familie herausragte:

Mit vierzehn, volle vier Jahre unter dem Altersdurchschnitt seiner Klassenkameraden, wurde er in die Prima versetzt. Innerhalb von acht Jahren hatte Johann Sebastian Bach also die Klassenstufen von der Quinta bis zur Sekunda durchlaufen – eine schulische Leistung, wie sie in seiner Familie beispiellos war. Weder sein Vater noch sein Großvater hatten jemals eine solche akademische Ausbildung erhalten, und auch seine drei Brüder waren allesamt schon nach Abschluss der Tertia im Alter von vierzehn oder fünfzehn Jahren von der Lateinschule abgegangen (Wolff 2009a, S. 43).

Das hier im Zentrum stehende, früh ausgebildete Leistungsmotiv lässt uns weiterhin verstehen, warum Johann Sebastian Bach keine Mühen scheute, die sich bietenden Möglichkeiten einer Fortsetzung seiner schulischen und musikalischen Bildung zu nutzen, selbst wenn dies ein hohes Maß an Veränderungsbereitschaft, selbst wenn dies den Abschied von seiner Heimat bedeutete: Hier sei der Wechsel an das Michaeliskloster in Lüneburg genannt, der – wie dargelegt – notwendig war, weil sich am Ohrdrufer Lyzeum keine Möglichkeit mehr für ein Stipendium bot. Auch die Fußwanderungen von Lüneburg nach Hamburg mit dem Ziel, den dort tätigen Organisten Johann Adam Reincken zu hören und von diesem zu lernen, unterstreichen die Annahme eines schon früh bestehenden Leistungsmotivs.

Doch mit dem Begriff des Leistungsmotivs ist die Intentionalität, ist die Hinordnung auf Ziele, wie diese bei Johann Sebastian Bach schon in den ersten 17 Lebensjahren sichtbar wird, noch nicht ausreichend differenziert charakterisiert. Es ist vielmehr notwendig, die Musik selbst stärker zu berücksichtigen und dieser ein besonderes Gewicht innerhalb dieser Intentionalität zuzuordnen. Hier ist eine Aussage wichtig, die im Nekrolog getroffen wird. Sie bezieht sich auf den Unterricht, den Johann Sebastian Bach bei seinem Bruder Johann Christoph in Ohrdruf erhielt:

> Die Lust unsers kleinen Johann Sebastian Bachs zur Musik, war schon in diesem zarten Alter ungemein. In kurtzer Zeit hatte er alle Stücke, die ihm sein Bruder freywillig zum Lernen aufgegeben hatte, völlig in die Faust gebracht (Bach-Dokumente III, 666).

Der Nekrolog setzt mit der Beschreibung jenes Ereignisses fort, als Johann Sebastian Bach aus einem hinter Gittertüren verschlossenen Schrank eine von Johann Christoph Bach angelegte Sammlung von Klavierstücken hervorholte und sie einzeln in den Nachtstunden abschrieb:

> Ein Buch voll Clavierstücke, von den damaligen berühmtesten Meistern, Frobergern, Kerlen, Pachelbeln aber, welches sein Bruder besaß, wurde ihm, alles Bittens ohngeachtet, wer weis aus was für Ursachen, versaget. Sein Eifer immer weiter zu kommen, gab ihm also folgenden unschuldigen Betrug ein. Das Buch lag in einem blos mit Gitterthüren verschlossenen Schrancke. Er holte es also, weil er mit seinen kleinen Händen durch das Gitter langen, und das nur in Pappier geheftete Buch im Schranke zusammen rollen konnte, auf diese Art, des Nachts, wenn iedermann zu Bette war, heraus, und schrieb es, weil er auch nicht einmal eines Lichtes mächtig war, bey Mondenscheine, ab. Nach

sechs Monaten, war diese musicalische Beute glücklich in seinen Händen. Er suchte sie sich, insgeheim mit ausnehmender Begierde, zu Nutzen zu machen, als, zu seinem größten Herzensleide, sein Bruder dessen inne wurde, und ihm seine mit so vieler Mühe verfertigte Abschrift, ohne Barmherzigkeit, abnahm (Bach-Dokumente III, 666).

Führt man sich vor Augen, welche körperliche und geistige Arbeit Johann Sebastian Bach schon in diesen frühen Jahren auf sich genommen hat, um sich in der Musik bilden zu können, dann werden auch die biografischen Vorläufer seiner Kreativität sichtbar: Diese Vorläufer lassen sich mit den Begriffen Fleiß, Engagement, intrinsische Motivation beschreiben. Gemeint ist damit, dass Johann Sebastian Bach bereits in frühen Jahren großen Fleiß – eben nicht nur in der Schule, sondern auch auf dem Gebiet der Musik – gezeigt hat.

Gemeint ist weiterhin, dass er früh in der Musik aufging, hohes geistiges und emotionales Engagement in der Ausübung von Musik zeigte. Gemeint ist schließlich, dass schon früh eine hohe intrinsische Motivation erkennbar war. Das heißt, dass die intensive Beschäftigung mit der Musik um ihrer selbst willen stattfand. Man könnte – in den Worten von Mihaly Csikszentmihalyi ausgedrückt (Csikszentmihalyi 2011; Nakamura und Csikszentmihalyi 2009) – auch sagen, dass sich schon in einer frühen Phase der Biografie Johann Sebastian Bachs das „Flusserleben" einstellte.

Damit wird ausgedrückt, dass das Bewusstsein (des eigenen Selbst, des eigenen Handelns) immer mehr hinter das aktuelle Handeln – im Falle Johann Sebastian Bachs: die intensive Beschäftigung mit der Musik – zurücktritt. An dieser Stelle sei ergänzend darauf hingewiesen, dass aus der Arbeitsgruppe von Mihaly Csikszentmihalyi Beiträge hervorgegangen sind, die darauf hindeuten, dass das Flusserleben bereits in der Kindheit (und nicht erst in späteren Lebensphasen) nachweisbar ist und eine der entscheidenden Grundlagen für die Kreativität des Kindes und des späteren Erwachsenen bildet (ausführlich dazu Rathunde und Csikszentmihalyi 2006).

Die Entwicklung Johann Sebastian Bachs in den ersten 17 Lebensjahren erscheint allerdings auch als ein bemerkenswertes Beispiel für die von Jochen Brandtstädter eingeführten Konzepte der intentionalen Selbstentwicklung und der assimilativen Aktivitäten.

Inwiefern? Johann Sebastian Bach hat schon eine Vorstellung davon entwickelt, wohin es ihn beruflich ziehen würde: nämlich zur Musik. Überdies hat er konkrete Ziele und Pläne definiert sowie assimilative Strategien entwickelt, um dem großen, dem eigentlichen Ziel näherzukommen, das Leitthema seines Lebens zu verwirklichen: nämlich Musiker zu werden.

Die Aussage: „Ich habe fleißig seyn müssen; wer eben so fleißig ist, der wird es eben so weit bringen können" ist nämlich nicht nur Ausdruck eines Leistungsmotivs, sondern steht auch paradigmatisch für die intentionale Selbstentwicklung und die assimilativen Aktivitäten: Die Anstöße, die Johann Sebastian Bach selbst seiner eigenen Entwicklung gegeben hat, die „Identitätsprojekte", die er als Jugendlicher intensiv verfolgt hat (hier seien nur kurz genannt: Der Wechsel von Ohrdruf nach Lüneburg, der Wunsch, das Orgelspiel Reinckens zu erleben, die frühe Bewerbung um das Amt des Organisten in Mühlhausen und Ansbach), schließlich die Fähigkeit, auch in hoch belastenden Augenblicken die Situation so zu gestalten, dass diese mit seinen Vorstellungen eines gelingenden Lebens – das er vor allem in der Ausübung, später auch im Schaffen von Musik erblickte – übereinstimmte, zeugen von einer früh ausgebildeten selbstregulatorischen Kompetenz.

Diese Kompetenz sollte sich auch in seinem weiteren Leben eindrucksvoll unter Beweis stellen. Auch die späteren Lebensjahre waren immer solche der intentionalen Selbstentwicklung, waren solche eines offenen, mutigen und kraftvollen Aufgreifens von Entwicklungsmöglichkeiten wie auch des ebenso offenen und mutigen Angehens von Konflikten. Die ersten 17 Jahre seines Lebens bildeten auch in dieser Hinsicht das Fundament seiner Entwicklung in den nachfolgenden Lebensaltern.

Hier sei noch einmal in Erinnerung gerufen, dass psychologischen Forschungsbefunden zufolge übergreifende Lebensziele niemals umfassender reflektiert werden als im Jugend- und frühen Erwachsenenalter (Brunstein, Maier und Dargel 2007). Die Aussage, wonach die Pläne und Ziele, die wir in unserem Leben verfolgen, „(...) Ausdruck übergreifender Sinn- und Motivationsstrukturen (sind), die unseren Handlungen und unserer Lebensorganisation ein gewisses Maß an Kohärenz und Kontinuität, eventuell auch einen persönlichen Charakter und Stil verleihen" (Brandtstädter 2007a, S. 107), lässt sich anhand der ersten 17 Lebensjahre Johann Sebastian Bachs, aber auch seiner gesamten weiteren Biografie sehr gut veranschaulichen.

Das Streben nach Musik, das Streben nach größtmöglicher Autonomie und Kunstfertigkeit auf diesem Gebiet, das sich durch sein ganzes Leben ziehen sollte, ist schon in diesen frühen Jahren erkennbar. Das verleiht seiner Biografie in der Tat ein hohes Maß an Kohärenz und Kontinuität. Doch nicht nur das. Empfangene und gegebene Unterstützung in hoch belastenden Situationen gewinnen hier ganz ähnliche Bedeutung.

Die angesprochenen Vorläufer der Kreativität – Fleiß, Engagement, intrinsische Motivation, Zieldefinition und Zielverfolgung – sollen für die psychologische Erkenntnis sensibilisieren, dass die Kreativität im Erwachsenenalter eine „lange Geschichte" hat, somit immer auch das Ergebnis einer jahrelangen, vielfach bis in die Kindheit hineinreichenden, intensiven Beschäftigung mit einem Gegenstand bildet.

Nicht selten herrscht ja die Ansicht vor, dass großen Komponisten das Schöpferische quasi zufalle, dass Kreativität primär Ausdruck einer Begabung sei. Auch wenn es richtig ist, dass die Kreativität an besondere Begabungen, an Talente gebunden ist – mit Blick auf die Musik war davon ja schon die Rede –, so darf nicht übersehen werden, dass Menschen mit hoher Kreativität in einem bestimmten Bereich über Jahrzehnte hinweg großen Fleiß und hohes Engagement in diesem gezeigt haben, wobei dieser Fleiß, dieses Engagement immer auch dem Bedürfnis geschuldet waren, noch tiefer in diesen Bereich vorzudringen, diesen noch besser zu verstehen. Die Biografie Johann Sebastian Bachs verdeutlicht, wie sich die Kreativität allmählich entwickelt. Den Beginn dieser Entwicklung markieren großer Fleiß, hohes Engagement und intrinsische Motivation – letztere auch im Sinne von Flusserleben.

In den Terminologien von Charlotte Bühler und Jochen Brandtstädter ausgedrückt, kann man auch von einer intensiven inneren Bindung dieses Komponisten an die Musik sprechen, von dem Gefühl – aus dem immer mehr eine feste Überzeugung werden sollte –, für die Musik geschaffen zu sein, schließlich von dem Ziel, immer weiter in die Musik einzudringen und dafür große Anstrengungen in Kauf zu nehmen, die aber angesichts der Bedeutung, die die Musik für das eigene Leben annahm, nicht mehr als anstrengend empfunden wurden. „Für die Musik geschaffen zu sein": dieses Erleben bildete eine bedeutende, wenn nicht sogar die zentrale Komponente des sich entwickelnden Selbst Johann Sebastian Bachs. Die Tatsache, dass dieser aus einer Musikerfamilie stammte, somit von den ersten Tagen seines Lebens an immer Musik um sich hatte, hat dieser Komponente noch zusätzliches Gewicht gegeben.

Auf welches Ziel also war das Leben Johann Sebastian Bachs in Kindheit und Jugend ausgerichtet? Die Antwortet lautet: Auf das Ziel, Musiker zu werden, aber eben nicht „nur" ausführender Musiker, nicht nur „Praktiker", sondern auch und vor allem „Forscher", der mehr und mehr in die Musik ein- und vordringt, bis hin zu ihren kompositorischen Wurzeln. Schon bei dem jungen Bach, bei dem Ohrdrufer Bach, erkennt man im Kern den Wissenschaftler der Musik, dem es aber auch gegeben war, ein brillanter ausführender Musiker zu sein.

Hier bestätigt sich auch eindrucksvoll die von Alexei Nikolajewitsch Leontjew getroffene Aussage, wonach der Mensch in der Tätigkeit zu erkennen gebe, *wer* er ist: Johann Sebastian Bach war und verstand sich mit Ende seiner Jugendzeit selbst als „Musicus", somit als „Experte" auf dem Gebiet der wissenschaftlichen und praktischen Musik. Wie das der Bach-Monografie von Christoph Wolff (2009a) entnommene Zitat zu seiner Leistungskapazität mit 17 beziehungsweise 18 Jahren deutlich macht, hatte Johann Sebastian Bach auch bei objektiver Betrachtung alles Recht dazu, sich als „Musicus" zu verstehen – konnte er sich doch mit den großen Musikern seiner Zeit vergleichen und war diesen nicht selten sogar überlegen. Zudem ist zu bedenken, dass Johann Sebastian Bach seine Anstellung in Arnstadt im Jahre 1703 vor allem der Tatsache verdankte, dass er schon damals den Ruf eines Experten auf dem Gebiet des Orgelbaus genoss und aus diesem Grund eingeladen wurde, die neugeschaffene Orgel in der Neukirche zu prüfen.

Doch die von Leontjew getroffene Aussage ist auch noch in einem anderen biografischen Zusammenhang bedeutsam: Es wurde ja bereits hervorgehoben, dass Johann Sebastian mehrfach von Lüneburg nach Hamburg ging, um dort den Organisten Johann Adam Reincken zu hören. In dieser „Tätigkeit" – um hier den von Leontjew verwendeten Begriff zu wählen – kommt nicht nur ein Leistungsmotiv zum Ausdruck, sondern auch das Selbstverständnis eines Menschen, der beginnt, sich in der Musik zu spezialisieren, nachdem er sich, um einen im Orgel-Büchlein (entstanden im Jahre 1722–1723) verwendeten Begriff zu wählen, bereits in dieser „habilitiert" hat.

Kommen wir schließlich zu dem von Ursula Staudinger dargelegten Verständnis der Lebenserfahrung und des Lebenssinns sowie zu ihrer Theorie der Weisheit.

Hier stellt sich zunächst die Frage: Ist es angemessen, die innere Situation des 17-jährigen Johann Sebastian Bach im Kontext von Lebenserfahrung, Lebenssinn und Weisheit zu betrachten? Hier sei noch einmal angemerkt, dass uns das Studium seiner Biografie die Möglichkeit eröffnet, die frühe Entwicklung von Lebenserfahrung und Lebenssinn, die frühe Entwicklung von Weisheit nachzuvollziehen: Lebenserfahrung, Lebenssinn und Weisheit sind ja nicht „auf einmal" gegeben, sondern sie bilden vielmehr das Ergebnis eines sich über Jahre, wenn nicht sogar Jahrzehnte erstreckenden Entwicklungsprozesses. Hierbei ist von besonderer Bedeutung, die Frage zu stellen, wann dieser Entwicklungsprozess begonnen hat, in welchen frühen Erlebnissen, Erfahrungen und Erkenntnissen er seinen Ursprung findet. Oder anders ausgedrückt: Wir interessieren uns nicht nur für die Frage, wie sich Lebenserfahren-Sein und Etwas-Besonderes-Sein darstellen, nein, uns interessiert auch und an dieser Stelle besonders, wie sich dieses Sein *entwickelt*.

Beginnen wir mit einer von Ursula Staudinger genannten Komponente von Lebenserfahrung, die eher mit dem höheren und hohen Lebensalter assoziiert wird, die Johann Sebastian Bach aber schon früh in seinem Leben erfahren, die dieses Leben geprägt hat.

Lebenserfahrung, so heißt es bei Ursula Staudinger, „bezieht sich auch auf die Unverständlichkeiten des Lebens, die Lebensrätsel der Zeugung, der Geburt, der Entwicklung und des Todes. Lebenserfahrung bietet Einsicht in die Macht des Zufalls und die Grundbedingungen der menschlichen Existenz". Der Verlust der Mutter, das durch diesen Verlust bedingte seelische

Leiden des Vaters, schließlich dessen Tod, die Verteilung der Kinder auf die Haushalte verschiedener Familienmitglieder: Diese Ereignisse haben Johann Sebastian Bach schon früh mit den „Lebensrätseln" des Todes, des Zufalls und der Grundbedingungen der menschlichen Existenz in Berührung gebracht.

Eine weitere Lebenserfahrung bezieht sich auf die Solidarität und Fürsorge, die von den Familienangehörigen ausgehen: Nach dem Tod der Eltern kümmern sich die engsten Angehörigen um die zurückgebliebenen Kinder – Johann Sebastian Bach wird nicht nur bei Johann Christoph aufgenommen, nein, er erhält bei diesem auch einen Musikunterricht, der das Fundament der großen Leistungen bildet, die Johann Sebastian Bach auf dem Gebiet der Musik schon wenige Jahre später erbringt.

Schließlich sei die Einsicht in die eigenen Stärken, in die eigenen Wünsche angeführt, die Ursula Staudinger zufolge ebenfalls eine Dimension der Lebenserfahrung konstituiert: Der Wechsel von Ohrdruf nach Lüneburg, der unbedingte Wunsch, das Orgelspiel Reinckens zu erleben, sowie die frühen Bewerbungen um das Amt des Organisten in Mühlhausen und Ansbach zeigen, dass Johann Sebastian Bach nicht nur über bemerkenswerte Fähigkeiten – vor allem auf dem Gebiet der Musik – verfügte, sondern auch um diese wusste. Zudem nahm er seine Wünsche und Ziele differenziert wahr und verfolgte diese mit großem Engagement. Damit ist auch eine Grundlage für den Lebenssinn geschaffen, der – wie Ursula Staudinger hervorhebt – unter anderem auf der erfolgreichen Verfolgung von Lebenszielen gründet. Zudem ist der Lebenssinn mit der Ordnung des bisherigen Lebens zu einem integrierten Ganzen verbunden: Und nach allem, was wir von Johann Sebastian Bach wissen, können wir davon ausgehen, dass er mit 17 Jahren schon eine bemerkenswert differenzierte und gefestigte Identität aufwies.

Schließlich sei noch eine der von Ursula Staudinger genannten Qualitäten von Weisheit genannt, die sich schon früh im Leben Johann Sebastian Bachs zeigte: das Erkennen und Bewältigen von Ungewissheit, verbunden mit der Erkenntnis, dass die Zukunft nicht völlig vorhersehbar ist. Die Initiativen, die er in Gang setzte, um sich eine gute schulische und musikalische Bildung zu sichern, sprechen für eine bemerkenswerte Fähigkeit, Ungewissheit zu bewältigen.

Wenn wir nun noch einmal alle psychologischen Charakteristika der Entwicklung Johann Sebastian Bachs in seinen ersten 17 Lebensjahren berücksichtigen und zusammenfassen, wird deutlich, wie wichtig ein Verständnis von Persönlichkeit ist, welches das „propulsive Ich" (Thomae 1966) und die mit diesem Ich verbundenen Merkmale Offenheit, Nichtfestgelegtheit und Nichtvorhersehbarkeit (Plastizität) in das Zentrum der Betrachtung stellt und zudem eine thematische Analyse der Persönlichkeit vornimmt, die auch die Daseinstechniken des Menschen – als Reaktionen auf belastende und konflikthafte Situationen – einschließt (Thomae 1968; siehe auch Lehr 2011). Die von Thomae in seiner Charakterisierung des „propulsiven Ichs" gewählte Umschreibung: „Es gibt letzten Endes das Gefühl der Initiative und Freiheit, das Empfinden, dass selbst der größte Verlust und die äußerste Begrenzung unseres Daseins uns nicht alles nehmen können, sondern letztlich nur eine neue Seite der eigenen Entwicklungsmöglichkeiten offenbaren" (1966, S. 124) eignet sich in besonderer Weise zur psychologischen Deutung der Biografie Johann Sebastian Bachs – seiner ersten 17 Lebensjahre genauso wie seines weiteren Lebenswegs.

Die thematische Analyse der Persönlichkeit erweist sich im Fall dieses Komponisten als besonders fruchtbar – sind doch schon früh in dessen Biografie prägnante Themen nachweisbar, die sich durch die ganze Biografie ziehen sollten. Und schließlich finden sich in dieser Vita zahlreiche (hoch-)belastende, konflikthafte Situationen, auf die Bach mit Daseinstechniken antwortete, die ebenfalls ihren Ursprung in den frühen Lebensjahren hatten.

Der zweite Deutungsansatz: Widerstandsfähigkeit und Kohärenzgefühl

Die Tatsache, dass Johann Sebastian Bach in seiner Kindheit mit Schicksalsschlägen konfrontiert war, legt die Frage nahe, wie es ihm gelingen konnte, im Jugendalter eine bemerkenswerte Eigeninitiative zu entwickeln, im 18. Lebensjahr seine Matura abzulegen und bis zu diesem Zeitpunkt eine musikalische Meisterschaft zu entwickeln, die es ihm erlaubte, sich auf anerkannte Organistenstellen zu bewerben. Der Versuch, diese Entwicklung besser zu verstehen, führt uns auf das Gebiet der Widerstandsfähigkeit (Resilienz) und des Kohärenzerlebens.

Gehen wir zunächst noch einmal auf die erlittenen Verluste in der Kindheit Johann Sebastian Bachs ein. Im Nekrolog werden diese wie folgt umschrieben:

> Johann Sebastian war noch nicht zehen Jahr alt, als er sich, seiner Eltern durch den Tod beraubt sahe (Bach-Dokumente III, 666).

Christoph Wolff geht in seiner Bach-Monografie (2009a) auch auf seelische Folgen ein, die der Tod der Mutter und des Vaters für die Familie Bach hatte:

> Im März 1694 wurde Johann Sebastian neun Jahre alt. Kurz darauf kam er in die Quarta der Lateinschule. Kaum drei Wochen nach Ostern, das auf den 11. April fiel, starb seine Mutter im Alter von fünfzig Jahren. Über die

Todesursache ist nichts bekannt, auch nicht, ob ihrem Tod eine Krankheit vorausgegangen war. Die knappe Eintragung im Sterberegister … lässt nicht im entferntesten erahnen, wie groß das Leid in Ambrosius Bachs Familie war, insbesondere bei den jüngsten Kindern, und welche tiefgreifenden Folgen dieser Schicksalsschlag mit sich bringen sollte. … Es ist durchaus denkbar, dass Ambrosius nach dem Tod seines Bruders und insbesondere nach dem Tod seiner Frau damit rechnete, dass auch sein eigenes Ende bevorstand. Dennoch fand er, wie zuvor andere schicksalsgeprüfte Familienmitglieder, einen pragmatischen Weg aus seiner Misere. Er erinnerte sich an Barbara Margaretha, die sechsunddreißigjährige Witwe seines verstorbenen Vetters Johann Günther in Arnstadt, Tochter des Arnstädter Bürgermeisters Caspar Keul. … Ambrosius Bach, der mit seinen zahlreichen Arnstädter Verwandten stets in engem Kontakt stand, hielt um ihre Hand an. … Doch für eine Normalisierung des Alltags blieb kaum Zeit, denn Ambrosius erkrankte schwer. Er starb am 20. Februar 1695, nur zwei Tage vor seinem fünfzigsten Geburtstag und nach knapp drei Monaten Ehe. … Es lässt sich vorstellen, wie erschüttert Barbara Margaretha von dieser plötzlichen Wendung des Geschehens sein musste – mit ihren sechsunddreißig Jahren hatte sie innerhalb von dreizehn Jahren drei Ehemänner verloren – und wie tief es die Kinder getroffen haben muss (S. 35 ff.). Innerhalb einiger weniger Monate wurde Ambrosius Bachs Familie in alle Winde zerstreut, aber sofort setzte die bereits bewährte gegenseitige Familienunterstützung ein (Wolff 2009a, S. 38).

Einführung in die psychologischen Theorien

(1) Emmy E. Werner: Die Widerstandsfähigkeit (Resilienz) des Menschen

Kommen wir nun zur Resilienz und zum Kohärenzgefühl als jenen Konzepten, die uns helfen, die psychische Entwicklung Johann Sebastian Bachs nach dem Tod seiner Eltern besser zu verstehen. Zunächst seien diese beiden Konzepte vorgestellt. Danach sei eine Deutung der psychischen Entwicklung Johann Sebastian Bachs versucht.

„Resilienz" beschreibt die Fähigkeit eines Menschen, Schicksalsschläge zu überstehen und sich trotz der traumatischen Erlebnisse weiter zu entwickeln. Im Prozess der inneren Auseinandersetzung mit diesen Erlebnissen gelangt das Individuum allmählich dahin, das Geschehene anzunehmen, mit diesem zu leben und sich dem Leben wieder bejahend zuzuwenden. Der Begriff der Resilienz leitet sich, daran sei noch einmal erinnert, aus dem Lateinischen ab: *resilire* bedeutet „zurückspringen" oder „zurückprallen".

Den Beginn der Resilienzforschung bilden psychologische Arbeiten von Jack Block aus den 1950er-Jahren. Als erste große empirische Studie zur Resilienz ist die *Kauai-Längsschnittstudie* der Entwicklungspsychologin Emmy E.

Werner zu nennen, die 1971 mit einer vielbeachteten Publikation der Studienergebnisse an die Öffentlichkeit trat.

Werner untersuchte über einen Zeitraum von vier Jahrzehnten die Entwicklung von fast 700 Kindern. Ihr Interesse galt dabei vor allem jenen Kindern, die unter besonders schwierigen Lebensbedingungen aufgewachsen waren, so zum Beispiel in Armut oder unter belastenden Familienverhältnissen. Die in der heutigen Resilienzforschung gewählten Umschreibungen widerstandsfähiger Kinder – belastbar, anpassungsfähig, neugierig, aufmerksam, fleißig, ihren Fähigkeiten vertrauend – finden sich zum Teil schon in der von Emmy E. Werner veröffentlichten Studie (Werner 1971; siehe auch Werner und Smith 1982). In ihr wurde gezeigt, dass Kinder auch unter einschränkenden Lebensbedingungen ein hohes körperliches, seelisch-geistiges und soziales Entwicklungsniveau erreichen können, wobei unter jenen Bedingungen, die eine derartige Entwicklung fördern, die erfahrene Unterstützung durch andere Menschen, vor allem der familiäre Zusammenhalt, schulische Anregungen, Intelligenz und emotionale Mitschwingungsfähigkeit sowie die frühzeitige Entwicklung eines aktiven, auf Problembewältigung gerichteten Bewältigungsstils zu nennen sind.

Besondere Bedeutung mit Blick auf das Verständnis von Resilienz haben auch Studien von Glen Elder (1974) gewonnen, der den Lebenslauf von Kindern – aus ganz unterschiedlichen Sozialschichten – untersuchte, deren Familien durch die *Great Depression* (1929–1941) in Armut geraten waren. Die Grundlage seiner Analyse bildeten Daten der *Berkeley-Längsschnittstudie*. Glen Elder konnte unter anderem zeigen, dass Armut auf Kinder der amerikanischen Mittelschicht nur in den selteneren Fällen negative Auswirkungen hatte. Eher waren positive Auswirkungen erkennbar – ein Befund, der Glen Elder zu der Annahme führte, dass sich Kinder auch unter einschränkenden Lebensbedingungen gut entwickeln können, vorausgesetzt, sie erfahren in ihrer Familie Zuspruch, Bekräftigung, Unterstützung. Der familiäre Zusammenhalt erwies sich auch in dieser Studie als wichtige Bedingung der Widerstandsfähigkeit.

Nicht nur in der bereits angesprochenen *Kauai-Längsschnittstudie*, sondern auch in der *Mannheimer Risikokinderstudie* und in der *Bielefelder Invulnerabilitätsstudie* ließen sich schützende (oder protektive) Faktoren nachweisen, die sich positiv auf die Bewältigung von Belastungen und Schicksalsschlägen auswirken. Zu den personalen Faktoren sind vor allem Problemlösefähigkeiten, Bindungsfähigkeit und hohes Engagement (im Sinne des Investments geistiger, emotionaler und körperlicher Energien) zu rechnen. Zu den sozialen Faktoren zählen soziales Eingebunden-Sein, emotional lebendige und unterstützende Kommunikation innerhalb und außerhalb der Familie, tragfähige

Beziehungen zu Mitschülerinnen und Mitschülern, Rollenmodelle in der Familie und in der Schule (Lösel und Bender 1999; Werner und Smith 2001).

Auch die Selbstregulation wird in neueren Untersuchungen als eine bedeutende Ressource der Person beschrieben, wobei Selbstregulation vor allem im Sinne der Aufmerksamkeit, der Achtsamkeit, der Kontrolle von Erregung, Emotionen und Verhalten sowie der Zieldefinition und Zielverfolgung verstanden wird. Der englische Psychiater Sir Michael Rutter, einer der Nestoren der Resilienzforschung, hebt hervor, dass für das Verständnis der Widerstandsfähigkeit auch die Art und Weise wichtig ist, wie das Individuum eine objektiv gegebene Belastung deutet (als Bedrohung oder als Herausforderung), wie es auf diese Belastung antwortet (Planung und aktive Auseinandersetzung oder Akzeptanz oder Resignation) und inwieweit diese Antwort der gegebenen Problemsituation angemessen ist oder nicht (Rutter 1990, 2008).

Wie in mehreren Beiträgen der von Rosemarie Welter-Endelin und Bruno Hildenbrand herausgegebenen Schrift *Resilienz – Gedeihen trotz widriger Umstände* (2012) aufgezeigt wird, entwickeln Kinder und Jugendliche in den Fällen einer schweren Erkrankung oder des Verlusts der Eltern nicht selten ein bemerkenswertes Maß an Bezogenheit, Kompetenz und Hilfsbereitschaft gegenüber ihren jüngeren Geschwistern, was vor allem der erlebten Verantwortung diesen gegenüber geschuldet ist. In diesem Zusammenhang ist auch der Hinweis auf das von Emmy Werner (2001) veröffentlichte Buch *Unschuldige Zeugen* wichtig, in dem diese Entwicklungspsychologin – die den Zweiten Weltkrieg als Kind in Deutschland erlebt hat – auf einzelne Kinderschicksale eingeht, die durch frühe Verantwortungsübernahme für jüngere Geschwister und durch dadurch mitbedingte, stark ausgeprägte kognitive, emotionale und soziale Kompetenz imponierten. In der bereits genannten Schrift *Resilienz – Gedeihen trotz widriger Umstände* wird auch das aus unserer Perspektive hoch interessante Phänomen der „Familien-Resilienz" eingegangen: Familien-Resilienz beschreibt die Widerstandsfähigkeit aller Mitglieder einer Kernfamilie, die das Ergebnis engen familiären Zusammenhalts, hoher Identifikation aller Mitglieder mit der Zukunft der Familie, offener Kommunikation und gegenseitiger Unterstützung bildet. Gerade darin zeigt sich die Notwendigkeit, Resilienz auch als Ergebnis der Wechselwirkung zwischen Person und sozialer Umwelt zu verstehen (Fthenakis 2010).

Es sei an dieser Stelle ein Aspekt genannt, der vor allem in frühen Arbeiten der bedeutenden Psychiaterin und Psychoanalytikerin Annemarie Dührssen (1916–1998) wiederholt akzentuiert wurde und der in der modernen Resilienzforschung eher in den Hintergrund tritt: Annemarie Dührssen hob in ihren Arbeiten zur psychischen Widerstandsfähigkeit jener Kinder und Jugendlichen, die den Zweiten Weltkrieg miterlebt hatten, vor allem die protektive Bedeutung der emotionalen Bindung an einen nahestehenden Menschen, aber auch an bestimmte Interessen, an bestimmte Orte hervor: Wenn in Zeiten hoher psychischer Belastung in Kindheit und Jugend diese emotionale Bindung bestand, so war damit *ein* schützender Faktor vor den schädigenden Folgen dieser Belastung gegeben (Dührssen 1954).

(2) Aaron Antonovsky: Das Kohärenzgefühl des Menschen

Das Konzept der „Salutogenese" geht auf den israelischen Medizinsoziologen Aaron Antonovsky (1923–1994) zurück. Wie die Pathogenese nach Ursachen für die Entstehung einer Krankheit fragt, so ist für die Salutogenese die Suche nach Ursachen für die Entstehung und Erhaltung von Gesundheit konstitutiv. Gesundheit oder die hergestellte Ordnung unseres Organismus ist immer auch als ein *aktiv* herbeigeführter Zustand zu begreifen, der das Ergebnis des Zusammenwirkens sozialer, psychischer und somatischer Bedingungen bildet (Antonovsky 1979). Im Kontext dieses Bedingungsgefüges nimmt das „Kohärenzgefühl", das den subjektiv empfundenen Zusammenhang des Individuums mit der Welt (Kohärenz) beschreibt, eine zentrale Stellung ein. Das Kohärenzgefühl definiert Antonovsky in seiner Monografie *Salutogenese. Zur Entmystifizierung der Gesundheit* (1997)

> als eine globale Orientierung, die ausdrückt, in welchem Ausmaß man ein durchdringendes, andauerndes und dennoch dynamisches Gefühl des Vertrauens hat, dass 1. die Stimuli, die sich im Verlauf des Lebens aus der inneren und äußeren Umgebung ergeben, strukturiert, vorhersehbar und erklärbar sind; 2. einem die Ressourcen zur Verfügung stehen, um den Anforderungen, die diese Stimuli stellen, zu begegnen; 3. diese Anforderungen Herausforderungen sind, die Anstrengung und Engagement lohnen (S. 14).

Der subjektiv empfundene Zusammenhang des Individuums mit der Welt spiegelt sich dieser Theorie zufolge in den folgenden drei Faktoren wider: Verstehbarkeit, Handhabbarkeit und Bedeutsamkeit. Sie bilden zusammen das Kohärenzgefühl. Mit „Verstehbarkeit" wird ausgedrückt, dass Lebensereignisse – wie auch der persönliche Werdegang – sinnvoll geordnet sind und vom Individuum verstanden werden. „Handhabbarkeit" beschreibt die individuelle Überzeugung, Lebensereignisse bewältigen zu können. Entsprechend werden diese Ereignisse auch als Herausforderungen wahrgenommen, die das Individuum akzeptiert, mit denen es sich aktiv auseinandersetzt. Dabei beschränkt sich das Vertrauen nicht nur auf die eigene Person, sondern schließt ausdrücklich auch das Vertrauen in nahestehende Menschen oder in Gott ein. Mit „Bedeutsamkeit" wird ausgedrückt, dass das Individuum Lebensereignisse – wie auch bestimmte Lebensbereiche und biografische Entwicklungen –

als wichtig und sinnvoll erkennt und erlebt. Die drei genannten Faktoren bilden die Grundlage folgender Definition des Kohärenzgefühls:

> Das Kohärenzgefühl ist eine globale Orientierung, die ausdrückt, in welchem Ausmaß man ein durchdringendes, andauerndes und dennoch dynamisches Gefühl des Vertrauens hat, das zur Verstehbarkeit führt, Herausforderungen als bewältigbar erscheinen lässt und zugleich dazu führt, dass das eigene Leben als wertvoll und sinnvoll empfunden und bewertet wird (Antonovsky 1997, S. 23).

Das Konzept der „Salutogenese" postuliert entsprechend, dass Stressoren nicht nur in ihren potenziell negativen Einflüssen verstanden werden dürfen. Je nachdem, wie Menschen Stressoren erleben und auf diese antworten, können diese durchaus auch entwicklungsförderliche Einflüsse haben.

Wählen wir nun die zu den Konzepten Resilienz und Kohärenzgefühl getroffenen Aussagen als Grundlage für den Versuch einer psychologischen Deutung der psychischen Entwicklung Johann Sebastian Bachs nach dem Tod seiner Eltern.

Der Tod war allgegenwärtig in jener Zeit, in der Johann Sebastian Bach lebte. Er bildete in jeder Familie ein bedeutsames Thema. Und doch: Mit neun Jahren Vollwaise zu sein und erleben zu müssen, dass sich die Herkunftsfamilie auflöst, stellte auch in der damaligen Zeit eine außergewöhnliche Belastung dar. Dies war bei aller Gegenwärtigkeit des Todes etwas Extremes. Das Leid muss, wie es Christoph Wolff in seiner Bach-Monografie ausgedrückt hat, in der Tat unermesslich gewesen sein.

Hinzu kommt der Tod des von Ambrosius Bach so geliebten Bruders – ein Ereignis, das die Familie Bach, und damit auch Johann Sebastian, gleichfalls schwer getroffen haben muss. Von daher liegen hier jene Bedingungen vor, die den Ausgangspunkt der Resilienzforschung bilden: Höchste psychische Belastungen, vermutlich sogar eine Traumatisierung des jungen Johann Sebastian Bach. Wenn wir aber auf dessen weiteren Lebensweg blicken, fällt auf: er zeigt auch weiterhin ein hohes schulisches Leistungsvermögen, er vertieft sich ganz in die Musik, er bringt es schon bald zur Meisterschaft auf dem Gebiet der Musik, und er entwickelt schon früh eine bemerkenswerte Eigeninitiative mit Blick auf die Definition und Verwirklichung von Lebenszielen.

Herstellung von Beziehungen zwischen diesen psychologischen Theorien und der Biografie Johann Sebastian Bachs

Inwiefern helfen nun die in der Resilienzforschung beschriebenen personalen und sozialen Ressourcen, diese positive Entwicklung zu erklären? Zunächst ist hier die bereits angeführte Aussage von Christoph Wolff (2009a) nochmals aufzugreifen: „Innerhalb einiger weniger Monate wurde Ambrosius Bachs Familie in alle Winde zerstreut, aber sofort setzte die bereits bewährte gegenseitige Familienunterstützung ein" (S. 38), heißt es in dieser Monografie.

Damit ist eine Besonderheit der Familie Bach (übrigens nicht erst in der Generation Ambrosius und Johann Sebastian Bachs, sondern auch schon in den vorangegangenen Generationen) genannt, die aus der Sicht der Resilienzforschung großes Gewicht für die Bewältigung der erfahrenen Schicksalsschläge besitzt. Hervorzuheben ist hier vor allem die Bereitschaft Johann Christoph Bachs, Johann Sebastian bei sich aufzunehmen und für eine gute schulische wie auch für eine gute musikalische Ausbildung seines Bruders zu sorgen.

Noch eine weitere, bereits angeführte Aussage aus der Bach-Monografie Christoph Wolffs, die sich diesmal auf Johann Sebastian Bachs Vater Ambrosius bezieht, soll hier noch einmal genannt werden:

Dennoch fand er, wie zuvor andere schicksalsgeprüfte Familienmitglieder, einen pragmatischen Weg aus seiner Misere. Er erinnerte sich an Barbara Margaretha, die sechsunddreißigjährige Witwe seines verstorbenen Vetters Johann Günther in Arnstadt, Tochter des Arnstädter Bürgermeisters Caspar Keul (Wolff 2009a, S. 35).

Damit ist ein mögliches Rollenmodell für Johann Sebastian Bach angesprochen, und zwar in der Hinsicht, dass dieser schon früh miterlebte, wie sein Vater in hoch belastenden Situationen handelte: lösungs-, bewältigungs-, mitverantwortungsorientiert (letzteres Merkmal bezieht sich auf die erlebte Verantwortung für die Familie), ohne dabei die Trauer unterdrücken zu wollen und zu können. Dieses Rollenmodell, ebenso wie der enge Zusammenhalt der Familie, werden Johann Sebastian Bach tiefgreifend beeinflusst haben, wenn man bedenkt, wie er später den Tod seiner ersten Ehefrau, Maria Barbara, zu verarbeiten versuchte und welches Maß an Hilfsbereitschaft er Familienangehörigen zuteil werden ließ, wenn diese in Not gerieten.

Schließlich seien personale, aus der Sicht der Resilienzforschung in hohem Maße bewältigungsförderliche Ressourcen genannt, von denen schon früh im Leben Johann Sebastian Bachs ausgegangen werden konnte: Aufmerksamkeit, Achtsamkeit, Intelligenz, Kontrolle von Erregungen, Emotionen und Verhalten. Wie aber lässt sich diese Annahme begründen? Die guten schulischen Leistungen – auch bei hohen Fehlzeiten – lassen auf Intelligenz, Aufmerksamkeit und Achtsamkeit schließen, ebenso die Tatsache, dass es Johann Sebastian Bach schon in den ersten Schuljahren gelungen ist, schulische, familiäre und (in Unterstützung seines Vaters) musikalische Aufgaben miteinander zu verbinden. Zudem hat Johann Sebastian Bach schon früh die Proben miterlebt, die sein Vater zu Hause abgehalten hat, und dabei die Möglichkeit gehabt, mit Menschen außerhalb seiner Familie zusammenzukommen, diese bei der Ausübung der Musik zu beobachten und sich gegebenenfalls sogar selbst in die Probenmusik einzubringen (es ist zu bedenken, dass Johann Sebastian Bach schon von den frühesten Jahren, sozusagen von Kindesbeinen an Instrumentalunterricht durch seinen Vater erhielt). Diese Begegnungen, diese Interaktionen in der Musik und über die Musik werden sich sicherlich positiv auf die Kontrolle von Erregungen, Emotionen und Verhalten ausgewirkt haben.

Neben diesen aus der Resilienzforschung bekannten bewältigungsförderlichen Faktoren sind auch die in der Salutogenese-Forschung beschriebenen Aspekte des Kohärenzgefühls in ihrer Bedeutung für die Kindheits- und Jugendjahre Johann Sebastian Bachs genauer zu untersuchen.

Beginnen wir noch einmal mit einer der beiden von Aaron Antonovsky (1997) gegebenen Definitionen des Kohärenzgefühls: In ihr wird das Kohärenzgefühl als globale Orientierung im Sinne des durchdringenden, andauernden, dynamischen Gefühls des Vertrauens umschrieben. Dabei ist zu bedenken, dass Aaron Antonovsky die Annahme vertritt, dass sich das Kohärenzgefühl bereits im Kindes-, Jugend- und frühen Erwachsenenalter ausbildet. Folgt man Antonovsky, dann kann sogar von einer relativ hohen Stabilität des Kohärenzgefühls ab Mitte des dritten Lebensjahrzehnts ausgegangen werden. Auch wenn das Für und Wider der angenommenen Stabilität hier nicht weiter diskutiert werden soll, so ist doch für unsere Diskussion von unmittelbarer Bedeutung, dass Antonovsky die Entwicklung des Kohärenzgefühls im Kindes-, Jugend- und frühen Erwachsenenalter postuliert. Damit gewinnt auch die Frage, inwieweit es Menschen gelingt, bereits in den ersten Lebensjahren Vertrauen zu entwickeln – in sich selbst, in nahestehende Bezugspersonen, in Gott –, noch einmal an Gewicht.

Wie stellt sich dies aus Sicht der ersten Lebensjahre Johann Sebastian Bachs dar? Hier sei die Annahme aufgestellt, dass die engen familiären Beziehungen, die Bach bereits in seinen ersten Lebensjahren erlebt hat, eine Grundlage für das Vertrauen in die eigenen Kräfte darstellte. Dabei wird sich positiv ausgewirkt haben, dass die verschiedenen Zweige der Familie in engem Kontakt zueinander standen, wodurch sich die Überzeugung, Vertrauen in die Familie setzen zu können, vermutlich noch einmal verstärkte.

Es ist weiterhin zu bedenken, dass Johann Sebastian Bach sehr früh mit einer reichen musikalischen Welt in Berührung kam (hier sei noch einmal auf die Stadtpfeifer hingewiesen, die regelmäßig in seinem Elternhaus probten) und sehr früh Instrumentalunterricht erhielt, sodass er schon von Kindesbeinen an in eine geistige Ordnung hineinwuchs, die ausschlaggebendes Gewicht für seine weitere seelisch-geistige Entwicklung annehmen sollte. Abgesehen davon wird das frühe Erlernen von Instrumenten dazu beigetragen haben, das Vertrauen in die eigene Kompetenz zu fördern – eine für die Bewältigung von Anforderungen zentrale Erfahrung.

Die religiöse Bindung der Familie Bach, die bereits über Generationen bestand und die sich auch in der Kernfamilie Johann Sebastian Bachs fortsetzte, darf in ihrer Bedeutung für das Vertrauen ebenfalls nicht unterschätzt werden – diesmal für das Vertrauen in Gott und in die göttliche Ordnung. Die musikalischen Werke Bachs sprechen in allen Phasen seines Werkschaffens für die Vertrautheit, für die hohe Identifikation mit Glaubensinhalten – eine Vertrautheit, eine Identifikation, die ihre Wurzeln vermutlich schon in Kindheit und Jugend hat.

Somit stellt sich der geistige und sozioemotionale Kontext Johann Sebastian Bachs in seinen frühen Lebensjahren als vertrauensgebend dar, obwohl die beiden wichtigsten Bezugspersonen – Mutter und Vater – aus diesem Kontext gerissen wurden. Es kann vor dem Hintergrund der Forschung zur Resilienz und Salutogenese angenommen werden, dass sich in diesem vertrauensgebenden Kontext die für das Kohärenzgefühl konstitutiven Faktoren – Verstehbarkeit, Handhabbarkeit und Bedeutsamkeit – ausbilden konnten, die einen inneren Schutz gegen die negativen psychischen Folgen der frühen Verlusterfahrungen bildeten.

Natürlich sind dies nur Annahmen – doch solche, die aus Theorien und empirischen Befunden zur Resilienz und Salutogenese unmittelbar abgeleitet werden können. Denn erst diese Theorien und Befunde lassen uns überhaupt verstehen, dass es einem jungen Menschen gelingen konnte, trotz früher Traumatisierung Lebensziele zu definieren, diese zu verwirklichen und zu einer bemerkenswerten intellektuellen Leistungsfähigkeit und einer überragenden Musikalität zu gelangen.

Frühe Eigenständigkeit des Menschen und Komponisten Johann Sebastian Bach

Im Frühjahr 1703 wurde Johann Sebastian Bach vom Bürgermeister der Stadt Arnstadt zu einer Orgelprüfung eingeladen (Abb. 2.3). Der Bau einer neu-

Abb. 2.3 An diesem Orgeltisch hat Johann Sebastian Bach von 1703 bis 1707 in der heutigen Bachkirche in Arnstadt gespielt. Diese Orgel, 1703 von Johann Friedrich Wender gebaut, war das erste Instrument, das Bach bei seinen Orgelabnahmen geprüft hatte. Aus: Thüringer Landesausstellung „Der junge Bach – weil er nicht aufzuhalten" (23. Juni bis 3. Oktober 2000, Erfurter Predigerkirche). (© dpa-Picture-Alliance)

en Orgel für die Arnstädter Neue Kirche war gerade abgeschlossen, sodass diese Prüfung notwendig wurde. Die Tatsache, dass Johann Sebastian Bach verpflichtet wurde, deutet darauf hin, dass dieser trotz seines jungen Alters bereits einen hervorragenden Ruf als Orgelvirtuose und Orgelfachmann genoss. Zudem wurde ihm ein hohes Honorar geboten und er wurde mit einer Kutsche von Weimar abgeholt und wieder dorthin zurückgebracht – auch darin zeigt sich die Ehrerbietung ihm gegenüber (wie bereits berichtet, war Johann Sebastian Bach zu dieser Zeit als „Laquey" in der Kapelle des Herzogs Johann Ernst von Sachsen-Weimar angestellt).

Orgelprüfung und Einweihungskonzert fanden vermutlich am 24. Juni 1703 statt, die Berufung auf die Organistenstelle erfolgte am 9. August 1703. Wenige Tage später folgte Johann Sebastian Bach dieser Berufung. Nachfolgend sei aus dem Ernennungsschreiben zitiert, das die Erwartungen beschreibt, die an die musikalischen und persönlichen Qualitäten des Organisten herangetragen wurden:

Demnach der hochgebohrne Unser Gnädigster Graff und Herr Anthon Günther … Euch Johann Sebastian Bachen zu einem Organisten in der Neuen Kirchen annehmen und bestellen laßen, Alß sollet Höchstgedacht Ihro Hoch-Gräfflichen Gnaden zufördest Ihr treu, Hold und gewärtig seyn, insonderheit aber Euch in Eurem anbefohlnen Ambte, Beruff, Kunstübung und Wißenschafft fleißig und treulich bezeigen in andere Händel und verrichtungen Euch nicht mengen, zu rechter Zeit an denen Sonn- und Fest- auch andern zum öffentlichen Gottes dienst bestimbten Tagen in obbesagter Neuen Kirchen bey dem Euch anvertrauten Orgelwercke Euch einfinden, solches gebührend tractiren, darauff gute Acht haben, und es mit allem Fleiß verwahren, da etwas daran wandelbahr würde es bey Zeiten melden und daß nöthige reparatur geschehe, Errinnerung thun, Niemanden ohne vorbewust des Herrn Superintendenten auf selbiges laßen und insgemein Euch bester Möglichkeit nach angelegen seyn laßen, damit Schaden verhüet, und alles in guten weßen und Ordnung erhalten werde, gestalt Ihr Euch denn auch sonsten in Eurem Leben und wandel der Gottesfurcht, Nüchterkeit und verträglichkeit zubefleißigen, böser Gesellschafft und Abhaltung Eures betreffs Euch gäntzlich zu enthalten, und übrigens in allen, wie einem Ehrliebenden Diener und Organisten gegen Gott, die Hohe Obrigkeit und vorgesetzten, gebühret, treulich zu verhalten (Bach-Dokumente II, 8).

In der von Martin Geck (2000a) verfassten Monografie *Johann Sebastian Bach* findet sich folgende Charakterisierung der Arnstädter Zeit Johann Sebastian Bachs, die uns einen wertvollen Hinweis auf dessen Werkschaffen und Persönlichkeit gibt:

Bachs erste Stellung ist bescheiden, denn die Neue Kirche steht in der Kirchenhierarchie an dritter und letzter Stelle und muss, was die Aufführung von Vokalwerken angeht, von den Brosamen leben, die vom Tisch der Hauptkirchen-Musik fallen. Indessen hat Bach, so scheint es, zum ersten Mal in seinem Leben freie Zeit. … Die Erfahrung, aus dem streng geregelten und vermutlich restlos ausgefüllten Schulleben in die Freiheit entlassen worden zu sein, nutzt Bach einerseits zu intensivem Selbststudium; anders ist die rasche Entwicklung, die er als Komponist durchmacht, nicht zu erklären. Nicht von ungefähr schreibt Carl Philipp Emanuel über seinen Vater, „blos eigenes Nachsinnen" habe ihn schon in seiner Jugend „zum reinen und starcken Fugisten" gemacht. Anderseits ist er offenbar alles andere als ein über seinen Noten grübelnder Stubenhocker; vielmehr misst er durchaus seine sozialen und künstlerischen Spielräume aus. Auf der Straße zeigt er sich – vielleicht in Erinnerung an die Lüneburger Ritterakademie – mit dem Degen und greift auch eines Abends zu ihm, um sich den Schüler Geysenbach vom Leibe zu halten. Diesen hat er zuvor als Zippelfagottisten kritisiert und damit ein spezielles Ventil für seinen offenbar generellen Unmut darüber gefunden, dass die ihm zur Aufführung von Vokalmusik zugewiesenen Schüler für diese Aufgabe wenig qualifiziert sind. Da lässt er lieber, für damalige Zeiten ungewöhnlich, eine „fremde Jungfer" als Sängerin zu sich auf die Orgelempore. Wegen solcher Affären wird Bach mehrfach vor das Konsistorium zitiert, welches ihm außerdem zum Vorwurf macht, ungenehmigten Urlaub genommen und die Gemeinde durch sein Orgelspiel irritiert zu haben (Geck 2000a, S. 23 f).

In dieser Charakterisierung der Arnstädter Zeit ist von Freiheit, von intensivem Selbststudium, von der raschen Entwicklung, die Johann Sebastian Bach als Komponist durchmachte, die Rede. Damit wird zum Ausdruck gebracht, dass sich ihm Möglichkeiten zur intensiven musikalischen Weiterbildung boten, dass die Arnstädter Jahre eine Zeit künstlerischer Entfaltung, hoher Kreativität bedeuteten, dass er die Kirche zum regelmäßigen Üben nutzen und auf einem Instrument spielen konnte, das keinerlei technische Mängel aufwies. Die Arnstädter Jahre – die auf den Zeitraum von August 1703 bis Mai 1707 datieren – waren eine Zeit, in der Bach seine Spieltechnik immer weiter vervollkommnete und in der er begann, zu einem individuellen Kompositionsstil zu finden, der von hoher Virtuosität geprägt war. Die Tatsache, dass er ein vergleichsweise hohes Gehalt erhielt und ihm zudem hohe Anerkennung durch die Arnstädter Bürger zuteil wurde, ist insofern von Bedeutung, als damit eine weitere Bedingung für die intensive, konzentrierte Beschäftigung mit Musik – ganz im Sinne des Selbststudiums – und damit für die rasche Weiterentwicklung seiner Musikalität gegeben war.

Folgen wir den Aussagen des Nekrologs, dann war die Arnstädter Zeit auch eine des intensiven Übens, und zwar des völlig eigenständigen Übens – eine weitere wichtige Grundlage für die Kreativität des Organisten und Komponisten Johann Sebastian Bach im Alter von 18 bis 22 Jahren:

> Zeigte er eigentlich die ersten Früchte seines Fleisses in der Kunst des Orgelspielens, und in der Composition, welche er größtentheils nur durch das Betrachten der Werke der damaligen berühmten und gründlichen Componisten und angewandtes eigenes Nachsinnen erlernet hatte (Bach-Dokumente III, 666).

Worauf bezog sich nun das frühe kompositorische Interesse? Der angeführte Ausschnitt aus dem Nekrolog deutet darauf hin, dass sich Johann Sebastian Bach intensiv mit unterschiedlichsten Kompositionsformen und -stilen beschäftigt hat, und dies als kompositorischer Autodidakt, der bedeutende Komponisten studierte und auf der Grundlage dieses Studiums zu seinem eigenen Stil fand. Dabei hat schon in seinen frühesten Komponistenjahren die Fuge sein besonderes Interesse geweckt. Darauf deuten die bereits angeführten Aussagen Carl Philipp Emanuel Bachs hin, denen zufolge Johann Sebastian Bach „schon in seiner Jugend" ein „reiner u. starcker Fughist" gewesen sei.

Das intensive Studium der Prinzipien und Regeln des Kontrapunkts schon in den frühesten Komponistenjahren lässt uns verstehen, dass Johann Sebastian Bach nie „nur" praktizierender Musiker war, sondern dass für ihn immer auch die Musiktheorie im Zentrum des Interesses stand. Der sowohl theoretisch als auch ästhetisch meisterhafte Umgang mit der Fuge – wie sich dieser vor allem in den beiden Spätwerken *Musikalisches Opfer* (BWV 1079) und *Kunst der Fuge* (BWV 1080) zeigt – hat seine Wurzeln in dem Studium, der Anwendung und Weiterführung der Prinzipien und Regeln des Kontrapunkts vom frühesten Werkschaffen an; der hier postulierte Zusammenhang wird durch die psychologische Wissens- und Kreativitätsforschung gestützt, die deutlich macht, dass die über einen langen Zeitraum, kontinuierlich und intensiv betriebene Auseinandersetzung mit einem Gegenstand eine Bedingung für Expertenwissen und Kreativität darstellt (siehe zum Beispiel Funke 2000; Simonton 2010).

Zugleich aber entwickelt Johann Sebastian Bach in diesen frühen Jahren eine hohe Virtuosität, wie sich diese vor allem in der *Toccata und Fuge in d-Moll* (BWV 565), einem Frühwerk des Komponisten, widerspiegelt. Das Kopfmotiv der Toccata wird in vielfältiger Weise variiert und bildet zudem den Kern des nachfolgenden Fugen-Motivs. Schon hier zeigt sich ein wesentliches Moment der Kompositionstechnik Johann Sebastian Bachs: Die Konzentration auf ein Motiv, das in vielfältiger Weise variiert und umgearbeitet wird. Man kann durchaus von der „Einheit in der Vielfalt" sprechen, die als eine Form der Kreativität gedeutet werden kann, weist doch gerade die Fähigkeit, ein Motiv – theoretisch und ästhetisch überzeugend – in vielfältiger Weise zu variieren und umzuarbeiten, auf ein hohes Kreativitätspotenzial hin.

Eine bemerkenswerte Interpretation der *Toccata in d-Moll* findet sich in der Bach-Monografie von Christoph Wolff (2009a):

> Unter diesem Blickwinkel erscheint die so offensichtlich als Paradestück konzipierte und auf äußere Wirkung abzielende d-Moll-Toccata unter der grellen Oberfläche ganz und gar nicht als undiszipliniert und unkontrolliert. In vielerlei Hinsicht offenbart sich in ihr der Keim für die strahlende Zukunft von Bachs Orgelkunst (S. 80).

Kommen wir zur Persönlichkeit Johann Sebastian Bachs zurück, wie sich diese in seiner Arnstädter Zeit zeigt. Hinweise gibt uns hier ein Konsistorialprotokoll vom 21. Februar 1706, in dem der Verlauf eines Gesprächs des gräflichen Konsistoriums der Neuen Kirche zu Arnstadt mit Johann Sebastian Bach dargestellt ist. In seiner Monographie *Johann Sebastian Bach* gelangt Philipp Spitta (1873) mit Blick auf dieses Schriftstück zu folgender Bewertung:

> Das Protokoll des vom gräflichen Consistorium mit und über Bach angestellten Verhöres gehört zu den interessantesten Documenten seines Lebensganges. … Was etwa veraltete Ausdrucksweise und Orthographie dem Lesenden an Unbequemlichkeit verursacht, wird die Lebendigkeit der gewonnenen Anschauung wieder aufwiegen; denn in den äußern Formen spiegelt sich das Wesen der Zeit. (Bd. 1, S. 312).

In dem Protokoll ist nun zu lesen:

> *Actum* d. 21. *Febr.* 1706. Wird der Organist in der Neuen Kirche Bach vernommen, wo er unlängst so lange geweßen, und bey wem er deßen verlaub genommen? *Ille:* Er sey Zu Lübeck geweßen umb daselbst ein und anderes in seiner Kunst zu begreiffen, habe aber zu vorher von dem Herrn Superintend Verlaubnüß gebethen. *Dominus Superintendens:* Er habe nur auf 4. wochen solche gebethen, sey aber wohl 4. mahl so lange außen blieben. *Ille:* Hoffe das orgelschlagen würde unterdeß von deme, welchen er hierzu bestellet, dergestalt seyn versehen worden, daß deßwegen keine Klage geführet werden könne. *Nos:* Halthen Ihm vor daß er bißher in dem Choral viele wunderliche variationes gemachet, viele frembde Thöne mit eingemischet, daß die Gemeinde drüber confundiret worden. Er habe ins Künfftige wann er ja einen Tonum peregrinum mit einbringen wolle, selbigen auch außzuhalten, und nicht zu geschwinde auf etwas andres zu fallen, oder wie er bißher im brauch gehabt, gar einen tonum contrarium zu spiehlen. Nechst deme sey gar befrembdlich, daß bißher gar nichts musiciret worden, deßen Ursach er geweßen, weile mit den Schühlern er sich nicht comportiren wolle, dahero er sich zu erclähren, ob er sowohl Figural alß Choral mit den Schühlern spiehlen wolle. Dann man ihm keinen Capellmeister halthen könne. Da ers nicht thuen wolte, solle ers nur categorice von sich sagen, damit andere gestalt gemachet vnd iemand Der dießes thäte, bestellet werden könne. *Ille:* Würde man ihm einen rechtschaffenen Director schaffen, wolte er schon spiehlen. *Resolvitur:* Soll binnen 8 tagen sich erclähren. *Eodem:* Erscheint der Schühler Rambach vnd wird Ihm gleichfalß vorhalt gethan wegen der désordres, so bißher in der Neuen Kirche Zwischen denen Schühlern und dem Organisten passiret. *Ille:* Der Organist Bach habe bißhero etwas gar zu lang gespiehlet, nachdem ihm aber vom Herrn Superintendent derwegen anzeige beschehen, währe er gleich auf das andere extremum gefallen, und hätte es zu kurtz gemachet. *Nos:* Verweißen ihm daß er letztverwichenen Sontags unter der Predigt im Weinkeller gangen. *Ille:* Sey ihm leid sollte nicht mehr geschehen, und hätten ihm bereits die Herrn Geistlichen derwegen hart angesehen. Der Organist hätte sich

über ihn wegen des Dirigirens nicht zu beschwehren, indeme nicht Er sondern der Junge Schmidt es verrichtet. *Nos:* Er müße sich künfftig gantz anders und beßer alß bißher er gethan, anstellen, sonst würde das guthe, so man ihm zugedacht wieder eingezogen werden (Bach-Dokumente II, 16).

In diesem Konsistorialprotokoll werden gleich vier an die Adresse Johann Sebastian Bachs gerichtete Vorwürfe angesprochen.

Der erste Vorwurf bezieht sich darauf, dass er für vier Wochen Urlaub beantragt, sich aber letztlich vier Monate vom Dienstort entfernt hatte. Im Oktober 1705 brach Johann Sebastian Bach zu Fuß von Arnstadt nach Lübeck auf, um dort Dietrich Buxtehude hören zu können. Er kehrte jedoch nicht im November 1705, sondern erst Ende Januar 1706 nach Arnstadt zurück. Die Vertretung als Organist hatte er seinem Vetter Johann Ernst übertragen. Die von seinen Vorgesetzten nicht genehmigte Verlängerung seiner Bildungsreise um drei Monate war ausschließlich dem persönlichen Bedürfnis nach einem vertieften Orgel- und Kompositionsstudium bei Dietrich Buxtehude (1637–1707) geschuldet. Dietrich Buxtehude, der von 1668 bis zu seinem Tod Organist an der Kirche St. Marien zu Lübeck war, galt als einer der führenden Organisten seiner Zeit, der sich mit seinen adventlichen „Abendmusiken" einen Namen als Orgelvirtuose machte; zugleich war er als Meister des Kontrapunkts geachtet. Vermutlich hat Johann Sebastian Bach bei Dietrich Buxtehude Orgelunterricht genommen und erhielt zudem die Möglichkeit, auf der berühmten Totentanz-Orgel von St. Marien zu spielen. Mit dem Vorwurf konfrontiert, seinen Urlaub unerlaubterweise ausgedehnt zu haben, reagiert Johann Sebastian Bach nicht mit einer Entschuldigung, sondern mit der Erwartung, dass der von ihm zur Vertretung bestellte Organist keinen Anlass zur Klage gegeben habe: Für einen 20-Jährigen ist dies eine bemerkenswerte Aussage, die Mut und Selbstsicherheit ausstrahlt.

Der zweite Vorwurf bezieht sich auf Johann Sebastian Bachs Weigerung, mit dem Chorus musicus der Schule zu arbeiten. Diese Weigerung war zum einen dadurch bedingt, dass diesem Chor auch Schüler angehörten, die in einem höheren Alter standen als er selbst. Zum anderen waren die musikalischen Leistungen der meisten Schüler in den Augen Johann Sebastian Bachs unzureichend, sodass für ihn das gemeinsame Musizieren mit dem Chorus musicus nicht in Frage kam. Dadurch wurde ein Konflikt mit dem Konsistorium provoziert, das nicht nur die instrumentale, sondern auch die vokale Seite der Kirchenmusik umgesetzt sehen wollte.

Auch hier gibt Johann Sebastian Bach nicht nach, sondern artikuliert sehr klar seinen Anspruch: „Würde man ihm einen rechtschaffenen Director schaffen, solte er schon spiehlen", heißt es im Protokoll. Und der Beschluss: „Soll binnen 8 tagen sich erklähren" wird von Johann Sebastian Bach gleichfalls nicht umgesetzt. In diesem Verhalten spiegeln sich nicht nur Mut und Selbstsicherheit wider, sondern in ihm kommt auch das Selbstbewusstsein des Musikers zum Ausdruck, der nicht bereit ist, auch nur geringste Abstriche an seinen musikalischen Qualitätsansprüchen hinzunehmen – Qualitätsansprüche, die damals schon hoch gewesen sein müssen. Dafür spricht übrigens auch die Tatsache, dass er einen Fagottisten „Zippelfagottisten" schimpfte (siehe das Zitat von Martin Geck).

Der dritte Vorwurf schließt an den zweiten unmittelbar an: Er betrifft die von Johann Sebastian Bach geschaffene und zur Aufführung gebrachte Musik selbst: Gemeint sind hier seine Choralvorspiele und -zwischenspiele, weiterhin seine Verzierungen und Modulationen. Schon hier werden Spannungen offenbar, mit denen Bach in seiner weiteren musikalischen Entwicklung noch häufiger konfrontiert sein wird: Dieser Komponist führt in allen Phasen seines Werkschaffens die Musik, die Kompositionskunst weiter, und dies jeweils vor dem Hintergrund seiner anspruchsvollen musiktheoretischen und musikästhetischen Kriterien, wie sich diese im Selbststudium, in der immer tieferen Durchdringung der Musik ausbilden. Somit ist Johann Sebastian Bach schon zu Beginn seiner musikalischen Laufbahn Repräsentant einer theoretischen und ästhetischen Avantgarde, und er wird dies immer bleiben. Aber wie die Avantgarde – die „vorne steht", die eine Bewegung anführt, die einen neuen Stil einführt – mit besonderer Aufmerksamkeit, vielfach mit Skepsis betrachtet wird, so sah sich auch Johann Sebastian Bach skeptischen, wenn nicht sogar kritischen Blicken ausgesetzt: Blieb er doch nicht bei dem ästhetisch Vertrauten und Eingespielten, bei den Hörgewohnheiten stehen, sondern führte er eben die Musik weiter, bewegte er sich von dem Vertrauten, Eingespielten und Gewohnten fort. Dies muss Spannungen erzeugen – bei Hörern ebenso, wie zwischen diesen und dem Komponisten.

Man kann sich vorstellen, dass der Rat, dass das gräfliche Konsistorium, dass die Gemeinde von der Virtuosität Johann Sebastian Bachs begeistert waren. Aber man kann sich genauso gut vorstellen, dass diese Begeisterung in Zurückhaltung, Skepsis und Kritik umschlug, wenn Johann Sebastian Bach kühne Improvisationen und Kompositionen vortrug. Choralvorspiele und Choralbegleitungen, die uns heute als „vertraut" erscheinen, mussten damals völlig neu, wenn nicht sogar provokant klingen.

An dieser Stelle ist die Charakterisierung von Martin Geck (2000a) hilfreich, in der dieser die frühe Musik Johann Sebastian Bachs mit dessen Persönlichkeit verbindet:

> Der Feuerkopf Bach versteht den alten, von seinem neuen Lehrmeister Buxtehude einem seiner gelehrten Kanons vorangestellten Sinnspruch „Non hominibus, sed deo" („Nicht den Menschen, sondern Gott") auf seine Wei-

se: Er betreibt seine Profession nicht, um einer trägen Gemeinde oder einer Konventionen verhafteten Obrigkeit zu Diensten zu sein, sondern um das Höchstmögliche aus seiner Kunst zu machen. Da lässt er sich auch als kaum Zwanzigjähriger nicht hineinreden und nimmt lieber das Risiko einer Kündigung auf sich, als dass er von seiner beschwerlichen Fußreise nach Lübeck zurückkehrt, ehe er die berühmten Abendmusiken mitbekommen hat, die eben leider erst im Advent jeden Jahres stattfinden (Geck 2000a, S. 26).

Und der vierte Vorwurf? Dieser bezieht sich auf das Verhalten Johann Sebastian Bachs, vor allem auf seinen Umgang mit den Kirchenoberen, den „Autoritäten". Zunächst heißt es, er falle in das „andere extremum", wenn der Superintendent ihn darauf aufmerksam mache, dass er „zu lang gespiehlet" – nun habe er „es zu kurtz gemachet". Sodann wird kritisch angemerkt, dass er „letztverwichenen Sonntags unter der Predigt im Weinkeller gangen", wobei man allerdings zu berücksichtigen hat, dass die sonntäglichen Gottesdienste mehrere Stunden dauern konnten. Johann Sebastian Bach bestreitet diese kritische Anmerkung nicht, sondern erwidert, dass es ihm leid tue, dass dies nicht wieder vorkommen werde, dass der Geistliche ihn deswegen schon „hart angesehen" habe. Und schließlich wird vom Konsistorium die Erwartung geäußert, dass er sich „künfftig gantz anders vnd beßer alß bißher er gethan, anstellen" solle – und mit dieser Erwartung wird auch eine Drohung verbunden: „sonst würde das guthe, so man ihm zugedacht wieder eingezogen werden."

Nimmt man einzelne Inhalte dieser Vorwürfe mit den außergewöhnlichen musikalischen Leistungen, die Johann Sebastian Bach in Arnstadt gezeigt hat, zusammen, dann liegt die Folgerung nahe, dass er sich in seinen Arnstädter Jahren nicht nur musikalisch, sondern auch menschlich zu behaupten wusste. Als 20-/21-Jähriger hatte er den Mut, die Besonderheiten seiner Musik ebenso wie seine persönlichen Rechte zu verteidigen, und er war auch willens und fähig, Autoritäten zu widersprechen, wenn ihm dies als berechtigt und notwendig erschien. Zudem hatte er den Mut, ganz aus Konventionen auszubrechen, etwa, wenn er den Gottesdienst vorübergehend verließ, um einen Weinkeller aufzusuchen.

In diesem Verhalten zeigen sich (neben einem gewissen Leichtsinn, der hier nicht zu leugnen ist) Selbstvertrauen und Selbstbewusstsein – wobei seine Musikalität, wobei seine geachtete Stellung in Arnstadt eine Quelle dieses Selbstvertrauens und Selbstbewusstseins bildete. Möglicherweise trug aber auch das Bewusstsein, aus einer Musikerfamilie zu stammen, die sich bereits über mehrere Generationen hinweg hoher Reputation erfreute, dazu bei, dass Johann Sebastian Bach bisweilen den Respekt vor Autoritäten vermissen ließ und aus Konventionen (in zum Teil leichtsinniger Weise) ausbrach.

Die Spannungen und Konflikte, die sich auf sein Verständnis von Kirchenmusik, aber auch auf seine Ansprüche auf die Freiheiten eines Künstlers bezogen, mögen – bei aller Wertschätzung, die ihm entgegengebracht wurde – dazu beigetragen haben, dass Johann Sebastian Bach begann, Ausschau nach einer neuen Stelle zu halten. Eine derartige Möglichkeit bot sich in der freien Reichsstadt Mühlhausen, wo an der St. Blasiuskirche die Stelle eines Organisten frei geworden war. Bach bewarb sich um diese Stelle, und am 24. April 1707, einem Ostersonntag, fand das öffentliche Probespiel statt, für das er die Osterkantate *Christ lag in Todesbanden* (BWV 4) komponiert hatte. Schon einen Monat später, am 24. Mai 1707, wurde er auf die Organistenstelle der St. Blasiuskirche berufen. Hier ist zu bedenken, dass damals die politische Bedeutung der Stadt Mühlhausen groß war. Sie konnte sich durchaus mit jener der freien Reichsstädte Hamburg und Lübeck messen. Zudem bildete die St. Blasiuskirche das musikalische Zentrum der Stadt. Insofern bedeutete der Wechsel von Arnstadt nach Mühlhausen einen großen Sprung in der beruflichen Laufbahn des Organisten und Komponisten.

Die Osterkantate *Christ lag in Todesbanden* (BWV 4) wird uns im nächsten Kapitel dieses Buches noch ausführlicher beschäftigen – nämlich als eindrucksvolles Beispiel für die musikalische Ausdeutung fundamentaler Glaubensaussagen. Die Osterkantate, die auf den sieben Strophen des von Martin Luther verfassten *Osterliedes* gründet, ist eine meditatio mortis: In dieser steht der Tod, steht die Erinnerung an die eigene Endlichkeit im Zentrum, aber auch die Überwindung „des einen" – nämlich unseres – Todes durch „den anderen Tod" – den Tod Jesu Christi.

In klarer, den Hörer unmittelbar ansprechender Weise drückt die Musik die Todesangst des Menschen, zugleich aber auch dessen Vertrauen auf die Erlösungszusage aus. Hier sind Musik und Text kongenial. In ihrer Synthese spiegeln sie Gedanken und Stimmungen wider, die der Mensch mit dem eigenen Tod, die er mit der Erlösungszusage verbindet. Auch wenn es sich hier um eine Kantate für ein „Probespiel" handelte, auch wenn eine „Osterkantate" komponiert wurde, da das Probespiel eben auf den Ostersonntag gelegt wurde – worin übrigens die besonderen Erwartungen an das künstlerische Leistungsvermögen des Bewerbers zum Ausdruck kamen –, so geht doch diese Kantate in ihrer Bedeutung weit über ein „Probestück" hinaus. In ihr drückt sich die Fähigkeit zur vielfältigen, tief greifenden musikalischen Umschreibung liturgischer Aussagen und der mit diesen verbundenen Assoziationen und Gefühle aus, wobei in dieser Vielfalt immer wieder das Grundthema erkennbar ist: Erneut stoßen wir auf das Prinzip der Einheit in der Vielfalt. In ihr drückt sich weiterhin ein tiefes geistiges und musikalisches Durchdringen der Osterbotschaft – nämlich der Erlösungszusage – aus, ein Durchdringen, das auch alle späteren geistlichen Werke Johann Sebastian Bachs, die sich mit der Relation von Tod und ewigem Leben beschäftigen, bestimmen soll.

Und dies leistet ein 22-Jähriger! Ein 22-Jähriger, der hier ein eindrucksvolles musikalisches und geistiges Potenzial unter Beweis stellt und deutlich macht, wie gefestigt nicht nur seine musikalische, sondern auch seine seelisch-geistige Identität ist. So kann nicht überraschen, dass Johann Sebastian Bach schon einen Monat nach diesem Probespiel berufen wird.

Am 29. Juni 1707 schließlich kündigt Johann Sebastian Bach seine Organistenstelle in der Neuen Kirche zu Arnstadt. Das Konsistorium hat den Wechsel Johann Sebastian Bachs auf das Organistenamt in Mühlhausen als großen Verlust empfunden.

Der Tod der Maria Barbara Bach – Musik als Ort der inneren, der religiösen Verarbeitung

In die Zeit des Wechsels von Arnstadt nach Mühlhausen fallen Bekanntschaft und Liebe zur Sängerin Maria Barbara Bach (geboren am 20. Oktober 1684), der Tochter des Johann Michael Bach, und somit Cousine zweiten Grades von Johann Sebastian Bach. Johann Michael war als Organist und Stadtschreiber in Gehren tätig gewesen, jedoch zum Zeitpunkt der Bekanntschaft seiner Tochter mit Johann Sebastian Bach bereits verstorben.

Nach Aufnahme seines Dienstes in der St. Blasiuskirche zu Mühlhausen – übrigens mit einem deutlich höheren Gehalt als seine Vorgänger und Nachfolger ausgestattet – sah Johann Sebastian Bach jene beruflichen, vor allem jene materiellen Rahmenbedingungen verwirklicht, die die Gründung einer Familie erlaubten: Am 17. Oktober 1707 heiratete er in der Kirche St. Bartholomäus in Dornheim (einem nur wenige Kilometer von Arnstadt entfernten Ort) Maria Barbara.

> Den 17.8br 1707. ist der Ehrenveste Herr Johann Sebastian Bach, ein lediger gesell und Organist zu S. Blasii in Mühlhausen, des weyland wohl Ehren vesten Herrn Abrosii Bachen berühmten Stad organisten und Musici in Einsenach Seelig nachgelaßener Eheleiblicher Sohn, mit der tugend samen Jungfer Marien Barberen Bachin, des weyland wohl Ehrenvesten und Kunst berühmten Herrn Johann Michael Bachens, Organisten in Amt Gehren Seelig nachgelaßenen jüngsten Jungfer Tochter, alhier in unserm Gottes Hause, auff Gnädiger Herschafft Vergünstigung, nachdem Sie zu Arnstad auff gebothen worden, copuliret worden (Bach-Dokumente II, 29).

Aus dieser Ehe gingen sieben Kinder hervor, von denen drei bei der Geburt beziehungsweise kurz nach der Geburt starben.

In den ersten Juli-Tagen des Jahres 1720 starb auch Maria Barbara Bach (ihr genaues Todesdatum ist nicht bekannt), am 7. Juli 1720 wurde sie beerdigt. Sie selbst und Johann Sebastian Bach standen zum Zeitpunkt ihres Todes im 36. Lebensjahr, die Trauung lag zwölfeinhalb Jahre zurück. In der inneren (und dies heißt bei Johann Sebastian Bach immer auch: in der religiösen) Auseinandersetzung mit dem Tod Maria Barbaras verdichtete sich die bis dahin zurückgelegte Entwicklung im Glauben. Diese Auseinandersetzung hat aber zugleich die weitere Entwicklung angestoßen, die sich bei Johann Sebastian Bach um die wachsende Integration der Ordnung des Lebens und der Ordnung des Todes zentrierte (siehe hier das Lutherwort: „Media in vita in morte sumus, kehrs umb! Media in morte in vita sumus", übersetzt: „Mitten wir im Leben sind vom Tode umfangen, kehr es um! Mitten im Tode wir sind vom Leben umfangen") – um eine Thematik also, die bis zum Ende seines Lebens besondere Bedeutung behalten sollte. In vielen musikgeschichtlichen Werken wird an dem Tod Maria Barbaras geradezu vorbeigegangen. Ihr Tod wird zwar erwähnt, aber sofort folgt der Zusatz, dass Johann Sebastian Bach am 3. Dezember 1721 Anna Magdalena Wilcke geheiratet habe. Die mangelnde Beschäftigung vieler Musikwissenschaftler mit den persönlichen Folgen, die dieser Verlust für Johann Sebastian Bach hatte, ist der Tatsache geschuldet, dass von Maria Barbara Bach und deren Ehe mit Johann Sebastian Bach nur sehr wenig überliefert ist, man somit rasch ins Spekulieren gerät.

Und doch lohnt der Blick auf ein Werk Johann Sebastian Bachs – nämlich die *Chaconne* aus der *Partita Nr. 2 d-Moll* für Violine solo (BWV 1004) –, das kurz nach dem Tod der Maria Barbara entstanden ist und das in der Musikwissenschaft als Tombeau oder Epitaph, mithin als musikalisches Grabmal für Maria Barbara Bach gedeutet wird (das Wort *Tombeau* stammt aus dem Französischen, le tombeau = Grabmal; das Wort *Epitaph* stammt aus dem Altgriechischen, ἐπιτάφιον, beziehungsweise aus dem Lateinischen, epitaphium = ein an die Verstorbene oder den Verstorbenen erinnerndes Denkmal).

Die Tombeau- beziehungsweise Epitaph-These (Thoene 2003; ergänzend Hilliard Ensemble und Poppen 2001) führt in besonderer Weise vor Augen, wie intensiv die seelische und geistige, wie intensiv die religiöse Auseinandersetzung Johann Sebastian Bachs mit dem Tod seiner Frau gewesen ist und wie sehr ihm die Musik dabei diente, diesen seelischen und geistigen, diesen religiösen Prozess auszudrücken.

Über den Tod der Maria Barbara Bach im Jahre 1720 ist im Nekrolog (erschienen in Leipzig, 1754) zu lesen:

Zwey mal hat sich unser Bach verheyratet. Das erste mal mit Jungfer Maria Barbara, der jüngsten Tochter des obengedachten Joh. Michael Bachs, eines brafen Componisten. Mit dieser hat er 7. Kinder, nämlich 5 Söhne und 2 Töchter, unter welchen sich ein paar Zwillinge befunden haben, gezeuget. Drey davon sind noch am Leben, nämlich: Die älteste unverheyratete Tochter, Catharina Dorothea, gebohren 1708; Wilhelm Friedemann, gebohren 1710, itziger Musikdirector und Organist an der Marktkirche in Halle; und Carl Philipp Emanuel, geboren 1714, Könglicher Preußischer Kammermusicus. Nachdem er mit dieser seiner ersten Ehegattin 13. Jahre eine vergnügliche Ehe geführet hatte, widerfuhr ihm in Cöthen, im Jahre 1770, der empfindliche Schmerz, dieselbe, bey seiner Rückkunft von einer Reise, mit dem Fürsten nach dem Carlsbade, todt und begraben zu finden; ohngeachtet er sie bey der Abreise gesund und frisch verlassen hatte. Die erste Nachricht, daß sic krank gewesen und gestorben wäre, erhielt er beym Eintritte in sein Hauß (Bach-Dokumente III, 666).

In der musikwissenschaftlichen Literatur über Johann Sebastian Bach wird über den Verlust, den der Tod der Maria Barbara für Johann Sebastian Bach bedeutet haben muss, nicht selten mit einigen wenigen Sätzen hinweggegangen. In diesem Zusammenhang fällt dann die Aussage, Johann Sebastian Bach habe diesen Verlust rasch und gut verarbeitet. Diese Interpretation mag damit zusammenhängen, auch dies wurde schon betont, dass sich Johann Sebastian Bach so gut wie gar nicht zu persönlichen Dingen geäußert hat. Wir vertreten aber nun an verschiedenen Stellen dieses Buches die Annahme, dass sich Johann Sebastian zwar nicht unmittelbar zu seinem persönlichen Schicksal geäußert hat, da ihm eine derartige Selbstdarstellung eher fremd war, dass er aber in der Musik, und dabei auch in der von ihm geschaffenen Musik, eine Möglichkeit fand, sich mit seiner inneren Situation auseinanderzusetzen – wobei allerdings hervorzuheben ist, dass sich Johann Sebastian Bach auch in dieser Hinsicht sehr zurückhielt: Musik wurde seinem Verständnis zufolge um ihrer selbst willen geschaffen, nicht des Ausdrucks persönlicher Empfindungen wegen. Und wenn in der von ihm geschaffenen Musik die innere Auseinandersetzung mit einer Lebensaufgabe, mit einer besonderen seelischen Anforderung anklingt, dann scheint hier meist eine religiöse oder eine theologische Dimension auf: Die innere Auseinandersetzung ist für Johann Sebastian Bach ohne den Gottesbezug eigentlich gar nicht denkbar. Damit ist nun aber ein ganz anderer Prozess beschrieben, als jener, der mit der Aussage, den Verlust seiner Frau habe Johann Sebastian Bach rasch und gut verarbeitet, angedeutet wird. Hier sei übrigens angemerkt, dass gerade jene Menschen, die schon früh ihre engsten Bezugspersonen verloren haben – wie dies ja bei Johann Sebastian Bach der Fall war –, in aller Regel eine besondere

seelische Verletzlichkeit nach weiteren Verlusterfahrungen im Erwachsenenalter zeigen.

Eine differenzierte Charakterisierung der inneren Situation Johann Sebastian Bachs nach dem Tod seiner Frau nimmt Christoph Wolff (2009a) in
seiner Monografie *Johann Sebastian Bach* vor, wenn er schreibt:

> Die zweite Karlsbader Reise fiel mit dem wohl tragischsten Ereignis in Bachs
> ganzem Leben zusammen: dem unerwarteten und erschütternden Tod Maria
> Barbaras, mit der er zwölfeinhalb Jahre verheiratet war, Mutter der Kinder Ca-
> tharina Dorothea, Wilhelm Friedemann, Carl Philipp Emanuel und Johann
> Gottfried Bernhard im Alter von fünf bis elf; die 1713 geborenen Zwillinge
> waren kurz nach ihrer Geburt gestorben, und Leopold Augustus, der in Kö-
> then geborene Sohn, starb ebenfalls sehr früh. ... Mindestens mehrere Tage
> waren zwischen dem Tod Maria Barbaras und Bachs Ankunft in Köthen ver-
> gangen. Wer mag ihn begrüßt und ihm die schreckliche Nachricht überbracht
> haben? Ob es nun eines der Kinder war oder Friedelena, die ältere Schwester
> der Mutter, die seit mehr als einem Jahrzehnt dem Haushalt angehörte – der
> unermessliche und anhaltende Schmerz der Familie saß tief. Die Ursache von
> Maria Barbaras Tod ist nicht bekannt, dokumentiert ist nur die Beerdigung
> (S. 231).

In dem Buch *Wie im Himmel so auf Erden. Die Kunst des Lebens im Geist
der Musik – das Beispiel Johannes Bach* (2003) des Kirchenmusikers Christoph
Rueger ist zu lesen:

> Er trägt den Schlag mit staunenswerter Fassung, ist er doch in der Annahme
> des Todes als von Gott gesandt seit Kindheitstagen geübt. Und in seinem Haus
> war der Tod auch oft genug eingekehrt. Es gibt keine Zeugnisse über Bachs
> innere Verfassung. Man darf annehmen, dass er sterbensmatt gewesen ist und
> Ruhe suchte, dann ganz plötzlich drängt es ihn wieder an die Orgelbank, er
> braucht jetzt diesen altbewährten Halt als Brücke zu der anderen Welt, der
> Maria Barbara nun angehört (Rueger 2003, S. 85 f.).

Auch wenn die Aussage, dass Johann Sebastian Bach „in der Annahme des
Todes ... geübt" gewesen sei, in dieser Weise nicht getroffen werden darf
(wie bereits gesagt, verbieten psychologische Befunde die dahinterstehende
Annahme), so ist doch der Hinweis, dass Johann Sebastian Bach zunächst
„sterbensmatt" gewesen sei und Ruhe gesucht habe, dass es ihn aber dann wieder zur Musik gezogen habe, zu diesem „altbewährten Halt", der ihm auch als
„Brücke zu der anderen Welt, der Maria Barbara nun angehört", gedient habe, wichtig. Denn dieser Hinweis deutet an, dass die innere – und dies heißt
bei Johann Sebastian Bach auch: die religiöse – Auseinandersetzung mit dem

schweren Verlust in der Schaffung neuer beziehungsweise in der Überarbeitung bestehender Musikwerke stattfand.

In welchen Werken aber findet nun diese intensive Auseinandersetzung Johann Sebastian Bachs mit dem Tod seiner Frau statt? Hier fällt der Blick auf den Zyklus der sechs Werke für Solovioline, dabei besonders auf die *Partita Nr. 2 d-Moll* (BWV 1004) und in dieser vor allem auf den letzten Satz, die *Chaconne*.

Da uns die Auseinandersetzung Johann Sebastian Bachs mit Grenzsituationen besonders interessiert – und dies heißt in seinem Fall: die in der Werkentstehung sich vollziehende Auseinandersetzung –, soll nun ausführlicher auf die *Chaconne* eingegangen werden. Dabei lassen wir uns von der Frage leiten: Ist in diesem Werk das Thema „Tod", ist in diesem Werk vielleicht sogar das Thema „Tod und Auferstehung" erkennbar? Und wir setzen mit einer weiteren Frage fort: Steht dieses, sofern eines dieser Themen erkennbar ist, in Zusammenhang mit dem Tod der Maria Barbara?

Zunächst: 1720 stellte Johann Sebastian Bach die sechs von ihm komponierten Werke für Solovioline (drei Sonaten, drei Partiten) zu einem sechsteiligen Werkzyklus zusammen. Auf die Partitur hat er folgenden Titel aufgetragen: „Sei Solo./à/Violino/senza/Basso accompagnato/Libro primo./da/Joh. Seb. Bach./ao. 1720./." Teil dieses Zyklus bildet die *Partita Nr. 2 d-Moll* für Violine solo (BWV 1004) mit der Satzfolge: Allemande, Corrente, Sarabande, Gigue, Chaconne.

Schon allein die Tatsache, dass Johann Sebastian Bach die Partita nicht mit einer Gigue enden lässt, sondern noch eine Chaconne hinzufügt, mag für die Hörer der damaligen Zeit überraschend gewesen sein. Auch die Tatsache, dass es sich hier um einen Satz handelt, der immerhin 256 Takte umfasst und eine Spielzeit von ungefähr fünfzehn Minuten aufweist – damit also so lang ist wie die anderen vier Sätze der Partita zusammen –, wird Staunen hervorgerufen haben. Und schließlich werden die hohen technischen Ansprüche dieses Satzes wie auch die 32 Variationen über das ständig erklingende Thema großen Eindruck erzeugt haben – und tun dies bis heute. Wie hat einmal Johannes Brahms (1833–1897) dieses Werk charakterisiert?

Die Chaconne ist mir eines der wunderbarsten, unbegreiflichsten Musikstücke. Auf ein System für ein kleines Instrument schreibt der Mann eine ganze Welt von tiefsten Gedanken und gewaltigsten Empfindungen. Hätte ich das Stück machen, empfangen können, ich weiß sicher, die übergroße Aufregung und Erschütterung hätten mich verrückt gemacht (aus: Neuhoff 2010).

Was eigentlich ist eine Chaconne? Es handelt sich um einen Satz mit einem immer wiederkehrenden, vier bis acht Takte umfassenden Thema, das allerdings variiert und durch die verschiedensten Stimmen geführt werden darf. Das Wort Chaconne stammt übrigens aus dem Französischen, es leitet sich aus dem spanischen *chacona* und dem baskischen *chocuna* ab, die jeweils mit „hübsch", „fein", „niedlich" übersetzt werden können. Schon in dieser Übersetzung klingt an, was die *Chaconne* ihrem Ursprung nach ist: ein (spanischer) Volkstanz. In der Musik wird übrigens vielfach der italienische Begriff „ciaccona" verwendet.

Auffallend an der *Chaconne* aus der *Partita Nr. 2 d-Moll* ist vor allem der Gegensatz zwischen den in d-Moll stehenden Rahmenteilen und dem in D-Dur stehenden Mittelteil. Beim Hören der einzelnen Teile werden ganz unterschiedliche musikalische Assoziationen hervorgerufen. Welche Assoziationen sind hier gemeint?

Beim Hören der beiden Rahmenteile wird man an das von Martin Luther stammende Osterlied *Christ lag in Todesbanden* und an die – auf diesem Osterlied gründende – gleichnamige Kantate (BWV 4) Johann Sebastian Bachs (die uns schon beschäftigt hat und vor allem im Abschlusskapitel noch ausführlich beschäftigen wird) erinnert. Der Mittelteil hingegen weckt Assoziationen zur „Überwindung" von Krankheit, Leiden und Tod. Er vermittelt den Eindruck, man höre Trompeten und Pauken. Man fühlt sich in die Eröffnungssätze der *Orchestersuiten* (BWV 1068) und *IV* (BWV 1069) versetzt, aber auch in den Eröffnungssatz des *Magnificat* (BWV 243) oder in das *Cum Sancto Spiritu* der *Missa in h-Moll* (BWV 232) – alle stehen ebenfalls in D-Dur.

Helga Thoene, Professorin für Violine an der Robert-Schumann-Hochschule Düsseldorf, hat in einer tiefgreifenden musikwissenschaftlichen Analyse der *Chaconne* gezeigt, dass diese Beziehungen zu zahlreichen Chorälen aufweist, wobei – Thoene zufolge – vor allem Querbezüge zum Osterlied Martin Luthers *Christ lag in Todesbanden* und zur gleichnamigen Kantate Johann Sebastian Bachs bestehen. Die Ergebnisse dieser Analyse sind in der Schrift *Ciaccona – Tanz oder Tombeau?* (Thoene 2003) niedergelegt und werden in dem Musikprojekt *Morimur* des Hilliard Ensembles (ein solistisches Vokalensemble) und des Violinisten Christoph Poppen musikalisch veranschaulicht (Hilliard Ensemble und Poppen 2001). (Mit dem Wort „Morimur", dies sei hier angemerkt, wird Bezug auf die Glaubensaussage: „In Christo morimur", übersetzt: „In Christo sterben wir", genommen.)

Helga Thoene interpretiert die *Chaconne* als ein „klingendes Grabmal" (Epitaph, Tombeau) für die verstorbene Maria Barbara, wobei sie sich bei dieser Interpretation auf die Analyse verborgener Choralzitate und symbolischer Zahlenkombinationen stützt. Es sind Zitate aus zahlreichen Chorälen, die Helga Thoene als verborgene Spuren in der *Chaconne* entdeckt, so zum Beispiel aus den Chorälen: (I) *Christ lag in Todesbanden*, (II) *Befiehl du deine Wege*, (III) *Jesu meine Freude*, (IV) *In meines Herzens Grunde*, (V) *Vom Himmel hoch da komm ich hier*, (VI) *Nun lob, mein Seel, den Herren*. Von verborgenen Spuren sei hier deswegen gesprochen, da diese Choräle in die *Chaconne* eingearbeitet sind und erst durch eine motivische Spurensuche freigelegt werden können. Der Choral *Christ lag in Todesbanden* zieht sich dabei in den Unter- und Mittelstimmen wie ein rotes Band durch den gesamten Satz; der Höreindruck, der sich bei unmittelbarer Gegenüberstellung der *Chaconne* und der Kantate *Christ lag in Todesbanden* ergibt – dass nämlich motivische Verbindungen zwischen diesen beiden Werken bestehen –, wird durch die Analyse von Helga Thoene gestützt, vor allem aber noch einmal deutlich differenziert.

Betrachtet man nun diese Choräle, die den musikalisch-religiösen Hintergrund der *Chaconne* bilden, zugleich aber auch als deren Struktur dienen, wird deutlich, welche grundlegende religiöse Aussage in der *Chaconne* verschlüsselt niedergelegt ist: das Faktum des Todes, aber auch die Überwindung des Todes – eine Erlösungszusage, die dem Menschen mit dem Tod und der Auferstehung Jesu Christi gegeben wurde. Johann Sebastian Bach erweist sich somit auch in diesem Instrumentalwerk als ein „musikalischer" Verkünder des christlichen Glaubens. Aber noch mehr: Wenn man bedenkt, dass die *Chaconne* Teil eines Zyklus für Solovioline bildet, der unmittelbar nach dem Tode von Maria Barbara Bach entstanden ist, dann erkennt man in dieser – wie auch in der gesamten *Partita in d-Moll* – eine tiefgreifende seelisch-geistige und religiöse Auseinandersetzung Johann Sebastian Bachs mit dem Tod seiner Frau, mit dem überaus großen Verlust, den dieser bedeutet haben muss. Und vor dem Hintergrund der Tatsache, dass Johann Sebastian Bach schon früh Vollwaise war, erkennt man darin vielleicht auch eine grundlegende, auch biografisch motivierte Beschäftigung mit dem „Wesen" des Todes und den Kernaussagen christlichen Glaubens, die dieses Wesen grundlegend zu „verwandeln" vermögen.

Doch nun zu den Aussagen von Helga Thoene selbst. Deren Schrift *Ciaccona – Tanz oder Tombeau?* (Thoene 2003) sind nachfolgende Textstellen entnommen: (I) befasst sich mit dem Beginn und dem Abschluss der *Chaconne*; (II) geht auf die Epitaph-These (die *Chaconne* als musikalische Grabinschrift für Johann Sebastian Bachs verstorbene Frau, Maria Barbara) ein; (III und IV) deuten den Mittelteil der *Chaconne* als musikalischen Ausdruck der Wiederkunft Jesu Christi; (V) erkennt im abschließenden Teil der *Chaconne* sowohl den musikalischen Lobpreis des Herrn als auch die musikalische Umschreibung des Totengeläuts.

(I) Den Rahmengesang der dreiteiligen *Ciaccona* bilden die erste und die letzte Zeile von Martin Luthers Osterlied „Christ lag in Todesbanden" und „Halleluja". Sie umschließen mit dem in die ersten und die letzten 8 Takte versteckten Zitat den Schluss-Satz der Partita. Auch der erste Teil der *Ciaccona* endet mit diesem Choral-Zitat. Beide Außenzeilen des Liedes dürften jedoch den vollständigen Strophentext mit einbeziehen. – Die aus dem Bass-Subjekt abgeleitete zweite Strophe des Liedes „Den Tod niemand zwingen kunnt", die ebenfalls mit einem „Halleluja" endet, wird als Cantus firmus der ersten Variationsfolge sowohl in scharfen Rhythmen als auch – im Affectus tristitae – mit chromatisch absteigenden 6-Tongängen (D Cis C H B A) kontrastreich begleitet. Die äußeren Tonpaare dieser Lamento-Figur (passus duriusculus), D Cis – B A, bilden das Haupt-Motiv in allen fünf Sätzen der Partita. In der *Ciaccona* entspricht die motivische Aufspaltung auf den wiederholten Worten „Den Tod, den Tod" (D Cis – B A) der Textbehandlung im zweiten Vers „Den Tod niemand zwingen kunnt" (Duett für Sopran und Alt) in Johann Sebastian Bachs früher Kantate „Christ lag in Todesbanden" (BWV 4) (Thoene 2003, S. 72).

(II) In den Beginn der *Ciaccona* aber ist der Name der 1720 in Köthen verstorbenen Maria Barbara Bach, der ersten Ehefrau von Johann Sebastian Bach, eingraviert. Der numerische Wert ihres Namens erscheint innerhalb eines magischen Quadrats, dessen Inhalt eine biblische Zahl ergibt, mit der ein Hinweis auf die christlichen Tugenden der im 36. Lebensjahr Verstorbenen als „Selige im Herrn" gegeben sein dürfte. Ihre beiden Taufnamen sind in Kreuzform angeordnet, womit ihr Tod „IN CHRISTO" angedeutet ist. So beginnt gleichzeitig mit ihrem Namen auch das erste Choral-Zitat der *Ciaccona* „Christ lag in Todesbanden". Mit dieser kunstvollsten Kombination aus polyphoner Satztechnik, aus wortlosem Gesang und musikalisch-rhetorischen Affekt-Figuren, aus Glaubenssätzen der Liturgie, aus Bittgebet und Lobpreis errichtet Johann Sebastian Bach ein klingendes Epitaph für Maria Barbara Bach. Der architektonische Grundriss aber besteht aus einem festen Zahlengefüge, aus dem mehrfach die Trinitätssätze hervortreten: EX DEO NASCIMUR IN CHRISTO MORIMUR PER SPIRITUM SANCTUM REVIVISCIMUS. Aus Gott werden wir geboren. In Christus sterben wir. Durch den Hl. Geist werden wir auferstehen (Thoene 2003, S. 79).

(III) Der Mittelteil D-Dur, von den beiden D-Moll-Abschnitten flankiert, wird in seinem Zentrum beherrscht von Variationen, in denen signalartig die „Tromba" erschallt. Die strahlenden Dur-Dreiklangsbrechungen gehen einher mit rhythmisch markanten und trommelartig repetierenden Effekten, die durch Verdoppelung im unisono noch verstärkt werden. Hier ist die Violine aufgefordert, Blechblas- und Schlag-Instrumente zu imitieren; ihre Signale könnten „Königsherrschaft" ankündigen oder auch auf „das Jüngste Gericht" verweisen – mit „Fanfaren und Pauken". Diesem Signal geht mit den ersten vier Takten des Dur-Teils ein dreifacher Heilig-Ruf voraus: SANCTUS – SANCTUS – SANCTUS (S. 73). ... Eingestreut in diesen D-Dur-Teil ist die Melodie „Vom Himmel hoch, da komm ich her". Ob dieses „Weyhnachtlied" hier wohl nicht als weihnachtliche Ankündigung zu verstehen ist, sondern bezogen sein könnte auf die Wiederkunft Christi, auf die Parusie? ... Dieselbe Melodie „Vom Himmel hoch, da komm ich her" wird noch einmal sichtbar in den Takten 238-239-240 des abschließenden Moll-Teils (Thoene 2003, S. 74).

(IV) Einen glanzvollen Höhepunkt des D-Dur-Teils der *Chaconne* bilden die Variationen der Takte 160 bis 176. Hier werden fanfarenartige Dreiklangsbrechungen von repetierenden Trommeleffekten begleitet. Die Verdoppelung der Töne A und D durch mitschwingende leere Saiten erhöht noch den Glanz. Der Violinist sieht sich veranlasst, Fanfarenklänge und Paukenschläge imitierend darzustellen; diese werden durch Verdichtung bis zur Zwei- und Dreistimmigkeit noch gesteigert. „Die Tromba erschallt" und scheint „Königsherrschaft" anzukündigen", vielleicht ein Hinweis auf den, „der da kommt zu richten die Lebenden und die Toten" – JUDICARE VIVOS ET MORTUOS? (Thoene 2003, S. 130).

(V) Der letzte Abschnitt der dreiteiligen *Ciaccona* kehrt – im Anschluss an die Folge der vielstimmigen Arpeggio-Akkorde – in strahlendem D-Dur zurück. Hier verbirgt sich in den sehr bewegten und expressiven Figuren ein stiller „Lobpreis" in B-Dur: *„Nun lob, meine Seel", den Herren"*. Dann erfolgt eine Wiederholung des zweiteiligen Choral-Zitats, das hier – anders als im ersten Teil – von den in der Art der Lautenpolyphonie rankenden Spielfiguren harmonisiert wird: *„Dein Will gescheh, Herr Gott, zugleich auf Erden wie im Himmelreich"*. Die anschließenden über 12 Takte monoton das A" umkreisenden Briolagen-Figuren mit den eingeflochtenen chromatischen 6-Tongängen ... erwecken die Vorstellung eines Totengeläutes. Hier imitiert die Violine wahrscheinlich Sterbeglocken. Mit der Wiederaufnahme des *Ciaccona*-Beginns erklingt abschließend noch einmal *„Christ lag in Todesbanden"* und erweist sich damit als Rahmengesang in diesem letzten Satz der Partita. Mit einem zweifachen *„Halleluja"*, der letzten Strophenzeile des Osterliedes, endet die *Ciaccona* (Thoene 2003, S. 74).

Was lernen wir aus diesen Aussagen? Zunächst: Die *Partita Nr. 2 in d-Moll*, vor allem die *Chaconne*, scheint wirklich nicht losgelöst vom Tod Maria Barbaras betrachtet werden zu dürfen. Nicht nur ist dieses Werk kurz nach deren Tod entstanden, sondern weist auch auffällige Zusammenhänge mit Chorälen auf, die sich in ihrer Gesamtheit um das Thema „Tod und Auferstehung" gruppieren. Schon die Tatsache, dass Johann Sebastian Bach die Partita mit einer Chaconne enden lässt, ist bemerkenswert: Mit diesem (sowohl quantitativ als auch qualitativ) imposanten Abschluss der Partita hat er ein deutliches Zeichen gesetzt. Aber ein Zeichen wofür?

Hier nun ist die Analyse von Helga Thoene wichtig, die darauf hindeutet, dass die *Chaconne* ein Epitaph für Maria Barbara Bach bildet. Die von Christoph Rueger (2003) getroffene Aussage, wonach die Musik Johann Sebastian Bach in der Auseinandersetzung mit dem Tod seiner Frau auch deswegen Halt gegeben habe, da sie für ihn Brücke zur anderen Welt gewesen sei, der Maria Barbara Bach nun angehöre, ist in diesem Zusammenhang von besonderem Interesse. Denn die engen Zusammenhänge zwischen der *Chaconne* und zahlreichen Chorälen, die Helga Thoene in ihrer Analyse aufdeckt, fordern geradezu eine derartige Aussage heraus: Johann Sebastian Bach scheint in der Tat die innere Verarbeitung dieses Verlustes ganz auf eine religiöse Ebene zu heben.

Dabei wäre es falsch, würde man die Verarbeitung auf einer religiösen Ebene mit dem Begriff der „Verklärung" umschreiben, oder würde man darin gar eine „Verdrängung" sehen wollen. Die *Chaconne* macht nämlich deutlich, dass von Verklärung, dass von Verdrängung nicht im entferntesten die Rede sein kann. Der Rahmenteil dieses Werkes spricht vielmehr für Erschütterung, Trauer, Getroffensein, man kann auch sagen: für die Ordnung des Todes. Wenn wir uns der Annahme anschließen, dass es sich bei diesem Werk um ein musikalisches Grabmal handelt, dann dürfen wir auch sagen: der Rahmenteil dieses Werkes zeugt von der Erschütterung, der Trauer, dem Getroffensein des Menschen Johann Sebastian Bach. Und der musikalische Ausdruck dieser Empfindungen führt ihn zu Chorälen, in denen ausdrücklich von der Finsternis des Todes die Rede ist.

„Religiös" meint hier also nicht „verklärt", sondern es meint vielmehr den wahrhaftigen, den offenen Ausdruck dessen, was den Musikschaffenden berührt, wobei dieses innere Empfinden nicht einfach „mitgeteilt", sondern im Vertrauen auf den Herrn kommuniziert wird.

Der Mittelteil zeugt von Hoffnung, von der Hoffnung nämlich auf die Erfüllung der Erlösungszusage – wobei diese Hoffnung nicht nur ihm selbst gilt, sondern auch und vor allem seiner verstorbenen Frau. „Religiös" meint auch hier nicht „verklärt", sondern meint vielmehr den Ausdruck von Hoffnung und Vertrauen – auf die Überwindung des Todes, auf die Auferstehung. Die von Helga Thoene vorgenommene Interpretation des Chorals *Vom Himmel hoch, da komm ich her* als Ankündigung der Wiederkunft Jesu Christi, als „Parusie", ist hier wichtig. (Der Begriff der Parusie leitet sich aus der altgriechischen Sprache ab: Παρουσία, *parusía* ist mit „Ankunft, Wiederkunft", weiterhin mit „Gegenwart" zu übersetzen und meint das Kommen des Reiches Gottes. Es sei angemerkt, dass die ersten Christen die Parusie noch zu ihren Lebzeiten erhofften.) Sie ist deswegen wichtig, weil sie uns verstehen lässt, warum Johann Sebastian Bach den Mittelsatz der *Chaconne* in D-Dur gesetzt hat, warum die Violine unüberhörbar Fanfarenklänge und Paukenschläge imitiert. Hier artikuliert sich musikalisch die Hoffnung und das Vertrauen auf das Reich Gottes, man kann auch sagen: die Gewissheit, dass mit Tod und Auferstehung Jesu Christi das Reich Gottes schon gegenwärtig ist. Diese Hoffnung, dieses Vertrauen ist religiös motiviert, deswegen aber noch lange nicht verklärend oder verdrängend, denn der Rahmenteil der *Chaconne* zeigt uns ja, wie gegenwärtig in dieser Musik und dies heißt auch: im Erleben des Komponisten der Tod ist.

In der Hoffnung, im Vertrauen spiegelt sich vielleicht aber noch ein weiterer tiefer Wunsch wider, nämlich der, seine Frau – wenn auch verwandelt – wiedersehen zu dürfen. Wer sich intensiv mit den Gedanken, Wünschen und Hoffnungen von Hinterbliebenen beschäftigt, der erfährt immer wieder, wie tief deren Hoffnung ist, den Verstorbenen nach ihrem eigenen Tod wiederzusehen; der erfährt weiterhin, dass gerade in jenen Fällen, in denen die Beziehung von Liebe erfüllt war, die Hoffnung besteht, den Verstorbenen auch in diesem Leben weiterhin „spüren“, mit diesem in einer inneren, einer geistigen Beziehung stehen zu können. Möglicherweise wollte Johann Sebastian Bach im Mittelsatz zusätzlich diese zuletzt genannte Hoffnung ausdrücken. Wen würde dies angesichts der Liebe, die er für Maria Barbara empfunden hat, wundern? Und wer würde auch heute einem Trauernden, der diese Hoffnung ausdrückt, widersprechen wollen?

Wie Helga Thoene schließlich darlegt, weisen die letzten acht Takte der *Chaconne* enge Zusammenhänge zu dem „Halleluja“ des Osterliedes von Martin Luther auf. Darin nun zeigt sich die enge Verschränkung des Todes und der Auferstehung: Beide, so wird ja mit dem Abschluss der *Chaconne* deutlich gemacht, gehören unmittelbar zusammen und sind nicht voneinander zu trennen.

Der Bezug auf die Arbeiten von Helga Thoene wurde auch vorgenommen, weil uns diese helfen können, die Verbindung zwischen innerem Erleben und geschaffener Musik bei Johann Sebastian Bach noch besser zu verstehen – vor allem, wenn es um die Auseinandersetzung mit den Grenzsituationen menschlichen Lebens geht, die uns gerade im Abschlusskapitel noch besonders beschäftigen werden. Natürlich ist der Aussage zuzustimmen, dass wir nicht von einer Komposition Johann Sebastian Bachs unmittelbar auf dessen inneres Erleben während der Entstehung dieses Werkes schließen können. Denn die Werke wurden zu den unterschiedlichsten Anlässen komponiert, die mit dem aktuellen inneren Erleben überhaupt nicht korrespondieren mussten. Und im Selbstverständnis des Musikwissenschaftlers Johann Sebastian Bach dienten die Kompositionen auch und vor allem dem

Ziel, die Musik weiterzuentwickeln, sie nach ganzen Kräften zu fördern. Und auch dies erforderte die Bereitschaft und Fähigkeit, beim Komponieren von aktuellen Empfindungen – Hoffnungen und Freuden, Leiden und Nöten – möglichst weit zu abstrahieren. Doch ist dies nicht die ganze Wahrheit.

Für Johann Sebastian Bach bildete Musik immer auch die Möglichkeit, die Ordnung Gottes in der Welt auszudrücken. Die Musik konnte – diesem Verständnis zufolge – somit auch in persönlichen Dingen Halt geben, sensibilisiert die intensive Beschäftigung mit ihr doch für die göttliche Ordnung in unserer Welt, macht sie doch das Göttliche in besonderer Weise erfahrbar. Vor allem bei der Verarbeitung von Verlusten ist die Musik Bach vermutlich eine bedeutende Hilfe gewesen, denn die Verarbeitung dieser Verluste vollzog sich in seinem Falle vielfach in einem religiösen Kontext. Mit der Musik ließ sich dieser Kontext so ausdrücken, dass hier auch Leiden und Klagen, Hoffen und Vertrauen, Erfüllung und Freude in ganz individueller Gestalt zu Worte kamen – sodass sich Vieles, was Johann Sebastian Bach innerlich bewegt hat, in seiner Musik mitteilen konnte. Das verbindende Element zwischen der inneren Situation einerseits sowie der Komposition andererseits bildete im Falle Johann Sebastian Bachs der religiöse Kontext, in den sowohl das eigene Leben als eben auch die Musik gestellt waren. Dabei bildete aber die Religiosität nichts Abstraktes, sondern vielmehr etwas, was dem Kern seiner Person, dem Kern seiner Existenz, mithin seinem Innersten entsprang.

Die Tombeau-These beschränkt sich übrigens nicht auf die *Chaconne*. In einer Arbeit mit dem Titel *Johann Sebastian Bachs „Chromatische Fantasie" BWV 903/1 – ein Tombeau auf Maria Barbara Bach?* (2003) geht der Göttinger Musikwissenschaftler Uwe Wolf der Frage nach, ob es sich auch bei der *Chromatischen Fantasie* (BWV 903/1) – einem in d-Moll gesetzten Stück für Cembalo (Piano) – um ein Tombeau auf Maria Barbara Bach handelt. Da schon seit Philipp Spitta (1880) die Annahme vertreten wird, dass die *Chromatische Fantasie und Fuge* (BWV 903) um 1720 entstanden sind, also dem Todesjahr Maria Barbaras, und diese Annahme in den 1980er-Jahren durch musikwissenschaftliche Analysen von George B. Stauffer (1988) gestützt werden konnte, liegt diese Frage nahe.

In diesem Kontext ist zunächst eine von Dieter Gutknecht (2001) getroffene Aussage aufschlussreich, wonach es sich bei der *Chromatischen Fantasie* möglicherweise um eine „Meditation" über den Tod handelt („meditatio mortis"). Diese Aussage scheint gerade vor dem Hintergrund der Grundstimmung der Fantasie wie auch des in ihr enthaltenen ausführlichen Rezitativ-Teils (Takt 49 ff) plausibel zu sein.

Uwe Wolf (2003) analysiert die Tombeau-These aus unterschiedlichen Perspektiven. Dabei können als Ergebnisse seiner Analyse festgehalten werden: Die Entstehung der *Chromatischen Fantasie* um das Jahr 1720 kann als wahrscheinlich angenommen werden; Johann Sebastian Bach war mit der Tombeau-Tradition vertraut; die *Chromatische Fantasie* erweist sich als einzigartig – und zwar sowohl in ihrer Zeit als auch im Bach'schen Œuvre, somit kommt ihr durchaus eine ganz besondere Stellung zu; mit dieser Aussage ist aber auch die Feststellung verbunden:

> Bach, das kann man mit Gewissheit sagen, imitiert mit der *Chromatischen Fantasie* kein Tombeau; sowenig wie er in diesem Werk irgendetwas anderes imitiert. Er schafft neu. Aber man wird die Tombeaux wohl unter die wichtigen Vorbilder für Bachs *Chromatische Fantasie* einreihen müssen – mit allen Einschränkungen, die dem Begriff „Vorbild" bei einem solchen vereinzelt dastehenden Werk eben zukommen (Wolf 2003, S. 112).

Und weiter: Johann Sebastian Bach hat diese Komposition sehr lange für sich behalten. Obwohl (vermutlich) 1720 komponiert, hat er sie erst in den 1730er-Jahren an seine Schüler weitergegeben.

> Es sind ohne Zweifel verschiedene Gründe denkbar, warum Bach diese Komposition so lange für sich behielt, ja möglicherweise nicht einmal selbst anschaute. Eine Verbindung der Komposition mit dem schmerzlichen Erlebnis des Todes von Maria Barbara könnte ein möglicher Grund sein (Wolf 2003, S. 113).

Und schließlich: Aus der Tradition der Tombeaux ist manches in die *Chromatische Fantasie* eingegangen. Aber, so Uwe Wolf, man kann trotzdem nicht mit Sicherheit sagen, ob diese Fantasie als Tombeau, als Stück mit „düsterem Charakter" oder als „Meditation über den Tod an sich" zu deuten ist.

> Doch wenn letzteres zuträfe und die Datierung auf 1720 stimmt, wodurch wäre diese „Meditation" dann angestoßen worden, wenn nicht durch den Tod Maria Barbaras? Und wäre die *Chromatische Fantasie* damit als Tombeau auf Maria Barbara anzusprechen oder nicht? Diese Fragen sind leider nicht zu beantworten. Es gibt zweifelsohne gute Indizien für die Tombeau-These – mehr aber auch nicht (Wolf 2003, S. 115).

Wenden wir uns noch einer Deutung der *Chromatischen Fantasie* zu, die wir Martin Geck (2000b) verdanken, der in seiner Schrift *Bach – Leben und Werk* hervorhebt,

> „dass die *Chromatische Phantasie* nebst Fuge zu seinen Lebzeiten und noch mehr nach seinem Tode als unerreichter Gipfel der Gattung verstanden worden ist" (S. 533). Der mit *Recitativo* überschriebene Schlussteil „stellt sich

als ein kunstvoll angelegter harmonischer Irrgarten mit einer Fülle von Dissonanzen, Trugschlüssen und enharmonischen Verwechslungen dar; der harmonische Gang entspricht der in der zeitgenössischen Theorie so genannten ‚Teufelsmühle‘. Den systematischen Durchgang durch die Tonarten der chromatischen Skala, welchen Bach im *Wohltemperierten Klavier* weiträumig vornimmt, probiert er hier auf engstem Raum und wie in einem Zeitraffer. Bereits Forkel hat eine Verbindung zwischen beiden Werken hergestellt, indem er … bewundernd feststellte, Bach habe mühelos durch ‚alle 24 Tonarten‘ phantasiert" (Geck 2000b, S. 533 f).

„Die *Chromatische Phantasie* ist vermutlich das erste Instrumentalwerk überhaupt, das einen seelischen Zustand – denjenigen leidenschaftlicher Trauer – prozesshaft aus der Ich-Perspektive nachzeichnet" (S. 534). Es sei deutlich, „dass hier wortlos ein Subjekt spricht" (Geck 2000b, S. 534).

Sichtbar wird in jedem Fall, dass Bach ein klassisches und offenbar unwiederholbares Muster zum Thema „Bindung und Freiheit" geschaffen hat: Hier wird der Weg der später so genannten absoluten Musik vorgezeichnet – in ihrem Ringen um authentischen Ausdruck des Subjekts auf der einen und um objektivierbare Form auf der anderen Seite. Nicht zufällig, sondern geradezu notwendig ist das von Bach erarbeitete Muster mit dem Ausdruck von Leid und Verzweiflung verbunden: Die wesenhafte Struktur der absoluten Musik ist die der Melancholie. … Das Subjekt artikuliert sich als leidendes und einzig darin authentisches, bleibt aber ohnmächtig gegenüber den Ordnungen, die es ursprünglich bestimmen (Geck 2000b, S. 535).

Entwicklung zum Orgelexperten und Kirchenmusiker ersten Ranges

Kehren wir nun zur Mühlhausener Zeit Johann Sebastian Bachs zurück. Am 4. Februar 1708 brachte er anlässlich des jährlichen Wechsels des Stadtrats und seiner beiden neu gewählten Bürgermeister die mehrsätzige Kantate *Gott ist mein König* (BWV 71) zur Aufführung. Eine Komposition anlässlich der Einsetzung des neu gewählten Rates gehörte zu den Aufgaben, die Johann Sebastian Bach als Organist der Kirche St. Blasius wahrzunehmen hatte.

Diese Kantate, die zu den bedeutendsten Frühwerken Bachs gehört, setzt sich vorwiegend aus Bibeltexten zusammen, die dem 74. Psalm, dem 2. Buch Samuel und dem 1. und 5. Buch Mose entnommen sind. Mit dem Text des zweiten Satzes: *Ich bin nun achtzig Jahr* wird auf den über 80-jährigen Bürgermeister Bezug genommen, der erneut in dieses Amt gewählt worden war. Überhaupt kann diese Kantate als eine Reflexion über die Generationenfolge aufgefasst werden: Amtsträger treten ab und machen in ihrem Amt Mitgliedern der nachfolgenden Generationen Platz. Diese Reflexion mündet schließlich in Glückwünsche für das „neue Regiment", womit die Generationensequenz noch einmal unterstrichen wird. Mit anderen Worten: Hier wurde eine Kantate geschaffen, die dem Anlass – nämlich dem feierlichen Ratswechsel – angemessen war, die diesen aber zugleich in einen spirituellen Kontext stellte. Diese Kantate weist eine umfassende Instrumentierung (Orgel, Pauken, drei Trompeten, Fagott, Oboe, drei Flöten, Streicher) auf. Sie hebt sich schon damit von anderen Frühwerken Johann Sebastian Bachs ab und unterstreicht den (sowohl politisch als auch kirchlich) festlichen Anlass.

Auch wenn sich Johann Sebastian Bach in Mühlhausen sehr wohl fühlte und dort große Anerkennung fand, so gab er bereits elf Monate nach Dienstantritt seine Stelle auf und wechselte nach Weimar. Der sehr enge Kontakt, die Nähe zu Mühlhausen blieb erhalten: Johann Sebastian Bach wurde 1709 und 1710 dazu eingeladen, erneut eine Ratswechselkantate zu schreiben, wobei die Finanzierung des Drucks dieser (heute verschollenen) Kantaten durch den Rat übernommen wurde.

Zu seinem Nachfolger wurde Johann Friedrich Bach (Sohn Johann Christoph Bachs, geboren 1682 in Eisenach, gestorben 1730 in Mühlhausen) ernannt. Die Tatsache, dass bei der Suche eines Nachfolgers erneut auf ein Mitglied der Bach-Familie zurückgegriffen wurde, macht deutlich, dass Johann Sebastian trotz seines Weggangs aus Mühlhausen dort weiterhin hohe Reputation genoss und die Familie Bach überhaupt für vorzügliche Musik stand.

Warum aber gab Johann Sebastian Bach nach kaum zwölf Monaten Dienstzeit in Mühlhausen diese Stelle auf und wechselte nach Weimar, in eine – damals – deutlich kleinere Stadt als Mühlhausen? Auch hier war zunächst eine Orgelprüfung entscheidend: Johann Sebastian Bach war eingeladen worden, nach der Renovierung der Orgel in der Weimarer Schlosskirche eine Prüfung vorzunehmen, um eine Aussage über die Qualität der Arbeit des Orgelbauers treffen zu können. Herzog Wilhelm Ernst von Sachsen-Weimar trug ihm sofort die Stelle des Organisten an der Schlosskirche an, so sehr war er von den Leistungen Johann Sebastian Bachs angetan.

Wilhelm Ernst war ein sehr frommer, zugleich ein sehr strenger Regent. Wie zu lesen ist, verordnete er an seinem Hofe im Sommer um neun, im Winter um acht Uhr die abendliche Bettruhe. Seine Soldaten wurden zum Besuch des Gottesdienstes verpflichtet und mussten ihm nachher über die Inhalte der Predigt berichten. Johann Sebastian Bach sollte die Strenge dieses Herzogs noch am eigenen Leibe zu spüren bekommen, als er nämlich den Herzog bei seiner Bewerbung und Vertragsunterzeichnung in Köthen überging. Darüber wird später noch zu berichten sein.

Für Bach bot sich nun die Möglichkeit, als Hoforganist und als Kammermusiker mit Berufsmusikern zusammenzuarbeiten, was gegenüber seinen bisherigen beruflichen Bedingungen einen großen Fortschritt bedeutete. Er bezog zudem ein Gehalt, das ein Drittel höher war als jenes in Mühlhausen. Somit bot sich der Stellenwechsel geradezu an.

Johann Sebastian Bach führte von Beginn seiner neuen Tätigkeit an die Titel des „HoffOrganisten" und des „Cammer Musicus". 1714, sechs Jahre später, wurde ihm der Titel „Concert-Meister" verliehen, den er selbst beantragt hatte. Die Mitglieder der Hofkapelle waren nicht nur in der Kirchen-, sondern auch in der Kammermusik ausgewiesen, was Bach motivierte, sich vermehrt der Kammermusik zu widmen. Ihm bot sich nun die Möglichkeit, Musik auf einem Niveau aufzuführen, das seinen strengen Qualitätskriterien entsprach. Die hohe Qualität seiner Musiker mag mit dazu beigetragen haben, dass er bereits in seiner Weimarer Zeit begann, an den Sonaten und Partiten für Violine (BWV 1001–1006) zu arbeiten: Er fand eben in Weimar Musiker, die in der Lage waren, eine technisch und ästhetisch derart anspruchsvolle Musik zu spielen (Abb. 2.4).

Im Juli 1708 zog die Familie Bach nach Weimar, und noch im Dezember wurde die erste Tochter Catharina Dorothea getauft. Neben Catharina Dorothea wurden fünf weitere Kinder in Weimar geboren: Wilhelm Friedemann (1710), die Zwillinge Maria Sophia und Christoph (1713), Carl Philipp Emanuel (1714) und Johann Gottfried Bernhard (1715), wobei die Zwillinge allerdings kurz nach ihrer Geburt starben. Maria Barbara und Johann Sebastian Bach haben der Erziehung, der Bildung, der musikalischen Ausbildung, kurz: der Förderung ihrer Kinder immer größte Bedeutung beigemessen.

In das Jahr der Ernennung zum „Concert-Meister" (1714) fällt die Komposition der Kantate *Nun komm, der Heiden Heiland* (BWV 61), die zum Ersten Adventssonntag dieses Jahres zur Aufführung gelangte. Der Titel sowie auch der erste Satz dieser Kantate gründet auf dem entsprechenden Adventslied Martin Luthers („Nun komm, der Heiden Heiland, der Jungfrauen Kind erkannt, dass sich wunder alle Welt, Gott solch Geburt ihm bestellt."), das auf den Hymnus *Veni redemptor gentium* des Bischofs Ambrosius von Mailand (339–397 n. Chr.) zurückgeht („Veni, redemptor gentium; ostende partum virginis; miretur omne saeculum; talis decet partus Deo.").

Der Eingangschor dieser Kantate ist in Form einer Französischen Ouvertüre geschrieben, die mit einem langsamen Teil beginnt, dem ein rasches Fugato folgt (über den Textabschnitt „dass sich wunder alle Welt"), welches wiederum in einen langsamen, abschließenden Teil übergeht.

Warum wählte Bach die Form einer Französischen Ouvertüre? Zu den Klängen der Ouvertüre betrat der französische König den Saal. Es ist davon auszugehen, dass der Komponist mit der Wahl dieser Form das „Eintreten des

Abb. 2.4   Bildnis Johann Sebastian Bachs aus seiner Zeit als Konzertmeister in Weimar, um 1715, Johann Ernst Rentsch zugeschrieben. (© dpa-Picture-Alliance)

Königs" musikalisch unterlegen wollte, wobei hier aber nicht der weltliche, sondern der himmlische König gemeint ist: Diesem und nicht jenem wird Ehrfurcht entgegengebracht. Wir fühlen uns erinnert: *Gott ist mein König*, so lautet der Eingangschor jener gleichnamigen Kantate (BWV 71), die zur Einsetzung des neugewählten Rates der Stadt Mühlhausen erklang. Der weltlichen Macht wird von dem Organisten der Mühlhausener St. Blasiuskirche „zu Gehör gebracht", dass sich dieser im Kern nur *einer* Macht verpflichtet fühlt, die weit über die weltliche hinausgeht: der himmlischen, der göttlichen Macht – *Gott* ist *mein* König. Und ein ganz ähnliches Motiv – ich bin nur Gott und seinem eingeborenen Sohn Jesus Christus verpflichtet – liegt der Entscheidung zugrunde, den Text „Nun komm der Heiden Heiland" musikalisch mit der Form einer Französischen Ouvertüre zu umschreiben.

Herzog Wilhelm Ernst von Sachsen-Weimar wird, so er diesen musikalisch-spirituellen Bezug überhaupt erfasst hat, keinen Einwand gegen diesen geäußert haben, war er doch selbst von tiefer Frömmigkeit bestimmt. Aber bei Wilhelm Ernst war auch ein ausgeprägtes politisches Machtstreben erkennbar, das zum Beispiel in seinen Strategien, Mitglieder seiner Familie von der Machtausübung fernzuhalten, obwohl diese einen rechtlich verbrieften Machtanspruch hatten, zum Ausdruck kam. Somit wurde mit dem Eingangschor der Kantate *Nun komm der Heiden Heiland* eigentlich eine Ehrbezeugung ausgedrückt, die Wilhelm Ernst hätte hellhörig machen müssen. Und er sollte ja später, im August 1717, als Johann Sebastian Bach einen Vertrag beim Fürsten Leopold von Anhalt-Köthen unterzeichnete, ohne ihn – seinen Dienstherrn – davon in Kenntnis gesetzt, geschweige denn um Freigabe gebeten zu haben, spüren, wie es Johann Sebastian Bach mit weltlichen Autoritäten hielt: Er überging diese einfach. Martin Geck hat diese Einstellung, dieses Verhalten den weltlichen Autoritäten gegenüber in seiner Monografie *Johann Sebastian Bach* (2000b) wie folgt umschrieben:

> Die wunderliche Obrigkeit, über die sich der Leipziger Bach später beklagen wird, mag er bereits in Weimar als solche erlebt haben – vielleicht sogar schon in Arnstadt und Mühlhausen. Es ist gewiss kein Zufall, dass er zu Anfang der Leipziger Kantate Nr. 84, *Ich bin vergnügt mit meinem Glücke, das mir der liebe Gott beschert*, seinen Textdichter Picander korrigiert, der gereimt hatte: „Ich bin vergnügt mit meinem Stande, den mir der liebe Gott beschert"! Nein, für ein solches Vergnügen zu danken, hält Bach nicht für angemessen; und sein Glück muss er anderswo suchen – vielleicht in seinem Schaffen (Geck 2000a, S. 41).

In der Weimarer Zeit arbeitet Johann Sebastian Bach intensiv an Orgelkompositionen. Ein beträchtlicher Teil seiner Orgelwerke entstand in jener Zeit. Er begann auch mit dem *Orgel-Büchlein* (BWV 599–644), in das er sowohl Choräle für das Kirchenjahr als auch Choräle „für jede Zeit" einfügte. Das *Orgel-Büchlein* sollte seiner Konzeption nach 164 Choräle in der Anordnung des Kirchenjahres umfassen, doch finden sich in ihm letztlich nur 46 Choräle. Dieses nicht nur ästhetisch, sondern auch didaktisch hoch anspruchsvolle Kompendium deutete er selbst vor allem als Unterrichtswerk, schrieb er doch in der Faksimile-Ausgabe:

> Orgel-Büchlein, worinne einem anfahenden Organisten Anleitung gegeben wird, auff allerhand Arth einen Choral durchzuführen, anbey auch sich im Pedal studio zu habilitiren, indem in solchen darinne befindlichen Choralen das Pedal gantz obligat tractiret wird. Dem Höchsten Gott allein zu Ehren, Dem Nechsten, drauss sich zu belehren.

Wie viel Johann Sebastian Bach der Unterricht bedeutet hat, welches Verständnis von Lehre sich hinter einer Formulierung wie „worinne einem anfahenden Organisten Anleitung gegeben wird" verbirgt, erweist eine von seinem Schüler Phillip David Kräuter vorgenommene Charakteristik seines Unterrichtens:

> [...] er ist ein vortrefflicher, dabey auch sehr getreuer Mann, sowohl in der Composition und Clavier, als auch in andern Instrumenten, gibt mit den Tag gewiß 6 Stund zur Information, die ich dann absonderlich zur Composition und Clavier, auch bißweilen zu andren Instrumenten exercirung hoch vonnöthen habe, die übrige Zeit wende ich vor mich allein zum Exerciren und decopiren an, dann derselbe mir alle Musikstück, die ich verlange, communiciert, habe auch die Freyheit, alle seine Stücke durchzusehen (Bach 2012).

Im Jahr 1710, so urteilt Christoph Wolff (2009a) in seiner Monografie *Johann Sebastian Bach*, hatte Bach spieltechnisch seine Leistungshöhe erreicht.

> Bachs praktische Erfahrung, sein autodidaktisches Studium, seine angeborene Neugier und sein häufiger Kontakt mit kunstfertigen Orgelbauern ließen ihn zu einem Orgelexperten ersten Ranges werden. ... Und während er sich zunächst ausschließlich mit dem Orgelbau befasste, weiteten sich seine Interessen im Laufe der Jahre auf zahlreiche andere Typen von Tasteninstrumenten und auf Blas- und Streicherinstrumente aus, deren Entwicklung, Bau und Klangeigenschaften ihn gleichermaßen faszinierten (Wolff 2009a, S. 157).

Das Jahr 1713 ist – im Hinblick auf die Biografie Johann Sebastian Bachs – mit zwei besonderen Ereignissen verbunden. Das erste Ereignis: Es erfolgte die Berufung auf die Stelle des Organisten an der Liebfrauenkirche in Halle. Bach hatte Interesse an dieser Stelle, wollte aber in Nachverhandlungen mit dem Kirchenvorstand die Rahmenbedingungen seiner Organistentätigkeit noch einmal verbessern. Der Kirchenvorstand indes lehnte derartige Nachverhandlungen ab, ging er doch davon aus, dass die Berufung auf diese Stelle als Auszeichnung interpretiert werden sollte. Der Vorstand war zudem davon überzeugt, dass eine weitere Verbesserung der Rahmenbedingungen – vor allem des Gehalts – unverhältnismäßig sein würde. Eine gegenseitige Verständigung blieb hier aus. Im März 1714 lehnte Johann Sebastian Bach die Berufung ab – gegenseitige Vorhaltungen des Organisten und des Kirchenvorstands waren die Folge.

Das zweite Ereignis: Johann Sebastian Bach erhielt eine Einladung an den herzoglichen Hof von Sachsen-Weißenfels. Er sollte zum 31. Geburtstag Herzog Christians von Sachsen-Weißenfels die „Tafel-Music" komponieren, die nach Abschluss der Jagd im fürstlichen Jagdschloss zur Aufführung gelangen würde. Die für diese Tafelmusik geschaffene Kantate *Was mir behagt, ist nur die muntre Jagd* (BWV 208; man spricht hier auch von der *Jagdkantate*) – die erste weltliche Kantate Johann Sebastian Bachs – wurde mit Begeisterung aufgenommen. Ihr Libretto wurde von Salomon Franck geschaffen, mit dem Bach fortan bei der Komposition von Kantaten eng zusammenarbeiten sollte. Salomon Franck hatte Rechtswissenschaft und Theologie studiert, ab 1701 war er – in der Funktion eines Konsistorialsekretärs – in Weimar sowohl für die Herzogliche Bibliothek als auch für das Münzkabinett zuständig. Der Dichter greift in dem Libretto auf die klassische Mythologie zurück: Diana (Göttin der Jagd), Endymion (der schöne und ewig jugendliche Liebhaber der Diana), Pan und Pales (Hirtengottheiten) preisen den Fürsten Christian. Die Kantate bildet eine Sequenz von 15 kurzen, höchst abwechslungsreich gestalteten Rezitativen, Arien und Chören. Die beiden Hörner legen Assoziationen mit der Jagdmusik, die beiden Blockflöten (in der Arie der Pales: *Schafe können sicher weiden*) mit der Hirtenmusik nahe.

Mit der am 2. März 1714 erfolgten Ernennung Johann Sebastian Bachs zum Konzertmeister war nicht nur eine deutliche Gehaltserhöhung verbunden – Bach bezog nun sogar ein höheres Gehalt als der Kapellmeister und Vizekapellmeister, obwohl er in der Hierarchie unter beiden stand –, sondern auch die Verpflichtung, jeden Monat eine Kirchenkantate für den Sonntagsgottesdienst zu komponieren. Die erste Kantate *Himmelskönig, sei willkommen* (BWV 182) gelangte am Palmsonntag (25. März 1714) zur Aufführung. Sie beschreibt den Einzug Jesu nach Jerusalem. Dabei wird an die Christenheit appelliert, sich dankbar des Opfers zu erinnern, das Jesus Christus mit seinem Tod auf sich genommen hat, und auch im Leiden zu Jesus Christus zu stehen.

In dem von Salomon Franck geschaffenen Kantatentext wird eine Vielfalt an Affekten angesprochen, die Johann Sebastian Bach auf musikalisch eindrucksvolle Weise ausdrückt. Besondere Bedeutung nehmen in diesem Musikstück drei aufeinanderfolgende Arien ein, die in ihren Texten und deren musikalischer Ausdeutung zu einer tiefen Reflexion und Kontemplation über das Leiden Jesu Christi anregen und auf diese Weise eindrucksvoll die Karwoche eröffnen.

Dieser Kantate folgten mindestens 20 weitere. Es kann davon ausgegangen werden, dass Johann Sebastian Bach zugleich eine nicht unbeträchtliche Anzahl an Instrumentalwerken für die Weimarer Hofkapelle schuf, doch diese Werke sind verlorengegangen.

„Ich hatte viel Bekümmernis" – Ausdruck musikalischer, religiöser, psychologischer Bildung

Unter diesen nachfolgenden Kantaten sticht eine besonders hervor: *Ich hatte viel Bekümmernis* (BWV 21). Ihre Erstaufführung fand am 3. Sonntag nach Trinitatis (dem Dreifaltigkeitsfest, das auf den ersten Sonntag nach Pfingsten fällt) des Jahres 1714 statt. Dieses in c-Moll geschriebene Stück setzt sich aus zwei großen Teilen zusammen, die sechs Sätze (erster Teil) beziehungsweise fünf Sätze (zweiter Teil) umfassen. Der Werktitel ist Psalm 94, 19 entnommen: „Ich hatte viel Bekümmernisse in meinem Herzen; aber deine Tröstungen ergötzten meine Seele." Das Libretto stammt wieder von Salomon Franck (mit Ausnahme des 9. Satzes, *Sei nun wieder zufrieden, meine Seele*, der auf Georg Neumark zurückgeht). Der Text der Predigt jenes Sonntags, für den die Kantate geschaffen wurde, ist 1. Petrus 5, 6–11. Er bildet auch den thematischen Kern dieser Kantate:

> **6** So demütigt euch nun unter die gewaltige Hand Gottes, damit er euch erhöhe zu seiner Zeit. **7** Alle eure Sorge werft auf ihn; denn er sorgt für euch. **8** Seid nüchtern und wacht; denn euer Widersacher, der Teufel, geht umher wie ein brüllender Löwe und sucht, wen er verschlinge. **9** Dem widersteht, fest im Glauben, und wisst, dass ebendieselben Leiden über eure Brüder in der Welt gehen. **10** Der Gott aller Gnade aber, der euch berufen hat zu seiner ewigen Herrlichkeit in Christus Jesus, der wird euch, die ihr eine kleine Zeit leidet, aufrichten, stärken, kräftigen, gründen. **11** Ihm sei die Macht von Ewigkeit zu Ewigkeit! Amen.

Johann Sebastian Bach hat hier ein Werk geschaffen, das die widerstreitenden Regungen der Seele mit hoher Intensität und Dynamik ausdrückt und in den insgesamt elf Sätzen der Kantate den seelischen Entwicklungsprozess sehr differenziert beschreibt (ausführlich dazu Ahrnke 2012).

Dieser wird zusammenfassend im zweiten, der Sinfonia folgenden Satz der Kantate umschrieben, in welchem der Chor singt: „Ich hatte viel Bekümmernis, aber Deine Tröstungen erquicken meine Seele". Dieser Satz beginnt mit einem dreimaligen „Ich" – womit zum Ausdruck gebracht wird, wie sehr hier die Person in ihrem Innersten angesprochen, berührt, getroffen ist: „Ich, ich, ich – ich hatte viel Bekümmernis in meinem Herzen".

Das Motiv „Ich hatte viel Bekümmernis" erklingt in allen Stimmen, es wird mehrfach in den verschiedenen Stimmen vorgetragen, und dies vielfach gleichzeitig: diese extreme Dichte drückt aus, als wie bedrängt, als wie angefochten sich die Person erlebt. Dann folgt ein Takt auf dem Wort „aber" – durch das langsame Tempo dieses einen Taktes (Adagio) wird deutlich vernehmbar jene musikalische Zäsur erzeugt, die die inhaltliche Zäsur unmittelbar nahelegt: das „Aber" kündigt einen Perspektivenwechsel an, nämlich vom Kummer zum Trost. Dieser Perspektivenwechsel erfolgt unmittelbar nach der Zäsur im zweiten Teil des Satzes, wo es heißt: „deine Tröstungen erquicken meine Seele". Johann Sebastian Bach drückt durch die freie und in belebtem Tempo (Vivace) gehaltene Form die Empfindung der Freude und Erquickung musikalisch besonders deutlich aus.

Dieser im zweiten Satz zusammenfassend beschriebene seelische Entwicklungsprozess lässt sich somit wie folgt deuten: Aus der Schwermut, dem Kummer, dem Verzagen (Regungen, die übrigens auch die Musik des ersten Satzes, der *Sinfonia*, bestimmen) wird die Seele in einen Zustand der Freude, der Erquickung geführt – „geführt" deswegen, weil sie Trost durch Jesus Christus erfährt. Die Kantate beschreibt im sechsten, siebten und achten Satz, wie diese „Führung" beschaffen ist, nachdem im dritten und vierten Satz die Schwermut, der Kummer, das Verzagen musikalisch noch einmal ausführlich ausgedeutet wurden. Zu dieser Führung gehört nämlich zunächst die Offenheit des Menschen für das Wort Gottes, das ihm Hoffnung vermittelt: „Was betrübst Du Dich, meine Seele, und bist so unruhig in mir? Harre auf Gott; denn ich werde ihm noch danken: dass er meines Angesichtes Hilfe und mein Gott ist."

Bei diesem Satz, der den ersten Teil der Kantate abschließt, handelt es sich um einen Chorsatz. Das heißt, der Mensch, der im zweiten Satz der Kantate auf sich gezeigt („Ich, Ich, Ich") und seinen Kummer ausgedrückt hat („Ich hatte viel Bekümmernis"), besinnt sich nun auf das Wort Gottes, auf die Zusage der Hilfe durch Gott, und appelliert an die Seele, sich aus dem Zustand des Kummers zu lösen und sich gegenüber dieser Hilfezusage zu öffnen. Die hier zum Ausdruck kommende Differenzierung zwischen „Ich" und „Seele", wobei ersteres den denkenden, rational handelnden Teil des Selbst beschreibt, letztere hingegen den fühlenden, vor allem aber unmittelbar auf Gott bezogenen Teil des Selbst, wird uns noch an mehreren Stellen des Buches beschäftigen, vor allem im abschließenden Kapitel, in dem der Aufruf der Seele an das Ich, „anzusterben", im Vordergrund steht. Neben der Offenheit des Menschen für das Wort Gottes ist für die Führung der Seele in den Zustand der Freude und Erquickung das „innere Gespräch" zwischen dieser und Jesus Christus wichtig, wie dieses im siebten und achten Satz der Kantate dargestellt wird (Rezitativ und Arie für Sopran- und Basssolo). Dieses innere Gespräch wird im siebten Satz (Rezitativ) eingeleitet mit der Sequenz: „Ach Jesu, meine Ruh, Mein Licht, wo bleibest du?" (Sopran, die Seele verkörpernd), „O Seele sieh! Ich bin bei dir." (Bass, Jesus Christus verkörpernd). Es endet im achten Satz (Arie) mit der Sequenz: „Komm, mein Jesus, und erquicke!" (So-

pran), „Ja, ich komme und erquicke." (Bass), „Mit deinem Gnadenblicke!"
(Sopran), „Dich mit meinem Gnadenblicke." (Bass).

Im neunten Satz ist wieder das Ich unmittelbar angesprochen. Es zieht
die Folgerung aus dem inneren Gespräch zwischen Seele und Jesus Christus, wenn es – Psalm 116, Vers 7 aufgreifend – an die Seele appelliert: „Sei
nun wieder zufrieden, meine Seele, denn der Herr tut dir Guts." Und diese
Zufriedenheit, diese innere Gefasstheit der Seele wird in dem Chorsatz eindrucksvoll vertont: Die Stimmen gleiten ruhig dahin und bringen damit zum
Ausdruck, dass sich die Affektwelt beruhigt hat, dass hier nicht mehr ein von
Schwermut, Kummer und Verzagen bestimmter Mensch spricht, sondern ein
fest auf Gott vertrauender und bauender Mensch. Welche Gefasstheit, welche innere Ruhe hier zum Ausdruck kommt! Von besonderer Bedeutung –
sowohl theologisch als auch musikalisch – ist aber auch die Tatsache, dass
Johann Sebastian Bach in diesem Satz zwei Strophen des Chorals *Wer nur
den lieben Gott lässt walten* erklingen lässt, wobei eine Strophe (zweite Strophe des Chorals) von der Tenor-, eine Strophe (fünfte Strophe des Chorals)
von der Sopranstimme gesungen wird: „Was helfen uns die schweren Sorgen,
was hilft uns unser Weh und Ach? Was hilft es, dass wir alle Morgen beseuf-
zen unser Ungemach? Wir machen unser Kreuz und Leid nur größer durch
die Traurigkeit." (Tenor), „Denk nicht in deiner Drangsalshitze, dass du von
Gott verlassen seist, und dass Gott der im Schoße sitze, der sich mit stetem
Glücke speist. Die folgend Zeit verändert viel und setzet jeglichem sein Ziel."
(Sopran). Die beiden Choralstrophen sind dabei als interpretatorischer Kontext der Aussage: „Sei nun wieder zufrieden, meine Seele, denn der Herr tut
dir Guts." zu verstehen.

Während die zweite Strophe des Chorals an den Menschen appelliert, sich
nicht von „schweren Sorgen", sich nicht von „Traurigkeit" bestimmen zu lassen, nennt die fünfte Strophe des Chorals den Grund für diesen Appell: Wir
sind nicht von Gott verlassen, auch wenn wir in der und an der irdischen
Welt leiden, Gott ist nicht nur bei jenen Menschen, die im irdischen Glücke
sind, vielmehr soll unser Blick auf die „folgende Zeit", auf Gottes Zeit, also
auf die Ewigkeit gerichtet sein, die „jeglichem sein Ziel setzt". Diese Heils-
und Erlösungszusage wird in dem achten Satz der Kantate umschrieben mit
„ja ich komme und erquicke". Und wer auf diese Zusage Jesu Christi vertraut
und baut, dem muss nicht bange sein.

Der letzte, elfte Satz, wieder ein Chorsatz, ist ein Lobpreis der Seele auf
Gott: „Das Lamm, das erwürget ist, ist würdig zu nehmen Kraft und Reichtum und Weisheit und Stärke und Ehre und Preis und Lob. Lob und Ehre
und Preis und Gewalt sei unserm Gott von Ewigkeit zu Ewigkeit. Amen, Al-
leluja!" Dieser Satz stellt eine unmittelbare Beziehung zur Offenbarung (5.
12, 13) her, der die Worte entnommen sind. Dies heißt: Am Schluss der

Kantate, deren Beginn Schwermut, Kummer und Verzagen bildeten, steht die Erwartung der Verwandlung, wie diese in der Offenbarung ausgedrückt wird. Der Lobpreis Gottes – wie er musikalisch durch die Instrumentierung (Einführung von drei Trompeten und von Pauken), durch die Form (Fuge), schließlich durch die Stimmführung des Chores (zunehmende Komplexität in der Interaktion der Stimmen) symbolisiert wird – ist unmittelbare, notwendige Folge dieser Erwartung. Denn durch den Opfertod Jesu Christi („das Lamm, das erwürget ist") wird diese Verwandlung überhaupt erst möglich, ist die Erwartung der Verwandlung überhaupt erst gerechtfertigt.

Diese Kantate gibt Zeugnis davon, wie sehr es Johann Sebastian Bach schon in seinen früheren Kompositionen gelingt, einen hoch komplexen seelisch-geistigen und religiösen Entwicklungsprozess musikalisch zu umschreiben, was nicht nur besondere Fertigkeiten in der Kompositionskunst erfordert, sondern auch ein tiefes Einfühlungsvermögen in seelische Prozesse sowie eine umfassende – hier vor allem: eine religiöse – Bildung. Auch wenn angenommen werden kann, dass diese Kantate 1714 noch nicht in ihrer abschließenden Version erklang (bis zu ihrer Aufführung im Jahr 1723 in Leipzig hat Johann Sebastian Bach vermutlich substanzielle Ergänzungen und Erweiterungen vorgenommen), so stellt sie doch schon in ihrer grundlegenden Struktur eine sehr bemerkenswerte Leistung dar – musikalisch, emotional und geistig. Was erkennen wir hier? Die Meisterschaft im Komponieren, die kontinuierliche Weiterentwicklung der Kompositionskunst, ja, der Musik überhaupt, bildet ein erstes grundlegendes Ziel des Komponisten.

Als Zweites ist die Fähigkeit zu nennen, das religiöse Selbst des Menschen unmittelbar anzusprechen, damit zu einem musikalischen Vermittler des Glaubens zu werden, wobei im damaligen Verständnis Glaubensinhalte zentrale Lebensinhalte abbildeten, somit den entscheidenden Interpretationskontext konstituierten, in den das eigene Leben hineingestellt wurde. Die Auseinandersetzung mit den Glaubensinhalten musste somit auch als Auseinandersetzung mit grundlegenden Themen und Anliegen des Menschen begriffen werden.

Für Johann Sebastian Bach hieß dies also, mit der musikalischen Ausdeutung der Glaubensinhalte den Menschen direkt, unmittelbar anzusprechen, in seinen Hoffnungen und Freuden ebenso wie in seinen Sorgen und Nöten. Aus diesem Grunde berührt und bewegt Bach auch mit seinen geistlichen Werken viele Menschen der heutigen Zeit. Denn diese Werke lassen die Glaubensinhalte nicht zu etwas Abstraktem werden, sondern zu etwas Konkretem, Lebendigem, den Menschen unmittelbar Angehenden. Seine musikalische Deutung dieser Glaubensinhalte berührt den Hörer auch deswegen, weil die Musik noch einmal die existenzielle, das menschliche Leben unmittelbar berührende Bedeutung dessen vermittelt, was im Alten und Neuen Testament geschrieben steht: Die Eingangs-, Zwischen- und Schlusschöre, die Choräle sowie die Arien dienen dazu, Aussagen aus dem Alten und Neuen Testament durch Wort und Musik zu kommentieren – sie verkörpern den Menschen in seinem Berührt- und Ergriffensein von diesen Aussagen. Man denke nur an die Arie *Erbarme Dich, mein Gott, um meiner Zähren willen* aus der *Matthäuspassion* (BWV 244), die der Darstellung der dreimaligen Verleugnung Jesu Christi durch Petrus im Bericht des Evangelisten folgt: Welcher Hörer könnte sich den Wirkungen dieser Arie entziehen? Und auf die Kantate *Ich hatte viel Bekümmernis* bezogen: Welcher Hörer fühlte sich durch den Eingangschor ebenso wie durch den Zwischenchor *Sei nun wieder zufrieden, meine Seele, denn der Herr tut dir Guts* – vor allem in seiner Kombination mit dem Choral *Wer nur den lieben Gott lässt walten* – nicht angesprochen, welchen Hörer ließe diese Musik – die Ruhe und Gefasstheit, die diese verströmt – gleichgültig?

Die Tatsache, dass der „kommentierende", „deutende" Text und die Musik, die ihrerseits einen interpretativen Kontext des Textes bildet, so perfekt harmonieren, die Tatsache, dass es Bach immer wieder gelingt, die Kernaussage des Textes musikalisch so treffend auszudrücken: Das ist es, was den Hörer anspricht, berührt, bewegt. Der kommentierende, deutende Text steht ja „stellvertretend" für sein eigenes Fühlen, Denken, Fragen. Die Musik bringt dem Hörer diesen Text besonders nahe. Sie ist für dessen Tiefenwirkung verantwortlich oder mitverantwortlich. Zudem aber spiegelt sich in der Musik selbst schon die „göttliche Ordnung" wider, sie symbolisiert in besonderer Weise diese Ordnung, und dies auch ganz unabhängig von den Texten, die sie „kommentiert", die sie „deutet" – mit anderen Worten: Schon die Musik selbst vermag den Hörer für die göttliche Ordnung in der Welt zu sensibilisieren. Dies war die feste Überzeugung Johann Sebastian Bachs.

Dass es diesem schon in frühen Phasen seines kompositorischen Schaffens gelingt, eine derartige Passung zwischen Wort und Ton herzustellen, spricht nicht nur für seine hohe musikalische Bildung. Es zeugt auch von einer hohen religiösen Bildung und schließlich von einer differenzierten Anthropologie und der damit verbundenen Fähigkeit, sich in Grundsituationen des menschlichen Lebens – wie diese in den Glaubensinhalten angesprochen sind – hineinzuversetzen und sie musikalisch zu umschreiben. Die intensive Bildungsarbeit dieses Komponisten in seiner Arnstädter, Mühlhausener und Weimarer Zeit beschränkte sich nicht auf die Musik (und auf diesem großen Gebiet war sie schon intensiv), sondern erstreckte sich auch auf deren „Nachbargebiete" – in diesem Fall vor allem auf die Theologie. Das zeigen die frühen Beiträge zur geistlichen Musik nur zu deutlich.

Die Förderung des einzelnen Musikers, die Förderung des Ensembles – die Instrumentalmusik

Zurück zu den biografischen Daten: Auch wenn sich Johann Sebastian Bach in Weimar vergleichsweise gute Arbeitsbedingungen boten, er dort auf Sänger und Orchestermusiker stieß, die auf hohem Niveau zu musizieren verstanden, auch wenn sich ihm in Weimar die Möglichkeit bot, intensiv seiner Instrumental- und Kompositionstätigkeit nachzugehen und diese immer weiter zu vervollkommnen, so kam es doch bald zu einem ernsten Konflikt zwischen Johann Sebastian Bach und Herzog Wilhelm Ernst. Dieser Konflikt entzündete sich an der Frage, wer die Nachfolge des am 1. Dezember 1716 verstorbenen Hofkapellmeisters Johann Samuel Drese antreten würde.

Bach rechnete fest damit, dass er zum Nachfolger ernannt werden würde, zumal er mit Drese eng zusammengearbeitet hatte. Wilhelm Ernst war jedoch weniger an Bach, sondern an dem damaligen Städtischen Musikdirektor in Frankfurt, Georg Philipp Telemann, interessiert und versuchte, diesen für die Nachfolge zu gewinnen. Telemann lehnte die Berufung auch mit dem Argument ab, dass Wilhelm Ernst mit Johann Sebastian Bach einen Musiker habe, der sich wie kein anderer für die Stelle des Hofkapellmeisters eigne. Zudem brachte Telemann seine Berufung Bach zur Kenntnis. Daraufhin bewarb sich dieser offiziell auf die Stelle des Hofkapellmeisters. Dieser Vorstoß Bachs wurde von Wilhelm Ernst nicht berücksichtigt – für Johann Sebastian Bach eine Zurücksetzung und Enttäuschung, die das Verhältnis zwischen ihm und dem Herzog deutlich trübte und belastete. Dies zeigt sich zum Beispiel darin, dass Wilhelm Ernst die Lieferung von Notenpapier verweigerte und Johann Sebastian Bach sich daraufhin weigerte, für den Hof zu komponieren – das Ende einer produktiven Zusammenarbeit.

Fürst Leopold von Köthen erfuhr von diesen Konflikten in Weimar. Er bot Johann Sebastian die Stelle des Hofkapellmeisters an, verbunden mit der Beförderung auf den Rang eines Hofoffiziers. Besonders attraktiv an dieser Stelle waren der im Vergleich zu Weimar deutlich höhere Lohn sowie die Übertragung der alleinigen Verantwortung über die Hof-, Kammer- und Tafelmusik. Zudem war die Hofkapelle in Köthen gerade erst erweitert worden und hatte Spitzenmusiker in ihren Reihen.

Im August 1717 reiste Johann Sebastian Bach nach Köthen und unterschrieb dort den Vertrag als Kapellmeister des Fürsten von Anhalt-Köthen. Dabei wurden ihm von diesem 50 Taler für die Unterzeichnung des Vertrags ausgehändigt – eine weitere Geste besonderer Wertschätzung. Diese Vertragsunterzeichnung war allerdings nach den Buchstaben der Weimarischen Landesordnung nicht erlaubt, bedurfte es doch der ausdrücklichen Genehmigung durch den Herzog des Landes, die in diesem Fall nicht vorlag und die Bach vermutlich auch nicht erhalten hätte. Er musste nun rückwirkend beantragen, aus den Diensten des Herzogs entlassen zu werden und die Stelle in Köthen antreten zu können. Darüber kam es zu einem derart schweren Konflikt mit Herzog Wilhelm Ernst beziehungsweise einem leitenden Beamten des Herzogs, dass Bach am 6. November 1717

> …wegen seiner Halßstarrigen Bezeugung und zu erzwingenden dimission, auf der LandRichter-Stube arrêtiret, und endlich d. 2. Dec. darauf, mit angezeigter Ungnade, Ihme die dimission durch den HofSecr angedeutet, u. zugleich des arrests befreyet worden (Bach-Dokumente II, 84).

Vier Wochen musste er im Gefängnis zubringen – eine Begebenheit, die im Kontrast zu seiner hohen musikalischen Produktivität stand, eine Begebenheit, die aber zugleich darauf hinweist, dass sich Johann Sebastian Bach nicht scheute, weltlichen Autoritäten den Respekt zu verweigern, wenn er sich durch diese in seinen Rechten beschnitten sah. Vermutlich hat er während seiner Haft mit den Arbeiten am ersten Teil des *Wohltemperierten Klaviers* begonnen: die Antwort des Musikers auf die Entscheidung der weltlichen Autorität. Die Weimarer Hofkapelle hat den Verlust Johann Sebastian Bachs nicht mehr kompensieren können. Die Qualität der in Weimar zur Aufführung gebrachten Musik ging nun deutlich zurück.

Im Dezember 1717 zog Johann Sebastian Bach mit seiner Frau Maria Barbara, mit seinen vier Kindern und mit der Schwester Maria Barbaras nach Köthen, also in eine Stadt, die damals weniger als fünftausend Einwohner zählte. Am 29. Dezember wurde ihm sein erstes Gehalt ausgezahlt. Dabei erhielt er sogar eine Kompensationszahlung für jene vier Wochen Haft, die er in Weimar im Gefängnis zubringen musste. Sein Gehalt in Köthen entsprach dem Einkommen eines Hofmarschalls. Bach stellte seine Wohnung der Hofkapelle als Proberaum zur Verfügung und wurde dafür von Fürst Leopold entschädigt. Vor allem aber: Ihm stand nun ein hervorragendes musikalisches Ensemble mit 17 Mitgliedern zur Verfügung, zu denen mit dem Konzertmeister Joseph Spieß, dem Flötisten Johann Heinrich Freitag und dem Organisten Christian Friedrich Rolle Musiker gehörten, die sogar selbst komponierten.

Er sollte bis 1723 in Köthen bleiben und dabei in einem Dienstverhältnis – nämlich zu Fürst Leopold – stehen, das über die gesamte Zeit seiner Tätigkeit am Hofe von großem gegenseitigem Respekt getragen war. Leopold zeichnete sich durch hohe Toleranz und Weltoffenheit aus, gepaart mit Freundlichkeit und Offenheit gegenüber anderen Menschen. Er galt als belesener und musikbegeisterter Mensch. Bach blieb Fürst Leopold bis zu dessen Tod verbunden.

So behielt er auch nach seinem Weggang aus Köthen den Titel des Fürstlich Anhalt-Köthenischen Kapellmeisters. Er besuchte Köthen zwischen 1723 und 1728 häufig, traf dort mit Fürst Leopold zusammen und gab Konzerte. Nach dem Tod des 34-jährigen Fürsten im November 1728 komponierte er eine Trauerkantate (*Klagt, Kinder, klagt es aller Welt* (BWV 244a)), die er am 24. März 1729, anlässlich des Trauergottesdienstes in St. Jakob, aufführte.

Im Hinblick auf Bachs Privatleben war die Zeit in Köthen von 1717 bis 1723 allerdings nicht nur von Momenten des Glücks bestimmt, sondern auch von traumatisch wirkenden Verlusten: Im November 1718 wurde sein Sohn Leopold Augustus getauft, doch schon im September 1719 starb dieser. Im Juli 1720 starb – wie bereits ausführlich dargelegt – seine Frau Maria Barbara.

Zu den Momenten des Glücks sind zu zählen: Im Dezember 1721 heiratete er Anna Magdalena Wilcke, die jüngste Tochter des fürstlichen Hof- und Feldtrompeters zu Sachsen-Weißenfels, Johann Kaspar Wilcke, die im Jahre 1720 als Sopranistin an den Köthener Hof gekommen war. Johann Sebastian Bach war mit Anna Magdalena Wilcke eine Frau geschenkt, die ihm nicht nur persönlich, sondern auch musikalisch engste Vertraute, engste Begleiterin war. Davon gibt das *Notenbüchlein für Anna Magdalena Bach* Zeugnis, das im Zeitraum von 1722 bis 1725 von Johann Sebastian und Anna Magdalena zusammengestellt wurde. Das Original dieses Buches umfasst 25 Blätter mit 48 – auch von Anna Magdalena – beschriebenen Notenseiten. Bei den meisten der in dieses Buch aufgenommenen Musikstücke handelt es sich um Kompositionen Johann Sebastian Bachs. (Auf der Innenseite des Originals hat der Musiker und Komponist Carl Friedrich Zelter (1758–1832) vermerkt: „Anna Magdalena, J. S. Bachs zweite Frau, deren Name dieses Buch ziert, soll eine treffliche Sängerin gewesen seyn.") Aus dieser Ehe sind 13 Kinder hervorgegangen, von denen sieben bei der Geburt, im ersten Lebensjahr oder im frühen Kindesalter verstorben sind, wobei Geburt und Tod der Kinder in den Zeitraum von 1723 bis 1742 fielen, also fast ganz in die Leipziger Zeit Johann Sebastian Bachs.

In seiner Köthener Zeit hat Bach fast ausschließlich weltliche Musik komponiert; die geistliche Musik nahm, wie deutlich gemacht wurde, am reformierten Hof nur eine untergeordnete Stellung ein. Der Hofkapelle gehörte kein volles Vokalensemble an, eine institutionalisierte Zusammenarbeit mit dem Chor der Lateinschule hatte sich ebenfalls nicht etabliert.

Die Hofkapelle hatte jeweils in kurzen Abständen Aufführungen zu geben – Fürst Leopold investierte erhebliche finanzielle Ressourcen in das Ensemble, erwartete aber im Gegenzug auch hohes Engagement und hohe Produktivität. Bach muss also zahlreiche Kompositionen geschaffen haben. Dafür spricht auch die Tatsache, dass die Hofkapelle sogar einen hauptberuflichen Kopisten beschäftigte, der von 1719 bis 1721 mehrfach von einem zweiten Kopisten unterstützt wurde.

Hierzu nun zwei Anmerkungen, die für die Einordnung des Instrumentalwerkes Johann Sebastian Bachs wichtig sind.

Erstens: Da nur vergleichsweise wenige (allerdings hoch anspruchsvolle) Instrumentalkompositionen Bachs vorliegen, ist davon auszugehen, dass wir einen beträchtlichen Teil seiner Köthener Kompositionen nicht kennen. Dabei ist zu bedenken: Das Orchesterwerk Johann Sebastian Bachs umfasst lediglich 28 Nummern des Bach-Werke-Verzeichnisses (BWV), das sich immerhin über 1080 Nummern erstreckt. Unter Musikwissenschaftlern besteht Einigkeit darin, dass der größte Teil des Orchesterwerkes verlorengegangen ist.

Zweitens: Bei einem Überblick über die Instrumentalwerke fällt auf, dass viele der in Köthen entstandenen Fassungen mehrfach überarbeitet und erst in der Leipziger Zeit (also ab 1723) fertiggestellt wurden (siehe dazu den von Rampe und Sackmann (2000) erstellten Überblick über die ältesten und jüngsten Fassungen der Instrumentalwerke Johann Sebastian Bachs). Daraus folgt, dass der vergleichsweise kleine Werkbestand, der heute noch verfügbar ist, nicht allein der Tatsache geschuldet ist, dass viele Instrumentalkompositionen verlorengegangen sind. Nein, genauso wichtig ist hier die Tatsache, dass Johann Sebastian Bach gerade an den Instrumentalkompositionen sehr lange gefeilt hat, sodass ihm nicht die Zeit zur Verfügung stand, auf diesem Gebiet einen großen Werkbestand zu schaffen, der von seinem Umfang aus betrachtet mit jenem der geistlichen Vokalmusik vergleichbar wäre. Martin Geck (2000a) drückt dies in seiner Monografie *Johann Sebastian Bach* wie folgt aus:

Bach ist nicht der Mann der glatten, einfachen Lösungen und des wie selbstverständlich sich einstellenden Erfolges. Dass wir uns mit der Überlieferung und den unterschiedlichen Fassungen auch und gerade seiner instrumentalen Ensemblemusik so herumschlagen müssen, ist nicht Tücke des Zufalls, sondern Symptom: Viele Jahre, so entsteht der Eindruck, bringt Bach mit denselben wenigen Werken zu; und vielfach sind weder Anfang noch Ende der Beschäftigung sichtbar (Geck 2000a, S. 73).

Und doch lässt die Qualität der Instrumentalwerke die zusammenfassende Aussage zu, dass Johann Sebastian Bach in seiner Köthener Zeit über eine herausragende Schaffenskraft verfügt haben muss, dass die in dieser Zeit bestehenden beruflichen Rahmenbedingungen hervorragend gewesen sein müssen, dass ihn die Hofkapelle nicht nur in höchstem Maße zufriedengestellt, sondern auch immer wieder aufs Neue inspiriert haben muss. Wen könnte es da wundern, dass er sich unter solchen Arbeitsbedingungen durchaus vorstellen konnte, Zeit seines Lebens in Köthen zu bleiben, wie er in einem 1730 verfassten Brief an seinen ehemaligen Lüneburger Schulfreund Georg Erdmann schrieb? „Daselbst hatte ich einen gnädigen und Music so wohl liebenden als kennenden Fürsten; bey welchem auch vermeinete meine Lebenszeit zu beschließen." (Bach-Dokumente I, 23)

Auf die hohe Virtuosität der Hofkapelle – vor allem ihrer Kerngruppe mit acht Musikern – lässt unter anderem die Tatsache schließen, dass Johann Sebastian Bach in seiner Köthener Zeit mit den sechs *Brandenburgischen Konzerten* (BWV 1046–1051) sowie mit zwei seiner vier *Orchestersuiten* (BWV 1066 und 1069) Werke geschaffen hat, die hohe technische Anforderungen an die Musiker stellen und die in ihrer Gesamtheit ein breites Spektrum an Instrumenten berücksichtigen, woraus folgt, dass die Hofkapelle in allen Stimmen sehr gut besetzt gewesen sein muss.

Zudem entstanden in der Köthener Zeit Konzerte für eines oder mehrere Soloinstrumente mit begleitendem Streicherensemble, woraus ebenfalls auf das hohe technische Niveau der Hofkapelle geschlossen werden kann. Zu nennen sind hier die *Violinkonzerte in a-Moll* (BWV 1041) und *E-Dur* (BWV 1042), das *Konzert in d-Moll für zwei Violinen* (BWV 1043), das *Konzert für drei Violinen* (BWV 1064), das *Konzert für Oboe und Violine* (BWV 1060) sowie auch das *Konzert für Oboe d'amore* (BWV 1055a). Schließlich sind die drei *Sonaten* und drei *Partiten für Violine solo* (BWV 1001–1006), die sechs *Suiten für Violoncello* (BWV 1007–1012) sowie die *Partita für Flöte solo* (BWV 1013) zu nennen.

Im Hinblick auf das *Fünfte Brandenburgische Konzert in D-Dur* (BWV 1050) – mit einer Sologruppe, bestehend aus Violine, Flöte und Cembalo – wird von Musikwissenschaftlern darauf hingewiesen, dass Johann Sebastian Bach hier das erste „Klavierkonzert" geschaffen habe, denn im ersten Satz dieses Konzertes findet sich eine ausführliche Kadenz für das Cembalo, die als Vorläufer jener Klavier-Kadenzen betrachtet wird, die in späteren Epochen entstanden sind. Die hervorgehobene Bedeutung des Cembalos im Fünften Brandenburgischen Konzert wird übrigens nicht selten mit einem von Leopold ausdrücklich gewünschten Besuch Bachs in Berlin in Zusammenhang gebracht, der dazu diente, ein neues Cembalo für den Köthener Hof zu erwerben – Bach sollte verschiedene Cembali prüfen und unter diesen das beste auswählen. Es wird berichtet, dass Johann Sebastian Bach vor diesem Kauf das *Fünfte Brandenburgische Konzert* geschrieben habe, um den Fürsten auf die mangelnde Qualität jenes Cembalos hinzuweisen, welches damals noch am Hofe genutzt werden musste – er habe damit auf gekonnte Weise die Notwendigkeit aufgezeigt, die Hofkapelle mit einem neuen Cembalo auszustatten. Ob dieser Bericht nun stimmt oder nicht (man stelle sich vor, wie die Kadenz des ersten Satzes, aber auch die Zwischenspiele des dritten Satzes klängen, würden sie auf einem technisch unzureichenden Cembalo gespielt!): Entscheidend ist, dass er zumindest etwas von der Atmosphäre verrät, die damals am Hofe des Fürsten Leopold herrschte. Es muss eine sehr freie Atmosphäre gewesen sein, die den Musikern viel Raum für die Aktualisierung ihrer schöpferischen Kräfte gelassen hat.

Das Köthener Kompositionswerk Johann Sebastian Bachs ist bestimmt von hoher Variabilität in Struktur und Instrumentierung. Er hat hier Werke geschaffen, die zu sehr verschiedenen Anlässen erklingen sollten und die perfekt auf die in der Hofkapelle vertretenen Instrumente passten. Man denke hier nur an die *Brandenburgischen Konzerte* (BWV 1046–1051) – mit dem Originaltitel *Six Concerts Avec plusieurs Instruments* , und dabei zunächst an jene drei Konzerte, in denen jeweils eine Sologruppe einem Streicherensemble gegenübersteht: das *Zweite Brandenburgische Konzert in F-Dur* (BWV 1047) mit einer virtuosen, technisch anspruchsvollen Trompetenstimme (die Sologruppe besteht aus einer Trompete, einer Violine, einer Blockflöte und einer Oboe), das *Vierte Brandenburgische Konzert in G-Dur* (BWV 1049) mit einer ebenso virtuosen und technisch anspruchsvollen Violinstimme (wobei neben der Violine zwei Blockflöten der Sologruppe angehören) und das *Fünfte Brandenburgische Konzert in D-Dur* (BWV 1050) mit einer Cembalostimme, an die hohe technische Anforderungen gestellt werden (das Cembalo bildet gemeinsam mit der Violine und der Traversflöte die Sologruppe).

Aber auch die drei anderen *Brandenburgischen Konzerte*, die man eher als „Gruppenkonzerte" bezeichnen kann, da hier auf eine klare Gegenüberstellung von Sologruppe und Streicherensemble verzichtet und vielmehr zwischen verschiedenen Orchestergruppen differenziert wird, die miteinander interagieren, zeichnen sich sowohl durch instrumentale Vielfalt als auch durch hohe technische Anforderungen aus. Zudem sind hier ausdrücklich auch die Solokonzerte sowie auch die Sonaten, Partiten und Suiten für Soloinstrumente zu nennen, die sicherlich auch (allerdings nicht nur) mit Blick auf die Mitglieder der Hofkapelle geschrieben wurden. So kann man zu der Feststellung gelangen: Die Hofkapelle wurde von Johann Sebastian Bach sehr gefordert, aber sie konnte sich unter ihm auch eindrucksvoll entwickeln.

Eben dies wird häufig übersehen, vor allem, wenn die Sprache auf die *Brandenburgischen Konzerte* kommt. Johann Sebastian Bach hat seine Instrumentalwerke weniger als „Auftragskompositionen" verstanden, sondern vielmehr als Möglichkeit, seine schöpferischen Potenziale auch über die geistliche Vokalmusik hinaus zu verwirklichen, die Musiker des von ihm geleiteten Instrumentalensembles zu fordern und zu fördern sowie seine Identität als Hofkapellmeister auszudrücken.

Ein Beispiel für die Fehlinterpretation der Instrumentalwerke als „Auftragskompositionen" bilden die *Brandenburgischen Konzerte*: Es wird angenommen, Johann Sebastian Bach habe diese 1721 eigens für den Markgrafen Christian Ludwig von Brandenburg komponiert (der in Berlin ein größeres Musik-Ensemble unterhielt), was aber nicht der Fall war. Vielmehr hat Bach bereits bestehende Kompositionen zusammengestellt und diese dann dem Markgrafen in einer Reinschriftpartitur zugeeignet. Der Impuls, diese sechs Konzerte zu schreiben, ging aber von seiner Tätigkeit als Kapellmeister aus, und es wird angenommen, dass Bach schon in den ersten Jahren seiner Köthener Zeit (also ab 1717) mit der Komposition dieser Konzerte begonnen hatte. Der Titel *Brandenburgische Konzerte* geht auf den Musikwissenschaftler Philipp Spitta (1841–1894) und dessen Monographie *Johann Sebastian Bach* (Erster Band: 1873, Zweiter Band: 1880) zurück. Der von Bach selbst gewählte Titel *Six Concerts Avec plusieurs Instruments* macht dabei deutlich, dass er die sechs Werke trotz aller Unterschiede in Struktur und Instrumentierung als einander verwandte Konzerte begriff: Die Verwandtschaft, das einheitliche Prinzip der Stücke ist vor allem darin zu sehen, dass er mit diesen „Concerti grossi" Konzerte für ein Instrumentalensemble schaffen wollte, aus denen einzelne Instrumentalstimmen immer wieder „hervortreten" sollten, um ein möglichst hohes Maß an klanglicher Vielfalt herzustellen, aber auch, um den Instrumentalisten die Möglichkeit zu eröffnen, ihre Virtuosität unter Beweis zu stellen. Im Zentrum stand dabei jedoch immer das Ensemble als Ganzes, stand somit auch das „große Konzert", das Concerto grosso. Diese Zielsetzung darf keinesfalls übersehen werden, wenn man die *Brandenburgischen Konzerte* betrachtet.

Nicht wenige Interpreten und Hörer neigen dazu, diese Konzerte primär als „Solokonzerte mit Begleitung" zu verstehen. Ihre Aufmerksamkeit ist somit vor allem auf die „Solisten" gerichtet. Dann aber bleibt unbemerkt, wie unmittelbar, wie organisch die Stimmen der Sologruppen aus den Concerti grossi-Teilen hervorgehen, wie sehr diese einen Teil des Gesamtensembles bilden. Gerade dieses Verständnis der *Brandenburgischen Konzerte* ist wichtig, da es deutlich macht, wie sehr Johann Sebastian Bach bei seinen Kompositionen an den gesamten Klangkörper gedacht hat, dabei den einzelnen Stimmen immer wieder die Möglichkeit bietend, vorübergehend hervorzutreten, sich dann aber wieder ganz in das Gesamtensemble einzufügen. Nicht die Solisten sollten hier dominieren, sondern das Ensemble, wobei aber die Virtuosität der einzelnen Ensemblemitglieder nicht verdeckt, nicht überlagert werden sollte. In den Worten von Konrad Küster (1999b):

Auch für Bach steht nicht unbedingt im Vordergrund, Solokonzerte zu schreiben, sondern er kann die „concerts avec plusieurs instruments" ebenso aus der

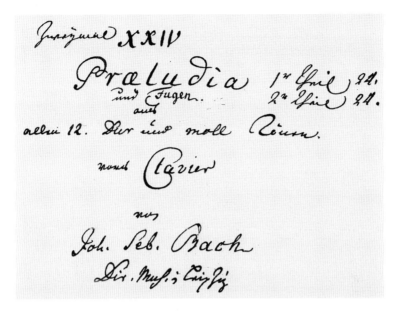

Abb. 2.5 Das Wohltemperierte Clavier Teil I (BWV 846–869). Titelblatt. Autograph. (© dpa-Picture-Alliance)

Concerto-grosso-Tradition heraus verstehen, in der das Orchester die herausragende Zutat zu einem auch anderweitig gesicherten Musizieren ist – so, wie es in den Konzerten Nr. 3 und 6 den Gesamtbestand prägt (S. 920).

Zu den in Köthen entstandenen Werken gehören auch die *Chromatische Fantasie* (BWV 903), die *Französischen Suiten* (BWV 812–817) und *Englischen Suiten* (806–811), die zweistimmigen *Inventionen* und dreistimmigen *Sinfonien* (BWV 772–801) sowie das *Wohltemperierte Klavier, Teil I* (BWV 846–869) (Abb. 2.5).

Bei dem 1722 abgeschlossenen *Wohltemperierten Klavier, Teil I*, handelt es sich um eine Sammlung von 24 jeweils aus einem Präludium und einer Fuge gebildeten Satzpaaren, wobei für jede Dur- und Molltonart – von C-Dur bis h-Moll chromatisch aufsteigend – ein derartiges Satzpaar komponiert wurde. Johann Sebastian Bach versieht diese Sammlung mit folgender Widmung:

Das Wohltemperirte Clavier oder Praeludia, und Fugen durch alle Tone und Semitonia, so wohl tertiam majorem oder Ut Re Mi anlangend, als auch tertiam minorem oder Re Mi Fa betreffend. Zum Nutzen und Gebrauch der Lehrbegierigen Musicalischen Jugend, als auch derer in diesem studio schon habil seyenden besonderem ZeitVertreib auffgesetzt und verfertiget von Johann Sebastian Bach. p.t: HochFürstlich Anhalt-Cöthenischen

Abb. 2.6 Wohltemperiertes Clavier Teil I, Präludium C-Dur (BWV 846). Vorderseite. Autograph. (© dpa-Picture-Alliance)

Capel-Meistern und Directore derer CammerMusiquen. Anno 1722 (Bach-Dokumente I, Nr. 152).

Das *Wohltemperierte Klavier* (dessen zweiter Band in den Jahren 1740–42 abgeschlossen wurde) bildet den ersten Kompositionszyklus der Musikgeschichte in allen 24 Dur- und Moll-Tonarten. Dabei bezieht sich der Begriff „wohltemperiert" auf die 1681 von Andreas Werckmeister eingeführte Stimmung, die dieser „wohltemperierte Stimmung" nannte. Der Komponist und Musikwissenschaftler Johann David Heinichen (1683–1729) führte 1710 den Quintenzirkel ein, der die 24 Dur- und Moll-Tonarten in ein Tonsystem zusammenfasste, in dem die Beziehungen zwischen den einzelnen Tonarten klar definiert sind.

Mit dem *Wohltemperierten Klavier* baute Johann Sebastian Bach das Tonsystem auch praktisch auf 24 Tonarten aus. Diese Leistung wird in der Musikwissenschaft übereinstimmend als ein „Meilenstein der Musikgeschichte" gewertet. Und es sei auch betont: Die im *Wohltemperierten Klavier* verwirklichten kompositorischen und ästhetischen Prinzipien sowie auch die technischen Anforderungen, die dieser Kompositionszyklus stellt, haben der Musik der damaligen Zeit ganz neue Impulse gegeben, ja, haben neue Horizonte eröffnet (Abb. 2.6).

Die angeführte Widmung nennt, ganz ähnlich wie das *Orgelbüchlein*, die Unterweisung, den Unterricht als zentrales Motiv: „Zum Nutzen und Gebrauch der Lehrbegierigen Musicalischen Jugend auffgesetzet" heißt es dort. Es sei daran erinnert, dass sich Johann Sebastian Bach ausdrücklich auch als Forscher und Lehrer auf musikalischem Gebiet verstand – und nach Aussagen seiner Schüler ein hervorragender Lehrer gewesen sein muss. Zudem kann angenommen werden, dass er sich mit dem *Wohltemperierten Klavier* 1723 auf die Stelle des Thomaskantors bewarb, zu dessen Aufgaben der Musik- und Instrumentalunterricht gehörte.

Aber warum hat sich Johann Sebastian Bach überhaupt in Leipzig beworben, wenn ihm Köthen so gute Arbeitsbedingungen bot?

Zunächst: Schon 1720 hat er Interesse an einer neuen Stelle gezeigt. Ab September 1720 war die Organistenstelle zu St. Jacobi in Hamburg vakant, und Johann Sebastian Bach bewarb sich darauf. Im November des Jahres reiste er nach Hamburg, um der Einladung zu einem Probespiel und zu mehreren Konzerten zu folgen. Es kann davon ausgegangen werden, dass er Fürst Leopold von dieser Reise in Kenntnis gesetzt und die Erlaubnis erhalten hatte, der Einladung nach Hamburg zu folgen. Dort bestand großes Interesse daran, Johann Sebastian Bach für die Organistenstelle zu St. Jacobi zu gewinnen. Mit seinen beim Probespiel und in den Konzerten gezeigten Leistungen auf der Orgel hat er dieses Interesse noch einmal gesteigert.

Der 97-jährige Orgelkünstler Johann Adam Reincken, noch im höchsten Alter eine einflussreiche Persönlichkeit in Hamburg, hat sich von der Virtuosität und der Improvisationskunst Johann Sebastian Bachs sehr beeindruckt gezeigt. Einer Berufung auf die Stelle stand eigentlich nichts mehr im Wege. Und doch hat sich Bach nicht für dieses neue Amt entscheiden können, war doch mit der Berufung die Verpflichtung des berufenen Organisten verbunden, einen hohen Geldbetrag zu entrichten – man kann hier durchaus von Korruption sprechen.

So ist in einem Schreiben des bedeutenden Hamburger Komponisten und Musikwissenschaftlers Johann Mattheson (1681–1764) zu lesen:

> Ich erinnere mich, und es wird sichs noch wol eine gantze zahlreiche Gemeinde erinnern, daß vor einigen Jahren ein gewisser grosser Virtuose, der seitdem, nach Verdienst, zu einem ansehnlichen Cantorat befördert worden, sich in einer nicht kleinen Stadt zum Organisten angab, auf den meisten und schönsten Wercken tapffer hören ließ, und eines jeden Bewunderung, seiner Fertigkeit halber, an sich zog; es meldete sich aber auch zugleich, nebst andern untüchtigen Gesellen, eines wolhabenden Handwercks-Mannes Sohn an, der besser mit Thalern, als mit Fingern, präludieren konnte, und demselben fiel

der Dienst zu, wie man leicht erachten kann: unangesehen sich fast jedermann darüber ärgerte (Bach-Dokumente II, 253).

„Eines wohlhabenden Handwercks-Mannes Sohn": Damit ist angedeutet, dass die Besetzung der Organistenstelle zu St. Jacobi nicht frei von Korruption gewesen war. Es kann nun davon ausgegangen werden, dass Johann Sebastian Bach seine Bewerbung vor allem deswegen nicht aufrechterhalten hat, weil die Zahlung eines Geldbetrags als Bedingung für die Berufung sowohl seinen ethischen Prinzipien als auch seinem Ehrgefühl widersprach. Es wurde allerdings auch verschiedentlich die Annahme formuliert, dass Fürst Leopold von der Rufannahme abriet, möglicherweise sogar Einwände gegen diese äußerte.

Aber was war der Grund für diese Bewerbung in Hamburg gewesen? Mehrere Gründe werden in den vorliegenden Bach-Monografien genannt, so zum Beispiel der Wunsch, nach dem Tod seiner geliebten Frau Maria Barbara Köthen zu verlassen, um nicht immer wieder unmittelbar an diesen großen Verlust erinnert zu werden, weiterhin der Wunsch, seinen Kindern in Hamburg eine bessere schulische Ausbildung bieten zu können, schließlich der Wunsch, sich wieder vermehrt der Kirchenmusik zuwenden zu können.

Auch wenn aus einem Wechsel nach Hamburg nichts wurde: Die Situation in Köthen schien sich für Johann Sebastian Bach in einem Maße zu verschlechtern, dass er nun gezielt Ausschau nach einer neuen Stelle hielt. Vor allem die Tatsache, dass Fürst Leopold nicht mehr über jene finanziellen Mittel verfügte, die es ihm erlaubt hätten, weiterhin hohe Geldbeträge für den Unterhalt der Hofkapelle bereitzustellen, verringerten die Attraktivität seiner Stelle als Hofkapellmeister in Köthen deutlich: Im Zeitraum von 1718 bis 1722 verkleinerte sich das Orchester von 17 auf 14 Mitglieder. Die Kürzung der finanziellen Mittel für die Hofkapelle führte Bach vor allem auf die Tatsache zurück, dass Fürst Leopold im Dezember 1721 die 19-jährige Prinzessin von Anhalt-Bernburg, Friederike Henriette, geheiratet hatte. Er unterstellte der Prinzessin fehlendes Interesse an der Musik und dem Fürsten die Tendenz, sich nach der Eheschließung mehr und mehr von der Musik abzuwenden. Davon zeugt der bereits genannte Brief Johann Sebastian Bachs an seinen Schulfreund Georg Erdmann aus dem Jahr 1730, in dem zu lesen ist:

> Es mußte sich aber fügen, daß erwehnter Serenißimus sich mit einer Berenburgischen Princeßin vermählte, da es denn das Ansehen gewinnen wollte, als ob die musicalische Inlincation bey besagtem Fürsten in etwas laulicht werden wollte, zumahln da die neue Fürstin schiene eine amusa zu seyn (Bach-Dokumente I, 23).

Was Johann Sebastian Bach nicht bedacht hatte: Fürst Leopold waren finanziell die Hände gebunden. Nicht geringes Interesse des Fürsten, sondern mangelnde finanzielle Ressourcen waren dafür verantwortlich, dass sich die Bedingungen für die Hofkapelle mehr und mehr verschlechterten. Die Tatsache, dass Fürst Leopold nach dem Wechsel Johann Sebastian Bachs auf die Stelle des Thomaskantors in Leipzig davon absah, einen neuen Hofkapellmeister zu berufen, spricht für diese Annahme. (Hier ist übrigens zu berücksichtigen, dass Leopold ab 1719 in Streitigkeiten mit seiner Verwandtschaft in Nienburg und Warmstorf verwickelt war, was dazu führte, dass er ab 1721 Soldaten in weit entfernte Regionen abkommandieren ließ, wofür er finanzielle Mittel in erheblichem Umfang aufbringen musste.)

Schließen wir die kurze Darstellung der Köthener Jahre ab. Dies soll mit einer Charakterisierung des Werkschaffens Johann Sebastian Bachs geschehen, die Christoph Wolff in seiner Monographie (2009a) vornimmt. Die Köthener Jahre deutet Wolff im Hinblick auf die Identität und Kreativität Johann Sebastians Bachs wie folgt:

> In Bachs schöpferischem Leben lagen der Schreibtisch des Komponisten und der Raum für das praktische Erproben des Niedergeschriebenen niemals weit voneinander entfernt. Aber die Köthener Atmosphäre war seinem zunehmend intellektuellen, von Forscherdrang beflügelten Ansatz besonders förderlich, der auf nichts Geringeres zielte als auf die Entwicklung einer ureigenen Art, „musicalische Wissenschaft" zu treiben. Die Natur des musikalischen Wettbewerbs veränderte sich, als Bach selbstbewusst einen anderen Kurs einschlug als Zeitgenossen wie Telemann oder Händel – ohne jemals das Interesse an der Arbeit seiner Kollegen zu verlieren. Gerade Telemanns Konzerte und Händels Klaviersuiten stellten bedeutende Beiträge zum Instrumental-Repertoire dar, doch im Allgemeinen hielten sie sich an vorgegebene Rahmenbedingungen. Wo immer möglich, entschied sich Bach, ebendiesen Rahmen zu durchbrechen. Für ihn bedeutete Streben nach musikalischer Überlegenheit weit mehr als das Erweitern von Grenzen der Spiel- und Kompositionstechnik. Es bedeutete die Wahl eines systematischen Ansatzes beim Beschreiten neuer Pfade in einem vielschichtigen Labyrinth von 24 Tonarten, zahllosen Gattungen, einer Fülle von Stilrichtungen, einer Unzahl von Techniken, melodischer und rhythmischer Manieren, vokaler und instrumentaler Eigenheiten (Wolff 2009a, S. 256).

Der kreative, provokante Bach –
hohe Ansprüche an sich selbst,
hohe Ansprüche an die anderen

Mit dem Tod des Thomaskantors Johann Kuhnau am 5. Juni 1722 war die Kantorenstelle an St. Thomas, verbunden mit der Musikdirektorenstelle in Leipzig, vakant. Nach einem Probespiel im Juli 1722 wurde aus dem Kreis der Bewerber, zu denen auch der Kapellmeister am Hofe zu Anhalt-Zerbst, Johann Friedrich Fasch, und der Musikdirektor der Stadt Magdeburg, Christian Friedrich Rolle, gehörten, Georg Philipp Telemann ausgewählt. Dieser wurde im August des Jahres vom Rat der Stadt Leipzig berufen. Doch lehnte er diesen Ruf im November ab, da er vom Rat der Stadt Hamburg ein deutlich besseres finanzielles Angebot erhielt.

Damit wurde ein zweites Probespiel notwendig, das im Februar 1723 stattfand. Zu diesem zweiten Probespiel wurden vier Bewerber geladen, unter ihnen Johann Sebastian Bach. Diesmal wurde Johann Christoph Graupner, Kapellmeister in Darmstadt, berufen, der aber den Ruf ablehnen musste, da er vom Landgrafen Ernst Ludwig von Hessen-Darmstadt nicht freigegeben wurde.

Johann Sebastian Bach hatte sich mit den beiden Kantaten *Jesus nahm zu sich die Zwölfe* (BWV 22) und *Du wahrer Gott und Davids Sohn* (BWV 23) beworben und konnte zudem drei Arbeiten vorlegen, die in besonderer Weise die geforderte pädagogische Eignung dokumentierten („Das Wohltemperierte Clavier", „Aufrichtige Anleitung", „Orgel-Büchlein"). Er fand in Bürgermeister Gottfried Lange, Vorstand von St. Thomas, ehemaliger Professor der Jurisprudenz an der Universität Leipzig und Regierungsbeamter in Dresden, eine einflussreiche Person, die seine Bewerbung intensiv unterstützte. Bach wurde im April 1723 mit einem einstimmigen Votum vom Rat der Stadt Leipzig zum Thomaskantor gewählt und auf das Amt berufen. Fürst Leopold gab ihn frei (Abb. 2.7).

Am 22. Mai 1723 zog die Familie Bach – das Ehepaar Bach, deren fünf Kinder, die Schwester der verstorbenen Maria Barbara, Friedelina Bach – in die Kantorenwohnung der Thomasschule. Die Stadt Leipzig zählte zu diesem Zeitpunkt gegen 16.000 Einwohner und war schon damals eine bedeutende Handels- und Messestadt. Noch im selben Jahr wurden Wilhelm Friedemann und Carl Philipp Emanuel Bach in die Thomasschule aufgenommen. Wilhelm Friedemann wurde in jenem Jahr auch bei der Universität Leipzig angemeldet. 1729 wurde er dort immatrikuliert. Den außerschulischen Musikunterricht erhielten die Kinder von Anna Magdalena Bach. Diese unterstützte zudem Johann Sebastian intensiv beim Ausschreiben der Noten.

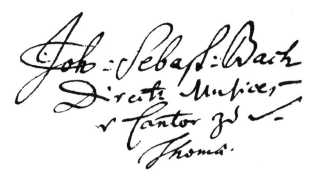

Abb. 2.7 Bachs Unterschrift als Thomaskantor in Leipzig. (© dpa-Picture-Alliance)

Am 1. Juni 1723 erfolgte die offizielle Amtseinführung Bachs. Als Thomas-kantor und Musikdirektor verantwortete er die musikalische Gottesdienstge-staltung in den vier Hauptkirchen Leipzigs, übernahm den Musikunterricht in der Thomasschule und engagierte sich für ausgewählte Musikereignisse an der Universität Leipzig. Mit dem Amt des Thomaskantors war auch ein de-finiertes Lehrdeputat für den Lateinunterricht verbunden, das er allerdings gegen eine relativ hohe Bezahlung (ungefähr 50 Prozent seines regulären Ein-kommens) dem Konrektor der Thomasschule übertrug. Zentrales Element seiner musikalischen Tätigkeit als Thomaskantor bildete die Vorbereitung und Ausrichtung einer Kantatenaufführung an jedem Sonntag sowie auch an allen Feiertagen. Es gehörte zu den Pflichten der Internatsschüler, als Chor-sänger an der musikalischen Gestaltung der Gottesdienste mitzuwirken.

Martin Geck (2000a) beschreibt Johann Sebastian Bachs Erwartungen und Hoffnungen im Hinblick auf das neue Amt wie folgt:

(…) Sein neues Amt, auch wenn es später zur Enttäuschung geworden sein mag, (muss ihn) zunächst enorm gereizt haben. Er wird ja von Repräsentanten der Stadt auf den Schild gehoben, die ihn zwar von leidigen Kantorenpflich-ten und -rücksichten nicht ganz lossprechen können, sein Amt des „director musices" aber tendenziell als das eines modernen Kapellmeisters verstehen. Da kann Bach zwei Momente in eins sehen: seinen unverbrüchlichen Glauben, der ihn in ein Kirchenamt zieht, und seinen ebenso ausgeprägten Willen zu einer Maßstäbe setzenden kompositorischen Tätigkeit (Geck 2000a, S. 95 f).

Die wichtigste Aufgabe nach seinem Dienstantritt erblickte Johann Sebastian Bach darin, Kantaten für die jeweiligen Sonntags- und Feiertagsgottesdiens-te zu komponieren oder bereits existierende Kantaten zu überarbeiten. Es sind drei Kantatenjahrgänge überliefert (beginnend mit dem ersten Sonntag nach Trinitatis 1723). Im Nekrolog ist von fünf Kantatenjahrgängen die Rede

Abb. 2.8 Thomaskirche in Leipzig mit dem Denkmal Johann Sebastian Bachs. Die Kirche ging aus der im Jahre 1212 erbauten Stiftskirche der Augustinerchorherren hervor und erhielt erst beim Umbau von 1482 bis 1496 ihre heutige Gestalt. Die Thomaskirche ist eine der ältesten Hallenkirchen des Freistaates Sachsen. 2012 feierten Thomaskirche, Thomanerchor und Thomasschule ihr achthundertjähriges Jubiläum. (© dpa-Picture-Alliance)

(„fünf Jahrgänge von Kirchenstücken, auf alle Sonn- und Festtage"), sodass davon ausgegangen werden muss, dass zwei Jahrgänge verschollen sind. Bach konnte bei der Aufführung der Kantaten sowohl auf den Ersten Chor der Thomasschule als auch auf ein aus städtischen Musikern gebildetes, durch Schüler der Thomasschule und durch Studenten ad hoc verstärktes Instrumentalensemble zurückgreifen. Die Kantaten wurden im Hauptgottesdienst aufgeführt, der um sieben Uhr begann und sich über drei bis vier Stunden erstrecken konnte. Sie bildeten in aller Regel die geistlich-musikalische Rahmung des Predigttextes sowie auch der Predigt selbst. Aufführungsorte der Kantaten waren die Thomaskirche und die Nikolaikirche, war doch die Thomasschule für die musikalische Gestaltung der Sonn- und Feiertagsgottesdienste an beiden Kirchen zuständig. In der Regel wechselten die beiden

Abb. 2.9 Thomaskirchhof mit Kirche und Schule. (© dpa-Picture-Alliance)

Kirchen im Hinblick auf die Kantatenaufführungen ab. An hohen Feiertagen allerdings wurde die Kantate im Vormittagsgottesdienst der einen Kirche
und im Nachmittagsgottesdienst der anderen Kirche noch einmal aufgeführt
(Abb. 2.8 und 2.9).

Bereits am 2. Juli 1723, zu Mariä Heimsuchung, brachte Johann Sebastian Bach die erste Fassung des *Magnificat*, den Lobgesang der Maria in der
Vulgata-Textversion des Lukasevangeliums zur Aufführung. In diese erste, elf
Sätze umfassende Komposition fügte er zum Weihnachtsfest desselben Jahres
vier weihnachtliche Sätze ein und führte am 25. Dezember das *Magnificat*
in dieser zweiten Fassung auf (BWV 243a). In einer etwa sieben Jahre späteren Bearbeitung verzichtete Bach auf diese vier Sätze, transponierte das Werk
von Es- nach D-Dur und änderte die instrumentale Besetzung (BWV 243).
Es handelt sich bei der heutigen, also zweiten Fassung des *Magnificat* um
einen fünfstimmigen Vokalchor, der von einem Orchester, bestehend aus
drei Trompeten, Pauken, zwei Querflöten, zwei Oboen, Streichern und Basso
Continuo, begleitet wird.

Der Lobgesang der Maria zog übrigens nicht nur das Interesse Johann Sebastian Bachs auf sich, sondern auch das seiner Kinder: Carl Philipp Emanuel

Bach (1714–1788) komponierte 1749 ebenfalls ein *Magnificat* in D-Dur, das auch auf die intensive Beschäftigung mit dem *Magnificat* (BWV 243) seines Vaters deutet. Es handelt sich bei diesem *Magnificat* um das erste große Berliner Vokalwerk Carl Philipp Emanuel Bachs – ein technisch und ästhetisch anspruchsvolles, groß dimensioniertes Werk mit neun Sätzen, das mit einer Doppelfuge abgeschlossen wird.

Zudem hat ein weiterer Sohn Johann Sebastian Bachs, Johann Christian (1735–1782), der schon mit 27 Jahren als Domorganist zu Mailand berufen wurde, 1758 ein *Magnificat* in C-Dur komponiert. Diese Identifikation mit dem Lobgesang der Maria in beiden Bach'schen Musikergenerationen lässt darauf schließen, dass die Marienverehrung ein zentrales Element im kirchenmusikalischen Kompositionsverständnis der Familie Bach bildete. Auch wenn der christlich-theologische und der individuell religiöse Kontext in beiden Musikergenerationen entscheidende Bedeutung für die Komposition des *Magnificat* besaßen, so könnte doch auch ein psychologisches Motiv seine Wirkung entfaltet haben: Im Fall von Johann Sebastian und Carl Philipp Emanuel Bach könnte der Verlust beider Elternteile (Johann Sebastian Bach) beziehungsweise der Mutter (Carl Philipp Emanuel Bach) durchaus das Motiv, Trost und geistige Heimat im Gebet zur Heiligen Mutter Maria sowie in deren Verehrung zu finden, noch einmal verstärkt haben. Johann Christian könnte durch die Erlebnisse seines Vaters und seines Bruders beeinflusst worden sein – denn dass diese frühen Verlusterlebnisse ein wichtiges Gesprächsthema in der Familie Bach bildeten, kann angenommen werden.

Das *Magnificat* von Johann Sebastian Bach (BWV 243) umfasst zehn musikalisch zusammenhängende Komplexe (beziehungsweise elf Sätze), die mit der Doxologie (also dem feierlichen, in die Form eines Gebets gekleideten Rühmen der Herrlichkeit Gottes) abgeschlossen werden.

„Magnificat anima mea dominum" (übersetzt: Meine Seele preist den Herrn): Diese Worte leiten den Lobgesang Marias ein, mit dem sie nach Ankündigung der Geburt Jesu Christi durch den Erzengel Gabriel auf den Willkommensgruß Elisabeths antwortet. In diesem Lobgesang preist Maria Gott, da sich dieser jener Menschen erbarmt, die ohne Einfluss in der Welt sind und ihn fürchten, und zugleich jene vom Thron stürzt und zerstreut, die hochmütig sind. Maria antizipiert, dass alle Generationen – ihre eigene sowie auch die kommenden – sie selig preisen werden.

Das von Johann Sebastian Bach komponierte Werk umfasst einzelne Sätze, die nur knapp ausgearbeitet sind und fast wie musikalische Miniaturen wirken. Dadurch wird mit Blick auf das Gesamtwerk der Eindruck hoher Dynamik erzeugt. Dieser Eindruck wird noch einmal durch jene Sätze verstärkt, in denen eine bemerkenswerte musikalische Kraft zum Ausdruck kommt, die den jeweils zugrundeliegenden Text in besonderer Weise unterstreicht.

Hier denke man zunächst an den fugisch gestalteten Chorsatz *Fecit potenti-am in brachio suo, dispersit superbos mente cordis sui* („Er vollbringt mit seinem Arm machtvolle Taten, er zerstreut, die im Herzen voll Hochmut sind"): In ihm verkörpert der erste Teil des Themas – ein sechs Töne umfassendes, rhythmisch pointiertes Motiv – sowie auch der zweite Teil des Themas, ein aus Figuren von Sechzehntelnoten gebildetes, koloraturförmiges Motiv, die Aussage, dass Gott mit seinem Arm machtvolle Taten vollbringt. Diese musikalische Ausgestaltung wird in der Durchführung noch einmal unterstrichen, da hier auch die Trompeten mit einem Themeneinsatz beteiligt sind: Gottes Macht, die hier jene trifft, die hochmütig sind, muss gewaltig sein. Der Satz wird nach einem regelrechten „Absturz" auf dem Wort *dispersit* (zerstreut), der sich durch vier der fünf Stimmen zieht (Takt 27 f), mit einem aus drei Noten gebildeten Ruf – *superbos* (die Hochmütigen) – unterbrochen (Takt 28) und dann mit einem Adagio auf den Worten *mente cordis sui* (im Herzen) zu Ende geführt (Takt 29 ff). Hierbei wird die Wiederholung dieser Worte – *mente cordis sui* – von drei Trompeten und Pauken begleitet (Takt 32–35). Dadurch unterstreicht der Satz einmal mehr die Macht und Herrlichkeit Gottes, welche die Hochmütigen vom Thron stürzt.

Die hohe Dynamik des *Magnificat* spiegelt sich auch in dem fugisch angelegten Chorsatz *Omnes generationes* (alle Geschlechter) wider, in dem das in raschem Tempo vorgetragene, sich mehrfach durch die verschiedenen Stimmen ziehende Thema – das sich in seinem ersten Teil als eine Repetition (*omnes, omnes*) darstellt – beim Hörer den Eindruck erzeugt, dass der Lobpreis der Maria sowohl in den heutigen als auch in den künftigen Generationen erklingt. Ab Takt 10 folgen die Themeneinsätze (*omnes, omnes generationes*) in Sekundabständen aufeinander, sodass die Einsatztöne im Sinne einer Tonleiter gedeutet werden können. Damit wird die Generationenfolge veranschaulicht, von der im *Magnificat* ausdrücklich die Rede ist: Maria antizipiert, wie bereits dargelegt wurde, nicht nur den Lobpreis ihrer eigenen, sondern auch jenen der kommenden Generationen.

Schließlich denke man an den Einleitungsansatz *Magnificat anima mea Dominum* (meine Seele preist die Größe des Herrn), in dem Tonart (D-Dur), rasches Tempo, die Einbeziehung von drei Trompeten und Pauken sowie die freudig bewegten Ausrufe des Chores – *Magnificat* – die für das Gesamtwerk charakteristische musikalische Kraft ausdrücken. Dabei wird das Motiv des Eingangssatzes im zweiten Teil des Schlusssatzes (Doxologie) wieder aufgegriffen (ab Takt 20: *Gloria Patri et Filio et Spiritui sancto sicut erat in principio et nunc et semper in saecula saeculorum*). Dieser wird seinerseits mit einer langsamen, breit angelegten Einleitung eröffnet, in welcher drei triolisch angelegte Chorabschnitte (*Gloria*) mit drei blockhaft gestalteten Chorabschnitten *(Patri; Filio; Spiritui sancto)* abwechseln.

Diesen kraftvollen Sätzen stehen solche gegenüber, die von hoher Sensibilität und Innerlichkeit bestimmt sind und in denen sich eine besondere Gottesfurcht ausdrückt. Gemeint sind hier vor allem der Satz *Et misericordia eius a progenie in progenies timentibus eum* (Er erbarmt sich von Geschlecht zu Geschlecht über alle, die ihn fürchten), der von zwei Solostimmen (Alt, Tenor) gesungen wird, sowie der Satz *Suscepit Israel puerum suum, recordatus misericordiae suae* (Er nimmt sich seines Knechtes Israel an und denkt an sein Erbarmen), ein Chorsatz mit zwei Sopranstimmen und einer Altstimme, der zusammen mit dem von einer Oboe gespielten „Tonus peregrinus" erklingt. Der „Tonus peregrinus" bildet jene Melodie (Psalmton), die seit der Reformation dem „Deutschen Magnificat" unterlegt wird. Eine ausführliche, lesenswerte Einführung zu dem Thema gibt die Schrift *Tonus Peregrinus – Geschichte eines Psalmtons* von Rhabanus Erbacher (1971).

Das *Magnificat* war eine der ersten Kompositionen, die der neue Thomaskantor in Leipzig einer großen Gemeinde zu Gehör brachte. In dieser Musik spiegelt sich ein besonderer Anspruch des Komponisten wider: Zunächst ein hoher Anspruch an die Virtuosität wie auch an die interpretatorische Kompetenz sowohl der Sängerinnen und Sänger als auch der Instrumentalisten, sodann ein hoher Anspruch an sich selbst – nämlich in der Funktion eines theoretisch und praktisch arbeitenden Musikers, der die Musik in ganz neue Sphären führen, der die Unverwechselbarkeit seiner eigenen Musik von Beginn an dokumentieren wollte.

Wie müssen die Gottesdienstbesucher gestaunt haben, als in St. Thomas oder St. Nikolai die ersten Takte des Magnificat erklangen! Eine derart kräftige Musik haben sie vorher noch nicht gehört, in ihr lag etwas Unvergleichliches. Wie müssen sie gestaunt haben, als sie das *Omnes generationes* hörten, welches das ganze Kirchenrund auszufüllen vermag. Aber nicht nur die Hörer, auch die Sänger werden gestaunt haben ob der Anforderungen, die der neue Thomaskantor an sie richtete. Ähnliches gilt für die Instrumentalisten.

Der sich in dieser Musik widerspiegelnde, unbedingte Anspruch des Thomas-Kantors an die Musik und die Musikinterpreten sollte Programm für die gesamte Leipziger Zeit Johann Sebastian Bachs werden. Das *Magnificat* kann jedenfalls von seiner zeitlichen Einordnung (kurz nach Dienstantritt des Thomas-Kantors), von seinen hohen technischen und interpretatorischen Anforderungen sowie von seiner eindrucksvollen Text-Musik-Passung als Ausdruck dieses Unbedingten verstanden werden. Ob die Leipziger Bürger und vor allem der Rat der Stadt mit diesem unbedingten Anspruch immer umgehen konnten? Es gibt genügend Belege, dass viele Menschen von der Musik Johann Sebastian Bachs berührt und bewegt waren. Aber es gibt auch viele andere, die darauf hindeuten, dass sich nicht wenige Gottesdienstbesucher überfordert fühlten – vielleicht noch nicht nach dem *Magnificat*, aber

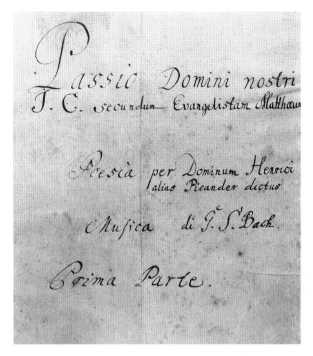

Abb. 2.10 Matthäuspassion Teil I (BWV 244), Titelblatt. Autograph. (© dpa-Picture-Alliance)

beispielsweise schon nach der *Johannespassion* (1724 aufgeführt) und vor allem nach der *Matthäuspassion* (1727 aufgeführt) (Abb. 2.10).

Die Aussage einzelner Ratsmitglieder, wonach der Kantor „incorrigibel" sei, bezog sich nicht nur auf dessen wiederholt vorgetragene Forderung nach der Schaffung von Bedingungen, die ihm erlauben würden, einen qualitativ überzeugenden Chor zu formen. Sie bezog sich auch nicht nur auf dessen Anspruch, viele Chorproben dem Präfekten zu übertragen. Sie bezog sich schließlich nicht nur auf dessen Weigerung, Lateinunterricht zu geben, nein, sie hatte auch die Musik Johann Sebastian Bachs als Solche zum Inhalt, die alles in den Schatten stellte, was vorher in den Leipziger Kirchen erklungen war. Eben aus diesem Grunde wurde sie nicht nur als hoch kreativ und innovativ, sondern auch als provokativ empfunden.

Wenden wir uns also nachfolgend den beiden genannten Werken, der *Johannes-Passion* sowie der *Matthäus-Passion* zu – geben uns diese doch noch einmal Einblick in die Größe und Souveränität von Johann Sebastian Bachs kompositorischem Schaffen, spricht aus diesen doch dessen Fähigkeit, Affekt und Leidenschaft mit innerer Sammlung, Kontemplation und Reflexion zu verbinden, woraus ein überaus differenziertes Verständnis der mensch-

Abb. 2.11 Matthäuspassion Teil II (BWV 244). Choral „Wenn ich einmal soll scheiden"
und Evangelisten-Rezitativ. Autograph. (© dpa-Picture-Alliance)

lichen Persönlichkeit spricht. Sie zeigen uns auch, wie meisterhaft Bach in
der Beschäftigung mit der Passionsgeschichte drei Ebenen systematisch zu
integrieren vermochte: (I) die Erzählebene: Hier sind der Evangelist, der die
Passionsgeschichte erzählt, die einzelnen Akteure und das Volk – auch Turba
(aus dem Lateinischen: Menschenmenge) genannt – angesprochen; (II) die
Reflexionsebene: Hier ist die von der Passionsgeschichte mittelbar betroffene,
verschiedene Stationen der Passionsgeschichte nachvollziehende und reflek-
tierende Seele angesprochen, die in den Solopartien Ausdruck findet; (III)
die Glaubensebene: Hier ist die christliche Gemeinde angesprochen, die das
Passionsgeschehen zum Anlass nimmt, in sich zu gehen, sich neu zu besinnen,
um Vergebung und Beistand zu bitten und zu beten (Abb. 2.11).

Die „Johannes-Passion" –
Psychologie und Theologie in der Musik

Beginnen wir mit drei Aussagen zur *Johannes-Passion* (BWV 245), in denen die musikalische und theologische Würdigung dieses Werkes auch in einen psychologischen Kontext gestellt wird.

Der Musikwissenschaftler Alfred Dürr charakterisiert in seiner Monografie *Johann Sebastian Bach: Die Johannes-Passion* (2011) den Einleitungssatz dieser Passion – *Herr, unser Herrscher* – wie folgt:

> Der Satz ist mit bewunderungswürdiger Souveränität komponiert, seine Anlage offenbar sorgfältig durchdacht; und seine Dacapoform bildet nur das äußere Gewand für eine ungeheure Beziehungsfülle im Detail. Wenn je Bachsche Musik uns die philosophische Tugend des Staunens lehren kann, dann in Sätzen wie diesem (S. 90).

Der Theologe und Musiker Meinrad Walter nimmt in seiner gleichnamigen Monografie (2011) folgende Bewertung des kompositorischen Schaffens Johann Sebastian Bachs in der *Johannes-Passion* vor:

> Entscheidend ist wohl auch für Bach die Möglichkeit zur eigenen Begegnung mit der Passion, für die keine Normen aufzustellen sind. Deshalb spricht seine Musik so viele Hörer ganz verschiedener spiritueller Herkunft – konfessionell, ästhetisch, nachchristlich – an. Sie gibt zu hören, zu denken und zu glauben (S. 76).

> Selbst die heutige exegetische Einsicht, dass sich das Johannesevangelium nicht in erster Linie missionarisch an seine Leser wendet, sondern deren Glauben bereits voraussetzt, um ihn zu vertiefen, finden wir bei Bach bestätigt. Denn es erklingt nicht wie in der Matthäuspassion die Aufforderung zum „Kommen" im musikalisch-verkündigenden Spiel von Frage und Antwort. Vielmehr sind die Hörer von Anfang an hineingenommen in das Lob des Herrschers, dessen Ziel es ist, sich die Passion von Christus selbst „zeigen" zu lassen (S. 64f).

Mit anderen Worten: Johann Sebastian Bach weist zum einen jene kognitive Kompetenz auf, die ihn in die Lage versetzt, hochkomplexe geistige Inhalte vollständig zu durchdringen und deren zugrundeliegende Ideen musikalisch so auszudrücken, dass diese vielen Menschen überhaupt erst erfahrbar werden. Er besitzt zum anderen besondere emotionale Qualitäten (man könnte auch von emotionaler Kompetenz sprechen), die ihn dazu befähigen, diese geistigen Inhalte in ihrer Bedeutung für das individuelle, das konkrete Leben sichtbar zu machen und die Sensibilität des Individuums für die Ideen, die hinter diesen Inhalten stehen, zu fördern. Schließlich hat sich in ihm eine tiefe Religiosität entwickelt, hat sich in ihm ein differenziertes Wissenssystem über theologische Inhalte ausgebildet, sodass er in der Lage ist, auch den Kern des christlichen Glaubens zu durchdringen – sowohl kognitiv („verstehend") als auch emotional („fühlend").

Gerade im Hinblick auf den musikalischen Ausdruck der Passionsgeschichte ist diese geistige, emotionale und religiöse Kompetenz unerlässlich, führt die Passionsgeschichte den Menschen doch in die Mitte des christlichen Glaubens und spricht Themen an, die diesen unmittelbar, grundlegend berühren und bewegen. Hier seien beispielhaft die großen Passionsthemen genannt: Liebe, Opfer, Zuneigung, Vertrauen, aber eben auch deren Kehrseite, nämlich missbrauchtes Vertrauen und Verleumdung. Des Weiteren geht es um Glaube, Hoffnung und menschliche Größe in Grenzsituationen, aber eben auch um deren Kehrseite, nämlich Pein, Not und Verzweiflung. Schließlich ist das Thema die Hoffnung auf Überwindung des Todes, aber eben auch die Konfrontation mit seiner Unausweichlichkeit.

Es sind dies Themen, die zwar allgemein menschlicher, man kann auch sagen: „kollektiver" Natur sind, die aber individuell erlebt, gestaltet, ausgehalten, verarbeitet werden müssen. Eben diese Verbindung des Kollektiven mit dem Individuellen wie auch die unmittelbare Ansprache des einzelnen Menschen sind Aspekte des musikalischen Ausdrucks der Passionsgeschichte, die hohe kognitive, emotionale und religiöse Kompetenz des Komponisten erfordern. Es kann vor diesem Hintergrund nicht überraschen, dass Johann Sebastian Bach einmal als der „Fünfte Evangelist" charakterisiert wurde, denn die musikalische Vermittlung der Passionsgeschichte ist ja nicht einfach musikalische „Umrahmung" und „Unterlegung", nein, sie ist vor allem Freilegung ihres existenziellen Gehalts und Sensibilisierung des Menschen für diesen Gehalt, sie ist aber auch Hilfe, das Passionsgeschehen in seiner ganzen Tiefe auf sich wirken zu lassen und dieses zu reflektieren. Aus diesem Grund wurden in die Passionsmusik Arien und Choräle eingefügt, die für das Innewerden und die Reflexion der Leidensgeschichte stehen – während die Arien geistige, religiöse und emotionale Prozesse im Individuum, genauer gesagt, in der individuellen Seele verkörpern, stehen die Choräle für das Nachvollziehen, Nachdenken und Bitten der Gemeinde.

Versetzen wir uns in die Jahre 1723/24, also in jene Jahre, in denen Johann Sebastian Bach die *Johannes-Passion* komponiert und in ihrer ersten Fassung zur Aufführung gebracht hat. Die Aufführung eines Oratoriums bedeutete zur damaligen Zeit nichts Außergewöhnliches, hatte sich diese Praxis doch schon in einigen deutschen Städten etabliert. Der Rat der Stadt Leipzig stand dieser Praxis jedoch reserviert bis ablehnend gegenüber, wofür auch die glaubensstrenge, orthodoxe Haltung verantwortlich war, die damals im Rat dominierte. Gottes Wort in eine festliche Musik kleiden? Unvorstellbar. Doch erfreuten sich die Oratorien einer solchen Beliebtheit unter den Gläubigen, dass sich schließlich auch der Rat der Stadt Leipzig nicht mehr einer Oratoriumsaufführung verschließen konnte. Aus diesem Grunde wurde der Darbietung von Kompositionen, die die Passionsgeschichte zum Inhalt hatten, in der vorösterlichen Zeit zugestimmt. Die Passionsmusik war hierbei jedoch in einen Gottesdienst oder Vespergottesdienst eingebettet, wobei der erste Teil dieser Musik (parta prima) vor, der zweite Teil (parta secunda) nach der Predigt erklang.

Auch wenn im Erleben mancher Gläubigen der Gottesdienst mehr und mehr hinter die Musik zurücktreten mochte, so blieb doch durch die Bestimmung des Aufführungsortes – Kirche – wie auch durch die Bestimmung des Aufführungskontextes – Gottesdienst – der äußere Eindruck von geistlicher Musik, lediglich fungierend als ein weiteres, ergänzendes Element des Gottesdienstes, erhalten.

Die *Johannes-Passion* gelangte am 14. April 1724, an einem Karfreitag, zur Aufführung. Zu diesem Zeitpunkt war Bach seit etwas mehr als zehn Monaten in Leipzig tätig und dabei – vertragsgemäß – vor allem mit der Komposition und Aufführung von Kantaten beschäftigt. Es ist davon auszugehen, dass er überhaupt erst in den Fastenwochen (im „tempus clausum", also der kantatenfreien Zeit) die Möglichkeit fand, sich systematisch und kontinuierlich der Komposition der *Johannes-Passion* zuzuwenden, auch wenn er mit deren Konzeption schon deutlich früher begonnen hatte. Das heißt, erst nach dem 20. Februar 1724 begann die Hauptarbeit an diesem Werk – bis zum 14. April war es nur ein sehr kurzer Zeitraum.

Es sei erwähnt, dass von 1724 bis 1749 vier Fassungen der *Johannes-Passion* entstanden sind, wobei die vierte Fassung der ersten vermutlich sehr nahe kam: In dieser vierten Fassung finden sich vor allem wieder die Einschübe aus dem Matthäus-Evangelium (die in der dritten Fassung herausgenommen worden waren).

Alfred Dürr (2011) stellt in diesem Kontext die Frage, ob Johann Sebastian Bach vielleicht schon vor 1724 eine andere Passion komponiert hatte. Da allgemein angenommen wird, dass Bach insgesamt fünf Passionen geschrieben hat, von denen zwei Passionen vollständig erhalten sind und eine Passion als verschollen nachweisbar ist, liegt die Frage nahe, wann die beiden anderen Passionen entstanden sein könnten: Vor 1724? Alfred Dürr (2011) legt dar, dass Bach schon in seiner frühen Weimarer Zeit Stimmen zu einer *Markus-Passion* von Reinhard Keiser abgeschrieben hat beziehungsweise abschreiben ließ. „Warum", so fragt Alfred Dürr (2011), „soll er nicht eine eigene Passion komponiert haben?" Als Datum, so schreibt er weiter, könnte sich die spätere Weimarer Zeit (1714–17) oder die Köthener Zeit (1717–23) anbieten.

Die *Johannes-Passion* (Passio Domini nostri Jesu Christi secundum Joannem) gründet auf dem Passionsbericht des Johannesevangeliums in der Lutherübersetzung (Joh 18, Joh 19); die Arientexte sind in enger Anlehnung an die von Barthold Hinrich Brockes (1680–1747) im Jahr 1712 veröffentlichte Passion *Der für die Sünde der Welt gemarterte und sterbende Jesus* verfasst. In der *Johannes-Passion* tritt uns Jesus Christus als „unser Herrscher" (wie es im Eingangssatz, Psalm 8.2 zitierend, heißt) entgegen, dessen Handeln auch im Leiden von Souveränität und Größe zeugt. Ein eindrucksvolles Beispiel für diese Haltung – selbst in der am meisten demütigenden Situation – geben die Antworten Jesu bei der Befragung durch Pontius Pilatus:

> *Pilatus* Bist du der Jüden König?
>
> *Jesus* Redest du das von dir selbst, oder haben's dir andere von mir gesagt?
>
> *Pilatus* Bin ich ein Jüde? Dein Volk und die Hohenpriester haben dich mir überantwortet; was hast du getan?
>
> *Jesus* Mein Reich ist nicht von dieser Welt; wäre mein Reich von dieser Welt, meine Diener würden darob kämpfen, dass ich den Jüden nicht überantwortet würde; aber nun ist mein Reich nicht von dannen.
>
> *Pilatus* So bist du dennoch ein König?
>
> *Jesus* Du sagst's, ich bin ein König. Ich bin dazu geboren und in die Welt kommen, dass ich die Wahrheit zeugen soll. Wer aus der Wahrheit ist, der höret meine Stimme.
>
> *Pilatus* Was ist Wahrheit?

Die göttliche Natur Jesu Christi bildet den Kern des Johannesevangeliums und damit auch der Passionsgeschichte, die weniger die irdischen Qualen Jesu Christi hervorhebt und stattdessen mehr dessen Heimkehr zum Vater. Aus diesem Grund nimmt das Kreuzigungsgeschehen im Johannesevangelium eine deutlich geringere Stellung ein als im Matthäusevangelium. Deswegen lauten im Johannesevangelium die letzten Worte Jesu: „Es ist vollbracht" und nicht – wie im Matthäusevangelium –: „Mein Gott, mein Gott, warum hast Du mich verlassen?" Und auch der Todesschrei Jesu Christi, der im Matthäusevangelium deutlich hervortritt („Aber Jesus schrie laut und verschied"), findet sich im Johannesevangelium nicht, stattdessen heißt es dort: „Und neigte das Haupt und verschied".

In der *Johannes-Passion* Johann Sebastian Bachs finden sich Berichtteile aus dem Matthäusevangelium, so das Bereuen des Petrus nach der dreimaligen Verleugnung („Da gedachte Petrus an die Worte Jesu, und ging hinaus und weinete bitterlich", aus Mt 26,75), so die Naturgewalten nach dem Tod Jesu („Und siehe da, der Vorhang im Tempel zerriss in zwei Stück von oben an bis unten aus. Und die Erde erbebete, und die Felsen zerrissen, und die Gräber täten sich auf, und stunden auf viel Leiber der Heiligen", aus Mt 27,51–52); dabei werden die jeweiligen Abschnitte aus dem Matthäusevangelium allerdings nur in stark verkürzter Form eingeführt. Was könnte der Grund für die Einfügung zweier Teile von Berichten aus dem Matthäusevangelium in die *Johannes-Passion* gewesen sein? Warum hat sich Bach für diese entschieden?

Es ist anzunehmen, dass er mit der erstgenannten Einfügung die menschliche Tragödie, die die Verleugnung Jesu Christi darstellt, zugleich aber auch die menschliche Fähigkeit, Schuld zu erkennen, einzugestehen und zu bereuen, ausdrücken wollte. Damit erkennen wir wieder ein bedeutsames psychologisches Moment, das Johann Sebastian Bach hier verwirklicht, wieder die unmittelbare Ansprache des Hörers in seinen psychologischen Qualitäten! Damit ist keine „psychologische Relativierung" des religiösen Kontextes gemeint, in dem – im Verständnis Johann Sebastian Bachs – die musikalische Ausgestaltung der *Johannes-Passion* primär zu stehen hat. Vielmehr zeigt dies, dass die psychologische und die religiöse Ebene, dass die psychologische und die religiöse Ansprache des Menschen einander ergänzen können – dieses Ergänzungsverhältnis ist Johann Sebastian Bach keinesfalls fremd gewesen, und das hat er sicherlich auch mit dieser ersten Einfügung im Auge gehabt.

Mit Blick auf die zweite Einfügung ist anzunehmen, dass Johann Sebastian Bach nicht auf die Darstellung der Zäsur, ja, der radikalen Veränderung der Welt verzichten wollte, die der Tod Jesu Christi bedeutete. Die im Matthäusevangelium beschriebenen Naturgewalten wollen den Hörer mit dem besonderen Gewicht dieses Ereignisses konfrontieren. Johann Sebastian Bach unterstreicht dieses Ereignis durch die Art und Weise, wie er die unmittelbar nach dem Tod Jesu Christi auftretenden Naturereignisse musikalisch umschreibt.

Nun also stehen wir schon mitten in der *Johannes-Passion* (BWV 245), in diesem großen geistlichen Werk. Und wir bleiben zunächst bei diesen beiden Einfügungen, weil deren Umrahmung durch Arien und Choräle abermals eine bedeutende psychologische – und nicht nur religiöse – Dimension in diesem Werk offenlegen.

Beginnen wir mit der ersten Einfügung, nämlich der Reue des Petrus nach der dreimaligen Verleugnung Jesu („Da gedachte Petrus an die Worte Jesu und ging hinaus und weinete bitterlich"): Das entsprechende Rezitativ erstreckt sich über sechs Takte (Takt 33 bis 38), wobei Johann Sebastian Bach für diesen Abschnitt die Tempobezeichnung „Adagio" gewählt hat. Es handelt sich um eine Passage mit zahlreichen chromatischen Schritten, die durch den getragenen, jede Note akzentuierenden Vortrag das Seufzen zum Ausdruck bringt, wobei das Motiv des Seufzens noch einmal verstärkt wird durch verminderte Quint- und Septimsprünge im Rezitativ.

Diesem aus dem Matthäusevangelium übernommenen Bericht-Teil folgt unmittelbar die in fis-Moll komponierte Tenor-Arie *Ach, mein Sinn*, die durch ihr rasches Tempo, ihre komplexen harmonischen Übergänge und wiederholt auftretende Quint-, Sext-, Septim- und Oktavsprünge die Erregung und Erschütterung der Seele ausdrückt. An dieser Stelle sei noch einmal erwähnt, dass mit den Arien gerade die unterschiedlichen Affekte und Emotionen, wie auch die unterschiedlichen Stimmungen und Haltungen der Seele ausgedrückt werden sollen, die bei der Betrachtung der einzelnen Stationen der Passion auftreten.

Wie lautet der Text dieser Arie?

Ach, mein Sinn,
Wo willst du endlich hin,
Wo soll ich mich erquicken?
Bleib ich hier,
Oder wünsch ich mir
Berg und Hügel auf den Rücken?
Bei der Welt ist gar kein Rat,
Und im Herzen
Stehn die Schmerzen
Meiner Missetat,
Weil der Knecht den Herrn verleugnet hat.

Diese Arie ist auch eine psychologische Meisterleistung: Der Hörer sieht sich in Situationen versetzt, in denen er selbst erschüttert, verzweifelt war, in denen er nicht mehr wusste, „wohin" er gehen, wo er „Erquickung" finden sollte – Situationen, in denen er schuldig wurde, in denen er anderen Menschen Leid zugefügt hat. Bei der Deutung der Arie darf nicht das dominierende religiöse Motiv Johann Sebastian Bachs aus den Augen verloren werden: Hier, in dieser Arie ist die Erschütterung Antwort auf den Verrat Jesu Christi. Aber die psychologischen Effekte weisen noch einmal über das religiöse Moment hinaus: Denn die hier behandelte Thematik ist keinem Menschen fremd. Beim Hören dieser Arie wird ihm das eigene Schuldig-Geworden-Sein bewusst. Damit ist auch die Grundlage dafür geschaffen, sich in die Situation jenes Menschen hineinzuversetzen, der seine Schuld erkennt und diese bereut: welch tiefer psychologischer Prozess, der hier angestoßen wird!

Dieser Arie folgt unmittelbar der Choral *Petrus, der nicht denkt zurück*. Mit diesem Choral ist die Perspektive der christlichen Gemeinde angesprochen, in diesem drückt sich zunächst das Nachdenken über das gerade Geschehene aus („seinen Gott verneinet"), das schließlich in eine an Jesus Christus gerichtete Bitte mündet („Jesu, blicke mich auch an"):

Petrus, der nicht denkt zurück, seinen Gott verneinet,
der doch auf ein' ernsten Blick bitterlichen weinet.
Jesu, blicke mich auch an, wenn ich nicht will büßen,
wenn ich Böses hab getan, rühre mein Gewissen!

Die in der Arie angestoßene Reflexion sowohl über das eigene Schuldig-Geworden-Sein als auch über die Vergebung, die einem zuteil geworden ist, wird in diesem Choral noch einmal weitergeführt und auf die Ebene der Gemeinde übertragen – ein für die *Johannes-Passion* wichtiges Prinzip, wie schon mehrfach deutlich wurde: Die in der Seele des Einzelnen angestoßenen Prozesse der Selbstreflexion werden auf der Ebene der Gemeinde weitergeführt, wobei auf dieser Ebene auch Lösungen für die Bewältigung von Konflikten angesprochen werden, denen sich die einzelne Seele ausgesetzt sieht. Auf die hier genannte Arie, auf den hier genannten Choral bezogen meint dies: „Ach, mein Sinn, wo willt du endlich hin, wo soll ich mich erquicken?", so fragt die verzweifelte Seele, und die Gemeinde kommentiert zunächst diesen inneren Konflikt („Petrus, der nicht denkt zurück, seinen Gott verneinet, der doch auf ein' ernsten Blick bitterlichen weinet."), bevor sie auf eine mögliche Lösung hinweist („Jesu, blicke mich auch an, wenn ich nicht will büßen, wenn ich Böses hab getan, rühre mein Gewissen!"). Dies zeigt uns noch einmal, dass der Choral gegenüber der Arie, oder sinnbildlich gesprochen: dass die Gemeinde gegenüber dem Individuum eine spezifische Funktion einnimmt. In dem hier beschriebenen Fall ist diese Funktion in dem Aufzeigen eines Auswegs aus einem inneren Konflikt zu sehen, wobei dieser Ausweg in der an Jesus Christus gerichteten Bitte gefunden wird, „das Gewissen zu rühren", das heißt, für die begangene Schuld und deren Folgen zu sensibilisieren.

Nach Betrachtung jenes Kontextes, in dem der erste aus dem Matthäusevangelium übernommene Bericht-Teil steht, gilt unsere Aufmerksamkeit nun dem zweiten, den Bach in die *Johannes-Passion* eingefügt hat. Dort heißt es:

Und siehe da, der Vorhang im Tempel zerriss in zwei Stück von oben an bis unten aus. Und die Erde erbebete, und die Felsen zerrissen, und die Gräber täten sich auf, und stunden auf viel Leiber der Heiligen.

Was folgt auf diese Einfügung? Ein neun Takte umfassendes Arioso, in dem die Tenorstimme Text-Teile aus diesem Rezitativ aufgreift („der Vorhang reißt, die Erde bebt, die Gräber spalten") und mit textlichen Bestandteilen mischt, in denen die trauernde, leidende Seele im Zentrum steht („mein Herz, in dem die ganze Welt bei Jesu Leiden gleichfalls leidet"), wobei diese Trauer schließlich auf den gesamten Kosmos projiziert wird („die Sonne sich in Trauer kleidet"). Dabei durchschreitet dieser Satz in wenigen Takten mehrere Tonarten, wodurch der Eindruck noch einmal verstärkt wird, dass durch den Tod Jesu Christi die Ordnung der Welt tiefgreifend gestört ist.

Auch in Bezug auf dieses Arioso (wie auch auf die folgende Sopran-Arie: *Zerfließe, mein Herze, in Fluten der Zähren*) lässt sich konstatieren: Hier wird die Trauer in einer Weise ausgedrückt, dass sich jeder Hörer angesprochen fühlt: geht es doch um den Verlust eines über alles geliebten Menschen. Dieser Verlust erschüttert das eigene Fundament, alles verdunkelt sich, selbst „die Sonne kleidet sich in Trauer". Wer eine derartige Komposition schafft, wem es gelingt, die mit einem schweren Verlust verbundenen Affekte und Emotionen musikalisch in dieser Weise auszudrücken, hat nicht nur viel von der menschlichen Psyche verstanden, sondern gibt damit auch zu erkennen, dass er aus eigener – tiefgreifend reflektierter – Erfahrung weiß, was der Verlust nahestehender Menschen bedeutet und mit welcher Trauer dieser verbunden ist.

Dieses Lebenswissen ist in der *Johannes-Passion* in einen religiösen Kontext eingebettet, es wird aber dadurch in seiner Bedeutung für das Verständnis der Passionsgeschichte nicht relativiert. Religiöse Erlebnisse und Erfahrungen setzen am „konkreten" Menschen, an dessen „konkreten" Lebenserfahrungen an, die ihrerseits – wenn sie ausreichend reflektiert wurden – zu Lebenswissen heranreifen und eine besondere Sensibilität für grundlegende psychische Prozesse bedingen, wie diese eben auch in der Passionsgeschichte beschrieben sind.

Wenden wir uns nun dem Eingangschor der *Johannes-Passion* zu, der in der Musikwissenschaft übereinstimmend als eine der größten Kompositionen Johann Sebastian Bachs gewertet wird. Dieser Chor nimmt in seinem Rahmenteil die Anfangsworte (und Schlussworte) des 8. Psalms auf:

Herr, unser Herrscher, dessen Ruhm in allen Landen herrlich ist.

Der 8. Psalm sei nachfolgend aufgeführt; dabei werden die Verse 2 und 10 hervorgehoben, da diese unmittelbar in den Eingangschor eingegangen sind:

8. Psalm: Offenbarung der Herrlichkeit Gottes am Menschen
1
Ein Psalm Davids, vorzusingen, auf der Gittit.
2
HERR, unser Herrscher, wie herrlich ist dein Name in allen Landen, der du zeigst deine Hoheit am Himmel!

3
Aus dem Munde der jungen Kinder und Säuglinge/hast du eine Macht zuge-richtet um deiner Feinde willen, dass du vertilgest den Feind und den Rach-gierigen.

4
Wenn ich sehe die Himmel, deiner Finger Werk, den Mond und die Sterne, die du bereitet hast:

5
Was ist der Mensch, dass du seiner gedenkst, und des Menschen Kind, dass du dich seiner annimmst?

6
Du hast ihn wenig niedriger gemacht als Gott, mit Ehre und Herrlichkeit hast du ihn gekrönt.

7
Du hast ihn zum Herrn gemacht über deiner Hände Werk, alles hast du unter seine Füße getan:

8
Schafe und Rinder allzumal, dazu auch die wilden Tiere,

9
die Vögel unter dem Himmel und die Fische im Meer und alles, was die Meere durchzieht.

10
HERR, unser Herrscher, wie herrlich ist dein Name in allen Landen!

Im Gegensatz zum Rahmenteil wählt Johann Sebastian Bach für den Binnen-teil des Eingangschors einen freien Text:

Zeig uns durch deine Passion, dass du, der wahre Gottessohn, zu aller Zeit, auch in der größten Niedrigkeit, verherrlicht worden bist.

Dieser Text greift eine Aussage aus dem Brief des Paulus an die Philipper auf: „Er erniedrigte sich selbst und ward gehorsam bis zum Tode, ja zum Tode am Kreuz" (Philipper 2,8). Die im Binnen- und im Rahmenteil gewählten Aus-sagen stehen in einem bemerkenswerten Ergänzungsverhältnis: Im Binnenteil wird die „größte Niedrigkeit" hervorgehoben, in die sich Jesus Christus für die Menschen begibt, im Rahmenteil wird dagegen Jesus Christus als „unser Herrscher" verehrt, „dessen Ruhm in allen Landen herrlich ist".

Nimmt man diese beiden Teile zusammen, so lässt sich folgern: Jesus Chris-tus wird nicht nur in seinem Königtum verherrlicht, sondern eben auch in seiner größten Niedrigkeit. Die im Binnenteil getroffene Aussage „Zeig uns durch deine Passion", soll deutlich machen, dass sich Jesus Christus in seiner Passion dem Menschen „offenbart", dass er diesen zur „Betrachtung" der einzelnen Stationen des Passionsgeschehens anstoßen möchte (siehe auch Satz 19 der *Johannes-Passion* „Betrachte, meine Seel", ein Arioso für Bass-Solo). Diese Betrachtung führt schließlich zum „Erwägen" der Bedeutung des Passionsgeschehens für den Menschen selbst (siehe auch Satz 20 der *Johannes-Passion*: „Erwäge", eine Arie für Tenor-Solo).

Das breit angelegte Instrumentalvorspiel des Eingangschores kann nun, wie in mehreren Beiträgen zur *Johannes-Passion* dargelegt wird (siehe zum Beispiel Walter 2011), im Sinne der Integration von drei Ebenen begriffen werden: (I) Der Ebene des leidenden, ans Kreuz geschlagenen Jesu Christi – verkörpert durch die Dissonanzen und die Kreuzsymbolik in den Stimmen der Holzbläser, (II) der Ebene des Geistes – verkörpert durch die kreisenden Sechzehntelbewegungen in den beiden Violinstimmen und in der Viola-Stimme, (III) der Ebene Gottes – verkörpert durch die orgelpunktartigen Achtelbewegungen im Continuo (Orgel, Violoncello, Violone). Die Musik des Instrumentalvorspiels wird auch bei der Begleitung des Chores fortgesetzt, wobei die Chorstimmen – nach dem dreimaligen Ausruf: „Herr", „Herr", „Herr" – diese Motive aufnehmen und verarbeiten, bis schließlich ein kurzes Fugato beginnt.

Auch im Binnenteil („Zeig uns durch deine Passion") werden die Gestaltungsprinzipien des Instrumentalvorspiels fortgeführt. Zudem ist das Fugato-Thema des Binnenteils mit dem Fugato-Thema des Rahmenteils identisch. Diese engen Beziehungen zwischen den verschiedenen Teilen des Satzes, die immer wiederkehrenden Motive in den verschiedenen Instrumentengruppen und Chorstimmen vermitteln dem Hörer eine klare Satzstruktur, ein prägnantes Grundkonzept. Es tritt eine bemerkenswerte Dynamik des Satzes hinzu: Diese ist durch die kreiselnden Sechzehntelbewegungen bedingt, die ein zentrales Motiv der Instrumentengruppe wie auch des Chores bilden. Sie ist aber auch bedingt durch die Fugato-Teile, in denen die einzelnen Stimmen jeweils im Abstand eines halben Taktes mit dem Fugato-Motiv einsetzen, das mit einem Oktavsprung beginnt und somit den Einsatz einer neuen Stimme besonders deutlich vernehmbar werden lässt.

In seiner Gesamtheit strahlt dieser Satz aus: Verherrlichung (Oktavsprung am Anfang des Fugato-Themas), dabei auch Verherrlichung in der „größten Niedrigkeit" (Tonart des Rahmenteils: g-Moll), sodann Ehrfurcht vor dem Königtum Christi (dreimalige Akkorde auf dem Wort „Herr") und schließlich Vertrauen in Gott und in die christliche Erlösungszusage (Beginn des Binnenteils – „Zeig uns durch deine Passion" – in der Tonart Es-Dur). Zentrale Inhalte des christlichen Glaubens werden durch die musikalische Gestaltung eindrucksvoll gespiegelt und zudem zusammengeführt. Welche musikalisch-theologische, welche musikalisch-religiöse Leistung!

Es wurde einleitend Alfred Dürr (2011) zitiert, der den Eingangschor mit den Begriffen „bewunderungswürdige Souveränität" und „ungeheure Beziehungsfülle" belegt. Die bewunderungswürdige Souveränität, von der hier gesprochen wird, sollte dabei nicht nur auf die musikalische und die theologische, sondern auch auf die psychologische Leistung bezogen werden, von der der Eingangschor zeugt: Der Hörer fühlt sich nämlich unmittelbar angesprochen, wenn die Bitte „Zeig uns durch deine Passion" vorgetragen wird. Er erkennt, dass es in dieser Passion auch um ihn selbst geht, um sein eigenes Leiden und Sterben, um seinen eigenen Tod. Er nimmt mehr und mehr die Sicht eines Betrachters ein, der im Mitvollzug der Passion viel über das Leiden erfährt, zugleich aber viel über die seelischen und geistigen Kräfte zur inneren Überwindung des Leidens.

Diese Kräfte spiegeln sich zum einen in der musikalischen Gestaltung der Anbetung (der dreimalige Ausruf: „Herr", „Herr", „Herr" ist nicht ein verzagter, sondern ein verherrlichender) und des Bittens wider (die Aussage: „Zeig uns durch deine Passion" bringt schon allein durch die gewählte Tonart – Es-Dur – tiefes Vertrauen in Gott zum Ausdruck). Sie werden zum anderen sowohl in den Sechzehntelbewegungen fassbar, die einen bemerkenswerten seelisch-geistigen Antrieb ausdrücken, als auch in dem Orgelpunkt, der den Eindruck der inneren Ruhe vermittelt. Der Eingangschor verkörpert den gelungenen Umgang des Menschen mit der Grenzsituation eigener Endlichkeit: Er thematisiert diese Grenzsituation deutlich, beschönigt also nichts, sensibilisiert aber zugleich den Hörer für jene seelisch-geistigen Kräfte, die helfen können, die eigene Endlichkeit als Faktum des Lebens anzunehmen und auf dieser Grundlage die mit Sterben und Tod verbundenen Sorgen oder Ängste zu überwinden.

Der hier angesprochene Prozess der Bewusstwerdung und inneren Überwindung kommt dem sehr nahe, was der Philosoph und Psychiater Karl Jaspers (1973) in seiner Philosophie der Grenzsituationen beschreibt: Konfrontation und innere Überwindung, wobei die innere Überwindung mit einer veränderten, tieferen und gelasseneren Lebenshaltung einhergeht. Im abschließenden Kapitel dieses Buches, in dem die schöpferischen Kräfte Johann Sebastian Bachs im Vordergrund stehen, wird uns die Philosophie der Grenzsituationen noch ausführlich beschäftigen. Aus diesem Grund soll hier der Hinweis auf diese Philosophie genügen.

Zusammenfassend kann man sagen: Das psychologische Moment des Eingangschors ist darin zu sehen, dass er dem Hörer hilft, die Grenzsituationen des Leidens und Sterbens zu antizipieren und dabei auch die eigene Einstellung zu Leiden, Sterben und Tod zu reflektieren. Diese tiefgreifende Reflexion kann eine Haltung fördern, die man mit „Leben in der Todesgewissheit" umschreiben könnte. Damit ist nicht gemeint, dass sich Menschen in einem

Maße vom Gedanken an Sterben und Tod bestimmen ließen, dass sie darüber ängstlich würden. Damit ist vielmehr gemeint, dass sie schon früh beginnen, sich mit der „Ordnung des Todes" auseinanderzusetzen und diese mit der „Ordnung des Lebens" zu verbinden.

Dabei kann diese Auseinandersetzung, wie uns Johann Sebastian Bach in der *Johannes-Passion* zeigt, durchaus in Zuversicht münden: Schon im Eingangschor werden wir – was Text und Musik angeht – Zeuge dieser Zuversicht: Das ist ein wichtiges psychologisches, aber eben auch ein wichtiges religiöses Moment! Denn der durch den Eingangschor angestoßene Perspektivwechsel „vom äußeren zum inneren, eigenen Geschehen", so der Theologe Michael Meyer-Blanck (2008), macht uns erst empfänglich für die Erlösungs- und Heilszusage Gottes, die den Kern der Passion bildet. Michael Meyer-Blanck zitiert hier Martin Luther: „Was hilfft dichs, dz gott got ist, wan er dier nit eyn got ist?" Der mit dem Eingangschor eingeleitete Perspektivwechsel („Zeig uns") bildet die Rahmung der gesamten *Johannes-Passion*. Warum? In den Arien spiegelt die individuelle Seele, in den Chorälen spiegelt die Gemeinde das äußere Geschehen, nimmt es in sich hinein, lässt es auf sich wirken und antwortet darauf.

Gehen wir vom Eingangschor zur Kreuzigungsszene. In Satz 27c, einem Rezitativ, berichtet der Evangelist:

> Es stund aber bei dem Kreuze Jesu seine Mutter und seiner Mutter Schwester, Maria, Kleophas Weib, und Maria Magdalena. Da nun Jesus seine Mutter sahe und den Jünger dabei stehen, den er lieb hatte, spricht er zu seiner Mutter: „Weib, siehe, das ist dein Sohn!" Darnach spricht er zu dem Jünger: „Siehe, das ist deine Mutter!"

In dieser Szene wird besonders deutlich, wie sehr das Johannesevangelium die Souveränität Jesu Christi ins Zentrum rückt. Dem Johannesevangelium zufolge ruft Jesus nämlich nicht aus: „Mein Gott, warum hast du mich verlassen?" (wie es an der entsprechenden Stelle im Matthäusevangelium heißt), sondern vielmehr zeigt er selbst am Kreuz die Fähigkeit, von den eigenen Qualen abzusehen und sich auf die nahestehenden Menschen zu konzentrieren. Der nachfolgende Choral (Satz 28) bringt dies noch einmal in folgenden Worten zum Ausdruck:

> Er nahm alles wohl in acht in der letzten Stunde seine Mutter noch bedacht, setzt ihr ein Vormunde. O Mensch, mache Richtigkeit, Gott und Menschen liebe, stirb darauf ohn alles Leid, und dich nicht betrübe.

Hier ein Einschub: In palliativen Kontexten lernen wir, dass es Formen des Sterbens gibt – die wir nicht selten antreffen –, in denen die Sorge des sterbenden Menschen für seine Angehörigen oder nahen Freude im Zentrum steht, zudem das Verlangen, den Angehörigen oder Freunden noch etwas Wichtiges mitzugeben: Wichtiges für deren Zukunft, für die Zukunft der Familie, für die Zukunft des Gemeinwohls. Diese Sorge, dieses Verlangen lässt sich auch mit dem Begriff der „Generativität" oder der „Mitverantwortung" umschreiben (siehe dazu Kruse und Schmitt 2010). Wie im dritten Kapitel dieses Buches noch ausführlich dargelegt werden wird, trifft das hier genannte Motiv der Mitverantwortung in besonderer Weise auf Johann Sebastian Bach zu, der noch in seinen letzten Lebensmonaten Unterricht gegeben, Schüler bei sich aufgenommen und diese wie auch seine Familienangehörigen sehr gefördert hat. In der Aussage „Er nahm alles wohl in acht" scheint man, wenn der Blick auf das Lebensende Bachs gerichtet ist, diesen selbst wiederzuerkennen. Aber darüber mehr im dritten Kapitel.

Der Evangelist setzt fort (Satz 29):

Und von Stund an nahm sie der Jünger zu sich. Darnach, als Jesus wusste, dass schon alles vollbracht war, dass die Schrift erfüllet würde, spricht er: „Mich dürstet!" Da stand ein Gefäße voll Essigs. Sie fülleten aber einen Schwamm mit Essig und legten ihn um einen Isopen und hielten es ihm dar zum Munde. Da nun Jesus den Essig genommen hatte, sprach er: „Es ist vollbracht."

Die letzten Worte Jesu am Kreuz – „Es ist vollbracht" – bilden den Beginn der nachfolgenden Arie für Alt-Solo (Satz 30), und dies sowohl textlich als auch musikalisch. Der erste Teil dieses Satzes, der mit Molt'adagio überschrieben ist, wird von einer Gambe gespielt, einem Instrument, das auch als „Sterbeinstrument" bezeichnet wird. Im zweiten Teil des Satzes singt die Alt-Stimme:

Es ist vollbracht! O Trost vor die gekränkten Seelen, o Trost, es ist vollbracht. Die Trauernacht lässt nun die letzte Stunde zählen.

Der dritte Teil des Satzes bildet einen bemerkenswerten Kontrast zum vorausgegangenen Teil. Dieser Kontrast zeigt sich darin, dass der dritte Teil in D-Dur steht, der zweite Teil hingegen in h-Moll, dass der dritte Teil mit Vivace überschrieben ist, der zweite Teil hingegen mit Molt'adagio und dass mit Beginn des dritten Teils der 4/4- in einen 3/4-Takt umschlägt.

Der dritte Teil mit dem Text: „Der Held aus Juda siegt mit Macht und schließt den Kampf" trägt Züge einer Battaglia, also einer Schlachtenmusik (Küster 1999a), wobei dieser Eindruck noch einmal durch die jeweiligen Tonwiederholungen der beiden Violinen und der Viola in den aufsteigenden und absteigenden Linien verstärkt wird. Dieser dritte Teil bricht plötzlich ab, der vierte Teil greift den ersten wieder auf: „Es ist vollbracht."

Psychologisch bedeutsam ist die Tatsache, dass erst jetzt, nach dieser Arie, das Rezitativ folgt: „Und neigt das Haupt und verschied." (Satz 31). Warum ist dies psychologisch von Bedeutung? Noch vor Eintritt des Todes, so wird damit ausgesagt, siegt der Held aus Juda, schließt er den Kampf. Dies zeigt noch einmal, welchen Wert die *Johannes-Passion* auf die Darstellung der seelisch-geistigen Größe Jesu Christi in der „größten Niedrigkeit" legt. In dieser Hinsicht korrespondieren der Eingangschor und diese Arie in bemerkenswerter Weise.

In der sich anschließenden Arie (Satz 32) treten die Seele (verkörpert durch die Bass-Solostimme) und die Gemeinde (Choral) in einen Dialog. Die Bass-Solostimme beginnt mit den Worten:

Mein teurer Heiland, lass dich fragen, da du nunmehr ans Kreuz geschlagen und selbst gesagt: Es ist vollbracht.

Sie setzt mit der Frage fort:

Bin ich vom Sterben frei gemacht? Kann ich durch deine Pein und Sterben das Himmelreich erwerben? Ist aller Welt Erlösung da?

Und konstatiert:

Du kannst vor Schmerzen zwar nichts sagen, doch neigest du das Haupt und sprichst stillschweigend: ja.

Der begleitende Choraltext lautet:

Jesu, der du warest tot, lebest nun ohn Ende, in der letzten Todesnot nirgend mich hinwende als zu dir, der mich versühnt, o du lieber Herre! Gib mir nur, was du verdienst, mehr ich nicht begehre!

Die Gemeinde kommentiert die Aussagen und Fragen der Seele, beide gelangen zu einer identischen Bewertung des Passionsgeschehens: Durch den Tod Jesu Christi ist der Mensch vom Sterben frei gemacht, in der Todesnot soll der Blick auf Jesus Christus gerichtet sein.

Mit dem Abschlusschor *Ruhet wohl, ihr heiligen Gebeine* (Satz 39) und dem Abschlusschoral *Ach Herr, lass dein lieb Engelein am letzten End' die Seele mein in Abrahams Schoss tragen* (Satz 40; es handelt sich hier um die dritte Strophe des 1569 von Martin Schalling verfassten Chorals *Herzlich lieb hab' ich dich, o Herr*) wird sich das dritte Kapitel des Buches befassen, in dem ausführlich auf die letzten Lebensjahre Johann Sebastian Bachs eingegangen wird. Dabei wird uns vor allem die Frage beschäftigen, welche Bedeutung der Tatsache beizumessen ist, dass Bach die *Johannes-Passion* nicht, wie die *Matthäus-Passion*, mit einem Schlusschor beendet, sondern dem Schlusschor noch einen Choral folgen lässt. Doch auch ohne die Einbeziehung des Schlusschors und des Schlusschorals lässt sich konstatieren: Im Abschlussteil der *Johannes-Passion* dominiert eine Haltung, die bereits im Eingangschor sichtbar wird: Nämlich die Souveränität, die Größe Jesu Christi im Leiden und Sterben – zudem die konzentrierte Betrachtung des Passionsgeschehens durch die einzelnen Gläubigen sowie auch durch die gesamte Gemeinde. Dies erfolgt immer sowohl mit Blick darauf, in welcher Hinsicht Jesus Christus als Vorbild für die Bewältigung des Leidens und des Sterbens dienen kann (sodass auch unter diesem Aspekt von einer „Nachfolge Jesu Christi" zu sprechen ist), als auch im Hinblick darauf, welche Bedeutung dessen Leiden und Sterben für die Erlösung, für das Heil des Menschen hat.

Die Dramatik der *Johannes-Passion* verdankt sich auch den Turba-Chören, die im zweiten Teil (parta secunda) der Passion mehr und mehr das textliche und musikalische Geschehen bestimmen. Wie schon an anderer Stelle angemerkt, ist das lateinische Wort *turba* (Plural: *turbae*) mit *Schar, Volkshaufen, Getümmel* zu übersetzen. Der Begriff *Turba-Chöre* wird dabei primär in der Passionsmusik verwendet und bezeichnet dort zum einen die Juden, die im Disput mit Pontius Pilatus die Kreuzigung Jesu Christi fordern, zum anderen die Kriegsknechte, die der Kreuzigung beiwohnen und diese mit Spott und Hohn kommentieren.

Der Disput beginnt mit der von Pontius Pilatus an die Volksmenge gerichteten Frage: „Was bringet ihr für Klagen wider diesen Menschen?" (16a), woraufhin diese hochgradig erregt antwortet: „Wäre dieser nicht ein Übeltäter, wir hätten ihn dir nicht überantwortet" (16b). Johann Sebastian Bach drückt das Wort „Übeltäter" in allen Stimmen durch aufsteigende Halbtonschritte aus; diese Chromatik vermittelt den Eindruck einer heulenden Menge.

Und als Pilatus fortsetzt: „So nehmet ihr ihn hin und richtet ihn nach eurem Gesetze!" (16c), antwortet die Volksmenge: „Wir dürfen niemand töten" (16d), wobei die eben genannte Chromatik nun über dem Wort „töten" erklingt, und zwar aufsteigend wie absteigend, besonders deutlich vernehmbar in der Tenor-Stimme (siehe Takt 46 ff). Der Disput endet mit der von Pontius Pilatus an die Juden gerichteten Frage: „Soll ich Euren König kreuzigen?" (23e), auf die er zur Antwort erhält: „Wir haben keinen König denn den Kaiser" (23f), und gerade diese Antwort scheint ihm Angst einzuflößen – nämlich die Angst davor, sich mit einer Entscheidung gegen das Volk zugleich gegen den Kaiser zu stellen.

In diesem Moment fällt die Entscheidung, Jesus der Menschenansammlung zu überantworten: „Da überantwortete er ihn, dass er gekreuziget werde" (23 g). Pontius Pilatus hat dem Drängen der Menge nachgegeben.

Diese von Hass bestimmten Turba-Chöre stehen im Kontrast zu der Souveränität, der Größe, die die Haltung Jesu Christi im Verhör mit Pilatus verkörpert (16e):

Mein Reich ist nicht von dieser Welt, wäre mein Reich von dieser Welt, meine Diener würden darob kämpfen, dass ich den Juden nicht überantwortet würde, aber nun ist mein Reich nicht von dannen.

Sie steht weiterhin im Kontrast zu der Haltung, die die christliche Gemeinde in den Chorälen zum Ausdruck bringt: So schließt sich an die genannten Dialogteile ein Choral an, der mit den Worten eröffnet wird (Satz 17):

Ach großer König, groß zu allen Zeiten, wie kann ich genugsam diese Treu ausbreiten?

Dieser Choral, in a-Moll gesetzt, vermittelt in seiner ruhigen Stimmführung den Eindruck der innerlich zutiefst berührten Gemeinde, die dem Herrn zur Hilfe eilen will, dies aber nicht kann, und mit der Frage zurückbleibt:

Wie kann ich dir denn deine Liebestaten im Werk erstatten?

Auf die Überantwortung Jesu Christi, auf den sich anschließenden Gang Jesu Christi (der sein Kreuz selbst trägt) zur Schädelstätte (Golgatha) folgt ein Dialog zwischen der Seele und der Gemeinde (Satz 24):

Eilt, ihr angefochtnen Seelen, aus euren Marterhöhlen, eilt – wohin? – nach Golgatha.

Dieser Satz drückt die Verzweiflung der Seele, zugleich aber die Verwirrung der Gemeinde aus, die durch ihre Zwischenrufe – „wohin?" – zu erkennen gibt, dass sie das Geschehene nicht begreifen kann.

Spiegelt sich in dem geschilderten Kontrast auch ein Gegensatz zwischen der „perfidia judaica" (der „Hartnäckigkeit", der „ungläubigen Verstocktheit" der Juden) und der „fides christiana" (dem christlichen Glauben) wider, wie Dagmar Hoffmann-Axthelm (1989) in einem Aufsatz mit dem Titel *Bach und die Perfidia Iudaica* annimmt?

Die Autorin unterstellt Johann Sebastian Bach keine judenfeindliche Einstellung. Sie geht davon aus, dass dieser keine Kontakte zu Menschen jüdischen Glaubens gehabt habe, war es doch Juden um die Wende vom 17. zum 18. Jh. nicht gestattet, sich in der Stadt Leipzig aufzuhalten und dort Handel zu betreiben. Der erste jüdische Haushalt gründete sich erst 1710, und bis

1750 lebten nur sieben Familien jüdischen Glaubens in der Stadt. Hoffmann-Axthelm hebt in ihrem Aufsatz hervor, dass sich Johann Sebastian Bach als christlicher Kantor der überaus judenkritischen, wenn nicht sogar judenfeindlichen Tendenz in der Passionsgeschichte nach Johannes bewusst gewesen sein müsse, da – so lautet ihre Annahme – diese Haltung Bestandteil der damaligen Theologie gewesen sei, den Johann Sebastian Bach in sein Werk „einkomponiert" habe.

Es ist belegt, dass sich Johann Sebastian Bach intensiv mit den Schriften Martin Luthers beschäftigt hat. Vermutlich blieben ihm die judenfeindlichen Aussagen, die sich in diesen Schriften finden (dies muss bei allem gebotenen Respekt vor dem Werk Martin Luthers gesagt sein), nicht verborgen. Möglicherweise haben ihn diese Aussagen auch bei der Komposition der Turbae beeinflusst – die Aggressivität, die diese Chöre ausdrücken, ist auffallend.

Dagmar Hoffmann-Axthelm hebt nun hervor, dass wir heute die *Johannes-Passion* als ein vollkommenes Kunstwerk hörten, dass wir durch die Darstellung des Leidens Jesu Christi berührt und bereichert seien und schließlich gebannt von dem „aktions- und aggressionsgeladenen Gegenpol" der Juden- und Kriegsknechts-Chöre. Die „judenfeindliche Botschaft", so schreibt sie weiter, die Bach in seine Passion einkomponiert habe, sollten wir „mithören". Mit der alljährlichen Aufführung von Johann Sebastian Bachs Passionen böte sich die Gelegenheit, „in Trauer, Demut und Versöhnungsbereitschaft" unserer jüdischen Abstammung, aber auch des Leids zu gedenken, das Juden in zwei Jahrtausenden christlich-jüdischer Geschichte im Namen Christi zugefügt worden sei.

Es wurde auch deswegen auf die genannte Arbeit von Dagmar Hoffmann-Axthelm Bezug genommen, weil diese noch einmal auf eine andere, ebenfalls sehr wichtige Dimension beim Hören der *Johannes-Passion* hinweist. Zudem rät diese Argumentation zur Vorsicht, wenn bei der Charakterisierung des Werks vor allem die dynamischen, „packenden" Turba-Chöre hervorgehoben werden, was ja vielfach geschieht. Das, was hier *prima facie* als dynamisch und packend erscheint, weist *secunda facie* auch eine Schattenseite auf. Dies ist nicht als Kritik an der *Johannes-Passion* zu verstehen, sondern als Hinweis, und in gewisser Hinsicht auch als Mahnung an die Hörer.

Die große religiöse und psychologische Bedeutung der *Johannes-Passion* wird durch diesen Aspekt nicht geschmälert. Sie bietet dem Hörer wertvolle Möglichkeiten, sich mit Kernaussagen des christlichen Glaubens und einem zentralen Aspekt der psychologischen Anthropologie auseinanderzusetzen: der Verletzlichkeit und Endlichkeit unserer Existenz. Sie hilft dem Hörer, diese Auseinandersetzung nicht abstrakt, sondern in einer seelisch sowie geistig tiefen und damit existenziell überzeugenden Art und Weise zu führen. Wir können sagen: Von Johann Sebastian Bach lernen wir mit Blick auf die Verarbeitung der Grenzen unseres Lebens nicht nur dadurch, dass wir seine schöpferischen Kräfte auch in diesen Grenzsituationen erkennen (worauf im Abschlusskapitel ausführlich eingegangen werden soll). Wir lernen von ihm auch in der Hinsicht, als er uns in vielen seiner geistlichen Werke – so eben auch in der *Johannes-Passion* – auf die Grenzen unserer Existenz hinweist, gleichzeitig aber auch auf das Potenzial, diese anzunehmen, in diesen zu leben, diese zu überwinden.

Die „Matthäus-Passion" heute gehört – der sorgende Umgang mit uns selbst und mit anderen

„Kommt, ihr Töchter, helft mir klagen! Sehet – wen? – den Bräutigam! Seht ihn – wie? – als wie ein Lamm!" Mit diesem Text wird der Eingangschor der *Matthäus-Passion* (BWV 244) – Passio Domini Nostri J.C. secundum Matthaeum – eingeleitet. Nach einem Instrumentalvorspiel (Takte 1–16) folgt in den Takten 17–38 der genannte Text, von zwei Chören gesungen, wobei der erste Chor dem zweiten zuruft („Kommt, ihr Töchter, helft mir klagen! Sehet!" beziehungsweise „Seht ihn!"), der zweite Chor auf diesen Zuruf mit den Fragen „Wen?" beziehungsweise „Wie?" reagiert und der erste Chor auf diese Fragen kurz antwortet („den Bräutigam" beziehungsweise „als wie ein Lamm"). Schließlich tritt in den Takten Takt 30–37 ein dritter, ausschließlich aus Sopranstimmen gebildeter Chor (Soprano in ripieno, das heißt, ein voller Sopran-Chor, keine Sopran-Solostimme) hinzu. Dieser führt den Choral *O Lamm Gottes, unschuldig* (der auf den Mönch und Kirchenlieddichter Nikolaus Decius [1485–1546] zurückgeht) mit den beiden ersten Zeilen des erstes Verses ein: „O Lamm Gottes, unschuldig am Stamm des Kreuzes geschlachtet".

> O Lamm Gottes, unschuldig
> Am Stamm des Kreuzes geschlachtet,
> Allzeit funden geduldig,
> Wiewohl du warest verachtet;
> All Sünd hast du getragen,
> Sonst müssten wir verzagen.
> Erbarm dich unser, o Jesu.

Was wohl damals, am Karfreitag des Jahres 1727, als die *Matthäus-Passion* das erste Mal in der Kirche St. Thomas zu Leipzig erklang, in der Gemeinde vorgegangen sein muss, die nun einer Passion mit einem achtstimmigen Doppelchor und einem reichhaltig besetzten Doppelorchester folgte? Einer Passion zumal, deren Eingangschor – ähnlich wie jener der *Johannes-Passion* – mit einem langen, sechzehn Takte umfassenden Instrumentalvorspiel beginnt? Dieses zeichnet sich durch vier Merkmale aus, die als mehr oder minder charakteristisch für den gesamten Eingangschor angesehen werden können: (I) durch die Tonart e-Moll, in der sich der große Ernst des Geschehens ausdrückt, (II) durch den Orgelpunkt in den Takten 1–5 und 9–13, beide Male mit einer sich ständig wiederholenden, identischen Verbindung von Viertel- und Achtelnote, wodurch der Eindruck des Pulsierenden, des Pochenden vermittelt wird, (III) durch den 12/8-Takt, der charakteristisch ist für den Stil des französischen Tombeau (Trauermarsch), und (IV) durch die in den Takten 14 und 15 deutlich hervortretenden, spitzen Bläserstimmen, die den Eindruck des Klagens und Weinens vermitteln. Nach diesen sechzehn Takten setzt der Chor I mit dem einleitend angeführten Text („Kommt, ihr Töchter, helft mir klagen") ein und tritt schließlich in einen Diskurs mit dem – auch räumlich klar getrennten – Chor II, wobei beide Chöre ab Takt 30 von den – ebenfalls räumlich klar getrennten – Sopranstimmen begleitet werden. „Räumlich" gesprochen: Gleich aus drei unterschiedlichen Richtungen erklingen die Töne. Durch den sich entwickelnden Diskurs zwischen Chor I und Chor II wird die Gemeinde Zeuge eines sich gerade vollziehenden, dramatischen Geschehens, das „von oben", nämlich von dem Sopranchor, kommentiert wird. Die Tatsache, dass der räumlich getrennte Sopranchor (Soprano in ripieno) aus dem Choral *O Lamm Gottes, unschuldig* zitiert und damit dieses dramatische Geschehen von einer höheren, einer himmlischen Warte aus deutet, vermittelt den Eindruck, als befinde sich die Gemeinde „zwischen" Himmel und Erde. Der Sopranchor setzt in Takt 30 mit dem Choral *O Lamm Gottes, unschuldig* ein, nachdem der Diskurs zwischen Chor I und Chor II auf dem Wort „Lamm" zum Abschluss gekommen ist („Seht ihn! Wie? Als wie ein Lamm!"). Dies weist noch einmal auf die intendierte Integration von freiem Text (gesungen von den beiden Chören) und Choraltext (gesungen vom Sopranchor) hin und stützt das gewählte Bild – die Gemeinde steht „zwischen" Himmel und Erde.

Was in der Gemeinde vorgegangen sein muss, als das erste Mal die *Matthäus-Passion* erklang, lässt sich am besten am Beispiel eines Berichts veranschaulichen, der von Peter Bach (2012) zitiert wird:

Auf einer Adelichen Kirch-Stube waren viel Hohe Ministri und Adeliche Damen beysammen. Als nun diese theatralische Music anging, so gerieten alle diese Personen in die größte Verwunderung, sahen einander an und sagten: Was soll daraus werden? Eine alte Adeliche Witwe sagte: Behüte Gott, ihr Kinder! Ist es doch, als ob man in einer Opera Comedie wäre.

Wenden wir uns nun dem Aufbau des Eingangschores zu, denn schon der Aufbau gibt uns Einblick in die Absichten, die Johann Sebastian Bach mit diesem Chor verband. Als zentrales Merkmal ist der Diskurs zwischen den beiden Chören zu nennen. Die Zweichörigkeit zieht sich dabei durch die gesamte *Matthäus-Passion*: Noch in deren Schlusschor („Wir setzen uns mit Tränen nieder") bildet sie ein zentrales Strukturprinzip. Es sei erwähnt, dass Johann Sebastian Bach im Autograph der Partitur ausdrücklich vermerkt hat: „a due cori" (Platen 2009). Mit der Differenzierung zwischen zwei Chören wird der Wechselgesang, wird der Disput – ein für die *Matthäus-Passion* charakteristisches Moment – überhaupt erst ermöglicht.

Dieses „antiphonale" Gestaltungsprinzip (der Begriff Antiphon stammt aus dem Altgriechischen ἀντίφωνος (= entgegentönend, antwortend) und bedeutet in der Musik Gegengesang oder Wechselgesang) ist aber nicht nur der Absicht geschuldet, die Anschaulichkeit wie auch die Dynamik der Chorpartien zu steigern. Nein, es verbirgt sich dahinter noch eine tiefere Absicht, die sich schon daraus erhellt, dass der Librettist Henrici (Künstlername: Picander) den Eingangschor als Wechselgesang konzipiert und diesen überschrieben hat mit: „Die Tochter Zion und die Gläubigen". Das heißt: Die Gläubigen rufen die Töchter der Stadt Jerusalem – und dies heißt übertragen: alle Menschen der Welt – auf, sich ihnen in ihrem Schmerz und Wehklagen über die Kreuzigung Jesu Christi anzuschließen.

Aufbau des Eingangschores

Instrumentalvorspiel

Chor I:	Kommt, ihr Töchter, helft mir klagen! Sehet
Chor II:	Wen?
Chor I:	den Bräutigam, seht ihn
Chor II:	Wie?
Chor I:	als wie ein Lamm!
Soprano in ripieno:	*O Lamm Gottes, unschuldig am Stamm des Kreuzes geschlachtet,*

Instrumentalzwischenspiel

Chor I:	Sehet,
Chor II:	Was?
Chor I:	seht die Geduld
Soprano in ripieno:	*Allzeit erfunden geduldig, Wiewohl du warest verachtet.*

Instrumentalzwischenspiel

Chor I:	Seht
Chor II:	Wohin?
Chor I:	auf unsre Schuld
Soprano in ripieno:	*All Sünd hast du getragen, Sonst müssten wir verzagen*

Instrumentalzwischenspiel

Chor I:	Sehet ihn aus Lieb und Huld Holz zum Kreuze selber tragen! Kommt, ihr Töchter, helft mir klagen!
Chor II:	Sehet,
Chor I und II:	Sehet ihn aus Lieb und Huld Holz zum Kreuze selber tragen! Kommt, ihr Töchter, helft mir klagen!
Chor I:	Sehet
Chor II:	Wen?
Chor I:	den Bräutigam, seht ihn
Chor II:	Wie?
Chor I und II:	als wie ein Lamm!
Soprano in ripieno:	*Erbarm dich unser, o Jesu.*

„Tochter Zion" – damit nimmt Henrici Anleihe an Kap. 9 des Propheten-buches Sacharja, in dem zu lesen ist:

Aber du, Tochter Zion, freue dich sehr, und du, Tochter Jerusalem, jauchze! Siehe, dein König kommt zu dir, ein Gerechter und ein Helfer, arm, und reitet auf einem Esel und auf einem jungen Füllen der Eselin (Sacharja 9,9 „Erlösung Israels").

Diese Weissagung erfüllt sich mit dem Einzug Jesu in die Stadt Jerusalem: Und dieser Einzug, so lassen sich Text und Musik deuten, wird in dem Ein-gangschor der *Matthäus-Passion* nachvollzogen. Mit dem Einzug Jesu in die Stadt Jerusalem beginnt die Passion, die in der Kreuztragung –

Und da sie ihn verspottet hatten, zogen sie ihm den Mantel aus und zogen ihm seine Kleider an und führten ihn hin, dass sie ihn kreuzigten. Und indem sie hinausgingen, funden sie einen Menschen von Kyrene mit dem Namen Simon; den zwungen sie, dass er ihm sein Kreuz trug. –

und in der Kreuzigung –

Und da sie an die Stätte kamen mit Namen Golgatha, das ist verdeutschet Schädelstätt, gaben sie ihm Essig zu trinken mit Gallen vermischet; und da er's schmeckete, wollte er's nicht trinken. Da sie ihn aber gekreuziget hatten, teilten sie seine Kleider und warfen das Los darum, auf dass erfüllet würde, das gesagt ist durch den Propheten: „Sie haben meine Kleider unter sich geteilet, und über mein Gewand haben sie das Los geworfen." Und sie saßen allda und hüteten sein. Und oben zu seinen Häupten hefteten sie die Ursach seines Todes beschrieben, nämlich: „Dies ist Jesus, der Juden König." Und da wurden zween Mörder mit ihm gekreuziget, einer zur Rechten und einer zur Linken. –

zu ihrem dramatischen Höhepunkt gelangt.

So heißt ja der Palmsonntag, an dem das Christentum des Einzugs Jesu in die Stadt Jerusalem und des Beginns der Passion gedenkt, im Lateinischen „Dominica in Palmis de passione Domini", womit auch begrifflich die Verbindung zwischen der Verehrung Jesu Christi (durch das Streuen von Palmenzweigen) und dem Leiden Jesu Christi hergestellt wird.

Kehren wir nun zur Zweichörigkeit im Eingangschor der *Matthäus-Passion* – wie auch im weiteren Verlauf dieses Werkes – zurück. Diese Zweichörigkeit lässt sich nach Konrad Küster (1999a) so deuten, dass der erste Chor dem „Geschehen näherstehe". Bei diesem „liegt der textlich-musikalische Impuls ‚Kommt ihr Töchter, helft mir klagen', der die eingeworfenen Fragen eines weiter abgerückten 2. Chores erst ermöglicht" (S. 458). Damit stehen wir wieder im Zentrum des antiphonalen Gestaltungsprinzips. Johann Sebastian Bach unterscheidet im Eingangschor zwischen den Anhängern Jesu, die bereits bei dessen Einzug in Jerusalem zentrale Inhalte des Passionsgeschehens antizipieren („Sehet ihn aus Lieb und Huld Holz zum Kreuze selber tragen!", „Seht ihn als wie ein Lamm!") und beklagen („Kommt, ihr Töchter, helft mir klagen!"), sowie den Töchtern Zions – also dem Volk Jerusalems. Letzteres sieht zunächst dem feierlichen Geleit nur zu, wird aber durch die Zurufe der Anhänger Jesu („Sehet!") mehr und mehr in dieses Geleit eingebunden, bis es selbst ausruft: „Sehet!", damit andeutend, wie sehr es von dem Geschehen ergriffen ist, und schließlich gemeinsam mit den Anhängern Jesu ausruft: „Sehet ihn aus Lieb und Huld Holz zum Kreuze selber tragen! Kommt, ihr Töchter, helft mir klagen!" (siehe die zusammengehenden Chöre I und II im abschließenden Teil des Eingangschores), womit es ganz Teil des feierlichen Geleitzuges geworden ist, der Jesus Christus folgt. Diese Unterscheidung zwischen einem Chor, der – in der Terminologie Konrad Küsters – dem Geschehen nähersteht, und einem Chor, der „etwas weiter abgerückt" scheint, ist bei der Interpretation der gesamten *Matthäus-Passion* zu berücksichtigen. Inwiefern?

In der Hinsicht, als damit an die weitere Gemeinde – also auch an uns als Hörer der Passionsgeschichte, als Hörer der Passionsmusik – appelliert wird, auf das Leiden, das Sterben und den Tod Jesu Christi zu blicken und bei der Betrachtung der verschiedenen Stationen der Passion zu erkennen, dass diese zutiefst mit uns selbst zu tun hat: liegt doch in dieser Passion der Schlüssel zur Befreiung vom Gesetz der Sünde und des Todes. Dies wird durch den „von oben" singenden, den Choral *O Lamm Gottes, unschuldig* intonierenden Sopran-Chor (Soprano in ripieno) unterstrichen, wenn es heißt: „All Sünd hast du getragen, sonst müssten wir verzagen."

Nun stellt sich aber auch die Frage, ob wir uns als Hörer der *Matthäus-Passion* (BWV 244) auch dann durch Text und Musik angesprochen fühlen, wenn wir uns selbst nicht als „Töchter Zions" verstehen: Besitzt die *Matthäus-Passion* auch dann für uns Bedeutung, Relevanz?

Diese Frage mag zunächst überraschen, deutet sie doch an, dass wir die *Matthäus-Passion* – vorübergehend – aus ihrem christlich-religiösen Kontext herauslösen. Dürfen wir das überhaupt?

Wir sollten es tun, schon allein deswegen, weil sich durch die *Matthäus-Passion* auch sehr viele Menschen angesprochen fühlen, die der christlichen Religion nicht nahestehen. Darüber hinaus wurde schon im Kontext der *Johannes-Passion* (BWV 245) konstatiert, dass religiöse Fragen vielfach grundlegende Themen des Menschen ansprechen, sodass geistliche Werke – wenn sie diese existenziellen Themen berühren – auch das Interesse jener Menschen auf sich ziehen, die sich selbst nicht als „religiös" bezeichnen würden. Versuchen wir also, diese Frage schon im Kontext des Eingangschores zu beantworten.

Versetzen wir uns nun nicht in die damalige Gemeinde – jene, die am 11. April 1727 (dem Karfreitag jenes Jahres) die Erstaufführung der *Matthäus-Passion* verfolgte –, sondern in die heutige Zuhörerschaft.

Ein großer Unterschied zwischen „damals" und „heute" liegt schon allein darin, dass – wie bereits dargelegt – zum Zeitpunkt ihrer Entstehung sowohl die *Johannes-Passion* als auch die *Matthäus-Passion* nur im Kontext eines Gottesdienstes dargeboten werden konnten und sich dabei um die Predigt gruppierten. Heute hingegen steht die Aufführung selbst ganz im Zentrum und findet dabei auch nicht notwendigerweise in einem Gotteshaus statt, sondern häufig in einem Konzertsaal. Mit dieser Loslösung aus dem Gottesdienst und der Predigt sind auch spezifische Interpretationskontexte verlorengegangen. Dies heißt aber nicht, dass den Zuhörern damit der Zugang zur *Matthäus-Passion*, ebenso wie der Zugang zur *Johannes-Passion*, genommen wäre. Er ist heute nur vielfach ein anderer.

Beginnen wir auch hier mit dem Instrumentalvorspiel: Jene vier für das Instrumentalvorspiel – wie auch für den gesamten Eingangschor – charakteristischen Merkmale, die zu Beginn dieses Abschnittes über die *Matthäus-Passion* genannt wurden, verfehlen nicht ihre Wirkung auf die heutige Zuhörerschaft.

Mit der Tonart e-Moll assoziiert auch der heutige Hörer großen Ernst, und die pulsierende rhythmische Figur des erstes Orgelpunktes vermittelt auch einem heutigen Publikum den Eindruck, dass sich hier eine Menschenmenge zu einem Kondukt, einem festlichen Geleitzug formiert. Die identische rhythmische Figur des um eine Quint erhöhten Orgelpunktes wenige Takte später legt den Eindruck nahe, dass sich dieser Kondukt noch einmal neu formiert. Die aufsteigenden Basslinien scheinen den „Aufstieg" dieses Geleitzugs in die Stadt Jerusalem zu symbolisieren, und die scharf heraustretenden Bläserstimmen werden auch von heutigen Hörern durchaus im Sinne des Weinens und Klagens gedeutet.

Damit ist ein wichtiges Moment der Musik in der *Matthäus-Passion* angesprochen: Diese vermag auch noch nach Jahrhunderten wichtige Botschaften der Passion zu vermitteln, was auf den hohen symbolischen Gehalt hindeutet, der diese Musik eignet. Und weiter, nun in den Vokalteil des Eingangschores eintretend: Die Wechselchöre wecken auch bei heutigen Rezipienten den Eindruck, in ein dramatisches Geschehen hineingenommen zu sein, ja, mitten in diesem zu stehen, sich von diesem nicht einfach abgrenzen oder distanzieren zu können.

Die vom Chor I ausgehenden Zurufe („Sehet!") kann der Hörer durchaus auch als an sich selbst gerichtete Zurufe interpretieren, die vom Chor II ausgerufenen Fragen durchaus als Fragen, die auch er selbst stellt. Und schließlich die Verbindung von Textaussage mit musikalischem Gehalt: „Kommt, ihr Töchter, helft mir klagen", musikalisch unterlegt mit einer intensiven Bewegung aller vier Stimmen des ersten Chors – werden damit nicht Erinnerungen an Situationen angestoßen, in denen der Hörer selbst zutiefst verunsichert, aufgewühlt, wenn nicht sogar verzweifelt war? Sind damit nicht auch Situationen gemeint, die den Menschen mit großen Verlusten konfrontierten? Vor allem dann, wenn der Hörer an einer schweren, vielleicht sogar zum Tode führenden Krankheit leidet: Spürt er in dieser textlich-musikalischen Aussage nicht auch seine eigenen Sorgen und Ängste? Die durch alle Stimmen hindurchgehende Bewegung erinnert auch an ein aufgewühltes Volk. Es ist in Aufruhr, eben weil Unrecht geschieht, ja, noch mehr: Weil der Erlöser ans Kreuz geschlagen wird. Aber vermag nicht schon allein die Tatsache, dass Unrecht geschieht, dass Menschen einen Unschuldigen verfolgen und schließlich kreuzigen, im Hörer Widerstand und Empörung hervorzurufen, eine Reaktion, die sich in dem Hörerlebnis widerspiegelt?

Und weiter heißt es im Eingangschor: „Seht – Wohin? – auf unsere Schuld"; die Tatsache, dass die aus Zuruf („Seht"), Frage („Wohin?") und Antwort („auf unsere Schuld") gebildete Folge viermal hintereinander erklingt und zudem die Frage („Wohin?") in dieser Sequenz jeweils mehrfach gesungen wird, lässt das Faktum der Schuld besonders deutlich vernehmbar werden. Der Hörer wird also schon im Eingangschor mit der Frage konfrontiert: „Wann, in welcher Weise und wem gegenüber bist Du schuldig geworden?" Zugleich ist im Eingangschor von Vergebung die Rede, wenn nämlich der Sopran-Chor aus dem Choral *O Lamm Gottes, unschuldig* zitiert: „All Sünd hast Du getragen". Somit konzentriert sich der Eingangschor nicht allein auf das Schuld-Erleben, sondern führt dieses vielmehr zur Hoffnung auf Vergebung. Auch wenn die eigentliche Intention der Passion eine theologische und religiöse ist, so wird doch gerade am Beispiel der Schuld sichtbar, wie sehr die thematisierten Fragen die Existenz eines jeden Menschen – des gläubigen ebenso wie des nicht gläubigen – berühren.

Beispiele für eine durch das Hören von geistlicher Musik ausgelöste kritische und selbstkritische Betrachtung unseres eigenen Verhaltens gegenüber anderen, Not leidenden Menschen, aber auch der Art und Weise, wie Menschen und Völker mit anderen Menschen und Völkern umgehen, finden sich in der Literatur immer wieder. Sie zeigen uns, wie grundlegend die durch die geistliche Musik vermittelten Themen für die Kritik, und eben auch für die Selbstkritik des Menschen sind.

Eines dieser vielen Beispiele sei hier genannt: Das 1989 erschienene Buch *Wer hat dich so geschlagen?* vereint „widerborstige Meditationen" von Dorothee Sölle, Günter Wallraff, Luise Rinser und Hans Küng. Dabei wählen die Autorinnen und Autoren als Ausgangspunkt für ihre widerborstige, das heißt, grundlegende Kritik an unserem Umgang mit der Schöpfung – mit Natur, Mensch und Tier – äußernden Gedanken jeweils ein Werk aus der geistlichen Musik. Sie zeigen damit auf, wie sehr die in dem jeweiligen geistlichen Werk behandelten Themen fundamentale Fragen berühren, nämlich unseren Umgang mit uns selbst, unseren Umgang mit Gottes Schöpfung, unseren Umgang mit sozialer Ungleichheit in unserer Gesellschaft wie auch in der Welt, unser Scheitern vor dem christlichen Friedensgebot.

Dorothee Sölle (1989) eröffnet ihre Meditation zur *Johannes-Passion* – und hier zum Choral *Wer hat dich so geschlagen* – mit der Aussage:

> Gott, lass uns nicht schlafen, wenn deine Söhne und Töchter gequält werden. Lass uns wachen und beten. – Als ich zehn Jahre alt war, 1939, hatte Christus das Gesicht des alten jüdischen Geschäftsmannes bei uns an der Ecke, dem man bei der Gestapo die Zähne ausgeschlagen hatte. Im vorigen Jahr hatte er die Gestalt eines kleinen Mädchens auf den Philippinen, das sich an den Sextourismus verkaufen musste. Am heutigen Tag, da wir diesen Gottesdienst feiern, wird Jesus 40.000 Mal verhungern als ein Kind der Dritten Welt. ... Jesus wird auch heute zu Tod gefoltert und stirbt an der Kälte der Welt. Er stirbt unsere Sünden (S. 9).

Günter Wallraff (1989) konzipiert seine Meditation „Und macht euch die Erde untertan ... " zum Oratorium *Die Schöpfung* von Joseph Haydn als „Widerrede", in der wir lesen:

> „Am Anfang schuf Gott Himmel und Erde. Und die Erde war wüst und leer, und es war finster aus der Tiefe." Diese Worte aus der biblischen Schöpfungsgeschichte sind in jüngster Zeit vielfach zitiert worden: als Prophezeiung. Wüst und leer und finster, so würde die Erde aussehen nach dem atomaren Holocaust. Amerikanische Klimaexperten haben herausgefunden, dass durch die unzähligen Brände – von Industrieregionen, Ölfeldern, Städten, Wäldern – der Himmel wochen- und monatelang verdunkelt wäre. Die Folge: eine endlose Dezemberdämmerung, auch im Sommer (S. 27).

Und an anderer Stelle heißt es:

> Sich zum Ebenbild Gottes machen: Trotz Babel, trotz der Sintflut, trotz der Beben und Kriegskatastrophen, die die Welt erschütterten, haben die Mächtigen der Welt am wenigsten dazugelernt. Sie sind es, die sich nicht – im Sinne Jesu – bescheiden „Kinder Gottes" nennen, sondern sich als Vertreter Gottes, als von Gottes Gnaden Eingesetzte oder gleich als gottgleich verstehen (S. 29).

Luise Rinser (1989) rückt in ihrer Meditation mit dem Titel „Die Mächtigen stürzt er vom Thron – ein politisches Gebet" zum *Magnificat* von Johann Sebastian Bach zunächst die Jungfräulichkeit der Mirjam (der aramäische Name für Maria) in das Zentrum ihrer Betrachtung, wobei sie diese Jungfräulichkeit im Sinne des „Freiseins des Menschen von seinem eigenen Ich" deutet:

> Der große mittelalterliche Mystiker Meister Eckhart gibt uns in einer seiner Predigten eine überwältigend einfache Erklärung dessen, was Jungfräulichkeit eigentlich ist. Es ist nicht wesentlich körperliche Unberührtheit, sondern das Freisein eines Menschen von seinem eigenen Ich mit seinen heftigen Wünschen und falschen Vorstellungen. Als Mirjam ihr „Fiat" sprach, sagte sie damit: „Ich bin leer von mir selbst, ich bin nichts als Bereitschaft für meine Aufgabe, ich stelle mich bedingungslos zur Verfügung". In allen spirituellen Religionen finden wir im Wesenskern diese Vorstellung vom Leersein. Nur ein Ich-los gewordener Mensch kann offenes Gefäß sein für das Einströmen des Gottesgeistes. Alle unsere Meditationsübungen zielen auf dieses Leersein, und ebendieses Leersein ist das, was der Mystiker Meister Eckhart Jungfräulichkeit nennt (S. 61).

Ein weiteres Thema ihrer Meditation bildet die politisch-soziale Veränderung mit dem Ziel des Abbaus von sozialer und materieller Ungleichheit und der Beseitigung von politischer Unterdrückung. So lesen wir:

Ganz offenkundig hat seine Botschaft vom Erscheinen des Messias etwas zu tun mit der Vision Mirjams von der großen sozialen Veränderung auf dieser Erde, und offenkundig ist das Mädchen Mirjam in dem Augenblick, in dem sie das göttliche Zeugungswort aufnahm, in eine andere Dimension erhoben und zur Prophetin geworden, und ganz offenkundig wird ihr selbst eine bedeutende Rolle auferlegt bei der Veränderung auf Erden. Es geht um politisch-soziale Veränderung: um die gründliche Heilung der heillos gewordenen Verhältnisse auf unserer Erde. Heilung durch einen Umsturz, so heißt es im *Magnificat*. „Die Reichen und Mächtigen werden gestürzt, die Armen erhoben" (S. 65).

In seiner Meditation „Opium des Volkes?" zur *Krönungsmesse* von Wolfgang Amadeus Mozart spricht Hans Küng (1989) unter mehreren Themen eines an – nämlich jenes der Schuld und der Vergebung –, das uns zum Inhalt des Eingangschors der *Matthäus-Passion* zurückführt. Seine Gedanken zum *Benedictus* aus dieser Messe fasst Hans Küng wie folgt zusammen:

> Gehört zu meinem Menschsein jedoch nicht auch die Erfahrung der Negativität? Und das heißt die Erfahrung von Leid, Krankheit und Sterben, aber auch die Erfahrung von Versagen, Schuld und Sünde? Mit Versagen, Schuld und Sünde ist von Anfang an jenes Symbol verbunden, „das die Sünde der Welt hinwegnimmt", das stellvertretende leidende „Gotteslamm". Und so folgt auf das Benedictus konsequenterweise der Bittruf, das Agnus Dei (S. 96).

Die hier genannten Beispiele machen deutlich, wie „aktuell" die in der geistlichen Musik erklingende christliche Botschaft ist, wenn man bereit ist, diese systematisch mit jenen Anforderungen, die das individuelle, aber eben auch das soziale und politische Leben stellt, zu verbinden, wenn man bereit ist, sich von dieser Botschaft sensibilisieren zu lassen für das Unrecht, das auf dieser Welt geschieht, ja, zu dem man durch eigenes Handeln und Verhalten selbst beiträgt.

Gleichwohl, so Erwin Koller (1989) im Nachwort zu diesen „Widerborstigen Meditationen",

> [bezeugen aber] die Rituale der Selbstvergewisserung [...] in der religiösen ebenso wie in der musikalischen Szene, wie sehr Traditionen ihre Tradition gegen sich haben (S. 104).

Aus diesem Grund, so setzt Erwin Koller fort,

> braucht es denn also starke Anwälte der Gegenwart, Mahnerinnen und Frager, Kläger und Anklägerinnen, Prophetinnen und Zweifler, Ketzer und Fromme,

die sich dem Genius des geschichtlichen Werks stellen und sich diesem selbstvergessenen Genuss in die Quere legen. Liturgie und Kirchenmusik, durch Tradition und Institution in einer – wenn auch oft imaginären – Mitte verankert, können ihren Kontrapunkt nur von den Rändern engagierter Skepsis, epochaler Bedrängnis und krisenbewusster Reflexion gewinnen (S. 104).

Kehren wir nun noch einmal zur unmittelbaren theologischen Dimension des Eingangschors zurück. Bei der musikalischen Darstellung der Passionsgeschichte ist die Eröffnung des Werkes von großer Bedeutung. Denn mit dem Exordium – wie die Eröffnung auch genannt wird – sollen die Gedanken zur Passion und zu deren wichtigsten Stationen kurz vorgestellt werden (Platen 2009). So wie das Exordium mit Blick auf eine Rede die gekonnte Einleitung bezeichnet, so bezeichnet es in der Hinwendung auf die Passionsmusik die gekonnte Eröffnung, wobei „gekonnt" heißt, dass die geistige und religiöse Dimension der Passionsgeschichte freigelegt und der Hörer in überzeugender Weise in dieses Geschehen eingeführt wird. Das Exordium der *Johannes-Passion* konzentrierte sich auf die Verherrlichung Jesu Christi, auf dessen göttliche Größe, die auch in Situationen der Demütigung („Niedrigkeit") deutlich hervortritt.

Eine andere inhaltliche Akzentuierung ist im Exordium der *Matthäus-Passion* erkennbar: In dem Eingangschor dominiert das Leiden Jesu Christi, werden die zentralen Stationen der Passion genannt, tritt nicht das Königreich Gottes in den Vordergrund, sondern vielmehr dessen Opfergang („Seht ihn! Wie? Als wie ein Lamm.") Zugleich aber wird durch die Einführung des Cantus firmus (Choral: *O Lamm Gottes, unschuldig*) die tiefere theologische Deutung des Passionsgeschehens in den Mittelpunkt gerückt – nämlich die Befreiung des Menschen vom Gesetz der Sünde und des Todes durch das Opfer Jesu Christi. Das Exordium der *Matthäus-Passion* verdichtet und verbindet Passionsgeschichte und theologische Deutung in bemerkenswerter Weise: Mit Abschluss dieses Exordiums ist der Hörer in die Textur der *Matthäus-Passion* eingeführt und zugleich in besonderer Weise für das Leiden, dem er nun begegnen wird, sensibilisiert – womit die Grundlage für das Mitleiden, das Mitklagen gelegt ist, zu dem die Anhänger Jesu Christi (Chor I) aufrufen.

Das Exordium der *Matthäus-Passion* wird in der Bach-Monographie von Albert Schweitzer (1979) wie folgt charakterisiert:

Bach sah, wie man Jesum durch die Stadt zum Kreuz führte; sein Auge erblickte die Volkshaufen, die sich durch die Stadt wälzten; er hörte, wie sie sich anriefen und antworteten. Aus dieser Vision heraus schuf er die Einleitung seiner Passion als gewaltigen Doppelchor. ... Darum ist es wohl nicht richtig, diesen Doppelchor als ein Tonstück aufzufassen, das einen idealen Schmerz schildert, und es dementsprechend fein abgetönt und in mehr langsamem Zeitmaß wiederzugeben. Es ist realistisch gedacht und stellt ein Wogen, Drängen, Heulen und Rufen dar. Was Bach hier in den Gesangspartien schreibt, ist keine Koloratur, sondern die Wiedergabe des unfassbaren, langgezogenen „Auf und Nieder", der durcheinandertönenden Stimmen eines großen Volkshaufens (Schweitzer 1979, S. 555 f).

In seiner Schrift *Johann Sebastian Bach. Die Matthäus-Passion* gelangt Emil Platen (2009) zu folgender Bewertung des Eingangschores:

> Es ist bewundernswert, wie Bach mit rein kompositorischen Mitteln die schlichte Da-Capo-Anlage der Textvorlage zu einer Entwicklungsform, auch im psychologischen Sinne, ausgestaltet hat. Dies wird deutlich in der Behandlung der beiden Chöre. Wortführer ist Chor I, er stimmt den Klagegesang an, von ihm gehen die Aufforderungen aus, zu kommen, zu sehen, zu helfen. Chor II tritt erst ab Takt 26 mit einsilbigen Fragen „Wen? Wie? Was?" in einzelnen Akkorden in Erscheinung. Im zweiten Abschnitt des Chorteils (ab Takt 57) nehmen die Fragen durch imitatorische Steigerung „Wohin? Wohin? Wohin?" an Dringlichkeit zu. Dann aber stellen die bis dahin Unschlüssigen keine echten Fragen mehr. In die Wiederaufnahme des Anfangs-Lamentos durch einige Stimmen des ersten Chores (Takt 72) singt der zweite nun mit Überzeugung sein „Sehet!" hinein, als sei er jetzt zur vollen Einsicht gelangt; gemeinsam mit dem gesamten Chor I stimmt er in die Wiederholung des großen Klagegesanges ein. Über all dem erklingt, unabhängig von dem sich vollziehenden Geschehen, aber gedanklich mit ihm verbunden, der Choral als Sinnbild für die heilsgeschichtliche Bedeutung der Passion (Platen 2009, S. 123 f).

Gehen wir über den Eingangschor hinaus und nehmen die Würdigung des Gesamtwerks der *Matthäus-Passion* in den Blick. Bei Albert Schweitzer finden wir eine solche Gesamtwürdigung, die noch einmal die Funktion der Arien und Choräle in den Passionen Johann Sebastian Bachs in Erinnerung ruft:

> Der dramatische Entwurf ist feinsinnig und schlicht zugleich. Die Passionsgeschichte wird in eine Folge von Bildern zerlegt. An den charakteristischen Punkten bricht die Erzählung ab, und die Szene, die sich eben abgespielt hat, wird Gegenstand frommer Betrachtung. Diese spricht sich in Arien, denen gewöhnlich ein ariosohaftes Rezitativ vorausgeht, aus. An kleineren Ruhepunkten werden die Gefühle der beschauenden Gläubigen in Choralversen ausgedrückt. Ihre Auswahl fiel Bach zu, da ein Dichter aus jener Zeit, der etwas auf sich hielt, sich nicht mit einer solchen untergeordneten Aufgabe abgeben konnte. Aber gerade in dieser Einfügung von Choralstrophen zeigt sich

der dichterische Sinn Bachs in seiner wahren Tiefe. Es ist unmöglich, in dem ganzen deutschen Kirchenliederschatz einen Vers zu entdecken, der die betreffende Stelle besser ausfüllen würde als der, den Bach dazu ausersah. [...] Im Ganzen zerfällt die Matthäuspassion in etwa vierundzwanzig Szenen: zwölf kleine, die durch Choräle bezeichnet werden, und zwölf größere, bei denen der Hörer während der Arien verweilt. Die Aufgabe, die Passionshandlung darzustellen und zugleich fromme Anteilnahme zu Worte kommen zu lassen, ist in einer denkbar vollendeten Weise gelöst. Je mehr man sich den dramatischen Aufriss der Matthäuspassion vergegenwärtigt, desto mehr kommt man zu der Überzeugung, dass er ein Wunderwerk ist (Schweitzer 1979, S. 555).

Christoph Wolff sieht in der *Matthäus-Passion* die Kulmination der bisher gewonnenen Erfahrungen Johann Sebastian Bachs:

Die aus 68 teilweise extrem langen Sätzen bestehende Komposition erforderte einen achtstimmigen Doppelchor und ein reich beschicktes Doppelorchester. In das Großprojekt konnte Bach zudem die umfassenden Erfahrungen einbringen, die er über einen Zeitraum von vier Jahren mit seiner Kantatenarbeit gewonnen hatte. Doch sein Ehrgeiz ging weit über das sehr bewusst gewählte monumentale Format hinaus (Wolff 2009a, S. 321).

Dieses „Wunderwerk", von dem Albert Schweitzer spricht, dieses „Über-Sich-Hinauswachsen", mit dem Christoph Wolff (2009a) und Martin Geck (2000a) Motivstruktur und Leistungsfähigkeit Johann Sebastian Bachs im Entstehungsprozess der *Matthäus-Passion* charakterisieren, steht allerdings im Kontrast zu den Erwartungen, die der Rat der Stadt Leipzig mit der Einstellung des Thomaskantors verband, wie auch den daraus erwachsenden Verpflichtungen, deren Erfüllung dieser unter Punkt sieben seines „Endgültigen Revers" („Cantoris bey der Thomas-Schule Revers") vom 5. Mai 1723 zusicherte:

Zu Beybehaltung gutter Ordnung in denen Kirchen die Music dergestalt einrichten, daß sie nicht zulang wären, auch also beschaffen seyn möge, damit sie nicht opernhafftig herauskommen, sondern die Zuhörer vielmehr zur Andacht aufmuntere (Bach-Dokumente I, 92).

Vor dem Hintergrund dieser Erwartungen und Verpflichtungen kann es nicht überraschen, dass die *Matthäus-Passion* noch weniger als die *Johannes-Passion* die Zustimmung des Rates der Stadt Leipzig fand. Vielmehr sah sich Bach Vorwürfen ausgesetzt, da er schon mit der *Johannes-Passion*, vor allem aber mit der *Matthäus-Passion* gegen die bis dahin bestehenden Usancen der Leipziger Kirchenmusik verstoßen hatte. Die zunehmenden Konflikte mit dem

Leipziger Rat, wie diese von Johann Sebastian Bach in dem bekannten „Erdmann-Brief" beschrieben werden, haben auch und vor allem in dem sehr verschiedenartigen Verständnis von Kirchenmusik ihren Ursprung – aber darüber später mehr.

Wir bleiben bei der *Matthäus-Passion* und wenden uns einigen Sätzen dieses Werkes zu – und zwar jenen, in denen die Gefangennahme Jesu Christi im Zentrum steht (Satz 26: Rezitativ, Satz 27a und 27b: Arie mit Chor I und Chor II), in denen Petrus die dreifache Verleugnung Jesu Christi beweint (Satz 38c: Rezitativ, Satz 39: Arie), in denen die Kreuzabnahme (Satz 63c: Rezitativ, Satz 64: Rezitativ, Satz 65: Arie) und schließlich die Grablegung erfolgt (Satz 66c: Rezitativ, Satz 67: Rezitativ, Satz 68: Chor I und Chor II). Immer wird der Bericht über eine der genannten Stationen der Passion ergänzt durch eine tiefgehende Betrachtung der Seele. Die hier ausgewählten Sätze geben uns wichtige Hinweise sowohl auf den Umgang mit Schuld und Schuld-Erleben als auch mit dem Tod eines geliebten Menschen. Zudem steht das Wirken Jesu Christi im Zentrum, von dem wir mit Blick auf unser Handeln und Verhalten lernen können, sowie die Empörung, die die Gefangennahme Jesu Christi auslöst.

Beginnen wir mit den Sätzen 26, 27a und 27b:

(Satz 26) Rezitativ. (Evangelist, Judas, Jesus.) *(Evangelist)* Und als er noch redete, siehe, da kam Judas, der Zwölfen einer, und mit ihm eine große Schar mit Schwertern und mit Stangen von den Hohepriestern und Ältesten des Volks. Und der Verräter hatte ihnen ein Zeichen gegeben und gesagt: „Welchen ich küssen werde, der ist's, den greifet!" Und alsbald trat er zu Jesu und sprach *(Judas):* Gegrüßet seist du, Rabbi! *(Evangelist)* und küssete ihn. Jesus aber sprach zu ihm *(Jesus)*: Mein Freund, warum bist du kommen? *(Evangelist)* Da traten sie hinzu und legten die Hände an Jesum und griffen ihn.

(Satz 27a) Arie. (Sopran-Solo, Alt-Solo, Chor I und Chor II.) *(Sopran-Solo, Alt-Solo)* So ist mein Jesus nun gefangen. – *(Chor I, Chor II)* Lasst ihn, haltet, bindet nicht! – *(Sopran-Solo, Alt-Solo)* Mond und Licht ist vor Schmerzen untergangen. – *(Chor I, Chor II)* Lasst ihn, haltet, bindet nicht! – *(Sopran-Solo, Alt-Solo)* Sie führen ihn, er ist gebunden.

(Satz 27b) Chor. (Chor I, Chor II.) Sind Blitze, sind Donner in Wolken verschwunden. Eröffne den feurigen Abgrund, o Hölle, verderbe, verschlinge, zerschelle mit plötzlicher Wut den falschen Verräter, das mördrische Blut!

In diesen Sätzen wird zunächst über die Gefangennahme Jesu berichtet, sodann wird ein Trauergesang angestimmt, der schließlich in einen dramatischen Satz übergeht, in dem die entfesselten Naturgewalten ihren musikalischen Ausdruck finden. Diese Darstellung erinnert an die sowohl in der *Johannes-Passion* als auch in der *Matthäus-Passion* vorgenommene musikalische Umschreibung der Naturgewalten nach dem Tode Jesu Christi, ja, sie geht in ihrer Dramatik sogar noch über diese hinaus. Damit wird deutlich, dass Johann Sebastian Bach in der Gefangennahme Jesu eine tiefgreifende Wendung erkennt, die das Passionsgeschehen nun nimmt. Schon die Gefangennahme und nicht erst der Tod Jesu Christi erscheint ihm wie ein qualitativer Sprung, der den Geschehensfluss aufhält, ja, der die Welt grundlegend verändert.

Natürlich, der Tod Jesu führt dann zu einem weiteren qualitativen Sprung, zu einer nochmaligen grundlegenden Veränderung der Welt. Doch schon die Gefangennahme selbst ist ein Skandalon (Σκάνδαλον), also eine zutiefst böse, von Gott wegführende und Empörung auslösende Tat! Die Empörung der Gläubigen wird von Bach sehr plastisch ausgedrückt, wenn nämlich die beiden Chöre (Chor I, Chor II) in den Trauergesang der beiden Solostimmen (Sopran, Alt) – „So ist mein Jesu nun gefangen. Mond und Licht ist vor Schmerzen untergangen." – immer wieder einwerfen: „Lasst ihn, haltet, bindet nicht!" (Satz 27a, Takt 21f, 39f, 43f). Und nachdem die beiden Solostimmen gesungen haben: „Sie führen ihn, er ist gebunden", brechen – musikalisch-symbolisch gesprochen – die Naturgewalten los (Satz 27b): Die Bassstimme eröffnet mit dem Textmotiv „Sind Blitze, sind Donner in Wolken verschwunden" diesen – mit „Vivace" überschriebenen – Satz, die drei anderen Stimmen setzen nacheinander ein, dieses Textmotiv sowie auch das entsprechende musikalische Motiv in Quartabständen imitierend (Takte 65–80).

Ab Takt 80 wird der Gesamtchor in die Chöre I und II untergliedert, wobei sich diese gegenseitig das genannte Textmotiv „Sind Blitze, sind Donner in Wolken verschwunden" zurufen – diese Zurufe verdichten sich in den Takten 95–98 auf Notenpaare (jeweils zwei Achtelnoten über „Blitze", „Donner"), bevor schließlich dieser Teil des Satzes in den Takten 99–103 die ursprüngliche musikalische Struktur des Satzes aufgreift und diesen zu einem ersten Abschluss bringt. Aber nur zu einem ersten Abschluss, nur zu einer Zäsur (Takt 104).

Chor und Orchester sind nur angehalten, der Hörer spürt, dass in dieser Zäsur selbst eine hohe Spannung liegt, die sich schließlich in dem – wieder als Wechselchor (Chor I, Chor II) angelegten – zweiten Teil des Satzes entlädt: „Eröffne den feurigen Abgrund, o Hölle". Hier rufen sich die Chöre diesen Text zu, dabei unterlegt mit einem Orchester, das die ungeheure Dynamik nur noch unterstreicht, nur noch verstärkt. In den Takten 121–125 verdichten sich die gegenseitigen Zurufe auf Notentrias (jeweils drei Achtelnoten über „zertrümmre", „verderbe", „verschlinge", „zerschelle"), bevor die beiden Chöre von Takt 130 bis zum Abschluss (Takt 136) einen identischen Text singen, mit identischen rhythmischen Figuren. Hierbei vermittelt die

Folge kurz, prägnant zu singender Achtelnoten den Eindruck, dass sich hier die Gläubigen zu einer Gruppe formieren, die den gebundenen Jesus Christus verteidigen will.

Während es im Eingangschor die leidenden und klagenden Gläubigen sind, die zu Wort kommen, sind es in diesem Satz (27a) die empörten, das Unrecht anprangernden, die angesichts des stattgefundenen Skandals kaum zu bändigen sind. Das für die gesamte *Matthäus-Passion* charakteristische Moment des Wechselchores tritt dem Hörer auch in diesem Satz sehr deutlich entgegen. Die Dynamik dieses Chors ist im Kern nicht mehr zu überbieten. Ja, hier wird ein Skandalon angezeigt!

Setzen wir fort mit jenen beiden Sätzen, in denen die Verleugnung Jesu Christi durch Petrus im Zentrum steht. Der Text dieser Sätze lautet:

(Satz 38b) Rezitativ. (Evangelist, Petrus.) *(Evangelist)* Da hub er an, sich zu verfluchen und zu schwören *(Petrus)*: Ich kenne des Menschen nicht. *(Evangelist)* Und alsbald krähete der Hahn. Da dachte Petrus an die Worte Jesu, da er zu ihm sagte: „Ehe der Hahn krähen wird, wirst du mich dreimal verleugnen". Und ging hinaus und weinete bitterlich.

(Satz 39) Arie. (Alt-Solo.) Erbarme dich, mein Gott, um meiner Zähren willen. Schaue hier, Herz und Auge weint vor dir bitterlich. Erbarme dich, mein Gott, um meiner Zähren willen. (Anmerkung des Verfassers: Zähren kann auch mit Tränen übersetzt werden.)

Die Arie *Erbarme dich, mein Gott* wird von einem Alt-Solo gesungen, begleitet von einer Solo-Violine und einem Streicherensemble mit Basso continuo. Die Solo-Violine tritt in dieser Arie deutlich hervor. Sowohl im Instrumentalvorspiel als auch in den Instrumentalzwischenspielen ist sie dominant. In jenen Teilen, in denen das Alt-Solo erklingt, tritt sie mit diesem in ein musikalisches Zwiegespräch. Der Eindruck eines Zwiegesprächs „gleichberechtigter" musikalischer Partner wird auch dadurch hervorgerufen, dass der Themenkopf des Alt-Solos mit jenem der Solovioline übereinstimmt. Hier ist nun anzumerken, dass dieser Themenkopf wiederum mit jenem Motiv korrespondiert, das Johann Sebastian Bach für die musikalische Darstellung der dritten Verleumdung Jesu durch Petrus (Petrus: „Ich kenne des Menschen nicht") wählt. Das heißt: Das „Seufzer-Motiv", mit dem die Arie „Erbarme dich, mein Gott" sowohl im Instrumentalvorspiel als auch in der Alt-Solo-Partie beginnt, greift das musikalische Verleumdungsmotiv unmittelbar auf, was deutlich machen soll, dass mit dem Schuld-Erleben („Und ging heraus und weinete bitterlich") auch das intensive Nachdenken über das Faktum des Schuldigwerdens einsetzt, das dem Trauernden noch einmal vor Augen führt, wie sehr er auf das Erbarmen Gottes, auf das Verzeihen angewiesen ist.

Der Basso continuo erklingt in diesem Satz durchgehend im Pizzicato, womit das Moment der Begleitung sowohl der Solostimme als auch des Soloinstruments noch einmal verstärkt wird. Da aber der Satz im 12/8-Takt steht und im Generalbass fast durchweg Achtelnoten gespielt werden, drängt sich auch ein anderes Hörerlebnis auf: jenes des Bewegten, des Pulsierenden, des Pochenden, das durchaus die Assoziation eines innerlich getroffenen, zutiefst betroffenen Menschen erlaubt.

Drei grundlegende Interpretationen dieses Satzes bieten sich an. Zunächst kann man hier den gläubigen Menschen erkennen, der sich mit dem Geschehen – der Verleugnung Jesu Christi, der Erschütterung und Trauer des Petrus – in hohem Maße identifiziert, der intensiv Anteil an diesem nimmt. Des Weiteren ist an den Menschen zu denken, der sich in den Worten „Erbarme Dich, o Herr, um meiner Zähren willen" selbst erkennt, der an Grenzen seines Handelns gestoßen ist, der einen schweren Verlust erlitten hat, der Anderen gegenüber schuldig geworden ist. Und drittens können sich durch diesen Satz jene besonders angesprochen fühlen, die sensibel für das Unrecht sind, das andere Menschen, wenn nicht sogar ganze Völker erfahren, für die Unterdrückung, die diese erleben, für die Not, in die sie aufgrund der Verteilungsungerechtigkeit in unserer Welt geraten sind.

Die tiefgehende Betrachtung – der eigenen Person, des Schicksals anderer Menschen, anderer Völker – ist eine entscheidende Bedingung für den veränderten Umgang mit sich selbst und nahestehenden Menschen, für die Empathie, für gefühlte und praktizierte Solidarität. Hier hat auch diese Arie ihren Platz, die eine derartige Betrachtung anzustoßen und damit temporäre Veränderungen in der Person auszulösen vermag – vor allem Veränderungen in der Einstellung zu sich selbst, zu anderen Menschen, zu existenziellen und religiösen Themen. In diesem Kontext sei noch einmal das Konstrukt der Selbstaktualisierung genannt, das die grundlegende Tendenz des Psychischen beschreibt, sich auszudrücken, sich mitzuteilen und sich zu differenzieren (Kruse 2010).

Das Sich-Ergreifen-Lassen von dem Text und der Musik dieser Arie darf als ein Beispiel für diese Selbstaktualisierungstendenz verstanden werden, die ihrerseits den Anfang einer veränderten Sicht, einer veränderten Einstellung und Haltung des Menschen bilden kann.

Dieser Prozess der emotional und geistig fundierten Betrachtung gewinnt auch große Bedeutung, wenn die Kreuzabnahme und die Vorbereitung der Grablegung thematisiert werden. Blicken wir wieder zunächst auf den Text der *Matthäus-Passion*:

(Satz 63c) Rezitativ. (Evangelist.) Und es waren viel Weiber da, die von Ferne zusahen, die da waren nachgefolget aus Galiläa und hatten ihm gedienet, unter welchen war Maria Magdalena, und Maria, die Mutter Jacobi und Joses, und die Mutter der Kinder Zebedäi. Am Abend aber kam ein reicher Mann von Arimathia, der hieß Joseph, welcher auch ein Jünger Jesu war, der ging zu Pilato und bat ihn um den Leichnam Jesu. Da befahl Pilatus, man sollte ihm ihn geben.

(Satz 64) Rezitativ. (Bass.) Am Abend, da es kühle war, ward Adams Fallen offenbar, am Abend drücket ihn der Heiland nieder. Am Abend kam die Taube wieder und trug ein Ölblatt in dem Munde. O schöne Zeit! O Abendstunde! Der Friedensschluss ist nun mit Gott gemacht, denn Jesus hat sein Kreuz vollbracht. Sein Leichnam kömmt zur Ruh, ach! Liebe Seele, bitte du, geh, lasse dir den toten Jesum schenken, o heilsames, o köstlichs Angedenken!

Satz (65) Arie. (Bass.) Mache dich, mein Herze, rein, Ich will Jesum selbst begraben. Denn er soll nunmehr in mir für und für seine süße Ruhe haben. Welt, geh aus, lass Jesum ein!

Satz 63c (Rezitativ) beschreibt die Kreuzabnahme. Eingeleitet wird diese Beschreibung mit der Aussage: „Und es waren viel Weiber da, die von ferne zusahen". Wir erfahren hier nichts von deren emotionaler Betroffenheit durch den Tod Jesu Christi, nichts von deren Leiden, deren Klagen. Eine solche Szene, wie sie hier vorgestellt wird, ist deswegen aber nicht „emotionslos", auch die Beschreibung selbst erweist sich bei näherem Hinsehen nicht als frei von Emotionen. Vielmehr spiegeln sich in der knappen Beschreibung tiefe Betroffenheit und Trauer, zudem Ratlosigkeit der Frauen angesichts des Geschehenen wider, sodass diese nur noch schweigen können. Jedes gesprochene Wort, jedes nach außen gerichtete Klagen wäre hier zu viel gewesen.

Man ist geneigt, hinzuzufügen: Welche Betriebsamkeit dominiert in unseren heutigen Tagen, wenn ein Mensch verstorben ist! Wie selten geschieht es, dass Menschen noch eine gewisse Zeit bei dem Verstorbenen bleiben, dass sie schweigen und sich in diesem Schweigen bewusst werden, was der Tod des geliebten, des geschätzten Menschen bedeutet – für diesen selbst und auch für einen selbst.

Der Soziologe Norbert Elias hat schon 1982, nämlich in seiner Schrift *Über die Einsamkeit der Sterbenden in unseren Tagen* kritisch festgestellt, dass uns heute mehr und mehr Symbole fehlen, die uns helfen, unsere innere Bewegtheit und Betroffenheit angesichts des Sterbens und des Todes eines nahestehenden Menschen auszudrücken (siehe auch Mettner 2004). Aus diesem Grunde, so konstatiert Norbert Elias, entwickeln wir gerade im Kontext des Sterbens und des Todes eine übermäßige Betriebsamkeit, um von der mangelnden Fähigkeit, Bewegtheit, Betroffenheit und Trauer auszudrücken, abzulenken. Ganz ähnlich argumentiert Armin Nassehi (2004) in einer Arbeit mit dem Titel *Worüber man nicht sprechen kann, darüber muss man schweigen.*

Über die Geschwätzigkeit des Todes in unserer Zeit. Der Blick auf die Kreuzabnahme und die Grablegung kann uns helfen, zu einer veränderten Kultur des Umgangs mit einem verstorbenen Menschen und mit uns selbst im Prozess der Trauer zu gelangen.

In einem zweiten Teil dieses Rezitativs („Am Abend aber kam ein reicher Mann von Arimathia, der hieß Joseph … ") verändert sich die Szene ihrem Inhalt, allerdings nicht ihrem emotionalen Gehalt nach: Die konzentrierte Beschreibung der Szene durch den Evangelisten, wie diese schon für den ersten Teil des Rezitativs charakteristisch war, setzt sich im zweiten Teil fort und zeigt damit, dass auch in diesem zweiten Teil eine sehr bewegende, berührende Thematik angesprochen ist: eine zu den Gläubigen, den Anhängern Jesu Christi zählende Person spürt die Verantwortung für die Abnahme des Leichnams von dem Kreuz sowie für eine würdige Grablegung.

Das nun folgende Bass-Rezitativ strahlt eine ruhige, gefasste Stimmung aus, die im Gegensatz zur Dynamik des Geschehens vom Zeitpunkt der Gefangennahme bis zum Tode Jesu Christi steht. Die musikalische Ausgestaltung dieses Satzes spiegelt die Abendstimmung wider, von der einleitend die Rede ist („Am Abend, da es kühle war"). Der Akzent dieses Satzes liegt zunächst auf dem Friedensschluss, der durch den Tod Jesu Christi mit Gott gemacht ist – nimmt Jesus Christus doch durch seinen Tod alle Schuld der Menschen auf sich. Und dieser Friedensschluss korrespondiert mit der Abendstimmung, die in besonderer Weise die Kontemplation des Menschen anzustoßen vermag – wenn sich dieser denn der Abendstimmung gegenüber öffnet.

Diese Kontemplation bildet den zweiten thematischen Akzent des Satzes: „Ach, liebe Seele, bitte du, geh, lasse dir den toten Jesum schenken." Damit soll zum Ausdruck gebracht werden, wie wichtig es ist, den Verstorbenen in sich hinein zu holen, damit er in einem und durch einen fortlebe – ein in der Psychologie der Trauer häufig verwandtes Motiv, mit dem ein wichtiges Element der Trauerarbeit charakterisiert wird (siehe dazu schon Stroebe und Stroebe 1993). Auch wenn dieses Rezitativ eine ruhige, gefasste Stimmung ausdrückt, die mit dem Friedensschluss korrespondiert, von dem hier gesprochen wird, so vermittelt es doch schon allein durch die gewählte Tonart – g-Moll – eine ernste Stimmung. Es ist zwar der Friedensschluss verwirklicht – aber eben auf der Grundlage des Todes Jesu Christi.

Emil Platen (2009) charakterisiert dieses Rezitativ in seiner Monographie über die *Matthäus-Passion* wie folgt:

> Das Rezitativ zur Kreuzabnahme wird einhellig zu den lyrischen Höhepunkten des Werkes gezählt. In ihm weicht die Hochspannung des Vorangegangenen einer idyllischen Beschaulichkeit, wenn auch der ernste Unterton spürbar

gegenwärtig bleibt. Wie so häufig in dieser Passion, meint man zunächst, eine der beteiligten Personen aus der Handlung zu hören. Wortlaut wie Stimmlage weisen auf die Person des Joseph von Arimathia. … Die auf ihn als Person der Handlung beziehbare Aussageform der Dichtung wird jedoch in den letzten Zeilen des Rezitativs, spätestens in der nachfolgenden Aria, zugunsten einer allgemeinen Betrachtung wieder aufgegeben. Von seiner musikalischen Stimmung her ist der Satz ein „Nachtstück". Die Farben sind dunkel, aber nicht kräftig gehalten durch Streicher in der Mittellage über orgelpunktartigen Fundamenttönen (Platen 2009, S. 206).

In der sich anschließenden Bass-Arie *Mache dich, mein Herze rein,* die in B-Dur und in einem 12/8-Takt gesetzt ist, wird nun der im Rezitativ ergangene Aufruf an die Seele, den verstorbenen Jesus Christus in sich hinein zu nehmen, symbolisch verwirklicht. Die Seele appelliert quasi an sich selbst, „rein" zu werden und Jesus eine Grabstätte zu bieten, damit dieser „für und für seine süße Ruhe" habe.

Die rhythmische Struktur dieses Satzes weist vier auffallende Parallelen zum Eingangschor auf: Erstens steht dieser Satz, wie der Eingangschor auch, im 12/8-Takt. Zweitens finden sich über weite Abschnitte des Satzes Notenpaare, die aus einer Viertel- und einer Achtelnote gebildet sind, was auch als charakteristisches Merkmal des Eingangschores beschrieben wurde. Drittens finden sich in diesem Satz ebenfalls immer wieder Notentrias, die aus drei Achtelnoten oder einer punktierten Viertelnote gebildet sind, eine auch für den Eingangschor charakteristische rhythmische Figur. Dabei bilden vor allem die aus einer Viertel- und einer Achtelnote gebildeten Notenpaare ein pulsierendes Element, das für diesen Satz ebenso charakteristisch ist, wie für den Eingangschor – eine vierte Parallele.

Diese vier Parallelen erlauben die Folgerung, dass der Eingangschor und die Arie *Mache dich, mein Herze, rein* in einem inneren Zusammenhang stehen. Wie lässt sich dieser deuten? Im Kern kommt in diesem Satz zum Abschluss, was im Eingangschor begonnen hatte: Das Leiden und Klagen der Gläubigen angesichts der Kreuztragung und Kreuzigung Jesu Christi verwandelt sich hier in deren Bereitschaft, dem für sie am Kreuz gestorbenen Herrn eine Ruhestätte, ein Grab im eigenen Herzen zu bereiten („… denn ich will Jesum selbst begraben", „Denn er soll nunmehr in mir für und für seine süße Ruhe haben", „Welt, geh aus, lass Jesum ein").

Der Friedensschluss, der im vorangegangenen Bass-Rezitativ hervorgehoben wurde – nämlich der Friedensschluss zwischen Gott und den Menschen –, setzt sich in dieser Arie fort: Durch den festen Platz, den Jesus Christus im Herzen des Gläubigen einnimmt, gelangt auch dieser selbst zum inneren Frieden. Die Ruhe, die Jesus Christus in ihm finden soll, legt sich auch über seine eigene Seele. Dieses Moment des Friedens und der Ruhe wird auch durch die beiden Alt-Oboen als begleitende Instrumente des Bass-Solos zum Ausdruck gebracht. Und doch täuscht dieses Moment nicht darüber hinweg, dass es sich bei der Arie um eine Elegie, einen Trauergesang handelt. Der Rahmenteil der Arie („Mache dich, mein Herze, rein") ist zwar in B-Dur gesetzt, doch der Mittelteil („Denn er soll nunmehr in mir für und für seine süße Ruhe haben") steht in der Paralleltonart, in g-Moll. Dieser Mittelteil greift damit jene Tonart auf, in der auch das Bass-Rezitativ („Am Abend, da es kühle war") erklingt, und es ist gerade diese Tonart, in der sich der Ernst des Geschehens, auch des Geschehens in dem gläubigen Menschen selbst, ausdrückt. Das elegische Moment dieser Arie wird im Mittelteil besonders offenbar. Es zeigt sich aber auch im Rahmenteil, nämlich in der hohen Intimität, die vom Bass-Solo wie auch von den Alt-Oboen ausgeht: Diese Intimität deutet auf den inneren Frieden hin, zugleich aber auf die Trauer, die hinter diesem inneren Frieden fassbar wird. Damit erweist sich diese Arie einerseits als tröstend, andererseits als sehr realistisch: Sie beschönigt nicht, sondern sie spricht den Verlust deutlich an, sie bleibt aber auch nicht bei der Verlusterfahrung stehen, sondern lässt diese in einen Prozess der inneren Verarbeitung münden.

(Satz 66) Rezitativ. (Evangelist, Chor, Pilatus.) *(Evangelist)* Und Joseph nahm den Leib und wickelte ihn in ein rein Leinwand und legte ihn in sein eigen neu Grab, welches er hatte lassen in einen Fels hauen, und wälzete einen großen Stein vor die Tür des Grabes und ging davon. Es war aber Maria Magdalena, und die andere Maria, die setzten sich gegen das Grab. Des andern Tages, der da folget nach dem Rüsttage, kamen die Hohenpriester und Pharisäer sämtlich zu Pilato und sprachen *(Chor)*: Herr, wir haben gedacht, dass dieser Verführer sprach, da er noch lebete: „Ich will nach dreien Tagen wieder auferstehen". Darum befiehl, dass man das Grab bewahre bis an den dritten Tag, auf dass nicht seine Jünger kommen und stehlen ihn und sagen zu dem Volk: „Er ist auferstanden von den Toten", und werde der letzte Betrug ärger denn der erste. *(Evangelist)* Pilatus sprach zu ihnen *(Pilatus)*: Da habt ihr die Hüter; gehet hin und verwahrets, wie ihrs wisset. *(Evangelist)* Sie gingen hin und verwahreten das Grab mit Hütern und versiegelten den Stein.

(Satz 67) Rezitativ. (Sopran-, Alt-, Tenor-, Bass-Solo, Chor II) *(Bass-Solo)* Nun ist der Herr zur Ruh gebracht. *(Chor II)* Mein Jesu, gute Nacht! *(Tenor-Solo)* Die Müh ist aus, die unsre Sünden ihm gebracht. *(Chor II)* Mein Jesu, gute Nacht! *(Alt-Solo)* O selige Gebeine, seht, wie ich euch mit Buß und Reu beweine, dass euch mein Fall in solche Not gebracht! *(Chor II)* Mein Jesu, gute Nacht! *(Sopran-Solo)* Habt lebenslang vor euer Leiden tausend Dank, dass ihr mein Seelenheil so wert geacht'. *(Chor II)* Mein Jesu, gute Nacht!

(Satz 68) Chor. (Chor I, Chor II). *(Chor I, Chor II)* Wir setzen uns mit Tränen nieder und rufen dir im Grabe zu: *(Chor I)* Ruhe sanfte, *(Chor II)* sanfte ruh! *(Chor I)* Ruht, ihr ausgesognen Glieder. *(Chor II)* Ruhet sanfte, ruhet wohl! *(Chor I)* Euer Grab und Leichenstein soll dem ängstlichen Gewissen ein bequemes Ruhekissen und der Seelen Ruhstatt sein. *(Chor II)* Ruhet sanfte, ruhet wohl! *(Chor I)* Höchst vergnügt schlummern da die Augen ein. *(Chor I, Chor II)* Wir setzen uns mit Tränen nieder und rufen dir im Grabe zu: Ruhe sanfte, sanfte ruh!

In Satz 68, dem Abschlusschor der *Matthäus-Passion*, fallen die weit ausholenden, ab- und aufsteigenden Linien des Basso continuo auf, wobei die bis zu zwei Oktaven durchmessenden, aufwärts gerichteten Sprünge zu Beginn einer Linie die Möglichkeit eröffnen, den „Abstieg" besonders zu betonen und somit die Grablegung deutlich hörbar zu machen. Zugleich wird durch den Wechsel von Ab- und Aufstieg die emotionale Bewegtheit der Gläubigen, die sich „mit Tränen niedersetzen", zum Ausdruck gebracht. Und schließlich spiegeln die immer wieder auftretenden Tonrepetitionen im Basso continuo zwischen den ab- und aufsteigenden Linien (siehe schon die Takte 1, 3, 8, 13, 15) das seelisch-geistige, das religiöse Fundament wider, auf dem die Betrachtung und Deutung des Todes Jesu Christi gründet: „Euer Grab und Leichenstein soll dem ängstlichen Gewissen ein bequemes Ruhekissen und der Seelen Ruhstatt sein", singt Chor I in den Takten 59–72, der damit ausdrücklich dieses seelisch-geistige, dieses religiöse Fundament adressiert, und der schließlich eine hoffnungsvolle Sicht auf den eigenen Tod artikuliert, wenn es heißt: „Höchst vergnügt schlummern die Augen ein" (Takt 73–80). Diese hoffnungsvolle Sicht – in dem Sinne nämlich, dass der Tod nicht das letzte Wort ist, sondern vielmehr Übergang – ist begründet durch den Tod Jesu Christi und die damit unmittelbar verbundene Sündenvergebung. Der Abschlusschor greift damit ein inhaltliches Motiv auf, das schon im Zentrum des vorangehenden Rezitativs stand, etwa wenn es in der Sopran-Solostimme heißt: „Habt lebenslang vor euer Leiden tausend Dank, dass ihr mein Seelenheil so wert geacht", wobei in diesem Teil des Rezitativs die innere Verbundenheit der individuellen Seele mit Jesus Christus ihren besonderen musikalischen Ausdruck findet.

Die anderen Solostimmen bereiten dieses inhaltliche Motiv vor. Die Alt-Solostimme verkörpert mit der Aussage „O selige Gebeine, seht, wie ich euch mit Buß und Reu beweine, dass euch mein Fall in solche Not gebracht" die büßende und trauernde Haltung der Seele (siehe hier auch die enge Verwandtschaft zu Satz 8 der *Matthäus-Passion*, „Blute nur mein Herz", in dem die Alt-Solostimme ebenfalls diese Haltung ausdrückt). Die Bass- und Tenorstimmen weisen eher konstatierend auf die Grablegung (Bass) und damit auf das Ende der Passion (Tenor) hin, wobei allerdings in der Tenor-Solostimme angedeutet wird, worin die eigentliche Ursache der Passion lag („unsre Sünden").

In der *Matthäus-Passion* findet sich, ganz ähnlich wie in der *Johannes-Passion*, zum Abschluss eine differenzierte musikalische Ausgestaltung der Betrachtung des Todes Jesu Christi durch die Gläubigen. Diese Betrachtung bleibt dabei nicht bei den Gläubigen, also bei dem gerade erlittenen Verlust und der eigenen Schuld, stehen, sondern sie gilt in gleichem Maße der Grablegung Jesu Christi selbst, der nach der Leidenszeit seine Ruhestätte finden soll („Ruht, ihr ausgesognen Glieder"). Diese Betrachtung der Grablegung ist auch psychologisch bemerkenswert.

Sie erinnert daran, dass die Fürsorge nicht mit dem eingetretenen Tod des geliebten Menschen endet, sondern sich über diesen hinaus fortsetzt. Der intensive innere Umgang mit dem Toten, der Respekt, den man der Würde des Toten bezeugt, die Sorge dafür, dass der Tote einen würdigen Ort für seine letzte Ruhe finden möge: All dies sind Aspekte, die in den Sätzen 66, 67 und 68 angesprochen und sowohl textlich als auch musikalisch differenziert ausgelegt werden. Mit Blick auf Jesus Christus tritt noch ein weiterer Aspekt in das Zentrum dieses inneren Umgangs: Das ausdrückliche Erkennen und Anerkennen des Opfers, das er auf sich genommen hat, damit die Sündenvergebung möglich wird. Auch hier können wir weiterdenken und psychologische Lehren für unseren Umgang mit dem verstorbenen Menschen ziehen: Im Gedenken an diesen werden Fragen bedeutsam, wie jene, was uns der Verstorbene bedeutet hat, in welcher Hinsicht er unser Leben beeinflusst, geprägt hat, wie wir uns diesem gegenüber verhalten haben. Die ausführliche Betrachtung der Grablegung bedeutet damit auch eine intensive Auseinandersetzung mit der gemeinsam erlebten und gestalteten Geschichte.

Die hier dargestellte Auseinandersetzung steht in einem bemerkenswerten Kontrast zu den heute erkennbaren Umgangsformen mit dem verstorbenen Menschen und seinem Leichnam. Norbert Elias (1982) zufolge bildet die „soziale Verdrängung" von Sterben und Tod ein Merkmal moderner Gesellschaften. Infolge eines „Zivilisationsschubes" (S. 21) böten sich Trauerrituale und Sinninstanzen nicht mehr an. Sie seien als soziale Antwort auf die Schwächung einer Gruppe, die eines ihrer Mitglieder verloren hat, auch nicht mehr notwendig, da die gesellschaftlichen Systeme zunehmend unabhängig von den einzelnen Individuen geworden seien.

Mit dieser Entwicklung sei, so Norbert Elias weiter, ein „Informalisierungsschub" (S. 46) einhergegangen, der den Umgang mit Sterben und Tod weitgehend privatisiere. „Die weltlichen Rituale sind zum guten Teil gefühlsleer geworden, den traditionellen weltlichen Formeln fehlt die Überzeugungskraft" (S. 46). Die soziale Verdrängung des Todes, oder wie es Norbert Elias

ausgedrückt, die „Verlegung des Todes hinter die Kulissen des Gesellschafts-
lebens" (S. 22) führe zur Einsamkeit des Sterbenden:

> Eng verbunden mit der größtmöglichen Relegierung des Sterbens und des
> Todes aus dem gesellschaftlich-geselligen Leben der Menschen und mit der
> entsprechenden Verschleierung des Sterbens, insbesondere auch vor den Kin-
> dern, ist in unseren Tagen eine eigentümliche Verlegenheit der Lebenden in
> der Gegenwart eines Sterbenden. Sie wissen oft nicht recht, was zu sagen. Der
> Sprachschatz für den Gebrauch in dieser Situation ist verhältnismäßig arm.
> Peinlichkeitsgefühle halten die Worte zurück. Für die Sterbenden selbst kann
> das recht bitter sein. Noch lebend, sind sie bereits verlassen (Elias 1982, S. 39).

Da der Tod des anderen Menschen „Mahnzeichen des eigenen Todes" bilde und Ängste des Menschen berühre, bestünden große Unsicherheiten im
Umgang mit Sterbenden; die Bezugspersonen seien häufig nicht in der Lage,
„Sterbenden diejenige Hilfe zu geben und diejenige Zuneigung zu zeigen, die
sie beim Abschied von Menschen am meisten brauchen" (S. 19). Und auch
das möglichst rasche „Aussondern" des Verstorbenen, seines Leichnams, aus
der Mitte des Lebens sei nichts anderes als Schutz vor den eigenen Ängsten.

Für Jean Paul Sartre (1993) stellt sich der Tod dem Menschen als „unreali-
sierbar" dar, er lässt sich nicht denken, er lässt sich in keinen Zukunftsentwurf
integrieren:

> Während der Tod meinen Entwürfen entgeht, weil er unrealisierbar ist, ent-
> gehe ich selbst dem Tod in meinem Entwurf. Da er das ist, was immer jenseits
> meiner Subjektivität ist, gibt es keinen Platz für ihn in meiner Subjektivität.
> Und diese Subjektivität behauptet sich nicht gegen ihn, sondern unabhängig
> von ihm, obwohl diese Behauptung sofort entfremdet wird. Wir können also
> den Tod weder denken noch erwarten, noch uns gegen ihn wappnen; aber
> deshalb sind auch unsere Entwürfe als Entwürfe unabhängig von ihm – nicht
> infolge unserer Verblendung, wie der Christ sich ausdrückt, sondern grund-
> sätzlich. Und obwohl es unzählige mögliche Haltungen gegenüber diesem
> Unrealisierbaren gibt, das obendrein zu realisieren ist, gibt es keinen Anlass,
> sie in authentische und unauthentische einzuteilen, da wir eben immer oben-
> drein sterben (Sartre 1993, S. 941).

Die Tatsache, dass der Tod nicht realisierbar, nicht zu denken, nicht zu erwarten ist, erfordert Kommunikation über ihn. Das Individuum zeigt mit
Blick auf den Tod Deutungsbedarf, und von der Kommunikation mit anderen Menschen erwartet er Deutungen, die ihm zugleich Sicherheit zu geben
vermögen. Und doch kann sich diese Sicherheit nicht wirklich einstellen, wird

doch in der Kommunikation höchstens Erfahrung „simuliert", aber die eigentliche Erfahrung nicht gewonnen.

Der Soziologe Armin Nassehi (2004) begründet die Notwendigkeit der alltagsweltlichen Kommunikation über den Tod (er verwendet hier den Begriff der „Geschwätzigkeit") mit dem Fehlen symbolischer Sinnwelten in modernen Gesellschaften. Sozial wird der Tod zwar verdrängt, doch auf individueller Ebene wird die Kommunikation über ihn sogar gesucht, denn das Problem der Sinnfindung ist nun auf das Individuum selbst übertragen. Somit kann also nicht generalisierend von einer Verdrängung des Todes gesprochen werden, sondern es ist eher eine Geschwätzigkeit zu konstatieren – eine, die dem Menschen letztlich nicht die Sicherheit der gelungenen Deutung des Todes zu vermitteln vermag. Die Kraft symbolischer Sinnwelten, die innerhalb der Gesellschaft integrativ wirken können, besitzt diese Art der Kommunikation nicht.

Der Psychologe Eric Schmitt (2012a) gelangt zu einer Interpretation dieses Dilemmas – das Fehlen von gesellschaftlich integrativen Sinnwelten einerseits, die individuelle Sinnsuche, die aber letztlich immer nur eine höchst vorläufige sein kann, andererseits –, die uns wieder in die Nähe der Passionsmusik Johann Sebastian Bachs führt. Schmitt hebt nämlich hervor:

> Das genannte Dilemma verweist ... auf die Notwendigkeit eines kontinuierlichen, offen geführten Diskurses, der vielleicht dann weniger als „Geschwätzigkeit" erscheint, wenn er sich seiner begrenzten Erkenntnis- und Begründungsmöglichkeiten bewusst ist. Wenn ... die Verlagerung des Problems der Sinnfindung auf das Individuum eine grundlegende Voraussetzung der Entwicklung moderner Gesellschaften darstellt, scheint es zudem angemessener, das individuelle Vermögen zur Distanzierung von spezifischen Handlungs- und Wirklichkeitszusammenhängen zu fördern, vielleicht sogar im Sinne eines Wiederauflebens des Memento mori, als nach Deutungsmustern zu suchen, die als verbindlich akzeptiert werden könnten (Schmitt 2012a, S. 1308).

Inwiefern führt uns diese Aussage zur Passionsmusik Johann Sebastian Bachs, zu den abschließenden Sätzen der *Matthäus-Passion* zurück? Führen wir uns noch einmal die Abfolge der Sätze 66–68 vor Augen, so erkennen wir hier gerade den Verzicht auf Deutungsmuster, „die als verbindlich akzeptiert werden könnten", und vielmehr eine Art der Darstellung des Todes, die zu einer ganz individuellen, persönlichen Deutung anzuregen vermag.

Zunächst wird mit dem Tod der Abschluss des Lebens, die Ruhe assoziiert („Nun ist der Herr zur Ruh gebracht"), wobei der Blick auch darauf gerichtet ist, was der Verstorbene für andere Menschen getan hat („Die Müh ist aus ...", „Habt lebenslang vor euer Leiden tausend Dank ..."). Der Tod

des geliebten Menschen wird beweint („Wir setzen uns mit Tränen nieder
…"), es wird nichts beschönigt, sondern es wird der Trauer und Klage Raum
gegeben. Zugleich ist der Blick auf den eigenen Tod gerichtet („Euer Grab
und Leichenstein soll dem ängstlichen Gewissen ein bequemes Ruhekissen
und der Seelen Ruhstatt sein."), wobei hier ausdrücklich mitgedacht ist, dass
durch den Tod Jesu Christi der eigene Tod seinen Schrecken verloren hat.
Und schließlich wird diese innere Ruhe und Gefasstheit mit Blick auf den eigenen Tod noch einmal erkennbar gesteigert („Höchst vergnügt schlummern
da die Augen ein.").

Ganz unabhängig vom subjektiv wahrgenommenen religiösen Gehalt der
Matthäus-Passion bildet die in den letzten Sätzen dieser Passion vorgenommene Deutung des Todes – übrigens genauso wie die Deutung der Kreuzabnahme und der Grablegung – eine sehr bemerkenswerte Form, um das memento
mori des Hörers anzustoßen, diesen zu einer sehr persönlichen Deutung des
eigenen Todes aufzufordern. Darin liegt nicht nur ein Potenzial für den einzelnen Hörer selbst, sondern auch für die Kommunikation zwischen den
verschiedenen Hörerinnen und Hörern. Die intime Darstellung der Kreuzabnahme, des Todes und der Grablegung verfehlt ihre Wirkung nicht – auch
dann nicht, wenn die *Matthäus-Passion* aus ihrem religiösen Kontext heraus-
gelöst wird. Mit dieser Passion – ebenso wie mit der *Johannes-Passion* – gelingt
es Johann Sebastian Bach (und die Librettisten seien hier ebenfalls ausdrücklich erwähnt), dem memento mori einen Ausdruck zu geben, der sehr viel
Raum für die individuelle, geistige sowie emotionale Auseinandersetzung mit
der eigenen Endlichkeit und der Endlichkeit nahestehender Menschen lässt:
Vermutlich ist dies ein wichtiger Grund dafür, dass die *Matthäus-* und die
Johannes-Passion bis heute so viele Menschen ansprechen.

Umgang mit Autoritäten:
Der unabhängige und abhängige Bach

Kehren wir zurück zu biografischen Daten, nämlich zu den Leipziger Jahren
Johann Sebastian Bachs. Dessen Bekanntheit beschränkte sich nicht auf die
Stadt Leipzig, sondern reichte weit über die Grenzen der Stadt, ja selbst über
die Grenzen des Landes hinaus. Davon zeugen Aussagen Johann Christoph
Gottscheds und Martin Heinrich Fuhrmanns über die „musicalischen Meis-
ter" der damaligen Zeit.

So schreibt Johann Christoph Gottsched im Jahr 1728:

> … Telemann … Dieser berühmte Mann ist einer von den dreyen musicalischen Meistern, die heute zu Tage unserm Vaterlande Ehre machen. Hendel wird in London von allen Kennern bewundert, und der Herr Capellmeister Bach ist in Sachsen das Haupt unter seines gleichen. Sie breiten auch ihre Sachen nicht nur in Deutschland aus, sondern Italien, Frankreich und Engelland lassen sich dieselben häufig zuschicken und vergnügen sich schon darüber (Bach-Dokumente II, 249).

Die überaus positive Einschätzung der drei Komponisten – Telemann, Händel, Bach – bildete Teil einer Polemik des Schriftstellers und Literaturtheoretikers gegen die Oper. Gottsched betonte, dass „die Meister in der Musik" ihre „göttliche Kunst" sehr viel überzeugender („edler") verwirklichen könnten, wenn sie in geistlichen und „andern erbaren Stücken" ihr Talent zeigten.

Bei Martin Heinrich Fuhrmann ist 1729 über „Die drei berühmten B" zu lesen:

> Wir haben das gelehrte Trifolium Musicum ex B. von 3. Unvergleichlichen Virtuosen, deren Geschlechts-Nahme ein B. im Schilde führet, Buxtehuden, Bachhelbel und Bachen zu Leipzig; diese gelten bey mir so viel, als Cicero bey den Lateinern (Bach-Dokumente II, 269).

Diese musikalische Autorität machte ihn so unabhängig, dass er es sich erlauben konnte, den Weisungen seiner Vorgesetzten entgegenzutreten oder diese – wenn überhaupt – nur in Teilen zu erfüllen. Seine Autorität beschränkte sich in seinem Selbstverständnis nicht allein auf Fragen der Musik, sondern schloss auch alle Fragen ein, die sich auf die musikalische Deutung des Wortes Gottes bezogen. Entsprechend ging er auch Konflikten mit Theologen nicht aus dem Weg, wenn er seine Autorität in kirchenmusikalischen Fragen untergraben sah.

Davon zeugt ein Konflikt mit dem Subdiakon der Kirche St. Nikolai, Gottlieb Gaudlitz. Dieser Konflikt betraf die Auswahl der Lieder für den Gottesdienst. Subdiakon Gaudlitz machte für sich das Recht geltend, die Lieder auszusuchen, die vor und nach der Predigt gesungen werden sollten, und griff bei der Auswahl der Lieder auch auf solche zurück, die sich nicht im „Dresdner Gesangbuch" fanden. Johann Sebastian Bach wollte sich der Forderung des Subdiakons nicht beugen, der sich seinerseits beim Konsistorium beschwerte. Da das Konsistorium dieser Beschwerde stattgab und verfügte, dass sich der Kantor in diesem Punkt der Entscheidung des Priesters zu fügen habe, wandte sich Bach mit einer Beschwerde an die Ratsherren der Stadt als seinen unmittelbaren Vorgesetzten. Um diesen Konflikt richtig einzuordnen zu können: Johann Sebastian Bach bestand zum einen darauf, dass ausschließlich das Liedgut Martin Luthers sowie der Dichter der Reformations- und Nachreformationszeit gesungen werden sollte (zu denen vor allem das Liedgut Paul Gerhardts gehörte); zum anderen fühlte er sich durch die Entscheidung des Konsistoriums in seiner musikalischen Autorität in Frage gestellt: Gegen beides begehrte er auf.

Um aufzuzeigen, wie Johann Sebastian Bach sich in solchen Konfliktsituationen verhielt und wie er dabei argumentierte, seien nachfolgend drei Briefe aufgeführt, welche die an diesem Konflikt Beteiligten damals verfasst hatten. Der erste Brief – gerichtet an das Sächsische Konsistorium zu Leipzig – stammt von dem Subdiakon Gottlieb Gaudlitz. In ihm führt Gaudlitz Klage darüber, dass sich Johann Sebastian Bach geweigert habe, die von ihm, dem Subdiakon, ausgewählten Kirchenlieder singen zu lassen, und damit seine Autorität untergraben habe.

Der zweite Brief – eine Mitteilung über die Verfügung des Konsistoriums im Streit Gaudlitz–Bach – wurde von einem Vertreter dieses Konsistoriums an den Superintendenten gesandt. Hierin unterstützt das Konsistorium die Haltung des Geistlichen und stellt ausdrücklich fest, dass jene Kirchenlieder zu singen seien, die der Geistliche ausgesucht habe.

Der dritte Brief – gerichtet an den Rat der Stadt Leipzig – wurde von Johann Sebastian Bach verfasst. In ihm pocht der Komponist auf sein Recht, das Singen jener Kirchenlieder zu verweigern, die nicht im „Dresdner Gesangbuch" stehen.

(I)
An das Chur und Fürstliche Sächßische Consistorium zu Leipzig.
Es ist ungefehr vor Jahresfrist geschehen, daß ich mit Vorbewusst Ihro Magnifizenz des Herrn Superintendenten und Einwilligung des Herrn Cantoris ein der rein Evangelischen Wahrheit gemäßes Lied in meiner ordentlichen Vesper-Predigt anzugeben den Anfang gemacht, und biß daher also fortgefahren. Nachdem aber obgedachter Herr Cantor unter dem eitelen Vorwand, daß Er seinen Successoribus nichts vergäbe, solches nicht ferner leiden will; Als sehe ich mich genöthiget, zu Ew. Magnif. Und HochEdlen Herren meine Zuflucht zu nehmen, und zu bitten, daß Sie hochgeneigt geruhen wollen, mir bey diesem allein zur Ehre Gottes abziehlenden Vornehmen, die Hand zu biethen. … Leipzig, 7. September 1728, gebeth und dienstschuldigster M. Gottlieb Gaudlitz (Bach-Dokumente I, 56).

(II)
Verfügung des Konsistoriums im Streit Gaudlitz–Bach wegen des Gemeindegesangs.
Unsern freundlichen Dienst zuvor. Wohl Ehrwürdiger, Hochgelahrter, insonders geliebter Collega, günstigster Herr und guter Freund. Demnach bey uns

der Diaconus substitutus an der Kirche zu St. Nicolaj hiesigen Orts über den Cantoren an der Schule zu St. Thomae, Iohann Sebastian Bach, wegen Singung der Lieder bei den Vesper Predigten beigefügte Beschwerde übergeben; Alß begehren, im Nahmen des Allerdurchl. Großmächtigsten Fürsten und Herrn ... wir hiermit an denselben, Er wolle gedachten Cantoren bedeuten, daß wenn die Priester, welche predigen, vor oder nach der Predigt gewisse Lieder zu singen ansagen laßen, er sich danach achten und solche singen laßen solle.... Leipzig, 8. September 1728, Die Verordneten des Chur- und Fürstl. Sächs. Consistorii allhier (Bach-Dokumente II, 246).

(III)
Eingabe an den Rat der Stadt Leipzig.
Magnifici, Hoch Edelgebohrne, HochEdle, Veste, Hoch- und Wohlgelahrte, auch Hochweise, HochzuEhrende Herren und Patroni, Ew. Magnifizenz HochEdelgebohrene und HochEdle Herrlichkeiten geruhen sich Hochgeneigt zurück zu erinnern, welchergestalt bey erfolgter vocation des mir anvertrauten Cantorats bey hiesiger Schulen zu St. Thomae ich von E. Magnificenz HochEdelgebohrenen und HochEdlen Herrlichkeiten dahin verwiesen worden, derer bißanherigen Gebräuchen bey dem öffentlichen Gottes-Dienst allenthalben gebührend nachzugehen, und keine Neuerung einzuführen, mir auch hierunter Dero hohen Schutz angedeyhen zu lassen hochgeneigt versichert. Unter diesen Gebräuchen und Gewohnheiten ist auch die Verordnung derer Geistlichen Gesänge vor und nach deren Predigt gewesen, welche mir und meinen Antecessoribus des Cantorats nach Maßgebung derer Evangeliorum und dahin eingerichteten Dreßdner-Gesangbuchs, wie es der Zeit und Umstände conuenient geschienen, lediglich überlassen worden, allermassen, wie das löbliche Ministerium es zu attestiren wissen wird, niemahls contradiction dießfalls entstanden. Diesem zu wieder aber hat sich der Subdiaconus der Kirchen St. Nicolai Herr Mag. Gottlieb Gaudlitz einer Neuerung bißanhero zu unterziehen, und an statt der bißherigen Kirchen Gebrauch gemäß geordneten Lieder, andere Gesänge anzuordnen gesuchet, und als ich wegen besorglicher consequentien darein zu condescendiren Bedencken getragen, beschwerde bey dem Hochlöblichen Consistorio wieder mich geführet, und eine Verordnung an mich ausgewürcket, Inhalts welcher ich hinküfftig diejenigen Lieder, welche mir von den Predigern angesagt werden würden, absingen lassen solle. ... Wozu kommt, daß wenn bey Kirchen Musiquen auserordentlich lange Lieder gesungen werden sollen, der Gottesdienst aufgehalten und also allerhand Unordnung zu besorgen stehen würde, zugeschweigen kein eintziger derer Herren Geistlichen, ausser der Herr Mag. Gaudlitz als Subdiaconus diese Neuerung zu introduciren suchet. Welches ich also E. Magnificenz HochEdelgebohrenen und HochEdlen Herrlichkeiten als Patronis derer Kirchen gehorsamst zu hinterbringen der Nothdurfft erachtet, mit unterthänigen Bitten, mich bey denen bißherigen üblichen Gebräuchen derer Lieder und derer Anordnung Hochgeneigt zu

schützen. Wofür lebenslang verharre E. Magnificenz HochEdelgebohrenen und HochEdlen Herrlichkeiten gehorsamster Johann Sebastian Bach. Leipzig, 20. September 1728 (Bach-Dokumente I, 19).

Es finden sich keine Dokumente, die eine Aussage darüber erlauben würden, welchen Ausgang dieser Konflikt schließlich genommen hat. Doch schon die Tatsache, dass Johann Sebastian Bach beim Rat der Stadt Leipzig Beschwerde einlegte und – vorher – den Weisungen des Subdiakons entgegengetreten war, zeigt uns, welchen Mut er aufbrachte, wenn es um die Durchsetzung von Überlegungen ging, die er als die einzig korrekten deutete; und mit Blick auf die Kirchenmusik, wie auch auf die Musik allgemein, war Johann Sebastian Bach davon überzeugt, genau zu wissen, welche Überlegungen der Sache angemessen waren und welche nicht. Langfristig scheinen die Auseinandersetzungen, die Johann Sebastian Bach betreffs der im Gottesdienst zu singenden Kirchenlieder angestoßen hat, Wirkungen erzielt zu haben, denn 1730 wandte sich der Stadtrat an den Superintendenten mit der Aufforderung, dafür Sorge zu tragen, dass neue, ungewohnte Kirchenlieder nicht im Gottesdienst gesungen würden.

Die musikalische Autorität Johann Sebastian Bachs beschränkte sich aber nicht allein auf geistliche Musik, sondern schloss auch die Instrumentalmusik ein. Hier sei angemerkt, dass der Vertrag des Thomaskantors auch dessen Engagement auf dem Gebiet der Instrumentalmusik forderte. (Mit der Ernennung zum Thomaskantor wurde ihm übrigens zugleich das Amt des Akademischen Musikdirektors der Universität Leipzig übertragen, das er sich allerdings mit Johann Gottlieb Görner, dem damaligen Organisten der Nicolaikirche, teilen musste.) Und dieser Vertragsteil kam den musikalischen Vorstellungen Johann Sebastian Bachs sehr gelegen, da sich dieser nicht nur als Kantor, sondern auch – und vor allem – als Kapellmeister verstand.

Darauf deutet zum einen die anspruchsvolle Instrumentierung seiner Oratorien und vieler Kantaten hin. Dafür sprechen zum anderen die ebenso anspruchsvollen Instrumentalwerke. Es ist nicht überraschend, dass bei den Erörterungen zur Nachfolge Bachs nach dessen Tod verschiedentlich gefordert wurde, die Thomasschule müsse fortan von einem Kantor und nicht von einem Kapellmeister geleitet werden.

Folgen wir der Bach-Monografie von Christoph Wolff (2009a), so wurden in Leipzig unter Johann Sebastian Bachs Leitung insgesamt 1500 Aufführungen gegeben, die nicht selten von 2000 Zuhörern besucht wurden. Dieses Datum zeigt, wie sehr sich Johann Sebastian Bach als Musiker verstand, der danach strebte, die Musiktheorie in Kompositionen und Aufführungen umzusetzen. Dadurch mussten zwangsläufig vertraglich definierte Verpflichtungen wie die Mitverantwortung für den Latein-Unterricht, die Stimmbildung

oder die Arbeit auch mit den weniger leistungsfähigen Chören der Thomasschule (die immerhin vier Gesangsgruppen unterhielt) mehr und mehr in den
Hintergrund treten.

Auch dies rief Konflikte hervor, wie Ratsprotokolle aus dem Jahr 1730
deutlich machen:

> Herr Pro-Cons. D. Höltzel, votirte uf Herrn M. Geßnern, wünschte aber,
> daß es beßer seyn möchte, als mit dem Cantor. Leipzig, 8.6.1730 (Bach-
> Dokumente II, 278).

> … der Cantor möge eine derer untersten Claßen besorgen, es habe derselbe
> sich nicht so, wie es seyn sollen, aufgeführt, ohne Vorwissen des Reg. Herrn
> Bürgerm. einen Chor Schüler aufs Land geschicket. Ohne genommenen Ur-
> laub verreiset etc. welches ihm zu verweisen u. er zu admoniren seyn, voriezo
> habe man zu überlegen, ob man nicht obige Claßen mit einer andern Person
> versorgen wolle. … Herr HoffRath Lange, Es sey alles wahr, was wieder den
> Cantor erinnert worden u. könne man ihm admoniren … Herr HoffR. Ste-
> ger, es thue der Cantor nicht allein nichts, sondern wolle sich auch diesfals
> nicht erklären, halte die Singestunden nicht, es kämen auch andere Beschwer-
> den dazu, Änderung würde nöthig seyn, es müße doch einmahl brechen, laße
> sich also gefallen, daß eine andere Einrichtung gemachet werde. … Hier wur-
> de resolviret, dem Cantor die Besoldung zu verkümmern. … Etiam, weil der
> Cantor incorrigibel sey. Leipzig, 2.8.1730 (Bach Dokumente II, 280).

> Mit dem Cantor Bachen habe Er geredet, der aber schlechte lust zur arbeit
> bezeige … Leipzig, 25.8.1730 (Bach-Dokumente II, 281).

Die drei Protokolle deuten darauf hin, dass sich im Rat der Stadt Leipzig
deutlicher Widerstand gegen den Thomaskantor formiert hatte, der nicht nur
auf die großen Unterschiede im Verständnis der Dienstaufgaben des Kantors
zurückzuführen war, auch nicht nur auf Versäumnisse, die man diesem unterstellte, sondern auch auf die mangelnde Anerkennung der geistlichen und
weltlichen Autoritäten durch den Kantor. Die Aussage, „weil der Cantor incorrigibel sey", weist nur zu deutlich auf den beklagten Mangel an Respekt
vor den Vorgesetzten hin. Dabei stand in der Dienstanweisung, und zwar an
prominenter Stelle, dass der Kantor dem „Hochweisen Rathe allen schuldigen
respect und Gehorsam erweisen" müsse. Die Entscheidung der Ratsmitglieder, „dem Cantor die Besoldung zu verkümmern", musste Johann Sebastian
Bach in zweifacher Hinsicht treffen, zum einen in materieller, da er sich als
unzureichend besoldet erlebte, zum anderen in ideeller, weil die Kürzung der
Besoldung für ihn eine Untergrabung seiner Autorität bedeuten musste.

In dieser Situation verfasste Johann Sebastian Bach am 23. August 1730 eine Eingabe an den Rat der Stadt Leipzig, in der er vor allem eine bessere Bezahlung der Musiker forderte und hervorhob, dass die derzeit bestehende Bezahlung das Motiv der Musiker, sich zu „perfectioniren", geradezu unterminiere. Zudem kontrastierte er die – seiner Meinung nach – völlig unzureichende berufliche Situation der Musiker mit jener Situation, welche diese in Dresden anträfen. Mit diesem Vergleich appellierte er an den Wettbewerbsgedanken der Ratsmitglieder gegenüber dem Dresdener Kulturleben.

Nachfolgend sei aus dieser Eingabe an den Rat der Stadt Leipzig zitiert:

Kurtzer, jedoch höchstnöthiger Entwurff einer wohlbestallten Kirchen Music; nebst einigen unvorgreiflichen Bedencken von den Verfall derselben.

... Hiernechst kann nicht unberühret bleiben, daß durch bisherige reception so vieler untüchtigen und zur Music sich gar nicht schickenden Knaben, die Music nothwendig sich hat vergeringern und ins abnehmen gerathen müßen. Denn es gar wohl zu begreifen, daß ein Knabe, so gar nichts von der Music weiß, ja nicht ein mahl eine secundam im Halse formiren kann, auch kein musicalisch naturel haben könne; consequenter niemahln zur Music zu gebrauchen sey. ... Es ist ohne dem etwas Wunderliches, da man von denen teutschen Musicis proetendiret, Sie sollen capable seyn, allerhand arthen von Music, sie komme nun aus Italien oder Franckreich, Engeland oder Pohlen, so fort ex tempore zu musiciren, wie es etwa diejenigen Virtuosen, vor die es gesetzet ist, und welche es lange vorhero studiret ja fast auswendig können, überdem auch quod notandum in schweren Solde stehen, deren Müh und Fleiß mithin reichlich belohnet wird, praestiren können; man solches doch nicht consideriren will, sondern läßet Sie ihrer eigenen Sorge über, da denn mancher vor Sorgen der Nahrung nicht dahin dencken kann, um sich zu perfectioniren, noch weniger zu distinguiren. Mit einem exempel diesen Satz zu erweisen, darff man nur nach Dreßßden gehen, und sehen, wie daselbst von Königlicher Majestät die Musici salariret werden ... (Bach-Dokumente I, 22).

Es sei erwähnt, dass diese Eingabe zu einem Zeitpunkt erfolgte, zu dem – nach dem Tod des früheren Leiters der Thomasschule, Johann Heinrich Ernesti – Matthias Gesner bereits zum neuen Rektor ernannt worden war (8. Juli 1730). Da Johann Sebastian Bach Matthias Gesner schon von Ausbildungszeiten her kannte, durfte er von diesem eine Unterstützung seiner Eingabe erwarten, und es kann davon ausgegangen werden, dass diese mit dem neuen Rektor abgesprochen war. Gesner setzte eine Erweiterung und Renovierung der Thomasschule durch. Davon profitierte Bach unmittelbar, da diese Maßnahmen auch seine Dienstwohnung betrafen. Vor allem aber setzte Gesner Reformen der Schulordnung durch, die sich auch positiv auf die musikalische

Ausbildung der Schüler sowie auf die Arbeit der Chöre in der Thomasschule auswirken mussten.

Die Eingabe Johann Sebastian Bachs an den Rat der Stadt Leipzig blieb durch diesen unbeantwortet. In der fehlenden Antwort zeigte sich erneut die Reserviertheit wichtiger Ratsmitglieder gegenüber dem Kantor und Kapellmeister.

Eine Krise im beruflichen Leben Johann Sebastian Bachs – und deren Bewältigung

Die Auseinandersetzungen Johann Sebastian Bachs mit dem Rat der Stadt Leipzig, vor allem aber die Befürchtung, mit Leipzig einen Ort gewählt zu haben, in dem seine musikalischen Leistungen nicht ausreichend gewürdigt werden und in dem die Musiker keine angemessenen Rahmenbedingungen für eine anspruchsvolle Musik finden, führten zu einer seelischen Krise des Kantors. Diese gab den Anstoß zu einem ausführlichen Schreiben an Georg Erdmann, das Bach am 28. Oktober 1730 verfasste. Es wurde schon an anderer Stelle hervorgehoben, dass sich Bach mit schriftlichen Mitteilungen über seine persönliche Situation ganz zurückhielt – weswegen wir auch so wenig über seine persönlichen Motive wissen. Die Tatsache nun, dass er sich ganz offen an einen früheren Freund wandte und in diesem Brief Auskunft über sein augenblickliches Befinden, ja sogar über einzelne biografische Stationen gab, muss angesichts seiner ansonsten gezeigten Zurückhaltung in der Schilderung persönlicher Anliegen als etwas Besonderes gedeutet werden. Und man kann, wenn man den Inhalt des Briefes an Erdmann genauer betrachtet, davon ausgehen, dass die seelische Krise, die Bach 1730 erlebte, etwas Außergewöhnliches darstellte – sie gab den Anstoß zu dem Brief (Abb. 2.12).

Georg Erdmann (1682–1732) war zu diesem Zeitpunkt kaiserlich-russischer Gesandter und Hofrat in Danzig. Wir erinnern uns: Bach war seinerzeit mit Erdmann nach Lüneburg aufgebrochen, da beide am dortigen St. Michaelskloster ihre schulische wie auch ihre musikalische Ausbildung fortsetzen wollten. Bei der Darstellung dieser biografischen Station hatten wir kurz auf den Brief an Georg Erdmann Bezug genommen. Das Schreiben sei an dieser Stelle nun in Gänze wiedergegeben, weil es für das Verständnis der Lebenssituation Johann Sebastian Bachs in den Jahren 1729/30 wichtig ist. Darüber hinaus – dies darf nicht vergessen werden – stellt es Bachs einzigen schriftlich niedergelegten „biografischen Rückblick" dar.

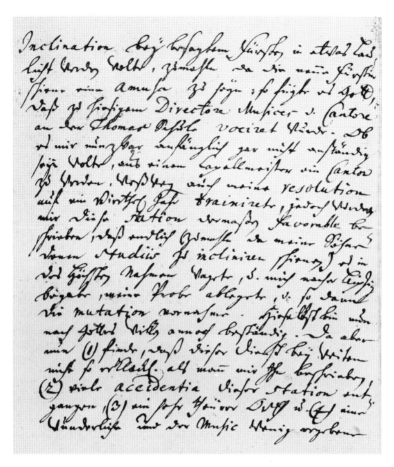

Abb. 2.12 Brief Johann Sebastian Bachs an Georg Erdmann Bach vom 28.10.1730, Seite 2. Handschrift Bachs. (© dpa-Picture-Alliance)

Hoch Wohlgebohner Herr.

Ew: Hochwohlgebohren werden einem alten treüen Diener bestens excusiren, daß er sich die Freyheit nimmet Ihnen mit diesen zu incommodiren. Es werden nunmehr fast 4 Jahre verfloßen seyn, da E: Hochwohlgebohren auf mein an Ihnen abgelaßenes mit einer gütigen Antworten mich beglückten; Wenn mich dann entsinne, daß Ihnen wegen meiner Fatalitäten einige Nachricht zu geben, hochgeneigt verlanget wurde, als soll solches hiermit gehorsamst erstattet werden. Von Jugend auf sind Ihnen meine Fata bestens bewust, biß auf die mutation, so mich als Capellmeister nach Cöthen zohe. Daselbst hatte einen gnädigen und Music so wohl liebenden als kennenden Fürsten; bey welchem auch vermeinete meine Lebenszeit zu beschließen. Es muste sich aber fügen, daß erwehnter Serenißimus sich mit einer Berenburgischer Princeßin vermählete, da es denn das Ansehen gewinnen wolte, als ob die musicalische

Inclination bey besagtem Fürsten in etwas laulicht werden wolte, zumahln da die neüe Fürstin schiene eine amusa zu seyn: so fügte es Gott, daß zu hiesigem Directore Musices u. Cantore an der Thomas Schule vociret wurde. Ob es mir nun zwar anfänglich gar nicht anständig seyn wolte, aus einem Capellmeister ein Cantor zu werden, weßwegen auch meine resolution auf ein vierthel Jahr trainirte, jedoch wurde mir diese station dermaßen favorable beschrieben, daß endlich (zumahln da meine Söhne denen studiis zu incliniren schienen) es in des Höchsten Nahmen wagete, u. mich nacher Leipzig begabe, meine Probe ablegete, u. so dann die Mutation vornahme. Hieselbst bin nun nach Gottes Willen annoch beständig. Da aber nun (1) finde, daß dieser Dienst bey weitem nicht so erklecklich als mann mir Ihn beschrieben, (2) viele accidentia dieser station entgangen, (3) ein sehr theürer Orth u. (4) eine wunderliche und der Music wenig ergebene Obrigkeit ist, mithin fast in stetem Verdruß, Neid und Verfolgung leben muß, als werde genöthiget werden mit des Höchsten Beystand meine Fortun anderweitig zu suchen. Solten Eu: Hochwohlgebohren vor einen alten treüen Diener dasiges Ohrtes eine convenable station wißen oder finden, so ersuche gantz gehorsamst vor mich eine hochgeneigte recommendation einzulegen; an mir soll es nicht manquieren, daß dem hochgeneigten Vorspruch und interceßion einige satisfaction zu geben, mich bestens beflißen seyn werde. Meine itzige station belaufet sich etwa auf 700 rthl. , und wenn es etwas mehrere, als ordinairement, Leichen gibt, so steigen auch nach proportion die accidentia; ist aber eine gesunde Lufft, so fallen hingegen auch solche, wie denn voriges jahr an ordinairen Leichen accidentien über 100 rthl. Einbuße gehabt. In Thüringen kan ich mit 400 rthl. weiter kommen als hiesigen Ohrtes mit noch einmahl so vielen hunderten, wegen der exceßiven kostbahren Lebensahrt. Nunmehro muß doch auch mit noch wenigen von meinem häüßlichen Zustande etwas erwehnen. Ich bin zum 2ten Mahl verheurathet und ist meine erstere Frau seelig in Cöthen gestorben. Aus ersterer Ehe sind am Leben 3 Söhne und eine Tochter, wie solche Eu. Hochwohlgebohren annoch in Weimar gesehen zu haben, sich hochgeneigt erinnern werden. Aus 2ter Ehe sind am Leben 1 Sohn u. 2 Töchter. Mein ältester Sohn ist ein Studiosus Juris, die anderen beyden frequentiren noch, einer primam, der andere 2dam Classem, u. die älteste Tochter ist auch noch unverheurathet. Die Kinder anderer Ehe sind noch klein, u. der Knabe als erstegebohrener 6 Jahr alt. Insgesamt aber sind sie gebohrene Musici, u. kan versichern, daß schon ein Concert Vocaliter u. Instrumentaliter mit meiner Famillie formiren kan, zumahln da meine itzige Frau gar einen sauberen Soprano singet, auch meine älteste Tochter nicht schlimm einschlägt. Ich überschreite fast das Maaß der Höflichkeit wenn Eu: Hochwohlgebohren mit mehreren incommodire, derowegen eile zum Schluß mit allem ergebenen respect zeit Lebens verharrend

Eu: Hochwohlgebohren
gantz gehorsamst-
ergebenster Diener
Joh: Sebast: Bach
(Bach-Dokumente I, 23)

Es sind sechs Aspekte, die in diesem Brief besonders hervorstechen.

(I) „Es werden nunmehr fast 4 Jahre verfloßen seyn, da E: Hochwohlgebohren auf mein an Ihnen abgelaßenes mit einer gütigen Antworten mich
beglückten": Johann Sebastian Bach hatte sich vor diesem Brief vier Jahre
lang nicht mehr bei Georg Erdmann gemeldet. Daraus folgt, dass er sich zum
Zeitpunkt der Abfassung dieses Briefes in einer seelischen Krise befunden haben muss und nach einem Ausweg aus dieser suchte, denn warum hätte er
sonst nach dieser langen Zeit seinem früheren Mitschüler schreiben sollen,
wo er doch private Korrespondenz zu scheuen schien?

(II) „Daselbst hatte einen gnädigen und Music so wohl liebenden als kennenden Fürsten": Im Rückblick auf seine Biografie erscheinen ihm die Jahre
in Köthen als besonders erfüllt, vor allem hebt sich die durch den Fürsten
erfahrene Förderung deutlich von jenen Einschränkungen ab, denen er sich –
zumindest in seinem eigenen Erleben – durch seine Vorgesetzten in Leipzig
ausgesetzt sieht, die er dabei als „eine wunderliche und der Music wenig ergebene Obrigkeit" charakterisiert.

(III) „Ob es mir nun zwar anfänglich gar nicht anständig seyn wolte, aus
einem Capellmeister ein Cantor zu werden": Hier finden wir noch einmal
einen Hinweis auf die berufliche, die musikalische Identität Johann Sebastian
Bachs. Er fühlte sich schon vor seiner Leipziger Zeit eher als Kapellmeister
denn als Kantor – diese Identität stand aber im Gegensatz zu den Erwartungen, die der Rat der Stadt Leipzig an den Thomaskantor richtete.

(IV) „Ein sehr theürer Orth ist", „mithin fast in stetem Verdruß, Neid
und Verfolgung leben muß": Johann Sebastian weist auf die seiner Meinung
nach unzureichende Besoldung hin, zudem spricht er die Konflikte mit seinen
Vorgesetzten sehr deutlich an.

(V) „Als werde genöthiget werden mit des Höchsten Beystand meine Fortun anderweitig zu suchen", „eine convenable station wißen oder finden, so
ersuche gantz gehorsamst vor mich eine hochgeneigte recommendation einzulegen": Er setzt sich ernsthaft mit der Frage auseinander, inwieweit ein
Stellenwechsel möglich sein könnte, und er hat den Mut, Georg Erdmann
um Unterstützung bei der Suche nach einer neuen Stelle zu bitten – er, der
sich immer für seine Familienangehörigen und Schüler eingesetzt hat, wenn
es um die Suche nach einer geeigneten Stelle für diese ging.

(VI) „Insgesamt aber sind sie gebohrene Musici, u. kan versichern, daß schon ein Concert Vocaliter u. Instrumentaliter mit meiner Famillie formieren kann": Johann Sebastian Bach findet in seiner Familie Erfüllung. Er blickt nicht nur mit Freude, sondern auch mit einem gewissen Stolz auf seine Angehörigen und hebt dabei die Entwicklung einzelner Kinder ausdrücklich hervor.

Auch wenn dieser Brief in einer untertänigen Haltung geschrieben ist (darauf wurde schon hingewiesen), so ist er doch als wertvolles persönliches Dokument zu werten, weil Johann Sebastian Bach offen fünf persönliche Lebensthemen anspricht, die ihn zum Zeitpunkt der Abfassung des Briefes besonders beschäftigen: (a) Die mangelnde Wertschätzung in Leipzig, (b) die Sorge, von seinen Vorgesetzten benachteiligt zu werden, (c) der Wunsch nach verbesserten Lebens- und Arbeitsbedingungen, (d) die Erinnerungen an Köthen, (e) die positive familiäre Situation (vor allem die Entwicklung seiner Kinder). Diese Lebensthemen werden in dem Brief bemerkenswert prägnant ausgedrückt, auch wenn die Sprache bisweilen umständlich ist und eher an ein offizielles als an ein persönliches Schreiben erinnert. Doch woher sollte Johann Sebastian Bach die Erfahrung in persönlicher Korrespondenz haben, wenn er diese doch immer gemieden hat? (Hier ist allerdings auch zu berücksichtigen, dass Erdmann inzwischen als Bediensteter des Kaisers einen sehr hohen gesellschaftlichen Rang inne hatte, weswegen Bach auch zu dem formellen Tonfall tendiert haben könnte. In diesem Falle spricht er Erdmann weniger als den persönlichen Freund an, sondern vielmehr als eine gesellschaftlich höher stehende Person, die ihm berufliche Kontakte vermitteln kann.)

Gehen wir aber noch einmal ein Jahr zurück, nämlich in das Jahr 1729. Johann Sebastian Bach hatte nicht nur eine Neuordnung der Organistenämter in der Stadt Leipzig durchgesetzt, sondern er hatte auch die Leitung des Collegium Musicum übernommen, eines in Leipzig sehr angesehenen (studentischen) Instrumentalensembles, das 1701 von Georg Philipp Telemann gegründet worden war. Neben der Kirchenmusik musste Bach nun auch noch die Verantwortung für eine wöchentliche Konzertreihe übernehmen, wobei die meisten Konzerte im Zimmermannischen Caffe-Hauß in der Katharinenstraße 14 stattfanden (dieses Haus wurde 1943 zerstört) (Abb. 2.13).

Man kann davon ausgehen, dass im Zeitraum von 1729 bis 1741 (über diesen Zeitraum war Johann Sebastian Bach Direktor des Collegium Musicum) ungefähr 500 Konzerte gegeben wurden, für die er unmittelbar verantwortlich war. Hierbei bedenke man, dass er diese Verpflichtungen auf sich nahm, obwohl er gleichzeitig das gesamte Aufgabenspektrum als Thomaskantor zu bewältigen hatte. Dabei darf man nicht vergessen, dass sich mit diesem neuen „Nebenamt" eine bemerkenswerte Finanzquelle auftat. Daraus spricht sein

Abb. 2.13 Zimmermannisches Caffe-Hauß in der Katharinenstraße 14. Seit 1729 konzertierte Bach hier mit seinem studentischen Collegium musicum. Außenansicht des Eckgebäudes. (© dpa-Picture-Alliance)

überaus großes Interesse an der Instrumentalmusik (für Orchester ebenso wie für Soloinstrumente), daraus spricht aber auch sein Bedürfnis nach wachsender Autonomie gegenüber seinen Vorgesetzten im Rat der Stadt.

Johann Sebastian Bach schrieb für das Collegium Musicum nicht nur zahlreiche Instrumentalwerke (von denen viele verlorengegangen sind), sondern auch weltliche Kantaten. Unter diesen hat die Kantate *Schweigt stille, plaudert nicht* (BWV 211), auch „Kaffeekantate" genannt, besondere Popularität gewonnen (der Text dieses Stücks geht auf Picander zurück). Sie beschreibt in humorvoller Weise das bürgerliche Leben der Leipziger. Herr Schlendrian (Bass) versucht mit allen Mitteln – zu denen auch Drohungen gehören – seiner Tochter Liesgen (Sopran) das tägliche Kaffeetrinken auszutreiben. Er erklärt, dass er die Erlaubnis zu ihrer Heirat geben wolle, wenn Liesgen sich umgekehrt bereit erkläre, fortan auf das Kaffeetrinken zu verzichten. Liesgen willigt zwar ein, tut jedoch in ihrem Bekanntenkreis kund, dass sie nur einen Mann als Ehemann akzeptiere, der ihr das Kaffeetrinken ausdrücklich erlaube.

Im Hinblick auf die für das Collegium Musicum komponierten Werke kommt auch den Cembalokonzerten besondere Bedeutung zu, vor allem den

Konzerten für zwei, drei und vier Cembali (BWV 1060–1065). Es wird nämlich angenommen, dass Bach mit diesen Konzerten seinen beiden ältesten
Söhnen, aber auch Schülern, die Möglichkeit eröffnen wollte, solistisch auf-
zutreten.

Hier nun ist der Hinweis wichtig, dass Johann Sebastian Bach auch in
Leipzig ein hoch geschätzter und viel gefragter Lehrer war, der sogar die Bereitschaft zeigte, Schüler in seinem Haushalt aufzunehmen. Er verfolgte das
Ziel, seine Schüler sowohl für das Konzertieren als auch für das Komponieren
zu qualifizieren – was ihm häufig gelang: Aus dem Unterricht des Thomaskantors und Direktors des Collegium Musicum ist eine „Schule" anerkannter
Musiker hervorgegangen. Man muss dies im Auge behalten, wenn man im
Hinblick auf Johann Sebastian Bach von „Unterricht" spricht: Diese Ausbildung galt hoch talentierten Schülern, die auf eine anspruchsvolle Tätigkeit
als Musiker vorbereitet werden sollten. Im Zeitraum von 1731 bis 1741 entstand konsequenterweise eine vierteilige Sammlung für Cembalo und Orgel
mit dem Titel *Clavierübungen I–IV*.

Clavierübung I=
Partiten (BWV 825–830);

Clavierübung II=
Ouvertüre h-Moll (BWV 831), Italienisches Konzert F-Dur (BWV 971);

Clavierübung III=
Präludium und Fuge Es-Dur (BWV 552), Choralbearbeitungen (BWV 669
und 689), Duette (BWV 802–805);

Clavierübung IV=
Aria mit 30 Variationen („Goldberg Variationen") (BWV 988) (Abb. 2.14).

Dabei darf der Titel „Clavierübungen" nicht darüber hinwegtäuschen, dass
es sich hier um „Übungen" für wirklich erfahrene, sowohl in ihrer Musikalität als auch in ihrer Technik weit entwickelte Cembalisten (heute würde man
hinzufügen: Pianisten) und Organisten handelt. Und es sind keine „Übungen" im herkömmlichen Sinne, sondern Meisterwerke, die bis heute in Konzerten und Gottesdiensten erklingen. Um nur ein Beispiel zu geben: Der für
die *Clavierübung IV* gewählte Titel

Clavier Übung/bestehend/in einer/ARIA/mit verschiedenen Veraenderun-
gen/vors Clavicimbal/mit 2 Manualen./Denen Liebhabern zur Gemüths-
/Ergetzung verfertiget/von/Johann Sebastian Bach/Königl. Pohl. u. Churf.
Saechs. Hoff/Compositeur, Capellmeister, u. Directore/Chori Musici in Leipzig./Nürnberg in Verlegung/Balthasar Schmids.

Abb. 2.14 Goldberg-Variationen (BWV 988), Titelblatt des Erstdrucks

lässt nicht darauf schließen, dass es sich hier um eines der technisch und interpretatorisch anspruchsvollsten Stücke handelt, die überhaupt für Cembalo oder Klavier komponiert wurden.

Eine „radikal" andere Deutung des Todes – Das Verständnis des „Geistes" in den Motetten Johann Sebastian Bachs

Blicken wir nun noch einmal in das Jahr 1729 zurück, denn es ist das Todesjahr von Johann Heinrich Ernesti, dem Rektor der Thomasschule (Todesdatum: 16. Oktober 1729).

Ernesti war von 1684 bis 1729 Thomasschulrektor. Zum Zeitpunkt seines Todes war er 77 Jahre alt. Neben diesem Rektorat hatte er (und zwar seit 1691) eine Professur an der Universität Leipzig inne. Ernesti brachte Johann Sebastian Bach hohe Wertschätzung entgegen, er förderte den Thomaschor und seinen Kantor, was ihm auch dadurch gelang, dass er zu den damals prominentesten Persönlichkeiten Leipzigs gehörte. Für Bach bedeutete Ernestis Tod einen großen Verlust.

Die von Johann Sebastian Bach anlässlich der Beisetzung des verstorbenen Rektors der Thomasschule komponierte Motette für zwei vierstimmige Chöre: *Der Geist hilft unser Schwachheit auf* (BWV 226) verdient besondere Erwähnung. Diese Motette, vor allem der erste Teil ihres Eröffnungssatzes, würde einen nie vermuten lassen, dass sie für Trauerfeierlichkeiten geschrieben wurde („Bey Beerdigung des seel. Herrn Profeßoris u. Rectoris Ernesti", so ist auf dem Umschlag für die Stimmen der Motette zu lesen). Eher würde man an ein freudiges Ereignis als Kompositions- und Aufführungsanlass denken. Ihre Tonart (B-Dur), aber auch die sich gegenseitig „Der Geist hilft unser Schwachheit auf" zurufenden Chöre bringen eine Leichtigkeit, eine Beschwingtheit zum Ausdruck, dass der Hörer den Eindruck gewinnen muss, es handele sich hier um einen Tanz – und in der Tat, der erste Teil des Eröffnungssatzes erinnert an einen Passepied (Anmerkung: Ein Passepied ist ein französischer Rundtanz der Barockmusik). Der zweite Teil des Eröffnungssatzes (F-Dur), „denn wir wissen nicht, was wir beten sollen", zeichnet sich durch seinen kantablen, liedhaften Charakter aus. Er wirkt wie eine Einladung an den Hörer, mitzusingen, zu einem Teil des Chores zu werden.

Der Text dieser Motette ist dem Römerbrief entnommen, in dem es heißt:

Desgleichen auch der Geist hilft unsrer Schwachheit auf. Denn wir wissen nicht, was wir beten sollen, wie sich's gebührt; sondern der Geist selbst vertritt uns aufs beste mit unaussprechlichem Seufzen (Römer 8, 26).

Der aber die Herzen erforscht, der weiß, was des Geistes Sinn sei; denn er vertritt die Heiligen nach dem, das Gott gefällt (Römer 8, 27).

Beim Hören dieser Motette gewinnt man den Eindruck, dass Johann Sebastian Bach den „Geist" nicht als etwas Abstraktes, sondern vielmehr als etwas Konkretes, Aktives, in höchstem Maße Lebendiges begreift. Welcher musikalische Ausdruck dieser theologisch so bedeutsamen Aussage des Römerbriefes zeigt sich hier aber auch welche Kenntnis der menschlichen Seele, die hier in ihrer ganzen Dynamik dargestellt wird – und dies selbst im Prozess der Reflexion über den Tod.

In seiner Monografie *Johann Sebastian Bach. Die Motetten* charakterisiert der Musikwissenschaftler Klaus Hoffmann (2006) die Motette *Der Geist hilft unser Schwachheit auf* im Sinne einer „frohen Botschaft", im Sinne eines „Tanzes":

Bach überrascht seine Zuhörer. Wie der Text den Anlass seiner Vertonung, so gibt die Musik den ihrer Entstehung nicht leicht preis. Eine frohe Botschaft ist es, die die Musik der Trauergemeinde zu überbringen hat; und so eröffnet Bach seine Motette denn nicht mit Tönen der Klage, sondern recht beschwingt: mit einem Tanzthema; der Anfang der Motette präsentiert sich – wie den Kennern unter den Teilnehmern der Trauerfeierlichkeiten schwerlich entgangen sein wird – als ein nur leicht ins Vokale verbrämter Passepied, als ein Tanz, den Bachs Hamburger Kantorenkollege Johann Mattheson in seinem „Vollkommenen Capellmeister" von 1739 zu den „hurtigen Melodien" zählt und als – im ursprünglichen, positiven Wortsinne – „leichtsinnig" charakterisiert (S. 85).

Und in einer frühen Arbeit zum Geist-Verständnis in dieser Motette ist bei dem Musikwissenschaftler Diether de la Motte (1974) zu lesen:

> Der Geist in dieser Musik ist nicht irgendein „Hoch im Himmel, über den Wolken", keine dem Menschen fremde Macht, die ehrfurchtsvolle Schauer in uns erweckt, kein dunkel bewegt in sich Ruhendes. Bachs Geist klingt irdisch, tätig, aktiv. Auch senkt sich dieser so lebendige Geist ja nicht von irgendwo oben auf uns herab, nein, er steigt auf, aus der Schwachheit unseres Menschseins heraus, fürsprechend Gott entgegen, steigt also aus menschlichen Leibern heraus auf; er klingt auf in Kehlen dieser Welt, und warum sollen sich als Sprachrohr dessen, das aus uns heraus klingen will, nicht die schönsten Stimmen und brillanteste kompositorische Kunst zur Verfügung stellen (S. 236).

Auch wenn *Jesu, meine Freude* (BWV 227) – eine Motette für fünfstimmigen Chor – vermutlich nicht in jener Zeit komponiert wurde, in der die Motette *Der Geist hilft unser Schwachheit auf* entstanden ist, so muss doch auf diese hingewiesen werden – erstens, weil auch hier Teile des Textes dem Römerbrief entnommen sind (Römer 8, 1–2, 9–11), zweitens, weil sich hier ein vergleichbarer musikalischer Ausdruck des „Geistes" findet, und drittens schließlich, weil es sich mit großer Wahrscheinlichkeit auch hier um eine Motette handelt, die aus Anlass einer Beisetzung komponiert wurde. Bernhard Friedrich Richter hatte in einer im Jahre 1912 veröffentlichten Arbeit die in der Musikwissenschaft lange Zeit geteilte Annahme aufgestellt, dass die Motette für einen Gedächtnisgottesdienst am 18.7.1723 komponiert worden sei, der für die verstorbene Johanna Maria Kees, Tochter eines Leipziger Theologieprofessors, gehalten wurde. Allerdings wird diese These heute nicht mehr vertreten, gleichwohl wird weiter von der Annahme ausgegangen, dass es sich um eine Trauermotette handelt.

Dieses Werk ist aus elf Einzelsätzen gebildet. Sechs Sätze bauen auf dem 1650 von Johann Franck verfassten Kirchenlied *Jesu, meine Freude* auf (dessen Melodie stammt von Johann Crueger). Weitere fünf Sätze, die zwischen den

Choralversen erklingen, stammen aus dem Römerbrief (Römer 8, 1–11). Die erste Strophe des Kirchenliedes lautet:

> Jesu, meine Freude, meines Herzens Weide, Jesu, meine Zier. Ach, wie lang, ach lange ist dem Herzen bange, und verlangt nach dir! Gottes Lamm, mein Bräutigam, außer dir soll mir auf Erden nichts sonst Liebers werden.

Und die dem Römerbrief (8, 1–2, 9–11) entnommenen Sätze lauten:

> Röm 1 So ist nun nichts Verdammliches an denen, die in Christo Jesu sind, die nicht nach dem Fleisch wandeln, sondern nach dem Geist. Röm 2 Denn das Gesetz des Geistes, der da lebendig macht in Christo Jesu, hat mich frei gemacht von dem Gesetz der Sünde und des Todes. Röm 9 Ihr aber seid nicht fleischlich, sondern geistlich, so anders Gottes Geist in euch wohnt. Wer aber Christi Geist nicht hat, der ist nicht sein. Röm 10 So nun aber Christus in euch ist, so ist der Leib zwar tot um der Sünde willen, der Geist aber ist Leben um der Gerechtigkeit willen. Röm 11 So nun der Geist des, der Jesum von den Toten auferweckt hat, in euch wohnt, so wird auch derselbe, der Christum von den Toten auferweckt hat, eure sterblichen Leiber lebendig machen um deswillen, dass sein Geist in euch wohnt.

Nachfolgend sind die Anfänge der elf Einzelsätze mit jeweiliger Quellenangabe angeführt:

1. *Jesu, meine Freude* (1. Strophe des Kirchenliedes)
2. *Es ist nun nichts Verdammliches* (nach Römer 8, 1 und 8, 4)
3. *Unter deinem Schirmen* (2. Strophe des Kirchenliedes)
4. *Denn das Gesetz* (nach Römer 8, 2)
5. *Trotz dem alten Drachen* (3. Strophe des Kirchenliedes)
6. *Ihr aber seid nicht fleischlich* (nach Römer 8, 9, Mittel- oder Achsensatz der Motette)
7. *Weg mit allen Schätzen* (4. Strophe des Kirchenliedes)
8. *So aber Christus in euch ist* (nach Römer 8, 10)
9. *Gute Nacht, o Wesen* (5. Strophe des Kirchenliedes)
10. *So nun der Geist* (nach Römer 8, 11)
11. *Weicht, ihr Trauergeister* (6. Strophe des Kirchenliedes)

Eine der Besonderheiten dieser Motette ist sicherlich darin zu sehen, dass sie ein Kirchenlied mit Aussagen aus dem Römerbrief verbindet, wobei hier eine für den christlichen Glauben zentrale Stelle des Römerbriefes aufgegriffen wird. In ihr steht die Relation zwischen „Fleisch" und „Geist", zwischen irdischem und ewigem Leben im Zentrum, und die Erlösungszusage („so wird auch derselbe, der Christum von den Toten auferweckt hat, eure sterblichen

Leiber lebendig machen") wird besonders hervorgehoben. Die Verschränkung zwischen Kirchenlied – Huldigung Jesu Christi, Liebe zu Jesus Christus – und Römerbrief – Leben in Jesu Christo und Erlösung durch diesen – lässt sich zunächst in der Hinsicht deuten, dass Johann Sebastian Bach die im Kirchenlied ausgedrückte Huldigung und Liebe mithilfe der Aussagen aus dem Römerbrief „erklären" will: Im Römerbrief wird dargelegt, dass durch den Tod und die Auferstehung Jesu Christi etwas Großes geschaffen wurde – nämlich die Befreiung des Menschen vom Gesetz der Sünde und des Todes. Dies „erklärt" die Verehrung Christi, wie sie im Kirchenlied, vor allem in dessen erster Strophe, zu sehen ist. Doch diese Integration von Kirchenlied und Texten aus dem Römerbrief ist auch musikalisch anspruchsvoll, innovativ und interessant: Die sechs Verse des Kirchenliedes geben der Motette ihre musikalische Einheit, ihre Geschlossenheit (wobei anzumerken ist, dass Johann Sebastian Bach die Melodie des Kirchenliedes auf eindrucksvolle Weise variiert). Mit den Texten aus dem Römerbrief tritt das Moment der Vielfalt hinzu. In der musikalischen Vertonung ebendieser Texte zeigt sich eine bemerkenswerte Variabilität im Hinblick auf Formen, Motive und Stimmführung. Vor allem aber wird den Trauernden mit dieser Motette Hoffnung vermittelt, nämlich durch das völlig veränderte Todesverständnis: Das Leben im Geiste lässt den Tod nicht als letztes Wort erscheinen, sondern vielmehr als einen – uns zwar nicht zur Gänze verständlichen und „begreiflichen", aber mit der Erlösungszusage angekündigten – „Übergang".

Die in der Motette *Der Geist hilft unser Schwachheit auf* als Verwandlung, als Übergang zum Ausdruck kommende Neuinterpretation des Todes bildet auch das Thema der Motette *Jesu, meine Freude* und wird dort besonders akzentuiert. Wenn nun die Motetten allesamt als Werke zu verstehen sind, deren eigentliches Thema der „Tod" bildet, so könnte man von den beiden Motetten *Der Geist hilft unser Schwachheit auf* und *Jesu, meine Freude* aus betrachtet sagen: Nicht der Tod, sondern die Überwindung des Todes, die Verwandlung des Menschen („Siehe, ich sage Euch ein Geheimnis: Wir werden nicht alle entschlafen, wir werden aber alle verwandelt werden"; 1 Kor 5, 51) steht hier im Zentrum. Und in der Art und Weise, wie die Motetten musikalisch aufgebaut und geformt sind, drückt sich auch eine bemerkenswerte psychologische Leistung aus: Der Trauergemeinde wird eine völlig andere – man kann sagen: für den christlichen Glauben in der Barockzeit charakteristische – Deutung des Todes nahegebracht. Dies geschieht vielfach schon durch die Tonarten (Dur-Tonarten), aber auch und vor allem durch die Dynamik, die in diesen Werken vorherrscht. Man denke hier übrigens auch an die Motette *Singet dem Herrn ein neues Lied* (BWV 225), in der diese Dynamik – durch die Wechselchörigkeit, durch die raschen Tempi, die in diesem Werk vorherrschen – besonders deutlich aufscheint.

In der Motette *Jesu, meine Freude* bildet Satz 6 den Mittel- oder Achsensatz, um den die anderen Sätze symmetrisch angeordnet sind: *Ihr aber seid nicht fleischlich, sondern geistlich, so anders Gottes Geist in euch wohnt. Wer aber Christi Geist nicht hat, der ist nicht sein* (Römer 8, 9). Dieser in G-Dur stehende Satz beginnt mit einer Fuge, wobei die Koloraturen über dem Wort „geistlich" auffallen: Auch darin kommt das dynamische, motivierende, antreibende Moment des Geistes zum Ausdruck – ein Geistesverständnis, das mit jenem der Motette *Der Geist hilft unser Schwachheit auf* in auffälliger Weise korrespondiert: Auch dort finden sich über dem Wort „Geist" Koloraturen, die den Eindruck des Dynamischen, des Motivierenden, des Antreibenden mitbedingen, den speziell der Eröffnungssatz der Motette vermittelt. Den Beginn dieses Eröffnungssatzes bildet eine Melodielinie des Soprans (zunächst des Chores I, dann des Chores II), deren Teil diese Koloraturen bilden. Sie werden später auf die Altstimmen (beider Chöre) übergehen. Die bewegte Basslinie beider Chöre unterlegt die im Wechsel erklingenden Einwürfe der beiden Gesangsgruppen: „Der Geist hilft". Auch hier gewinnt der Satz geradezu etwas Leichtes, etwas Tänzerisches, verbunden mit einer starken Spannung, die über dem gesamten Klangkörper liegt. Erneut: Welches Verständnis des Geistes ist hier festzustellen, das nicht nur theologisch, sondern auch psychologisch so befruchtend ist! Wir sollen, so lautet die Botschaft, nicht vor dem Tod erstarren, sondern uns öffnen für neue Deutungen dieser Grenzsituation, für die Hoffnung, die uns vermittelt wird.

Eine reichhaltige Deutung der Motette *Jesu, meine Freude* gibt Klaus Hoffmann (2006), wenn er schreibt:

> Für die meisten Verehrer des Thomaskantors und vor allem die Chorsänger unter ihnen übertrifft sie all ihre Schwestern, ist sie nicht *eine*, sondern *die* Bach-Motette: Häufiger gesungen als alle übrigen zusammen, verdankt die Motette „Jesu, meine Freude" ihre Beliebtheit einer Kombination von Vorzügen unterschiedlicher Art, aufführungspraktischen ebenso wie inhaltlichen und vor allem künstlerischen. Als einzige unter den unzweifelhaft authentischen Motetten verlangt sie weder Doppelchor noch obligate Instrumente; fünf Singstimmen reichen aus, das Werk aufzuführen. Und die Texte haben Gewicht: Da sind die Verse aus dem Römerbrief, zentrale Aussagen christlicher Dogmatik – welch eine Lehre und welche Verheißung: Wer in Christus ist, wandelt nicht nach dem Fleisch (nicht nach seiner animalischen Natur), sondern nach dem Geist und wird damit frei von Verdammnis. Denn, so sagt Paulus: der Geist entbindet von den Zwängen der Sünde, überwindet das Gesetz des Todes, macht lebendig, macht frei. Zwar stirbt unser Leib, als Folge der Sünde; aber der Geist Gottes, der Jesus von den Toten auferweckt hat, wird auch uns wieder lebendig machen. Da sind zum anderen die sechs Strophen des brandenburgischen Liederdichters Johann Franck (1653), die

so ganz andere, wärmere Töne und, frei von Dogmatik und Dialektik, einen Hymnus der Jesusliebe anstimmen: Jesu, meine Freude, meines Herzens Weide, mein Bräutigam, mein Ergötzen, meine Lust, mein Freudenmeister! Es sind Töne der Inbrunst, Bekundungen unbegrenzten Vertrauens, Absagen zugleich an alles „Welthafte", an „Stolz und Pracht" und „Lasterleben", an das, was Paulus „Fleisch" nennt – und dies ist auch der Angelpunkt der Verbindung der beiden so ungleichen Texte. Die schöne, in der evangelischen Welt wohlbekannte Melodie des Berliner Nicolaikantors Johann Crüger (1653) ist beseelt von Innigkeit und Kraft und geleitet den Hörer verlässlich durch das ganze Werk. Dieses Ganze aber zeichnet sich aus durch künstlerische Vielfalt. Breiter als in irgendeinem der Schwesterwerke zeigt sich die Palette des Meisters. Die Reihe der Kirchenliedstrophen beginnt und endet mit der einfachsten Gestalt, dem homophonen Kantionalsatz, aber dazwischen ereignet sich mancherlei Variation der Formen und Affekte, und Ähnliches gilt von den Bibelspruchsätzen (S. 116).

Und wenn wir abschließend die Motetten in ihrer Gesamtheit begreifen, sind zwei Aussagen wertvoll – die eine zum Klangeindruck, die andere zur Funktion:

Albert Schweitzer (1979) umschreibt in seiner Monografie zu Johann Sebastian Bach den Klangeindruck, den die Motetten vermitteln, wie folgt:

> Die musikalische Schönheit der Motetten wird durch keinen Geringeren als Mozart bezeugt, dem bei dem Anhören von *Singet dem Herrn* die Größe Bachs mit einem Male aufging. In einem Brief an Goethe verheißt Zelter dem Freunde, er würde sich, wenn es ihm vergönnt wäre, der Aufführung einer Bachschen Motette beizuwohnen, „im Mittelpunkt der Welt" fühlen. Und wirklich versinkt beim Erklingen dieser Töne die Welt mit ihrer Unruhe, ihrer Sorge und ihrem Leid. Der Hörer ist allein mit Bach, der seine Seele mit dem wunderbaren Frieden, den er im Herzen trug, stille macht und ihn hinaushebt über alles, was war und ist und kommt. Wenn die Töne verklungen sind, ist es, als müsste man stille sitzen bleiben und mit gefalteten Händen dem Meister für das danken, was er den Menschen gibt (S. 628).

Konrad Küster (1999a) nimmt eine differenzierte, für unsere Überlegungen – „Wie deutet Johann Sebastian Bach die Grenzsituationen unseres Lebens, vor allem die Grenzsituation des Sterbens und des Todes?" – wichtige Analyse jener „Funktion" vor, die den Motetten im Verständnis des Thomaskantors zukommt:

> Naheliegend ist daher nur, dass Motetten für (...) einen weiteren gottesdienstlichen Anlass entstanden (...): für Trauer- und Begräbnisgottesdienste. Dies ist als Entstehungsanlass der Motette *Der Geist hilft* BWV 226 ausdrück-

lich belegt. (…) Auf eine ähnliche Bestimmung verweist die Motette *O Jesu Christ, meins Lebens Licht* BWV 118: Besetzt mit „Litui" (tiefen Tenortrompeten), Zinken und Posaunen, kommen in der um 1736/37 entstandenen Endfassung dieses Werkes nur transportable Instrumente vor, zudem solche, die bei nahezu jeder Gelegenheit auch unter freiem Himmel gespielt werden können (im Regen können Streichinstrumente nicht eingesetzt werden). Dies deutet darauf hin, dass die Komposition auch am Grab oder bei einer Trauerprozession aufgeführt werden konnte. Die musikalische Diktion der Motette *Der Geist hilft*, die unzweifelhaft als Trauerkomposition entstanden ist, ließe diese Bestimmung allerdings nicht vermuten. Doch da dies ausdrücklich belegt ist, zeigt diese Komposition auch, dass etwa die A-Dur-Musik der Motette *Fürchte dich nicht* BWV 228 nicht gegen die Entstehung als Trauermusik spricht; ohnehin legt der Text, der immer wieder als Begräbniswort Verwendung fand, diese Beziehung nahe. Daher lässt sich dies nicht einmal für *Singet dem Herrn* BWV 225 ausschließen; auch hier fördern bestimmte Textpassagen den Eindruck, es könne sich um eine Trauerkomposition handeln (die Zeilen des eingebauten Chorals „… also der Mensch vergehet, sein End, das ist ihm nah"). (…) Diese Zweckbindung Bach'scher Motetten erschließt sich also eher aus den Texten als aus der „Stimmung", die die Musik auszustrahlen scheint. Dies ist kein Widerspruch, sondern deutet auf eine andere Todesauffassung hin, als sie heute vertraut ist; je stärker der Gedanke der Erlösung aus dem irdischen Leben in ihr ist und je größer der Wunsch, den Hinterbliebenen die Aussicht auf ein Leben nach dem Tod als etwas Versöhnliches nahezubringen, desto plausibler wird auch das Klangbild der Motette *Der Geist hilft*, das sich auch als Pfingstmusik verstehen ließe, als Trauermusik (S. 516).

Wir hatten die Darstellung biografischer Stationen Johann Sebastian Bachs unterbrochen. Diese Darstellung soll nun fortgesetzt und in kurzen Zügen abgeschlossen werden – sie reicht in diesem Kapitel bis zur Begegnung zwischen Friedrich dem Großen und Johann Sebastian Bach im Mai 1747. Die letzten Lebensjahre Johann Sebastian Bachs (Sommer 1747 bis Sommer 1750) bilden den biografischen Kern des folgenden, dritten Kapitels. Welche biografischen Daten bis Mai 1747 sind anzuführen?

Nach dem Tod des sächsischen Kurfürsten August im Jahr 1733 wächst in Johann Sebastian Bach die Hoffnung auf eine Anstellung als „Polnischer und Kursächsischer Hofkomponist" in Dresden. Er überreicht dem neuen sächsischen Kurfürsten die damals abgeschlossenen Teile der *Missa in h-Moll*. Es gibt nicht wenige Musikwissenschaftler, die diese eher als katholische denn als evangelische Missa deuten. Zu berücksichtigen ist hier, dass der sächsische Kurfürst auch König von Polen war, mithin eines Landes, in dem der Anteil der katholischen Bevölkerung traditionell hoch war.

1736 wurde Bach der Titel eines „Kursächsisch und Königlich Polnischen Hof-Compositeurs" verliehen. Mit diesem Titel war nicht nur eine (nochmalige) offizielle Anerkennung seiner musikalischen Leistungen verbunden, sondern auch ein gewisser Schutz Bachs vor der Willkür seiner Vorgesetzten. In den 1740er-Jahren konzentrierte sich der Kantor noch stärker auf den Unterricht sowie auf die Schaffung von Werken, die zum einen die Musiktheorie und Kompositionslehre voranbringen, zum anderen als „musikalisches Erbe" an die nachfolgenden Musikergenerationen dienen sollten.

Seine hohe Intellektualität, seine Aufgeschlossenheit gegenüber anderen Menschen wie auch seine prominente Stellung in Leipzig und weit über die Stadtgrenzen hinaus eröffneten ihm die Möglichkeit, Kontakte zu einflussreichen Persönlichkeiten herzustellen – in Kirche, Kultur, Wissenschaft und Administration. Von besonderer Bedeutung war die Einladung durch Friedrich den Großen im Mai 1747, an der vermutlich auch sein Sohn Carl Philipp Emanuel beteiligt war, der Mitglied der Hofkapelle des Königs war.

Aus diesem Besuch ist das *Musikalische Opfer* (BWV 1079) hervorgegangen, eine Sammlung von kontrapunktischen Sätzen (mit einer abschließenden Triosonate für Traversflöte, Violine und Basso continuo) über das „Königliche Thema" (Thema regium): Der König hatte Johann Sebastian Bach ein Thema mit der Forderung aufgegeben, eine dreistimmige Fuge darüber zu improvisieren. Nachdem er diese Aufgabe mit Bravour gelöst hatte – in einem Zeitungsbericht hieß es, dass „nicht nur Se. Majest. Dero allergnädigstes Wohlgefallen darüber zu bezeigen beliebten, sondern auch die sämtlichen Anwesenden in Verwunderung gesetzt wurden" –, bat der König darum, nun eine sechsstimmige Fuge über dieses Thema zu improvisieren. Johann Sebastian Bach musste hier zwar passen, versprach aber, eine entsprechende Fuge zu schreiben, in Kupfer setzen zu lassen und dann dem König zu überreichen. Dies war der Beginn seiner Arbeit am *Musikalischen Opfer*.

Martin Geck (2000b) charakterisiert in seiner Schrift *Bach – Leben und Werk* das *Musikalische Opfer* mit den Worten:

> Abgesehen von dem Grad der Kunstfertigkeit, in dem sich Bach wohl auch nicht von den alten Niederländern übertreffen lässt, ist in seinen Kanons ein Moment persönlichen Eigensinns spürbar, das man zwar nicht als individuellen Ausdruck im Sinne der Wiener Klassik deuten möchte, jedoch als den einer starken Persönlichkeit, die dem König – Devotion hin, Devotion her – auf gleicher Ebene entgegentritt. Dass Adel im absolutistischen Zeitalter als ein Stück Natur gesehen wird, ist dem Gedanken der Ebenbürtigkeit durchaus dienlich: Das Tierreich hat seinen Löwen, die Menschheit ihren König als Herrscher, heißt es bei Calderón. Ein solcher Vergleich ließe sich leicht weiterführen: Was den Tieren die Schlange, wäre den Menschen der Weltweise, also auch der geniale Komponist. Dass im drittletzten Takt des sechsstimmigen

„Ricercar" zugleich mit dem „Thema regium" auch die Notenfolge B – A – C – H erscheint – freilich auf zwei Stimmen verteilt –, mag man in diesem Kontext nicht überbewerten, jedoch auch nicht unterschlagen. Es hat deshalb wenig innere Wahrheit, mit Michael Marissen anzunehmen, das *Musikalische Opfer* sei in höherem Sinne Gott geweiht. Eher ist es selbstbewusste Tagesarbeit – ein unvermutet hereingekommener, ebenso schwieriger wie wichtiger Auftrag. Erst danach geht es an die letzten Dinge: an die Druckfassung der *Kunst der Fuge* und die Fertigstellung der *h-Moll-Messe*. Das sind die großen Werke, die in universeller Weise Bachs kompositorisches Denken und Handeln vor dem Horizont seines Glaubens an Gott als Anfang und Ende aller Musik zusammenfassen (Geck 2000b, S. 701 f).

3

Media in morte –
Grenzgänge Johann Sebastian Bachs
am Ende seines Lebens

Das Streben nach künstlerischer Vollkommenheit bis zum Lebensende

„Das Ende", so überschreibt Christoph Wolff (2009a, S. 483 ff.) seine Darstellung von Johann Sebastian Bachs letztem Lebensjahr. Er leitet diese Darstellung mit der Schilderung eines Ereignisses ein, das uns vor Augen führt, wie lange auch damals schon der „soziale Tod" – also das Ausgegliedert-Werden aus sozialen Netzwerken und sozialen Bezügen – dem „biologischen Tod" – also dem Ableben des Menschen – vorausgehen konnte: Am 2. Juni 1749, mehr als ein Jahr vor Johann Sebastian Bachs Tod, richtete der sächsische Premierminister Heinrich von Brühl einen Brief an den Leipziger Bürgermeister Jacob Born. In ihm brachte er seine Erwartung zum Ausdruck, dass der Direktor seiner Privatkapelle, Johann Gottlob Harrer, „bey sich dereinst ereignenden Abgang Herrn Bachs" (Bach-Dokumente II, Nr. 583) als Nachfolger des Thomaskantors in Betracht gezogen werde. Dabei drängte der Premierminister in seinem Brief darauf, dass Johann Gottlob Harrer möglichst rasch zu einer Kantoratsprobe eingeladen und danach zum neuen Thomaskantor bestellt würde:

> Da nun derselbe eine Probe-Music von seiner Composition daselbst aufzuführen, und dadurch seine habilité in der Music zu zeigen willens ist; So habe Ew: Hoch-Edelgebohrnen hiedurch bestens ersuchen wollen, bemeldeten Harrer nicht nur hierzu die Erlaubniß zu ertheilen, sondern auch sonst zu Erlangung seines Endzweckes allen gültigen Vorschub zu thun (Bach-Dokumente II, Nr. 583).

Das Phänomen des „sozialen Todes" wird ausführlich in der bereits genannten Schrift *Über die Einsamkeit der Sterbenden in unseren Tagen* des Soziologen Norbert Elias (1982) behandelt, in der zu lesen ist:

> Viele Menschen sterben allmählich, sie werden gebrechlich, sie altern. Die letzten Stunden sind wichtig, gewiss. Aber oft beginnt der Abschied von Menschen viel früher. Schon Gebrechen sondern oft die Alternden von den Lebenden. Ihr Verfall isoliert sie. Ihre Kontaktfreudigkeit mag geringer, ihre Gefühlsvalenzen mögen schwächer werden, ohne dass das Bedürfnis nach Menschen erlischt. Das ist das Schwierigste – die stillschweigende Aussonderung der Alternden und Sterbenden aus der Gemeinschaft der Lebenden, das allmähliche Erkalten der Beziehung zu Menschen, denen ihre Zuneigung gehörte, der Abschied von Menschen überhaupt, die ihnen Sinn und Geborgenheit bedeuteten (Elias 1982, S. 8 f.).

Wie später noch ausführlicher dargelegt werden wird, setzte dieses Ereignis – nämlich das Treffen Johann Gottlob Harrers mit dem Leipziger Rat und das Probespiel – intensive Bemühungen Johann Sebastian Bachs in Gang, in einer Phase deutlich verbesserter Gesundheit der Leipziger Bevölkerung – vor allem den führenden Persönlichkeiten aus Kirche und Politik – zu zeigen, zu welchen Kompositions- und Aufführungsleistungen er durchaus noch fähig war. Mit anderen Worten: Bach wehrte sich gegen alle Versuche, ihn „auszugliedern", wehrte sich gegen alle Zeichen des „sozialen Todes" – was sicherlich auch damit zu tun hatte, dass sich in seinem Lebenslauf unterschiedliche Formen der Bezogenheit ausgebildet hatten, die von ihm bis zum Lebensende kultiviert wurden: die Bezogenheit auf Gott, auf sein Werk, auf seine Familie sowie auf seine Schüler und Freunde.

Klaus Eidam (2005, S. 342) wählt für die Darstellung der letzten drei Lebensjahre Bachs die Formulierung: „Dem Ende entgegen? Der Vollendung entgegen!". Auch hier wird ausdrücklich von den „bösartigen Kränkungen" (S. 351) gesprochen, denen sich der Komponist in seinem letzten Lebensjahr ausgesetzt sah: Gemeint ist das Berufungsverfahren für Bachs Nachfolge, das mehr als ein Jahr vor dessen Tod begonnen wurde. Gemeint sind aber auch die – im Erleben Bachs kränkenden – Auslassungen durch den Freiberger Schulrektor Johann Gottlieb Biedermann gegen die Musik, die in dessen Augen eine viel zu große Bedeutung gegenüber der Wissenschaft erlangt habe und aus diesem Grunde zukünftig nur noch eine deutlich geringere Rolle im Schulprogramm spielen solle. Zugleich hebt Eidam (2005) die bis zum Tode sichtbare Kreativität Johann Sebastian Bachs hervor:

Was von der Mitte des Jahres 1747 bis zum Anfang des Jahres 1750 an fundamentalen Kompositionen entstanden ist, ist kaum fassbar (Eidam 2005, S. 349).

Diese Deutung stimmt überein mit der von Christoph Wolff (2009a) gegebenen Interpretation der Kreativität Johann Sebastian Bachs bis zum Lebensende, wenn er in seinem mit *Das Ende* überschriebenen Kapitel hervorhebt, dass die überlieferten Quellen des Orgelchorals *Vor deinen Thron tret ich hiermit* (BWV 668), mit dem sich Johann Sebastian Bach noch auf seinem Sterbebett intensiv beschäftigt hatte, „beredtes Zeugnis [. . .] von dem geistigen wie künstlerischen Engagement des Komponisten gleichsam bis zum letzten Atemzug [ablegen]" (S. 492). Zugleich lassen diese Quellen Christoph Wolff zufolge „die tiefe Frömmigkeit Bachs erahnen" (S. 492). Und er setzt fort:

> Vor allem jedoch bieten die Korrekturen, die die ältere Fassung von „*Wenn wir in höchsten Nöten sein*" auf die Stufe von „*Vor deinen Thron tret ich hiermit*" erheben, ein letztes Beispiel für ein lebenslanges Streben nach musikalischer Vollkommenheit (Wolff 2009a, S. 492).

Vor allem ab Sommer 1748 nahmen Bachs Krankheitssymptome erkennbar zu, auch wenn er sich zwischendurch immer wieder erholte – davon wird später noch ausführlich zu sprechen sein. Friedrich Sprondel (1999) fasst daher die drei letzten Lebensjahre Johann Sebastian Bachs unter der Überschrift *Das rätselhafte Spätwerk* (S. 937 ff.) zusammen. Er hebt hervor, dass Johann Sebastian Bach trotz schwerer Erkrankungen, an denen er nun litt, trotz der Abwertungen und Beleidigungen, denen er sich ausgesetzt sah, in den letzten Lebensjahren ein Maximum an Konzentration und künstlerischer Gestaltungskraft aufgebracht habe, um den Kontrapunkt – „der als anspruchsvolle Schreib-, Spiel- und Hörweise in seinen Möglichkeiten bei weitem noch nicht ausgeschöpft war" (S. 941) – systematisch weiterzuführen und zu vertiefen. Dabei war, wie Klaus Eidam (2005) hervorhebt, Johann Sebastian Bach gerade in seinem letzten Lebensjahr – vermutlich ahnend, wie schwer er tatsächlich erkrankt war – auch von dem Motiv angetrieben, seine wichtigsten Werke zu veröffentlichen; verstand er diese doch immer auch als eine Gabe – in der Sprache des *Musikalischen Opfers* (BWV 1079) als ein Opfer im Sinne von Generativität – an die nachfolgenden Musikergenerationen.

Wenn jedoch heute als ganz neue Erkenntnis darauf hingewiesen wird, dass es eine Vorform der „*Kunst der Fuge*" aus dem Jahre 1740 gäbe, dass es also „kein Alterswerk" sei, so bedeutet das nur, dass das Projekt damals noch so unwichtig war, dass es zunächst liegengelassen werden konnte. Aber jetzt, 1749, nach dem „*Musikalischen Opfer*" und der großen Messe, wurde es plötzlich so wichtig, dass Bach mit der Vorbereitung der Veröffentlichung nicht abwartete, bis er mit dem Schreiben fertig war. Noch während der Arbeit ging er an die Drucklegung, er muss geradezu besessen gewesen sein von dem Gedanken, es unter die Leute zu bringen: So wichtig war es ihm jetzt! (Eidam 2005, S. 348).

Wenden wir uns schließlich einer Beschreibung und Deutung des letzten Lebensjahres Johann Sebastian Bachs zu, die aus der Feder Albert Schweitzers stammt. In Kapitel XII seiner Bach-Monografie (Schweitzer 1979), das überschrieben ist mit *Tod und Auferstehung* (S. 194–231), geht er auf *Krankheit und Ende* des Komponisten ein (S. 194 f.). In diesem vergleichsweise kurzen Abschnitt findet sich eine Beschreibung und Deutung der letzten Lebenswochen und Lebenstage Johann Sebastian Bachs (zur kritischen Würdigung dieser Beschreibung und Deutung siehe M. Schneider 2011), wobei hier vor allem die Verbindung von körperlicher Verletzlichkeit einerseits mit seelischer Gefasstheit und geistiger Schöpferkraft andererseits hervorsticht. Albert Schweitzer schreibt:

> Die letzte Zeit scheint er ganz im verdunkelten Zimmer zugebracht zu haben. Als er den Tod nahen fühlte, diktierte er Altnickol eine Choralfantasie über die Melodie „*Wenn wir in höchsten Nöten sein*", hieß ihn jedoch als Überschrift den Anfang des Liedes „*Vor deinen Thron tret ich hiermit*", das nach derselben Weise gesungen wird, zu setzen. In der Schrift sind alle Ruhepunkte, die sich der Kranke gönnen musste, abzulesen; die versiegende Tinte wird von Tag zu Tag wässriger; die im Dämmerlicht bei dicht verhangenen Fenstern geschriebenen Noten sind kaum zu entziffern. Im dunkeln Zimmer, schon von Todesschatten umspielt, schuf der Meister dieses Werk, das selbst unter den seinen einzig dasteht. Die kontrapunktische Kunst, die sich darin offenbart, ist so vollendet, dass keine Schilderung mehr einen Begriff von ihr geben kann. Jeder Melodieabschnitt wird in einer Fuge behandelt, in welcher die Umkehrung des Themas jedes Mal als Gegenthema figuriert. Dabei fließen die Stimmen so natürlich einher, dass man schon nach der zweiten Zeile die Kunst nicht mehr gewahr wird, sondern ganz unter dem Banne des Geistes steht, der aus diesen G-Dur-Harmonien redet. Das Weltgetümmel drang durch die verhängten Fenster nicht mehr hindurch. Den sterbenden Meister umtönten bereits Sphärenharmonien. Darum klingt kein Leid mehr in seiner Musik nach; die ruhigen Achtel bewegen sich schon jenseits jeglicher Menschenleidenschaft; über dem Ganzen leuchtet das Wort: Verklärung! (Schweitzer 1979, S. 195).

Bei dieser Umschreibung fühlt man sich zunächst an die von Aurelius Augustinus (354–430 n. Chr.) verfasste – von Frank Hentschel (2002) in die deutsche Sprache übersetzte und herausgegebene – Schrift *De Musica* erinnert, in der sich der Kirchenvater mit den metrischen und rhythmischen Aspekten der Musik beschäftigt. Augustinus hebt hervor, dass das Religiöse der Musik in den ewigen, hinter den sinnlichen Momenten stehenden Maßen der göttlichen Sphäre zu sehen sei, welche die Grundlage des musikalischen Ausdrucks bilden. So ist in Buch I [XIII. 28] dieser Schrift zu lesen:

> Wenn also nicht zu leugnen ist, daß zum Gegenstand dieses Lehrfachs, wenn es wirklich die Wissenschaft vom richtigen Abmessen ist, alle Bewegungen gehören, die richtig abgemessen sind, und vor allem diejenigen, die sich nicht auf irgendetwas anderes beziehen, sondern das Ziel ihrer Schönheit oder ihres Wohlgefallens in sich selbst tragen, so können diese Bewegungen doch nicht mit unseren Sinnen in Übereinstimmung stehen – wie du, soeben von mir gefragt, richtig und wahrheitsgemäß gesagt hast –, wenn sie sich über einen langen Zeitraum erstrecken und in diesem Dauerverhältnis, das an sich schön ist, eine Stunde oder sogar mehr Zeit einnehmen. Wenn deswegen die Musik, während sie gewissermaßen aus inneren Geheimnissen hervorgeht, auch in unseren Sinnen oder in den Dingen, die von uns wahrgenommen werden, bestimmte Spuren hinterläßt: Ist es da nicht nötig, zuerst diese Spuren zu verfolgen, damit wir – wenn wir können – bequemer und ohne Irrtum zu dem geführt werden, was ich als das „Innere" bezeichnet habe? (Augustinus 2002, S. 65).

Und in Buch VI [XI. 29, 30] schreibt Augustinus:

> Beneiden wir also nicht, was niedriger ist als wir, und ordnen wir uns mit der Hilfe unseres Gottes und Herrn so zwischen das ein, was unter und über uns steht, daß wir durch das Niedrigere nicht beeinträchtigt werden, aber allein am Höheren Gefallen finden! Dies Wohlgefallen ist ja gleichsam das Gewicht der Seele. Wohlgefallen ordnet daher die Seele. „Denn wo dein Schatz ist, da ist auch dein Herz". Wo Wohlgefallen ist, da ist der Schatz; wo aber das Herz ist, dort ist Glück oder Leid. Was jedoch steht höher als das, worin die höchste und unerschütterliche, unwandelbare und ewige Gleichheit fortdauert? Da ist keine Zeit, weil es keine Veränderlichkeit gibt, und von da aus werden Zeiten, indem sie die Ewigkeit nachahmen, hervorgebracht, geordnet und gestaltet, während die Kreisbewegung des Himmels an derselben Stelle wieder anlangt und die Himmelskörper zur selben Stelle zurückführt und sich aufgrund der Gesetze von Gleichheit, Einheit und Ordnung nach Tagen, Monaten und Jahren, nach den Lustra und den übrigen Sternkreisen richtet. So verbinden sich dem Himmlischen irdische Subjekte und ihre kreisenden Zeitläufe in harmonischer Aufeinanderfolge gleichsam zu einem Gesang des Alls. Uns erscheint darin vieles ungeordnet und verworren, weil wir dieser Ordnung, entsprechend unseren Verdiensten, eingefügt sind, ohne die Schönheit zu kennen, die die göttliche Vorsehung im Hinblick auf uns hervorbringt. Denn wenn

sich z. B. jemand wie eine Statue in einer einzelnen Ecke gewaltigster, schönster Tempel plaziert, so wird er ja die Schönheit dieser Anlage, deren Teil er selbst ist, nicht wahrnehmen können. Auch ein Soldat wird auf dem Schlachtfeld nicht imstande sein, die Ordnung des gesamten Heeres zu überblicken. Und wenn in einem Gedicht die Silben so lange leben und empfinden, wie sie erklingen, so gefällt ihnen in keinem Falle die Zahlhaftigkeit und Schönheit des zusammenhängenden Werkes, die sie nicht vollständig erblicken und beurteilen können, weil sie von einzelnen, vorüberziehenden Silben konstruiert und vollendet wurde (Augustinus 2002, S. 129).

Weiterhin fühlt man sich erinnert an die Schrift *De institutione musica* von Anicius Manlius Severinus Boëthius (480–524 n. Chr.) – von Oscar Paul (1872) in die deutsche Sprache übersetzt und unter dem Titel *Fünf Bücher über die Musik* herausgegeben –, in der dieser zwischen „Weltenmusik", „innermenschlicher Musik" und „Instrumentalmusik" unterscheidet. Diese drei Arten von Musik charakterisiert Boëthius in Buch I, Kapitel II („Es giebt drei Arten von Musik, und es wird von der Bedeutung der Musik gehandelt") wie folgt:

Vor allen Dingen, glaube ich, muss der, welcher über die Musik eine Abhandlung schreibt, erwähnen, wie viel Gattungen der Musik von denen, welche diese Kunst zu ihrem Studium gemacht haben, zusammengefasst worden sind, soweit dieselben zu unserer Kenntnis gelangen. Es giebt nämlich drei Arten von Musik; und zwar ist die erste die Musik des Weltalls (musica mundana), die zweite aber die menschliche, die dritte aber die, welche auf gewissen Instrumenten ausgeübt wird, z. B. auf der Kithar, oder auf der Tibia, kurz auf allen Instrumenten, auf denen man eine Melodie spielen kann. Zuerst nun kann man die Musik des Weltalls an den Dingen am besten erkennen, welche man am Himmel selbst oder in der Zusammenfügung der Elemente oder in der Verschiedenheit der Zeiten wahrnimmt! Wie könnte es denn sonst geschehen, dass die Maschine des Himmels so schnell und in so schweigsamem Laufe bewegt wird? Obschon jener Ton zu unseren Ohren nicht gelangt – und dass es in dieser Weise geschieht, ist aus vielen Gründen nothwendig, – so wird dennoch nicht eine so unendlich schnelle Bewegung so grosser Körper überhaupt keine Töne hervorbringen, zumal da die Bahnen der Gestirne durch eine so grosse Harmonie verbunden sind, dass nichts so gesetzmässig Zusammengefügtes, nichts so Verschmolzenes erkannt werden kann. Man hält nämlich einige Bahnen für höher, andere für niedriger und glaubt, es befänden sich alle in so gleichmässiger Schnelligkeit, dass sich die vernünftige Ordnung der Bahnen durch verschiedene Ungleichheiten hindurchziehe. Daher kann auch von dieser himmlischen Drehung eine vernünftige Ordnung der Modulation nicht abweichen. Nun aber, wenn nicht eine gewisse Harmonie die Verschiedenheiten der vier Elemente und die entgegenstehenden Gewalten verbände, wie könnte es dann zugehen, dass sie sich in einem einzigen Körper und in einer einzigen Maschine vereinigten? Diese ganze Verschiedenheit bringt ebenso auch die Verschiedenheit der Zeiten und Früchte hervor, so dass sie dennoch *einen* Jahreskörper bewirkt. Wenn man daher von dem, was den Dingen eine so grosse Verschiedenheit verschafft, mit dem Verstande und Denkvermögen etwas wegnehmen wollte, so möchte vielleicht Alles untergehen und nicht möchte sich, so zu sagen, etwas Consonirendes erhalten. Wie sich nun in den tiefen Tönen das Gesetz der Stimme vorfindet, dass die Tiefe nicht bis zur Schweigsamkeit herabsinkt, und auch in den hohen Tönen das Gesetz der Höhe beobachtet ist, dass die wegen der Dünne des Klanges allzusehr angespannten Saiten nicht zerreissen, sondern dass Alles für sich vernunftgemäss und harmonisch ist: so erkennen wir auch in der Musik des Universums, wie nichts so gross sein könne, dass es etwas Anderes durch die eigene Grösse auflöse (Boëthius 1872, S. 7 f).

Es kann davon ausgegangen werden, dass Albert Schweitzer mit den von ihm gebrauchten Sprachbildern der „Sphärenharmonien", der „jenseits jeglicher Menschenleidenschaft" sich bewegenden Musik und der „Verklärung" zumindest indirekt Anleihe an diesen beiden Werken der frühesten Musikgeschichte genommen hat.

„Vor Deinen Thron tret ich hiermit": Das Sterben leben

Auch wenn nicht mit Sicherheit gesagt werden kann, dass Johann Sebastian Bach tatsächlich in den letzten Tagen seines Lebens, auf dem Sterbebett, Erweiterungen des Orgelchorals *Wenn wir in höchsten Nöten sein* zur Choralfantasie *Vor deinen Thron tret ich hiermit* vollständig diktiert hat, so ist doch in der Bach-Forschung unstrittig (und Christoph Wolff wurde ja schon entsprechend zitiert), dass diese Choralfantasie Bach bis in seine letzten Lebenstage intensiv beschäftigt hat. Die kurz vor dem Tod vorgenommene Erweiterung ist insofern von Bedeutung für ein tieferes Verständnis der Lebenshaltung Johann Sebastian Bachs, als dieser damit zum Ausdruck bringen wollte, dass er sein Leben und Wirken ganz auf Gott ausgerichtet hatte und mit seinem „Leben als Werk" (ein von Simone de Beauvoir (1970) verwendeter Begriff) vor den Thron Gottes treten würde – Gott demütig darum bittend, dass er, wie es in dem Choral *Vor deinen Thron tret ich hiermit* heißt, sein gnädig Angesicht nicht von dem armen Sünder abwende.

Diese Erweiterung ist zudem für das Verständnis der Kreativität Johann Sebastian Bachs wichtig, da sie zeigt, dass es diesem Komponisten noch kurz vor dem Tod gelungen ist, zwei Choräle systematisch miteinander in Beziehung zu setzen, spezifische Erweiterungen des einen Chorals vorzunehmen und diesen zudem durch Fugen zu ergänzen, um damit eine kompositorisch sowie ästhetisch anspruchsvolle Fassung des anderen Chorals zu erreichen.

Albert Schweitzer hebt in seiner Beschreibung und Deutung des letzten Lebensjahres die kosmischen Bezüge des Komponisten hervor, wenn er davon spricht, dass das „Weltgetümmel" Johann Sebastian Bach nicht mehr erreicht habe, dass diesen vielmehr „Sphärenharmonien umtönt" hätten, dass in seiner Musik „kein Leid mehr nachklinge". Schließlich verwendet Albert Schweitzer, um diese kosmischen Bezüge zu veranschaulichen, den Begriff „Verklärung", wobei die von ihm vorgenommene Charakterisierung des Werkes das Hörerlebnis treffend wiedergibt: Die Achtel-Bewegung vermittelt in der Tat eine Ausgeglichenheit, eine Gefasstheit, ein Warten- und Erwarten-Können, übrigens auch ein Schreiten – im Sinne des Durchschreitens des Todes bei existenzieller Unversehrtheit –, dass sich in der Tat der Eindruck einer weit über die „Leidenschaften" hinausgehenden Bezogenheit des Menschen einzustellen vermag.

Es ist nun in diesem thematischen Kontext hilfreich, die in der Medizinischen Anthropologie vorgenommene Differenzierung zwischen „restitutio ad integrum" und „restitutio ad integritatem" anzusprechen, die das Erleben schwer kranker und sterbender Menschen zu veranschaulichen vermag (siehe dazu Nager 1999; auch Kruse 2004). Mit dem Begriff der „restitutio ad integrum" wird die weitgehend oder wenigstens in Teilen gelungene Wiederherstellung der körperlichen und geistigen Leistungsfähigkeit umschrieben, die vor Auftreten der Erkrankung bestanden hatte – ein Ziel, das beim sterbenden Menschen nicht mehr als angemessen erscheint.

Mit dem Begriff der „restitutio ad integritatem" soll hingegen zum Ausdruck gebracht werden, dass das Bemühen darauf gerichtet ist, nach einer Phase seelisch-geistiger Erschütterung die personale Integrität des sterbenden Menschen wieder zu festigen – wobei die Überwindung (man könnte auch sagen: das Verwinden) dieser Erschütterung mit einer personalen Integrität auf höherem Entwicklungsniveau verbunden ist (siehe dazu Kruse 2010; Sulmasy 2002). Entscheidend ist nun der Gedanke, dass diese neu gefundene personale Integrität mit der Hoffnung, wenn nicht sogar mit der Erwartung einhergeht, auch die letzte Aufgabe des irdischen Lebens, nämlich das Sterben, in einer Weise zu gestalten, dass die personale Identität auch im Sterbensprozess erhalten bleibt und nicht zerstört wird (siehe dazu Kruse 2007; Plügge 1962).

Für jenen Menschen, der sich in umfassendere, über das irdische Leben hinausgehende Bezüge gestellt sieht, ist mit dem Begriff der „restitutio ad integritatem" die Hoffnung oder gar die Erwartung verbunden, im Tod nicht zerstört, sondern verwandelt zu werden. Die „restitutio ad integritatem" – als

Erlebnis und Erfahrung ebenso wie als Hoffnung und Erwartung – vermag jene innere Haltung zu beschreiben, die Bach bei der Erweiterung des Orgelchorals *Wenn wir in höchsten Nöten sein* (BWV 668a) zur Choralfantasie *Vor deinen Thron tret ich hiermit* (BWV 668) leitete.

Die hier beschriebenen Aspekte der Personalität Johann Sebastian Bachs geben uns einen ersten Einblick in die Art und Weise, wie dieser Komponist seine letzten Lebensmonate und schließlich sein Sterben gestaltete: Vor allem ist festzustellen, dass er sein Sterben nicht nur erlitt, sondern dass er es auch bewusst gestaltete: Wie anders ließe sich die intensive Beschäftigung mit dem Choral *Vor deinen Thron tret ich hiermit* interpretieren, wie anders das intensive Bemühen um Drucklegung der *Kunst der Fuge* (BWV 1080), eines Werks, mit dem er die zur Perfektion geführte Theorie und Praxis des Kontrapunkts an die nachfolgenden Musikergenerationen weitergeben wollte?

Diese innere Aktivität erlaubt die Deutung, dass Bach sein Sterben lebte – und dies trotz schwerer Erkrankung, trotz starker Schmerzen (von dieser Erkrankung und den Schmerzen wird noch zu berichten sein). Das „rätselhafte Spätwerk", wie es Friedrich Sprondel (1999) nennt, ist auch Ausdruck höchster Sammlung, Konzentration, Zielorientierung und Gestaltungskraft: Diese psychischen Merkmale bestimmen das Leben und das Werk Johann Sebastian Bachs nicht nur in seinen späten Lebensjahren, sondern auch in seinem letzten Lebensjahr, ja, in seinen letzten Lebenswochen.

Bezogenheit als Grundlage für das Leben im Sterben

Für die Art, wie Johann Sebastian Bach sein Sterben gestaltete, wie er dieses *lebte*, sind dessen Formen der Bezogenheit von besonderer Bedeutung: Zu nennen ist zunächst die Bezogenheit auf seine Familie, auf seine Frau, auf seine Kinder, des Weiteren die Bezogenheit auf seine Schüler – hier sei erwähnt, dass er noch wenige Monate vor seinem Tod einen Schüler bei sich aufnahm, um diesen zu unterrichten. Zu nennen ist aber auch die Bezogenheit auf die künftigen Musikergenerationen – diesen übergab er symbolisch sein Werk, wie etwa das *Musikalische Opfer* (BWV 1079) und die *Kunst der Fuge* (BWV 1080), die im Verständnis des Komponisten nicht nur ästhetischen Zwecken, sondern auch Lehrzwecken dienen sollten. Zuletzt muss schließlich die Bezogenheit auf Gott erwähnt werden, wie sie in der großen *Missa in h-Moll* (BWV 232) zum Ausdruck kommt.

Die Bezogenheit des Menschen wird in der öffentlichen, bisweilen auch in der fachlichen Diskussion über Bedingungen eines humanen Sterbens vernachlässigt. Stattdessen steht die Selbstbestimmung ganz im Vordergrund. Dabei sei an dieser Stelle die Annahme aufgestellt (und diese kann sich auf empirische Arbeiten stützen, die zu Fragen der fachlich und ethisch fundierten Begleitung schwer kranker und sterbender Menschen veröffentlicht wurden), dass die Erfahrung von Bezogenheit – auf andere Menschen, aber auch auf das Umgreifende – die Annahme der eigenen Endlichkeit fördert (Coleman 2010; Kruse 2012a; Sulmasy 2002) und positiven Einfluss auf die in Grenzsituationen verwirklichte, „gelebte" Selbstbestimmung hat, die ohne eine derartige Erfahrung vielfach abstrakt bleibt (Härle 2005; Polke et al. 2011; in Bezug auf das Sterben siehe Klie und Student 2007; Wilkening und Kunz 2003).

Eine besondere Form der Bezogenheit, die gerade im Hinblick auf die Annahme der eigenen Endlichkeit wichtig ist, bildet die Überzeugung, nach dem Tod in anderen Menschen, vor allem der nachfolgenden Generation, fortzuleben – in der psychologischen Literatur wird hier von „symbolischer Immortalität" gesprochen (McAdams 2009; McAdams et al. 2006). Das Leben als Werk (de Beauvoir 1970), aber auch die in einzelnen Werken sich widerspiegelnden schöpferischen Leistungen des Individuums bilden die Grundlage für diese symbolische Immortalität.

Die genannten Formen der Bezogenheit, wie sie sich bei Johann Sebastian Bach auch in dessen letzten Lebensmonaten und in dessen Sterbensprozess zeigten, helfen uns, die Bedeutung ebendieser Bezogenheit für die bewusste Gestaltung (für das „Leben") der letzten Lebensphase besser zu verstehen.

Die Bezogenheit bildet nämlich ein Lebensthema, das über das eigene irdische Leben hinausweist und den sterbenden Menschen – sofern dieser noch die entsprechenden physischen und psychischen Kräfte besitzt – dazu motiviert, die über sein eigenes irdisches Leben hinausgehenden Bezugspunkte seiner Identität eben in der letzten Lebensphase noch einmal besonders zu akzentuieren. Es ist bemerkenswert, dass derartige Lebensthemen, sofern sie sich in der Biografie ausgebildet haben und sofern das Individuum die Möglichkeit hat, sie verbal und nonverbal auszudrücken, in der letzten Lebensphase noch einmal besonders betont werden und auch im unmittelbaren Vorfeld des Todes deutlich erkennbar sind – unter der Voraussetzung allerdings, dass die Bezugspersonen des Individuums eine ausreichend hohe Sensibilität für derartige Prozesse entwickelt haben (ausführlich dazu Remmers 2010a; Saunders 1993; Verres 1998).

Dieser einleitende Blick auf die letzten Lebensmonate, auf das Sterben Johann Sebastian Bachs vermag unser Verständnis dessen, was mit der Aussage „Sein Sterben leben" gemeint ist, zu fördern. „Menschenwürdiges Sterben" als vielfach beschriebenes, übergeordnetes Ziel palliativer Versorgung erscheint uns als anthropologisch verkürzt, zumindest als nicht ausreichend differenziert. Denn mit dieser Umschreibung der Zielsetzung palliativer Versorgung wird das Sterben vom Leben quasi abgetrennt. Es wird implizit postuliert, dass das Sterben etwas gänzlich anderes sei als das Leben. Gerade dies erscheint als problematisch.

Damit wird nicht die Notwendigkeit palliativer Versorgung in Frage gestellt – im Gegenteil: Damit wird vielmehr hervorgehoben, dass die palliative Versorgung den Menschen darin unterstützen soll, sein Sterben zu leben – wie es Cicely Saunders überzeugend ausgedrückt hat: „Wir werden alles tun, damit Sie nicht nur in Frieden sterben, sondern auch bis zuletzt leben können" (Saunders 1993). Symptomkontrolle, Schmerzlinderung, Kontrolle begleitender Erkrankungen, psychologische und (gegebenenfalls) hochdifferenzierte pharmakologische Intervention bei übermäßigen Angst- und inneren Erregungszuständen bilden medizinisch-pflegerische und psychologische Grundlagen dafür, dass Selbstständigkeit, Selbstverantwortung und Teilhabe – mithin die Selbstgestaltung im Prozess des Sterbens – möglichst weit verwirklicht werden können (Müller-Busch 2012). Doch ist damit nur ein Aspekt des Lebens im Sterben umschrieben. Ein weiterer ist eben diese Selbstgestaltung der Person, ist deren Erfahrung von Bezogenheit, ist deren „Leben des Sterbens" – darin zeigt sich das Schöpferische des Menschen in seiner letzten Lebensphase (Kruse 2012b).

Und mit Blick auf dieses „Leben des Sterbens" ist die Betrachtung der Art und Weise, wie Johann Sebastian Bach sein Sterben gelebt hat, so befruchtend. Er zeigte zahlreiche, zum Teil sehr schmerzhafte Symptome infolge eines Diabetes mellitus Typ II und infolge zweier nicht geglückter Augenoperationen durch den Starstecher John Taylor im März und April 1750. (Es findet sich in der Literatur auch die These, dass die mit den Augenoperationen verbundenen Infektionen Folge verunreinigter Operationsinstrumente gewesen seien.) Er verlor sein Augenlicht, er erlitt schließlich wenige Tage vor seinem Tod einen Schlaganfall – und doch setzte sich der Prozess der Selbstgestaltung, setzte sich die Erfahrung der Bezogenheit bis in diese gesundheitliche Grenzsituation hinein fort.

Dies bedeutet nun nicht, einen derartigen Prozess zur „Norm gelingenden Lebens" im Sterben zu machen. Vielmehr ist gemeint, das Potenzial des Menschen zur Selbstgestaltung, zumindest aber zur Selbstaktualisierung – darunter verstehen wir die grundlegende Tendenz des Psychischen, sich auszudrücken, sich mitzuteilen, sich kontinuierlich zu differenzieren (siehe dazu Kruse 2012b) – zu erkennen, anzuerkennen und darauf differenziert zu antworten. Und damit soll auch dafür sensibilisiert werden, in welchem Maße grundlegende Formen der Bezogenheit – die ja auch immer ein Über-sich-hinaus-Sein bedeuten – die Selbstgestaltung im Prozess des Sterbens zu fördern vermögen: Johann Sebastian Bach hat diese Bezogenheit, hat dieses

Über-sich-hinaus-Sein in einer sehr anschaulichen, uns heute noch berührenden Art und Weise ausgedrückt, nämlich mit dem Kürzel S D G, Soli Deo
Gloria, allein Gott sei Ehre.

Ob uns die Betrachtung des Sterbensprozesses dieses Komponisten ins Bewusstsein zu rufen vermag, was es bedeutet, sein Sterben zu leben? Der Heidelberger Theologe Dietrich Ritschl hebt in einer Arbeit zum *Leben in der
Todeserwartung* (1997) hervor, dass die Zeit vor dem Eintreten des Todes eine
sinn-erfüllte Zeit sein kann. In dieser Arbeit ist zu lesen:

> Der Tod als Ende und Zerstörung des Lebens ist selbst nicht mit Sinn behaf-
> tet; jeder Tod ist in sich selbst sinnlos. Nach Sinn kann nur gefragt werden im
> Hinblick auf die Zeit vor seinem Eintreten, auf das Leben in der Todeserwar-
> tung, auch der nahen Erwartung, und auf die Zeit danach, wenn Menschen
> sich fragen, welchen Sinn das Leben des Verstorbenen erfüllt habe und wel-
> cher Sinn jetzt für die Überlebenden zu finden sei (S. 123).

Diese Aussage korrespondiert vollumfänglich mit unserem eben explizierten
Verständnis von der Selbstgestaltung im Prozess des Sterbens, vom Leben des
Sterbens. Und Dietrich Ritschl hebt an anderer Stelle dieser Arbeit hervor:

> In vielen alten Kirchenliedern finden wir die Bitte, ich möge doch vor einem
> solch plötzlichen Tod bewahrt bleiben. Das ist sehr eigentümlich, gerade im
> Kontrast mit der heute so oft vernommenen Äußerung, der Tod möge doch
> bitte eilig und unbemerkt sein Werk an mir tun (S. 132).

Körperliche Belastungen

Die letzten vier Lebensmonate Johann Sebastian Bachs sind gesundheitlich
geprägt von chronisch verlaufenden körperlichen Erkrankungen, Einbußen
des Augenlichts und starken Schmerzzuständen. Darauf deuten die Aussagen von Carl Philipp Emanuel Bach und Johann Friedrich Agricola in ihrem
1751, also nur wenige Monate nach dem Tod Johann Sebastian Bachs verfassten, 1754 veröffentlichten Nekrolog hin (Bach-Dokumente III, Nr. 666).
Zudem finden sich entsprechende Hinweise in der von Johann Nikolaus Forkel im Jahr 1802 veröffentlichten, allerdings an den Nekrolog angelehnten
Bach-Biografie (Forkel 2000).

In diesen beiden Schriften, die auch heute noch als entscheidende Quelle
für Aussagen über die letzten Lebensmonate Johann Sebastian Bachs dienen,
werden die körperlichen Qualen mit den beiden vom englischen Augenarzt
(Starstecher) Sir John Taylor vorgenommenen – letztlich missglückten – Augenoperationen wie auch mit „schädlichen Medikamenten und Nebendin-

gen" (wie es im Nekrolog heißt) während der beiden Operationen und in der Zeit danach erklärt.

Zu den „Nebendingen" gehörten vor allem das Reiben der Augen mit einer Bürste sowie der Aderlass der Augen und ihrer Umgebung. Von diesen körperlichen Belastungen, denen sich Johann Sebastian nach den im späten März und frühen April 1750 durchgeführten Operationen ausgesetzt sah, hat er sich nicht mehr erholt. Dabei ist allerdings zu berücksichtigen, dass Bach – wie Detlev Kranemann (1990) auf der Grundlage einer ausführlichen Analyse zahlreicher medizinischer Dokumente überzeugend darzulegen vermochte – auch an den Folgen eines Diabetes mellitus Typ II litt, der, wie die Diabetes-Forschung zeigt, vor allem in späten Phasen mit ausgeprägter Polypathie, Einschränkungen zahlreicher Organfunktionen und chronischen Schmerzzuständen assoziiert ist.

Die für unsere Fragestellung wichtigen Ergebnisse der Diabetes-Forschung zu den Folgen des Diabetes Typ II (dieser beschreibt den lebensstilbedingten Diabetes im Gegensatz zum genetisch bedingten Diabetes Typ I) lassen sich wie folgt zusammenfassen: Es treten im späteren Erkrankungsverlauf vielfach schwere Schädigungen des Gefäßsystems auf. Somit bildet der Diabetes einen zentralen Risikofaktor für die Ausbildung der Arteriosklerose. Bei der Arteriosklerose handelt es sich um eine durch Kalkablagerung an den Innenwänden der Blutgefäße bedingte Verengung, die verbunden ist mit einer Schädigung der Gefäßwände – diese werden zunehmend brüchig – und einer deutlich reduzierten Elastizität des Gefäßes. Die Wahrscheinlichkeit des Auftretens einer Herz-Kreislaufkrankheit, einer peripheren arteriellen Verschlusskrankheit und einer diabetischen Augenerkrankung (Retinopathie) erhöht sich bei Diabeteskranken – verglichen mit Personen ohne Diabetes mellitus – um mehr als das Dreifache.

Bei mehr als einem Drittel der neu diagnostizierten Fälle ist eine Retinopathie unterschiedlichen Schweregrades nachweisbar, nach 15 bis 20 Jahren findet sich bei mehr als 50 % der Diabetiker eine diabetische Retinopathie. Das Risiko des Auftretens von Nierenerkrankungen ist in dieser Patientengruppe um das 4,5-fache erhöht, das Risiko des Auftretens von zerebrovaskulären Erkrankungen (Gefäßerkrankungen des Gehirns) und Schädigungen des peripheren Nervensystems um mehr als das Doppelte. Diese Spätkomplikationen sind mit gravierenden Einschränkungen der Gesundheit wie auch der Lebensqualität assoziiert. Etwa fünf Prozent der Bevölkerung in der Bundesrepublik Deutschland leiden an einem Diabetes. Ab dem fünften Lebensjahrzehnt sind 90 % aller Diabetes-Erkrankungen Typ-II-Diabetes-Erkrankungen (Mayo Clinic 2005a). Die Patienten sind häufig übergewichtig (Typ IIb), nur ein deutlich geringerer Anteil ist normalgewichtig (Typ IIa). Diese Form des

Diabetes lässt sich durch primärpräventive Maßnahmen günstig beeinflussen (Mayo Clinic 2005b).

Es wurde, unter Bezugnahme auf eine Arbeit von Detlev Kranemann (1990), hervorgehoben, dass bei Johann Sebastian Bach eine Form der Polypathie vorherrschte, die auf die Spätfolgen eines Diabetes mellitus Typ II hindeutet. Kranemann geht in seiner Arbeit auf einen 1951 von Wolfgang Rosenthal verfassten Bericht an den Rat der Stadt Leipzig ein. In diesem Bericht beschreibt Rosenthal Eindrücke, die er bei einer genaueren Betrachtung des Skeletts des Komponisten anlässlich von dessen Überführung in die Thomaskirche gewonnen hat. Detlev Kranemann zufolge lassen sich die in dem Bericht genannten, möglichen Symptome heute als Anzeichen für eine Hyperostosis ankylosans diabetique interpretieren. Damit seien die früheren Hinweise auf einen Diabetes mellitus Typ II noch einmal bestätigt worden.

Im Nekrolog (Bach-Dokumente III, Nr. 666) finden sich zudem Hinweise auf einen Schlaganfall, den Johann Sebastian Bach zehn Tage vor Eintritt des Todes erlitten hat. Er kann ebenfalls als Spätfolge des Diabetes gedeutet werden (siehe den bereits gegebenen Hinweis auf die zerebrovaskulären Erkrankungen, die eine jener zahlreichen Komplikationen bilden, die sich bei Diabetikern beobachten lassen).

Den Ausgangspunkt der im Nekrolog vorgenommenen Schilderung des Gesundheitszustands in Johann Sebastian Bachs letzten Lebensmonaten bilden die Sehstörungen und die beiden Augenoperationen. Diese Schilderung wird mit der Akzentuierung eines nach den erfolglosen Operationen deutlich verschlechterten Gesundheitszustandes fortgesetzt, wobei hier die Formulierung zu beachten ist, dass diese Verschlechterung einen vor den Operationen „durchaus gesunden Cörper" getroffen habe. Nach Hinweis auf eine kurze Phase erkennbar verbesserten Sehvermögens werden der Schlaganfall („Schlagfluss") und Fieberanfälle genannt – Eintrittspforten des Todes für den Komponisten. Die entsprechende Passage des Nekrologs sei nachfolgend aufgeführt, auch deswegen, weil sie – wie bereits dargelegt – bis heute die entscheidende Grundlage für Beschreibung und Deutung des Gesundheitszustands Johann Sebastian Bachs in den letzten Monaten seines Lebens bildet:

> Sein von Natur etwas blödes Gesicht (*Anm. d. Verf.: Damit ist das eingeschränkte Sehvermögen gemeint*), welches durch seinen unerhörten Eifer in seinem Studiren, wobey er, sonderlich in seiner Jugend, ganze Nächte hindurch saß, noch mehr geschwächet worden, brachte ihm, in seinen letzten Jahren, eine Augenkrankheit zu Wege. Er wolte dieselbe, theils aus Begierde, Gott und seinem Nächsten, mit seinen übrigen noch sehr muntern Seelen- und Leibeskräften, ferner zu dienen, theils auf Anrathen einiger seiner Freunde, welche auf einen damals in Leipzig angelangten Augen Arzt, viel Vertrauen setzeten,

durch eine Operation heben lassen. Doch diese, ungeachtet sie noch einmal wiederholet werden mußte, lief sehr schlecht ab. Er konnte nicht nur sein Gesicht nicht wieder brauchen: sondern sein, im Übrigen durchaus gesunder Cörper, wurde auch zugleich dadurch, und durch hinzugefügte schädliche Medicamente, und Nebendinge, gäntzlich über den Haufen geworfen: so daß er darauf ein völliges halbes Jahr lang, fast immer kränklich war. Zehn Tage vor seinem Tod schien es sich gähling mit seinen Augen zu bessern; so daß er einsmals des Morgens ganz gut wieder sehen, und auch das Licht wieder vertragen konnte. Allein wenige Stunden darauf, wurde er von einem Schlagflusse überfallen; auf diesen erfolgte ein hitziges Fieber, an welchem er, ungeachtet aller möglichen Sorgfalt zweyer der geschicktesten Leipziger Aerzte, am 28. Julius 1750, des Abends nach einem Viertel auf 9 Uhr, im sechs und sechzigsten Jahre seines Alters, auf das Verdienst seines Erlösers sanft und seelig verschied (Bach-Dokumente III, Nr. 666).

Neben den auf den Diabetes mellitus zurückgehenden Einschränkungen der Gesundheit sind ab 1746 Veränderungen in der Handschrift zu erkennen, die – wie Yoshitake Kobayashi (1988) in einer Arbeit zur Chronologie der Spätwerke Johann Sebastian Bachs herausarbeitet – auf Zitterkrämpfe hindeuten. Zwischen 1746 und 1748 ist eine deutliche Verschlechterung der Handschrift erkennbar, wobei ungleichmäßige Buchstaben und Abkürzungsschleifen dominieren. Zu nennen ist hierzu ein Brief Bachs an seinen Vetter Elias vom 2. November 1748, in welchem diese Verschlechterung deutlich hervortritt (Wolff 2009a). Kobayashi (1988) stellt die Annahme auf, dass Johann Sebastian Bach aufgrund der Verschlechterungen seiner Handschrift ab Oktober 1749 nicht mehr in der Lage gewesen sei, seine kompositorischen Arbeiten auszuführen. Andere Autoren gehen hingegen von einem späteren Zeitpunkt aus (Wollny 1997).

Wie Christoph Wolff (2009a) darlegt, ist die letzte Unterschrift von Johann Sebastian Bach in einem Zeugnis nachweisbar, das er am 11. Dezember 1749 einem Assistenten ausgestellt hat. Ein Dankesschreiben vom 27. Dezember desselben Jahres hingegen wird nicht mehr von Bach selbst unterzeichnet, sondern von einem Schreiber. Wolff (2009a) berichtet zudem, dass die letzten von Johann Sebastian Bach verfassten Partituren – nämlich die Teile 2 bis 4 der *Missa in h-Moll* sowie auch die unvollendete Quadrupelfuge aus *Kunst der Fuge* (Contrapunctus XIV) – zum Jahreswechsel 1749/50 oder in den ersten Wochen des Jahres 1750 entstanden sein dürften. Allerdings kann kein Zweifel daran bestehen, dass die Einschränkungen in der Handmotorik (deren Ursache nicht mit ausreichender Sicherheit benannt werden kann) die kompositorischen Arbeiten deutlich erschwert und Johann Sebastian Bach viel abverlangt haben.

Damit kommen wir zu einem weiteren wichtigen Aspekt des letzten Lebensjahrs beziehungsweise der letzten vier Lebensmonate des Komponisten: Zur Frage nämlich, wie dieser die genannten gesundheitlichen Einschränkungen und Belastungen getragen und verarbeitet hat. Diese Frage ist zunächst vor dem Hintergrund der Variabilität des Krankheitsverlaufs zu erörtern: Bachs Gesundheitszustand verschlechterte sich ja in seinem letzten Lebensjahr nicht kontinuierlich. Vielmehr ist davon auszugehen, dass phasenweise Verschlechterungen auftraten, denen Verbesserungen folgten, auch wenn diese nicht mehr zu jenem Niveau körperlicher Leistungsfähigkeit führten, das vor der jeweiligen Verschlimmerung bestanden hatte.

In diesem Kontext ist eine palliativmedizinische Arbeit wichtig, in der die Autoren zwischen drei charakteristischen Krankheitsverläufen in der letzten Lebensphase alter Menschen differenzieren (Murray, Kendall, Boyd und Sheikh 2005): (I) Onkologische Erkrankungen: Diese sind zunächst durch eine relativ lange Zeit mit wenigen Einschränkungen im Alltag charakterisiert. Innerhalb weniger Monate treten dann aber körperlicher Abbau, Funktionsverlust und Tod ein; (II) progredient verlaufende Herz-, Lungen- oder Nierenerkrankungen: Sie erstrecken sich über mehrere Jahre mit mehr oder minder stark ausgeprägten Einschränkungen im Alltag. Gelegentlich treten akute Verschlechterungen ein, die einen Krankenhausaufenthalt notwendig machen. Nach der sich anschließenden Erholung wird aber das frühere Funktions- und Leistungsniveau nicht mehr erreicht; (III) Gebrechlichkeit, vielfach mit einer demenziellen Erkrankung einhergehend: Diese ist mit einem über mehrere Jahre bestehenden, kontinuierlich steigenden Niveau der Hilfsbedürftigkeit verbunden.

Im hohen und höchsten Alter, so heben die Autoren hervor, dominieren immer weniger die onkologischen Erkrankungen das Krankheitsspektrum am Lebensende (im Gegensatz zum mittleren Erwachsenenalter, in dem diese Erkrankungen geradezu charakteristisch für die letzte Lebensphase sind). Hingegen treten progredient verlaufende Herz-, Lungen- und Nierenerkrankungen (nicht selten auch als Folge eines Diabetes mellitus) immer mehr in den Vordergrund.

Von Bedeutung für unsere Diskussion ist vor allem der zweite der drei unterschiedenen Krankheitsverläufe. Denn er weist Ähnlichkeit mit der gesundheitlichen Entwicklung Johann Sebastian Bachs in seinem letzten Lebensjahr, möglicherweise auch schon in den Jahren davor, auf. Wir finden in den Beschreibungen seines Gesundheitszustandes immer wieder Hinweise darauf, dass es Bach auch im letzten Lebensjahr gelungen sei, nach einer Phase starker gesundheitlicher Belastung zu neuen körperlichen und seelisch-geistigen Kräften zu finden, die ihn in die Lage versetzten, wenigstens in Teilen seiner Tätigkeit als Komponist, Dirigent und Kirchenmusiker nachzugehen. Wir finden des Weiteren Hinweise darauf – und auf diese wurde bereits Bezug genommen –, dass Bachs Körper im großen und ganzen gesund gewesen sei – und dies bis zum Zeitpunkt unmittelbar nach den beiden Augenoperationen Ende März, April 1750, das heißt, bis vier Monate vor seinem Tod. Die vielfach gestützte Annahme, wonach Johann Sebastian Bach an einem Altersdiabetes litt, lässt die Aussage, sein Körper sei gesund gewesen, als unwahrscheinlich erscheinen.

Wahrscheinlicher ist hingegen eine Interpretation im Sinne des zweiten der genannten drei Krankheitsverläufe: Die Polypathie verlief in Schüben („phasenweise"). Bisweilen wird sich Johann Sebastian Bach gesundheitlich besser, manchmal auch deutlich schlechter gefühlt haben. Eine Homöostase wird im Krankheitsverlauf auf einem immer geringeren Niveau erreicht worden sein, bis schließlich ein Zusammenbruch der körperlichen Ressourcen auftrat, dabei sicherlich mit verursacht durch ein „therapeutisches" Vorgehen (gemeint sind hier die nach den beiden Augenoperationen erfolgten Interventionen), das der in den letzten Lebensmonaten deutlich erhöhten Verletzlichkeit des Komponisten in keiner Weise angepasst war.

Persönlich bedeutsame Lebensereignisse

Richten wir nun den Blick auf wichtige Ereignisse im letzten Lebensjahr Johann Sebastian Bachs, die einerseits Belastungen und Kränkungen bedeuten, in denen sich aber andererseits ein eindrucksvoller Gestaltungswille dieses Komponisten ausdrückt – wobei sich dieser auf die Vervollständigung und Vervollkommnung von Bachs Lebenswerk wie auch auf seinen Umgang mit der Erkrankung bezieht.

Das Jahr 1749 begann gut für Johann Sebastian Bach: Im Januar heirateten sein Schüler Altnickol und seine Lieblingstochter Elisabeth. Altnickol bekleidete auf Vermittlung von Johann Sebastian Bach die Stelle eines Organisten in Naumburg. Wie bereits angedeutet, wurde Johann Sebastian Bach Ende Mai, Anfang Juni 1749 mit einem musikfeindlichen Schulprogramm des Freiberger Rektors Johann Gottlieb Biedermann konfrontiert. Dieser hatte in lateinischer Sprache ausgeführt, dass „übertriebene Musikpflege die Jugend verweichlicht und zum Laster verführt." Bach antwortete nicht selbst auf diese Provokation. Vielmehr wandte er sich an einen Kollegen in der Mitzlerschen Sozietät mit der Bitte, eine Gegenschrift zu verfassen, auf dass das „Dreckohr" des Rektors gereinigt werde. Dabei nahm er sogar eigenmächtig Verschärfungen in der Konzeption der Gegenschrift vor und provozierte damit sogar noch Konflikte mit dem Autor.

Im Juni 1749 kam es zudem zu einem für Bach kränkenden Ereignis: Es wurden in Leipzig Gerüchte gestreut, wonach die Amtszeit des Kantors aufgrund dessen geschwächter Gesundheit nur noch Monate betrage. Die deutliche Verschlechterung seiner Gesundheit im Mai 1749 hatte bei Mitgliedern des Rates der Stadt Leipzig die Sorge hervorgerufen, nicht auf den Ernstfall, nämlich die Stellenbesetzung nach dem Tod Johann Sebastian Bachs, vorbereitet zu sein. Auf Wunsch des sächsischen Premierministers, des Grafen Heinrich von Brühl, lud also der Leipziger Rat dessen Dresdner Kapellmeister Johann Gottlob Harrer zu einem Probevorspiel. Man fasste für den Fall, dass der „Capellmeister und Cantor Herr Sebast: Bach versterben sollte", schon jetzt einen Nachfolger ins Auge. Harrer bestand das Probespiel (alles andere wäre angesichts der „Anordnung" aus Dresden auch eine Überraschung gewesen) und wurde zum Nachfolger Bachs ernannt. Er sollte nach Dresden zurückkehren und die offizielle Berufung abwarten.

Und doch bewältigte Bach diese gesundheitliche Krise. Vor allem aber tat er alles, um der Öffentlichkeit zu zeigen, dass er über ausreichende Kräfte verfügte, um das Amt des Thomaskantors auszufüllen. Mitte Juni 1749 nahm er mit seinen Söhnen Friedrich und Christian in der Thomaskirche am Abendmahl teil. Am 25. August 1749 schließlich führte er zum Ratswechsel ein technisch höchst anspruchsvolles Werk auf, das er eigens für diesen Anlass geschrieben hatte: Die Kantate *Wir danken dir, Gott, wir danken dir* (BWV 29). In dieser Kantate wird der Chor von einem großen Orchester begleitet. In der einleitenden Sinfonia kommt eine konzertierende Orgel mit einem schwierigen Solopart zum Zuge. Es wird angenommen, dass Bach diesen Solopart selbst gespielt hat. Auch dies sollte als Beweis seiner ungebrochenen Leistungsfähigkeit dienen. Christoph Wolff (2009a) bietet mit Blick auf diese Kantate eine interessante Deutung der Textauswahl an:

> Bei der Wahl dieses Werks dürfte Bach den Text des ersten Satzes „*Wir danken dir, Gott, und verkündigen deine Wunder*" (Psalm 72, 2) sicherlich auf seine eigene Genesung von einer schweren Krankheit bezogen sowie daran gedacht haben, dass Gott der Allmächtige höher steht als jede weltliche Autorität (Wolff 2009a, S. 486).

Im Herbst 1749 antwortete Bach noch einmal musikalisch auf die Angriffe des Schulrektors Biedermann wie auch auf die Vorstellung von Johann Gottlob Harrer. Dazu diente ihm die Wiederaufführung von *Der Streit zwischen Phoebus und Pan* (BWV 201). Dieses Werk hat dabei die Gegenüberstellung von ausgeprägter und fehlender Musikkunst sowie die anspruchslose Kunstkritik zum Thema. Bach hat diese Aufführung mit Angehörigen, Freunden und Schülern sehr genau geplant, um hier ein überzeugendes Zeichen setzen zu können.

Seinen beiden ältesten Söhnen eröffnete er die Möglichkeit, sowohl in der Thomas- als auch in der Nicolaikirche ihre eigenen geistlichen Werke zu Gehör zu bringen, und dies vor allem an Festtagen, um möglichst viele Menschen zu erreichen und davon zu überzeugen, dass mit dem Namen Bach auch weiterhin gerechnet werden muss.

Sein Sohn Johann Christoph Friedrich, 18 Jahre alt, wurde Anfang 1750 durch Vermittlung seines Vaters Hofmusiker beim Grafen Wilhelm von Schaumburg-Lippe in Norddeutschland. Dabei fiel Johann Sebastian Bach der Abschied vom stillen, anhänglichen Sohn, seinem letzten Helfer, sehr schwer. Im Hause lebten Bachs Ehefrau Anna Magdalena, die unverheiratete 40-jährige Catharina Dorothea, der 15-jährige Sohn Johann Christian sowie zwei acht- und 13-jährige Mädchen. Johann Christian, ein hoch talentierter Musiker, wurde nun zu einem engen Vertrauten – Bach vererbte ihm drei Cembali.

Noch Anfang 1750 hat Bach, wie bereits angedeutet wurde, an Teilen der *h-Moll-Messe* sowie am Contrapunctus XIV aus der *Kunst der Fuge* gearbeitet. Im Verlangen, diese beiden großen Werke – mit denen er seine geistliche und weltliche Kompositionskunst programmatisch darstellen und zu einem Höhepunkt führen wollte – zum Abschluss zu bringen, und dies trotz hoher gesundheitlicher Belastung, kommt ein stark ausgeprägter Gestaltungswille im Hinblick auf sein kompositorisches Werk, aber auch in Anbetracht seines Lebens als „Werk" zum Ausdruck. Aufgrund dieses Motivs war er darum bemüht, die gesundheitlichen Belastungen zu überwinden, wobei ihm seine physische und psychische Widerstandsfähigkeit eine Hilfe war. Im Nekrolog wird ja ausdrücklich von seiner „heiteren Seele" und seinen erhaltenen „Lebenskräften" gesprochen. Aus diesem Grund war er auch daran interessiert, dass der englische Augenarzt Sir John Taylor an ihm eine Augenoperation vornehmen würde. Dieser Arzt weilte Ende März 1750 in Leipzig, um an der Universität Vorlesungen zu halten. Am 1. April 1750 war in den Zeitungen zu lesen:

> Am verwichenen Sonnabende und gestern abends hat der Herr Ritter Taylor auf dem Concertsaale, in gegenwart einer ansehnlichen Gesellschaft von Gelehrten und anderer Personen von Stande, öffentliche Vorlesungen gehalten. Es ist ein erstaunlicher Zulauf von Leuten bey ihm, welche seine Hülfe suchen. Unter andern hat er dem Herrn Capellmeister Bach, welcher durch den häufigen Gebrauch der Augen sich derselben beynahe ganz beraubt hatte, operiret, und zwar mit dem erwünschtesten Erfolge, so daß er die völlige Schärfe seines Gesichts wieder bekommen hat (Bach-Dokument II, Nr. 598).

Allerdings war, wie schon dargelegt, der ersten Operation kein Erfolg beschieden. Daher wurde einige Tage später eine zweite Operation durchgeführt, die ebenfalls fehlschlug.

Und doch: Im Mai 1750 bat Johann Gottfried Müthel aus Schwerin darum, bei Bach studieren zu dürfen. Er bezog Quartier in der Kantorenwohnung. Gemeinsam mit Altnickol unterstützte er den erblindeten Bach: Es wurden 18 Orgelchoräle mithilfe der beiden für den Druck vorbereitet. Vermutlich hatte Bach mit der Aufnahme des Privatschülers Müthel in seiner Wohnung die Hoffnung verknüpft, sich von den körperlichen und seelischen Belastungen abzulenken und langfristig zu erholen.

Doch dieser Wunsch hat sich nicht erfüllt. Am 18. Juli 1750 nahm Johann Sebastian Bach die Augenbinde ab und konnte für kurze Zeit sehen. Wenige Stunden später trat ein Schlaganfall auf. Acht Tage vor seinem Tod wurde ihm durch seinen Beichtvater das Heilige Abendmahl gespendet. Johann Sebastian Bach verstarb in den Abendstunden des 28. Juli 1750.

Schöpferische Kräfte am Lebensende

Wie ist es aber zu erklären, dass Johann Sebastian Bach in den Briefen, die er in seinem letzten Lebensjahr beschrieb, mit keinem Wort auf etwaige gesundheitliche Belastungen eingegangen ist? Wie ist die Tendenz des Komponisten zu verstehen, sich auch im letzten Lebensjahr in seinem Beruf – Komponieren, Aufführen und Unterrichten – zu engagieren, sich zudem in musikwissenschaftliche Kontroversen einzubringen, und sei es auch nur über seine Schüler? Und schließlich führte er dem Rat der Stadt Leipzig wie auch Regierungsvertretern aus Dresden vor Augen, dass mit ihm zu rechnen sei, dass ihn auch eine Erkrankung nicht daran hindere, Kompositionen auf höchstem Niveau zu schaffen, Aufführungen mit höchster Qualität zu verwirklichen.

Hier kommt die Tendenz des Komponisten zum Ausdruck, trotz gesundheitlicher Grenzen, trotz des herannahenden Todes die bestehenden schöpferischen Kräfte möglichst weit auszuschöpfen – dies auch mit Blick auf die erlebte Verantwortung vor der Musik, vor dem eigenen Werk, vor seinen Schülern und vor Gott. Eine derartige Tendenz finden wir nicht selten bei schwer kranken, sterbenden Menschen, die in hohem Maße an das Leben gebunden sind, die ihr Leben in den Dienst anderer Menschen (zum Beispiel aus ihrer Familie), in den Dienst eines Werkes oder in den Dienst der göttlichen Ordnung gestellt sehen und darin eine Quelle des Sinn-Erlebens erblicken.

Mit Blick auf den Komponisten Bach ist dabei das Studium jenes Teils der Bach-Biografie Johannes Nikolaus Forkels (Forkel 2000) aufschlussreich, in dem dieser am Beispiel des Chorals *Wenn wir in höchsten Nöten sein* die schöpferischen Kräfte des Komponisten bis in die letzten Wochen seines Lebens würdigt und zudem deutlich macht, wie sehr er auch noch am Lebensende von der Idee bestimmt war, sein Leben, seine schöpferischen Kräfte in den Dienst Gottes zu stellen. In diesem Abschnitt der Biografie ist zu lesen:

> Zum Ersatz des Fehlenden an der letztern Fuge ist dem Werke am Schluß der 4stimmig ausgearbeitete Choral: Wenn wir in höchsten Nöthen sind etc. beygefügt worden. Bach hat ihn in seiner Blindheit, wenige Tage vor seinem Ende seinem Schwiegersohn Altnikol in die Feder dictirt. Von der in diesem Choral liegenden Kunst will ich nichts sagen; sie war dem Verf. desselben so geläufig geworden, daß er sie auch in der Krankheit ausüben konnte. Aber der darin liegende Ausdruck von frommer Ergebung und Andacht hat mich stets ergriffen, so oft ich ihn gespielt habe, so daß ich kaum sagen kann, was ich lieber entbehren wollte, diesen Choral, oder das Ende der letztern Fuge (Forkel 2000, S. 54).

Carl Philipp Emanuel Bach, ein Sohn Johann Sebastians, schreibt in seinem Vorwort zur Druckausgabe der *Kunst der Fuge* (1751):

> Der selige Herr Verfasser dieses Werkes wurde durch seine Augenkrankheit und den kurz darauf erfolgten Tod außer Stande gesetzt, die letzte Fuge, wo er sich bey Anbringung des dritten Satzes namentlich zu erkennen giebet, zu Ende zu bringen; man hat dahero die Freunde seiner Muse durch Mittheilung des am ende beygefügten vierstimmig ausgearbeiteten Kirchenchorals, den der selige Mann in seiner Blindheit einem seiner Freunde aus dem Stegereif in die Feder dictiret hat, schadlos halten wollen.

Diese schöpferischen Kräfte, von denen hier die Rede ist, beschreibt Christian Rueger (2003) in seinem Buch *Wie im Himmel so auf Erden* auch im Hinblick auf den unmittelbar bevorstehenden Tod:

> Die menschliche Gefasstheit, mit der Bach aus dieser Welt gegangen ist, hat ihre Entsprechung in der seltenen, manchmal erschreckenden Konzentration seiner späteren Werke. Wie Kantaten, Oratorien, Passionen bilden auch sie eine eigene Gruppe und sind schon eigentlich keine Musik mehr im herkömmlichen Sinne, sondern im Sinne der mittelalterlichen Musica mundana ... Abbild des Kosmos über und in uns. Diese Musik kann und soll klingen, aber sie muss nicht klingen, sie tönt auch ohne akustischen Klang (Rueger 1993, S. 202).

Und an anderer Stelle ist zu lesen:

> Wir dürfen glauben, dass Bach gefasst gestorben ist; zehn Tage vor dem Ende hat (er) seinem Schwiegersohn sein allerletztes Werk diktiert, den sogenannten Sterbechoral „*Vor deinen Thron tret ich hiermit*". Carl Philipp Emanuel hat ihn später an den Schluss der unvollendeten Kunst der Fuge gesetzt (Rueger 1993, S. 196).

Auch wenn nicht geklärt ist und vermutlich auch nicht geklärt werden kann, wann genau dieser Choral geschrieben wurde – dies wurde ja schon betont –, so kann doch davon ausgegangen werden, dass er Johann Sebastian Bach in dessen letzten Lebenstagen intensiv beschäftigte. Wahrscheinlich ließ er ihn sich auf seinem Cembalo vorspielen, und der Spieler selbst, vielleicht auch eine weitere Person schrieb das Werk mit den von Bach genannten Änderungen in den Sammelband ein, in dem sich schon die Orgelsonaten, 17 Choralbearbeitungen und das Variationswerk über „*Vom Himmel hoch, da komm ich her*" fanden.

Das Aufsetzen eines solchen Chorals ist vielleicht das sinnfälligste Zeichen einer gelungenen Verarbeitung und Bewältigung der gesundheitlichen Grenzsituation sowie einer Überwindung von Furcht vor der eigenen, unmittelbar sich ankündigenden Endlichkeit.

> Noch einmal vertieft sich der Sinn der Musik: Sie lässt das Unerträgliche ertragen und setzt an die Stelle der Gnade des Schlafes die jenen Schläfern unerreichbare Gunst der Schönheit (Blumenberg 1988, S. 50).

Detlev Kranemann (1990) zitiert in seiner bereits genannten Arbeit Isolde Ahlgrimm mit den Worten:

> Vielleicht wäre die Kunst der Fuge nicht unvollkommen geblieben, wenn der damaligen Medizin die heutigen Kenntnisse zur Verfügung gestanden hätten.

Und er reagiert darauf mit den beiden Fragen:

> Aber kann man die Zeit verrücken? Könnte in heutiger Zeit überhaupt noch ein Meister der Musik eine Kunst der Fuge schreiben? (S. 64).

Religiöse Bindung als Grundlage für schöpferische Kräfte am Lebensende

Bei dem Versuch einer Annäherung an die schöpferischen Kräfte zu Johann Sebastian Bachs unmittelbarem Lebensende ist zunächst hervorzuheben, dass „das Leben im Sterben" dieses Komponisten nicht losgelöst von dessen religiöser Bindung betrachtet werden darf. James Gaines (2008) hat in seinem bereits erwähnten Buch den überzeugenden Versuch unternommen, sich Johann Sebastian Bach biografisch anzunähern. Dies ist auch deswegen eine anspruchsvolle Aufgabe, da sich ja nur wenige biografische Dokumente über diesen Komponisten aus dessen Zeit finden. James Gaines (2008) legt nun an vielen Stellen seines Buches dar, dass es für Johann Sebastian nur *eine* „Autorität" in seinem Leben gab, die die Autorität aller staatlichen und kirchlichen Würdenträger weit überragte: Gott.

Was er im Gebet vor Gott und Gottessohn bringen konnte, das konnte er auch vor den weltlichen und geistlichen Würdenträgern vertreten und durchstehen – selbst dann, wenn dadurch ernste Konflikte hervorgerufen wurden. Den letzten, den endgültigen Bezugspunkt seines Handelns bildete Gott. Und auch die Musik sollte den Menschen nicht nur erbauen und „ergötzen", wie Bach es nannte, sondern sie sollte auch und vor allem der Ehre Gottes dienen, die göttliche Ordnung in unserer Welt sichtbar machen. Darin zeigt sich die religiöse Bindung des Komponisten, die übrigens nicht ohne Weiteres mit kirchlicher Bindung gleichgesetzt werden darf.

Das intensive Bemühen Johann Sebastian Bachs, vor seinem Tod die große *Messe in h-Moll* (BWV 232) abzuschließen und dafür andere Kompositionen vorübergehend liegenzulassen – so vor allem die *Kunst der Fuge* –, drückt in besonderer Weise seine religiöse Bindung aus. Schon 1733 – nämlich mit der Vertonung des *Kyrie* und des *Gloria* – hatte Bach mit dieser Messe begonnen, die er aber dann bis 1748 nicht mehr weiter bearbeitete: *Kyrie* und *Gloria* bildeten eine abgeschlossene Einheit, die er zunächst nicht um weitere ergänzen wollte; zumindest finden sich keine entsprechenden Pläne.

1748, also zwei Jahre vor seinem Tod, wandte er sich wieder der Messe zu, vielleicht auch aufgrund der Ahnung, dass seine Lebenszeit deutlich stärker begrenzt sein würde, als bisher angenommen. Die mit dem Diabetes verbundene Polypathie könnte durchaus solche Ahnungen ausgelöst haben. Die Vertonungen des *Credo,* des *Sanctus* und des *Agnus Dei* beschäftigten Bach von 1748 bis zum Jahreswechsel 1749/50, das heißt bis wenige Monate vor seinem Tod. Bei der Vertonung dieser Teile der Missa griff er einerseits auf Werke zurück, die er in früheren Jahren komponiert hatte und die nun als Grundlage für die Vertonung einzelner Teile der großen Missa dienten

Abb. 3.1   Messe in h-Moll (BWV 232). Sopran I-Stimme, 1. Seite. Autograph. (© dpa-Picture-Alliance)

(Parodie und Neuanordnung). Andererseits entstanden für die Vertonung weiterer Teile Neukompositionen (siehe das *Et incarnatus est* aus dem *Credo*, das vermutlich zum Jahreswechsel 1749/50 oder sogar erst in den ersten Wochen des Jahres 1750 abgeschlossen wurde). Mit dem Rückgriff auf frühere Kompositionen und dem Schaffen neuer Kompositionen verschmelzen in der Missa Biografie und Gegenwart zu einem Lebenswerk, das er in die Hände Gottes legt (Abb. 3.1).

Johann Sebastian Bach hat mit der *h-Moll-Messe* in gewisser Hinsicht sein persönliches Glaubensbekenntnis abgelegt – hier sei nur auf die Credo-Eröffnung hingewiesen, eine siebenstimmige Fuge über die liturgische Credo-Intonation, oder auf die vier Takte umfassende Überschrift des ersten Kyrieleison, mit dem die Missa eingeleitet wird. Dabei ist zu bedenken, dass die Aufführung der *h-Moll-Messe* mehr als zwei Stunden in Anspruch nimmt. Das bedeutet, dass Johann Sebastian Bach eigentlich davon ausgehen musste, dass diese Messe in einem Gottesdienst niemals erklingen würde.

(Als zusammenhängendes Werk wurde die *h-Moll-Messe* übrigens zum ersten Mal am 20. Februar 1834 in einem Konzert der Berliner Singakademie aufgeführt.)

Daraus kann gefolgert werden, dass es Bach bei der Komposition des Werks vor allem darum gegangen ist, eine Möglichkeit zu finden, um sein persönliches Glaubensbekenntnis abzulegen, sein Können symbolisch vor Gott auszulegen und in dessen Hände zu legen, ja, sein Können Gott zurückzugeben, war es ihm doch nur *geliehen*, wurde er durch es doch zum Werkzeug göttlichen Heils.

Diese symbolische „Rückgabe" der kompositorischen Meisterschaft an Gott finden wir auch in der *Kunst der Fuge*, hier im Contrapunctus XIV (Quadrupelfuge), in dem die Notenfolge B-A-C-H als drittes Fugenmotiv eingeführt und dabei zum „göttlichen" (oder königlichen) Ton „D" geführt wird (ausführlich dazu Eggebrecht 1998). Das eigene Leben, die Schaffens- oder Werkbiografie wird damit symbolisch in Gottes Hand gelegt.

Auch darin zeigt sich die tiefe religiöse Bindung dieses Komponisten, die aber nicht im Sinne einer „Frömmelei" und auch nicht im Sinne einer Unterwerfung unter kirchliche Autoritäten verstanden werden darf. Wie schon verschiedentlich dargelegt wurde, hat Bach diesen Autoritäten manches abverlangt und ihnen gegenüber seine Eigenständigkeit unter Beweis gestellt.

Führen wir das Moment der religiösen Bindung weiter, nämlich zu der Frage, wie diese das Erleben eigener Endlichkeit zu prägen vermag: Spiegelt sich in der religiösen Bindung die Vorstellung einer umfassenderen Ordnung wider, in die das eigene Leben „hineingestellt" ist?

Was bei den zahlreichen geistlichen Werken, die Johann Sebastian Bach geschaffen hat, sicherlich nicht vernachlässigt werden darf, ist die Tatsache, dass es sich bei ihnen zumeist um Auftragskompositionen handelte: Von dem im Dienste der Kirche stehenden Komponisten wurde erwartet, dass er zu Sonn- und Feiertagen geistliche Werke zur Aufführung brächte, mit denen die entscheidenden theologischen Aussagen des jeweiligen Gottesdienstes musikalisch ausgedrückt und umrahmt würden. Von daher sind die Texte, die Johann Sebastian Bachs geistliche Kompositionen bestimmen, auch im Kontext des kirchlichen Auftrags zu sehen, der an ihn gerichtet war.

Zudem dürfen diese Texte nicht unabhängig von der Zeit – der Barockzeit – gesehen werden, in der sie entstanden sind. In den christlichen Texten spiegelt sich der Zeitgeist wider. Die Texte dienten dazu, die in den verschiedenen Phasen der Barockzeit dominierenden Einstellungen und Haltungen des Menschen pointiert zum Ausdruck zu bringen. Texte von Paul Gerhardt (1607–1676), Paul Fleming (1609–1640), Andreas Gryphius (1616–1664) – um hier nur einige Schriftsteller des Barock zu nennen – führen die Verletzlichkeit und Vergänglichkeit des Menschen mit dessen Fähigkeit zusammen, diese Grenzen des irdischen Lebens innerlich, das heißt, seelisch-geistig zu überwinden. Dabei dient als eigentlicher Bezugspunkt aller inneren Auseinandersetzung, Verarbeitung und Bewältigung Gott (und Jesus Christus) oder das Göttliche. Und das Beschreiten des inneren Weges bildet die entscheidende Bedingung für die Meisterung aller Fährnisse, mit denen der Mensch in seinem Leben konfrontiert wird – persönlich, aber eben auch politisch und gesellschaftlich.

Hier soll nun gezeigt werden, dass die Tatsache der Auftragskomposition ebenso wie der Rückgriff auf literarisches Gut, das als repräsentativ für die Barockzeit angesehen werden darf, keinesfalls der Aussage entgegensteht, dass bei Johann Sebastian Bach über den gesamten Lebenslauf eine gelebte religiöse Bindung erkennbar war, die eine bedeutende Grundlage für die bewusste Annahme eigener Verletzlichkeit und Endlichkeit bildete. Und eben diese bewusste Annahme stellte auch den Hintergrund jener schöpferischen Kräfte dar, die sich noch unmittelbar vor Eintritt des Todes offenbarten.

„Actus tragicus" als Ausdruck der Annahme und Überwindung eigener Endlichkeit

Richten wir zur Diskussion dieses Themas den Blick auf eine Komposition, die am Beginn der Werkbiografie Johann Sebastian Bachs steht. Diese frühe Komposition – sie ist im 23. Lebensjahr des Komponisten entstanden – deutet darauf hin, dass Johann Sebastian Bach seine Interpretation der Verletzlichkeit und Endlichkeit menschlichen Lebens, und eben auch seines eigenen Lebens, in den umfassenderen Kontext einer christlichen Anthropologie stellt.

Es ist hier die Kantate *Gottes Zeit ist die allerbeste Zeit* (BWV 106) gemeint, von der keine originalen Quellen, sondern lediglich Abschriften vorhanden sind. In einer 1768 entstandenen Abschrift wird als Titel dieser Kantate *Actus tragicus* genannt. Diese Titelformulierung bildete Grundlage für die Annahme, dass es sich hier um eine Trauerkantate handelt. Eine weitere Annahme ging dahin, dass für diese Kantate das Gleiche gelte, wie für alle frühen Kantaten, die Johann Sebastian Bach für „Kasualien" wie Trauung und Trauerfeier geschrieben hat: dass diese Kantaten nämlich allein aus familiären Anlässen hervorgegangen, hingegen nicht auftragsgebunden – also gegen eine Honorarzahlung – entstanden seien (siehe dazu Küster 1999a). Wie Konrad Küster hervorhebt, scheint die Textzusammenstellung der Kantate zwar einem Traueranlass zu gelten, doch wird bei genauerer Analyse – auch der Texte der 1668 in Leipzig gedruckten *Christlichen Bet-Schule* von Johann Olearius, auf denen die Kantate gründet – deutlich, dass diese durchaus für einen allgemeinen Bußgottesdienst geschrieben worden sein könnte (Küster 1999a, S. 140).

Für diese Annahme spricht nach Konrad Küster, und dies ist für uns nun besonders interessant, dass für die Anfangsteile der Kantate – angelehnt an die Vorlage von Johann Olearius – Bibeltexte hinzugekommen sind, „die dieses Memento mori bestätigen, aber nicht zu einem Trauertext konkretisieren" (S. 140). Und er setzt fort:

> Somit erweckt diese Kantate allein schon in textlicher Hinsicht den Eindruck eines besonders wohlabgewogenen Ensembles (S. 140). Dieses Textensemble ermöglichte es Bach, besonders expressive musikalische Mittel einzusetzen (S. 141).

Was kann aus diesen Aussagen gefolgert werden? Den Dreh- und Angelpunkt der Kantate bildet das Memento mori, das aber systematisch mit dem Erlösungs- oder Heilsversprechen verbunden wird: Die Auferstehung von den Toten ist dem Menschen zugesagt, die Befreiung von den Fesseln des Todes bildet den Kern der christlichen Botschaft, die hier ausdrücklich als entscheidende Antwort auf das Memento mori eingeführt wird.

Die Kantate mag aus Anlass der Trauerfeier für Bachs Erfurter Onkel, Tobias Lämmerhirt, geschrieben worden sein, der am 10. August 1707 (also im 23. Lebensjahr des Komponisten) verstorben war. Doch über diesen Anlass hinaus spiegelt sich in ihr, ebenso wie in der im selben Jahr entstandenen Kantate *Christ lag in Todesbanden* (BWV 4), eine – in dieser Prägnanz, in diesem schöpferischen Reichtum geradezu einmalige – grundlegende, von dem konkreten Anlass losgelöste Auseinandersetzung mit der Ordnung des Todes im menschlichen Leben wider. Dabei wird diese Auseinandersetzung zum einen mit dem Erlösungsversprechen verknüpft. Johann Sebastian Bach lässt an verschiedenen Stellen der Kantate Stimmen erklingen, von denen die eine das Memento mori thematisiert, die andere die Erlösung durch Jesus Christus. Zum anderen mündet sie in eine grundlegende Reflexion über Gottes Zeit, von der es in Psalm 90 – auf den die Kantate ausdrücklich Bezug nimmt – heißt: „Denn tausend Jahre sind vor dir wie der Tag, der gestern vergangen ist, und wie eine Nachtwache."

Der *Actus tragicus* beginnt mit einer *Sonatina*, einer instrumentalen Einleitung, in der zwei Blockflöten und Streichorchester erklingen, unterlegt mit einem Bassmotiv, das geradezu den Rhythmus des Herzschlags imitiert: Damit ist das menschliche Leben in seiner ursprünglichsten Form angesprochen. Die *Sonatina* ist in Es-Dur geschrieben, einer – in den Kompositionen Johann Sebastian Bachs – Gleichmaß und Ruhe ausstrahlenden Tonart (man denke hier nur an das Präludium Es-Dur aus dem Wohltemperierten Klavier I). Damit wird von Beginn an deutlich gemacht, dass der Tod zwar einen Endpunkt markiert, der uns aber nicht in Verzweiflung stürzen muss, denn dieser Endpunkt stellt nur eine Pforte, einen Übergang dar – er führt uns in Gottes Zeit. Der erste Chor: *Gottes Zeit ist die allerbeste Zeit* greift diese von Hoffnung und Zuversicht geprägte Stimmung auf.

Doch dann folgt ein fast schon abrupt zu nennender Übergang zur Tonart c-Moll – einer ernsten Tonart –, und dies bei den Worten: „In ihm sterben wir" und dem Zitat aus Psalm 90: „Ach, Herr, lehre uns bedenken, dass wir sterben müssen, auf dass wir klug werden." In den nachfolgenden Sätzen schreitet Bach bei der Wahl der Tonarten weiter hinab, zunächst zur Tonart f-Moll, wenn er nämlich das Gesetz des Alten Testaments vertont: „Es ist der alte Bund: Mensch, du musst sterben", und schließlich zu b-Moll, wenn er die letzten Worte Jesu Christi am Kreuz, „In deine Hände befehle ich meinen Geist", musikalisch ausgestaltet. Nun, in der Tiefe absoluter Endlichkeitserfahrung angekommen, beginnt der Aufstieg, der textlich und musikalisch in einer Weise ausgestaltet wird, dass der Hörer das Erlösungs- und Heilsversprechen sehr deutlich vernimmt, wobei dieser Aufstieg auch durch die Wahl der Tonarten symbolisiert wird. Die nun folgende Bass-Arie greift das Versprechen auf, das Jesus Christus dem mit ihm gekreuzigten Dieb gegeben hat: „Heute wirst du mit mir im Paradies sein". Dabei wird die f-Moll-Tonart mit der Parallel-Tonart As-Dur kombiniert.

Abschließend wird der Choral *Mit Fried und Freud ich fahr dahin* angestimmt, der zurück zur Tonart Es-Dur, also zur Ausgangstonart der Kantate, führt. Im *Actus tragicus* werden wir unmittelbar mit unserer Endlichkeit konfrontiert, ja, wir gehen geradezu auf unseren Tod zu, setzen uns der Endlichkeitserfahrung unmittelbar aus. Und doch durchschreiten wir – sinnbildlich gesprochen – den Tod, erfahren die Erlösung, die mit dem Tode kommt. Motive des Sterben-Müssens werden in einzelnen Teilen der Kantate unmittelbar mit Motiven der Erlösung kombiniert, womit das bereits früher in diesem Text erläuterte Luther-Wort: „Media in vita in morte sumus – kehrs umb! – media in morte in vita sumus" in einer musikalisch tiefen Art und Weise ausgedeutet wird. Durch diesen Effekt des zunächst geforderten „Hinabsteigens" (in das Reich des Todes) und des danach ermöglichten „Heraufsteigens" (in das Reich des Lebens, jetzt aber des ewigen Lebens, jetzt aber in Gottes Zeit) soll dem Hörer möglichst unmittelbar das Erlösungs- oder Heilsversprechen vermittelt werden.

Der hier erzielte Effekt ist nicht nur religiöser, sondern auch psychologischer Natur – wird dem Menschen doch mit und in dieser Kantate die Möglichkeit gegeben, sich allmählich auf die eigene Endlichkeit einzustellen, doch zugleich über diese hinauszublicken. Johann Sebastian Bach erscheint uns also schon in seiner frühen Laufbahn (es sei noch einmal daran erinnert, dass diese Kantate im 23. Lebensjahr dieses Komponisten entstanden ist) als ein „Grenzgänger" zwischen Musik, Theologie und Psychologie.

Darüber hinaus zeigt sich schon in seinem dritten Lebensjahrzehnt das ausgeprägte Motiv, das eigene Leben – vor allem die Verletzlichkeit, die End-lichkeit seines Lebens – in eine umfassende religiöse Ordnung zu stellen. Es ist diese religiöse Ordnung, die Johann Sebastian Bach dabei hilft, zu einem neu-en Verständnis der eigenen Verletzlichkeit und Endlichkeit zu gelangen und sie als einen natürlichen Teil des Lebens zu begreifen. Er stellt den Beginn einer Verwandlung dar: „Siehe, ich sage Euch ein Geheimnis: Wir werden nicht alle entschlafen, wir werden aber alle verwandelt werden" – diese Aus-sage des Apostels Paulus im Korintherbrief (1. Kor. 15, 51) könnte dabei als Überschrift über diese religiös fundierte Einstellung und Haltung zur eigenen Verletzlichkeit und Endlichkeit dienen.

In einer theoretisch und empirisch fundierten Arbeit zur Spiritualität äl-terer Menschen am Lebensende zeigt Daniel P. Sulmasy (2002) den großen Einfluss der in der Biografie entwickelten spirituellen Bindung für die in-dividuelle Deutung der eigenen Endlichkeit im Vorfeld des Todes auf. Der Autor – Mediziner und Theologe – hebt dabei hervor, dass die spirituelle Bindung im Sinne einer Ordnung zu verstehen ist, in die das eigene Leben eingebettet ist und die auch dazu dient, Entwicklungsaufgaben und Grenzsi-tuationen sowie subjektiv wahrgenommene Entwicklungsprozesse im Lebens-lauf zu *deuten* (siehe auch Sperling 2004) – wobei „Deutung" hier nicht nur als ein rationales, sondern vielmehr als ein rational-emotionales Geschehen verstanden wird. Das heißt, in die Deutung gehen auch grundlegende Werte, Überzeugungen und Einstellungen des Individuums ein, wie diese sich im Le-benslauf ausgebildet und immer weiter differenziert haben. Zudem vollzieht sich die Deutung bestimmter – vor allem existenziell wichtiger – Situationen auch im Kontext von tief greifenden Erlebnissen und Erfahrungen, die das Individuum im Laufe seiner Biografie gemacht hat: Sie wirken als Deutungs-horizont in starkem Maße nach (ausführlich dazu Kruse 2005a).

Daniel P. Sulmasy geht nun von der Annahme aus, dass im Fall der Be-wusstwerdung oder Diagnose einer schweren, zum Tode führenden Erkran-kung bestehende Ordnungen, die das Individuum in seiner Biografie ausge-bildet hat, zwar gestört oder sogar zerstört werden: Die letzte Grenzsituation des Sterbens lässt sich nicht ohne weiteres in bestehende (rational-emotionale) Ordnungen integrieren. Zugleich aber nimmt er – ganz ähnlich wie Lars Tornstam (1989), ganz ähnlich wie der Autor selbst (Kruse 2010) – an (und kann diese Annahme empirisch belegen), dass es Menschen, die im Laufe der Biografie ein rational-emotionales Ordnungssystem entwickelt haben, mit dem sie sich in hohem Maße identifiziert haben und das zugleich ausreichend offen für neue Erfahrungen und Erkenntnisse gewesen ist, gelingt, nach und nach wieder eine Ordnung herzustellen, die mit dem früheren Ordnungssystem thematisch verwandt ist.

Dieses frühere Ordnungssystem wird aber unter dem Eindruck der Grenzsituation des Sterbens noch einmal deutlich differenziert, möglicherweise neu akzentuiert. Die darin zum Ausdruck kommenden schöpferischen Leistungen des Menschen am Lebensende – die eben die Weiterentwicklung der Deutung des eigenen Lebens unter dem Eindruck des herannahenden Todes umfassen – dürfen keinesfalls unterschätzt werden, was aber leider nur zu häufig geschieht.

Betrachtet man nun vor dem Hintergrund dieser Interpretation mögliche Zusammenhänge zwischen jener „Haltung", aus der heraus der *Actus tragicus* entstanden ist, und jener „Haltung", aus der heraus am Lebensende die *h-Moll-Messe* zu Ende geführt, die *Kunst der Fuge* fast abgeschlossen, der Choral *Wenn wir in höchsten Nöthen sein* so abgewandelt wurde, dass dieser nun auf den Text *Vor deinen Thron tret ich hiermit* passte: Welche – wenn auch vorsichtigen – Folgerungen lassen sich da ziehen?

Der *Actus tragicus* spiegelt ja im Kern eine prägnante religiöse Ordnung wider, mit der Johann Sebastian Bach den Hörer vertraut machen wollte und die – wenn man die besondere Überzeugungskraft berücksichtigt, die aus dieser Kantate spricht – auch für sein eigenes Leben charakteristisch war. Ganz ähnlich drückt sich auch in jenen Werken, die Bach an seinem Lebensende (fast) fertiggestellt hat, wie auch in der Tatsache, dass er alles dafür tat, um diese zum Abschluss zu bringen, eine prägnante religiöse Ordnung aus, die jetzt aber nicht mehr nur charakteristisch für seine Lebenshaltung war, sondern auch für seine Haltung gegenüber dem – immer deutlicher gespürten – Ende seiner irdischen Existenz.

Besonders anschaulich wird die Bach'sche Deutung dieser Ordnung, wird die Bach'sche Deutung des herannahenden Endes in der Quadrupelfuge aus *Kunst der Fuge*: Ein Komponist, der sich dafür entscheidet, seinen Namen (B-A-C-H) als eigenes Motiv in die Fuge einzubringen, es damit aber nicht bewenden zu lassen, sondern seinen Namen (über den Leitton „cis") zum Ton „d", also zum königlichen, zum göttlichen Ton zu führen, hat damit eigentlich in unübertrefflicher Weise dokumentiert, dass er von einer religiösen Ordnung in unserer Welt ausgeht, dass diese religiöse Ordnung auch für ihn selbst große Bedeutung besitzt und dass diese religiöse Ordnung auch jenen thematischen Kontext bildet, in den er sein eigenes Sterben stellt (siehe dazu auch Eggebrecht 1998).

Damit wird deutlich, dass die religiöse Bindung für Johann Sebastian Bach eine, vielleicht sogar *die* bedeutsame Grundlage bildete, auf der sich seine Auseinandersetzung, Verarbeitung und Bewältigung des herannahenden Todes vollzog.

Blicken wir, um die besondere Stellung des *Actus tragicus* unter den frühen Kompositionen Johann Sebastian Bachs noch besser nachvollziehen zu können, auf zwei Charakterisierungen, die dieses Werk gefunden hat.

Christoph Wolff (2009a) zufolge werden in der Kantate tonale Regionen und eine harmonische Sprache erkundet,

> die unter seinen Vorgängern und Zeitgenossen nicht ihresgleichen kannten. Er lieferte damit ein eindrucksvolles Beispiel, wie wenig die bescheidenen Mittel und eingeschränkten Bedingungen, unter denen die ersten Kantaten entstanden, den Komponisten daran hindern konnten, althergebrachte musikalische Konventionen weit hinter sich zu lassen (S. 114).

James R. Gaines (2008) gelangt in seiner Schrift zu folgender Bewertung:

> Auch einfach als Kunstwerk betrachtet, ist der „*Actus tragicus*" von einer fast unaussprechlichen Schönheit. Seine Schönheit lässt sich tatsächlich nicht aussprechen, auch wenn wir über sie sprechen können. ... Zuletzt jedoch erkennen wir, dass die Größe großer Musik gerade darin besteht, dass sie das Unaussprechliche zum Ausdruck zu bringen vermag. Nachdem wir, nicht zum letzten Mal, an diesen Punkt gelangt sind, sollten wir das Buch beiseitelegen, die Partitur hervorholen, die Musik auflegen und den Text zusammen mit der Musik lesen; und nachdem wir sie mehrmals gehört haben, beginnen wir, die Kraft und Inspiration des (zugleich aber auch streng geschulten und mit Sorgfalt eingesetzten) Genies zu ahnen. Die „*Matthäus-Passion*", die „*h-Moll-Messe*", die „*Brandenburgischen Konzerte*", die Cello-Suiten – der ganze Bach beginnt hier (Gaines 2008, S. 117 f.).

Wobei wir hier gerne ergänzen würden: Der „ganze Bach" meint dabei auch den *religiös gebundenen*, Gottes Ordnung in unserer Welt ausdrückenden Bach. Der „ganze Bach" meint auch jenen, der diese religiöse Bindung an seinem Lebensende nicht aufgibt, der an seinem Lebensende an die Ordnung Gottes glaubt – und nun sein gesamtes Leben in ebendiese Ordnung einfügt.

Bevor wir uns nun wieder unmittelbar damit beschäftigen, wie sich Johann Sebastian Bach auf sein Ende eingestellt, wie er es verarbeitet und bewältigt hat, seien noch zwei Ergänzungen zur Begründung der Aussage vorgenommen, dass der christliche Glaube für Bach große persönliche Bedeutung besaß – dazu sei zunächst auf die Kantate *Christ lag in Todesbanden* und dann auf den Schlusschoral der *Johannes-Passion* und der Kantate *Ich will den Kreuzstab gerne tragen* eingegangen.

„Christ lag in Todesbanden" als Ausdruck der Spannung zwischen Todes- und Erlösungsthematik

Die Kantate *Christ lag in Todesbanden* (BWV 4), soviel vorweg, ist gleichfalls im Jahr 1707 entstanden, und zwar für ein Probespiel Johann Sebastian Bachs an der St. Blasius-Kirche in der Freien Reichsstadt Mühlhausen. Bei dieser Kantate handelt es sich um eine Osterkantate, die sich ganz auf die sieben Strophen des von Martin Luther verfassten Osterliedes stützt. Das öffentliche Probespiel fand am Sonntag, dem 24. April 1707 statt. Für den 24. Mai desselben Jahres wurde eine Sitzung der „Eingepfarrten" der St. Blasius-Kirche (also jener Ratsherren der Stadt, die der Kirchengemeinde angehörten) einberufen, auf der der Seniorkonsul Dr. Conrad Meckbach einbrachte (siehe Bach-Dokumente II, 19):

> Ob nicht vor andern auff den N Pachen von Arnstadt, so neülich auff Ostern die probe gespielet, reflexion zu machen.

Und weiter ist zu lesen:

> Conclusum und sey dahin zu bearbeiten, daß mit Ihm billig accodiret werde. Zu dem ende selbigen anhero zu bescheiden, Herrn Bellstedt commission zu geben.

Dieses Dokument belegt, dass Johann Sebastian Bach die musikalische Gestaltung des Ostergottesdienstes in der St. Blasius-Kirche übernommen hatte. Das auf den Ostersonntag angesetzte Probespiel stützt zudem die Annahme, dass er zu diesem Zweck eine Osterkantate – nämlich die Kantate *Christ lag in Todesbanden* – komponiert hatte. Da das Überwinden, das Durchbrechen des Todes die zentrale liturgische Aussage des Osterfestes bildet (das „Lumen Christi", das Licht Jesu Christi dringt in die Dunkelheit des Todes ein und hebt diese auf), müsste die Osterkantate mit ganz ähnlicher textlicher und musikalischer Überzeugungskraft auf den Hörer wirken wie der *Actus tragicus*, wenn denn unsere Grundannahme, wonach die religiöse Bindung ein zentrales Daseinsthema im Leben des Johann Sebastian Bach bildete, zutrifft. Auch wenn der Auslöser zum Komponieren einer Osterkantate ein „weltlicher" war – nämlich die Aufführung eines eigenen Stückes im Rahmen eines Probespiels –, so müsste doch Bachs tiefe religiöse Bindung ein zusätzliches Motiv bilden, hier ein Werk zu schaffen, das der existenziellen Größe seines Inhalts – also dem religiösen Glauben, dem Glauben an das Überwinden, das Durchbrechen des Todes – angemessen ist.

Man stelle sich vor, wie die Gemeinde am Ostersonntag gestaunt hat, als sie die Sinfonia zur Osterkantate vernahm: Eine Sinfonia nämlich, die in e-Moll geschrieben ist – einer ernsten, tiefsinnigen Tonart –, die eine sparsame, fast asketisch zu nennende, lediglich 14 Takte umfassende musikalische Ausgestaltung aufweist, die bereits im dritten Takt – und zwar im Sinne einer Vorwegnahme des Themas der vokalen Eröffnung – das Ostermotiv aufgreift, in dem das Leiden Jesu Christi unüberhörbar vertont ist, wobei der Ausdruck des Leidens und Schmerzes insofern an Prägnanz gewinnt, als das Ostermotiv mit einem abwärts führenden Halbtonschritt von „h" zum Leitton „ais" beginnt. Die Gemeinde muss erstaunt, wenn nicht gar verwirrt gewesen sein ob dieses völlig unerwarteten, dem Osterfest – auf den ersten Blick – widersprechenden Motivs. Ist denn die Osterbotschaft nicht eine Botschaft der Freude, die eher ein geistliches Stück erwarten lässt, das in D-Dur steht und in dem Trompeten und Pauken erklingen? Stattdessen erklang diese Sinfonia, die eine ganz andere, gegensätzliche Stimmung auslöst.

Es wurde hervorgehoben, dass die *Sinfonia* der Kantate *Christ lag in Todesbanden* – wie übrigens die weiteren sieben Sätze auch – in e-Moll gesetzt ist.

Auch wenn dem Versuch, Tonarten zu charakterisieren, in der Musikwissenschaft schon immer mit gewisser Zurückhaltung, zum Teil auch mit Kritik begegnet wurde (bereits Lorenz Christoph Mizler hat sich in einer Arbeit (Mizler 1736–38) dazu kritisch geäußert), so sollte doch nicht unerwähnt bleiben, dass zum Beispiel Joseph Haydn, Ludwig van Beethoven und Franz Schubert den Charakter einzelner Tonarten in Worte gefasst haben.

Johann Mattheson, von dem eine der frühen Charakteristiken der Tonarten stammt (nämlich aus dem Jahr 1713, also sechs Jahre nach Entstehung der Osterkantate *Christ lag in Todesbanden*), hat zum Beispiel e-Moll mit solchen Begriffen wie: „tröstende Traurigkeit", „tiefsinnig", „manchmal lebhaft, aber nicht glücklich" umschrieben. Diese Umschreibung würde geradezu ideal sowohl zur Intention als auch zur musikalischen Anlage der Osterkantate passen: Sie verbindet Traurigkeit mit Trost, ist in ihrer Grundaussage tiefsinnig, in einzelnen Sätzen lebhaft, erscheint angesichts der existenziellen Bedeutung der Grundaussage „Erleiden des Todes – Erlösung vom Tod" aber nicht wirklich glücklich und will dies auch nicht.

Die der Sinfonia folgenden sieben Sätze bilden die Vertonung des von Martin Luther verfassten, sieben Strophen umfassenden Osterliedes. Dabei sind, wie bereits dargelegt, alle Sätze in der Grundtonart e-Moll geschrieben, womit noch einmal unterstrichen wird, dass der Tod das zentrale thematische Element dieser Kantate bildet. Dies gilt auch für jene Passus, in denen die Freude über die Erlösung ausgedrückt wird, so zum Beispiel in der ersten Strophe: *„Des wir sollen fröhlich sein, Gott loben und ihm dankbar sein und* *singen Halleluja!"*, oder in der vierten Strophe: *„Das Leben behielt den Sieg, es hat den Tod verschlungen."*, schließlich in der siebten Strophe: *„So feiern wir das hohe Fest mit Herzensfreud und Wonne, das uns der Herre scheinen lässt, er ist selber die Sonne."*

Man bedenke: Wir feiern dieses hohe Fest, wir feiern es mit Herzensfreud und Wonne – und ein solcher Passus steht in e-Moll, er wird zwar leicht, beschwingt gesungen, aber die Grundstimmung, wie sie durch die Tonart e-Moll ausgelöst wird, ist im Kern eine ernste, eine, die auf die Verletzlichkeit, die Endlichkeit des Menschen hindeutet. Die Osterkantate drückt schon dadurch eine bemerkenswerte Spannung aus, und eben diese Spannung zwischen Erlösungstext und ernster Grundtonart, aber auch zwischen freudigen, beschwingten Melodien und ernster Grundtonart stoßen den Hörer auf die existenzielle Größe des Themas, das hier verhandelt wird: nämlich auf den inneren Zusammenhang von Tod und ewigem Leben. Dabei muss der Tod in seiner ganzen Bedrohung und Tragik ausgehalten werden, kann aber eben auch ausgehalten werden, wenn sich der Mensch des Erlösungsversprechens bewusst ist.

Fast ist man versucht, daran zu erinnern, dass Johann Sebastian Bach zu jenem Zeitpunkt, zu dem er diese Kantate geschrieben hat, Erfahrung mit der tiefen, erschütternden Zäsur gemacht hat, die der Tod bedeutet: Zu nennen ist hier vor allem der frühe Tod der Mutter, der frühe Tod des Vaters – Bach war ja bereits mit neun Jahren Vollwaise. 13 Jahre später legt er mit der Osterkantate – ebenso wie mit dem *Actus tragicus* – eine musikalische Meditation über den Tod vor, die der Größe des Luther-Textes in nichts nachsteht.

Der ganze Ernst, den der Tod nahestehender Menschen, aber auch der eigene Tod bedeutet, fließt in die Osterkantate ein, und gerade dadurch gewinnt die in dieser Kantate ausgedrückte Hoffnung auf Erlösung, auf ewiges Leben, an Überzeugungskraft, an persönlicher Relevanz: Der Hörer fühlt seine Angst wie auch seine Hoffnung in diesem Werk beschrieben und ausgedrückt. Hätte Bach eine Dur-Tonart gewählt, hätte er diese Spannung zwischen Tod und ewigem Leben nicht musikalisch in dieser Weise ausgedrückt: Würde das Werk dann so berühren, so bewegen? Auch hier spricht der Theologe Johann Sebastian Bach, dem der christliche Glaube unbedingtes Anliegen ist und für den die göttliche Ordnung – die sich um das Thema „Tod und Auferstehung" zentriert – eine Ordnung von unmittelbarer persönlicher Relevanz darstellt.

Bach erweist sich aber auch hier wieder als ein Grenzgänger – als ein Grenzgänger nämlich zwischen Musik und Theologie einerseits, Psychologie andererseits. Die angesprochene Spannung zwischen Text beziehungsweise zwischen Melodieführung und Grundtonart ist nämlich auch aus psychologischer Sicht eindrucksvoll: Eine derartige Spannung schärft die Aufmerksamkeit des Hörers, lässt die Komposition nicht an ihm vorübergleiten, sondern trägt dazu bei, dass sie sich einprägt – und mit ihr die eigentliche theologische Aussage. Die Überzeugungskraft, von der eben die Rede war, ist ebenfalls eine wichtige psychologische Größe.

Albert Schweitzer (1979) nimmt eine treffende Charakterisierung der Osterkantate vor, wenn er schreibt:

> Für Ostern schuf der Meister die Choralkantate „*Christ lag in Todesbanden*", deren machtvolle Tonsprache von jeher bewundert worden ist. Jeder Vers ist in Musik ausgemeißelt. ... Diese Kantate gehört zu den gewaltigsten, aber auch zu den schwierigsten. Ein in Bach noch nicht eingesungener Chor stelle sich auf einige Jahre zurück. Zu ihrer Einstudierung gehören nicht Wochen, sondern Jahre (Schweitzer 1979, S. 513).

Es sei noch einmal betont: Diese Charakterisierung gilt einer Kantate, die zu den Frühwerken Johann Sebastian Bachs gehört. Mit ihr macht er deutlich, über was für ein gewaltiges musiktheoretisches und musikpraktisches Potenzial er verfügt. Er zeigt darüber hinaus, welch großartige Inspiration ihm der christliche Glaube, die religiöse Bindung schenkt.

Zwei Schlusschoräle als Beispiele für den Ausdruck der Erlösungserwartung

Kommen wir nun zum Schlusschoral der *Johannes-Passion* und der Kantate *Ich will den Kreuzstab gerne tragen* (BWV 56). Beide Schlusschoräle vermitteln das Gefühl der absoluten Annahme des Todes. Der erlittene Tod bildet den Durchgang zum ewigen Leben.

Der Abschlusschoral der *Johannes-Passion* drückt eine Ruhe, drückt einen Frieden aus, der den erlittenen Tod fast vergessen macht: Diese Ruhe, dieser Friede ist der tiefen Überzeugung geschuldet, am jüngsten Tag Gott zu schauen, von aller Verletzlichkeit befreit zu sein.

Im Abschlusschoral der Kantate *Ich will den Kreuzstab gerne tragen* dominiert die Todeserwartung – der Tod wird hier ganz im Sinne eines Übergangs, einer Verwandlung gedeutet: Durch ihn werden wir vom irdischen in den ewigen Hafen geleitet.

Während der Schlusschoral der *Johannes-Passion* den Blick auf den Schlaf und die am jüngsten Tage erfolgende Erweckung aus dem Schlaf akzentuiert, liegt der Akzent im Schlusssatz der Kantate *Ich will den Kreuzstab gerne tragen* auf der Verwandlung. Beide verströmen eine eindrucksvolle Gefasstheit, die bedingt ist durch die Gewissheit, dass der Tod zwar einen Abschluss markiert, zugleich aber auch den Ausgangspunkt des ewigen Lebens – sei es, dass wir unmittelbar in dieses geführt werden, sei es, dass wir entschlafen und am jüngsten Tage erweckt werden. Was uns hier besonders interessiert: Die Platzierung dieser Choräle am Schluss der beiden Werke lässt die Annahme zu, dass Johann Sebastian Bach mit diesen Chorälen auch eine persönliche Glaubensaussage treffen wollte.

Man könnte sich das Ende der *Johannes-Passion* ja auch mit dem c-Moll-Akkord des großen Abschlusschors *Ruht wohl, ihr heiligen Gebeine* vorstellen. Dieser c-Moll-Akkord erscheint dem Hörer als Ziel- und Endpunkt dieses Chores und damit der gesamten Passion. Dabei legt der Text dieses Werkabschnitts das Ende der *Johannes-Passion* nahe, wenn es heißt: „Ruht wohl, ihr heiligen Gebeine, die ich nun weiter nicht beweine, ruht wohl und bringt auch mich zur Ruh. Das Grab, so euch bestimmet ist und ferner keine Not umschließt, macht mir den Himmel auf und schließt die Hölle zu."

Doch wie Alfred Dürr in seiner Analyse der *Johannes-Passion* hervorhebt (Dürr 2011), wird jeder der fünf Abschnitte dieser Passion – Hortus, Pontifices, Pilatus, Cruxque, Sepulchrum – durch einen schlichten Choralsatz beschlossen (Abschnitt A: *Dein Will gescheh*, Abschnitt B: *Petrus, der nicht denkt zurück*, Abschnitt C: *In meines Herzens Grunde*, Abschnitt D: *O hilf Christe, Gottes Sohn*, Abschnitt E: *Ach Herr, lass dein lieb Engelein*). Durch den jeweiligen Choralabschluss, so legt Alfred Dürr dar, wird die theologische Tradition der Untergliederung des Bibelberichts in die fünf genannten Abschnitte ausdrücklich aufgenommen und bekräftigt: Durch den Choralabschluss wird noch einmal das Ende des jeweiligen Abschnitts akzentuiert.

Welche Bedeutung kommt nun dem Choral in der Darstellung der Passionsgeschichte – und damit auch in der *Johannes-Passion* – zu? Der Choral kann als ein Bekenntnis der Gemeindeglieder zu Jesus Christus und damit auch zu jenem Teil der Passionsgeschichte gedeutet werden, der gerade dargestellt wurde. Die Ergriffenheit durch die Passionsgeschichte wird explizit in ein Glaubensbekenntnis übersetzt. Die Tatsache nun, dass Johann Sebastian Bach und seine Textdichter an das Ende eines jeden Actus einen Choral gesetzt haben, soll eben das – unter dem Eindruck der verschiedenen Stationen der Passionsgeschichte – wiederholt abgegebene Glaubensbekenntnis symbolisieren, wobei in den fünf verschiedenen Chorälen unterschiedliche Aspekte dieses Bekenntnisses angesprochen sind.

Der Choralabschluss des fünften Actus – Grablegung Jesu Christi (sepulchrum (lat.) Grab, Grabstätte) – bildet zugleich, wie bereits dargelegt, den Abschluss der *Johannes-Passion*. Wir hören in diesem Choral die Gemeindeglieder singen:

Ach Herr, lass dein lieb Engelein
Am letzten End die Seele mein
In Abrahams Schoss tragen,
Den Leib in seim Schlafkämmerlein
Gar sanft ohn eigne Qual und Pein
Ruhn bis am jüngsten Tage!
Alsdenn vom Tod erwecke mich,
Dass meine Augen sehen dich
In aller Freud, o Gottes Sohn,
Mein Heiland und Genadenthron!
Herr Jesu Christ, erhöre mich,
Ich will dich preisen ewiglich!

Dieser Choral zeichnet sich nicht nur durch einen Ruhe und Trost spenden-
den Text aus, sondern er steht zudem in einer Tonart – Es-Dur –, die sich
in besonderer Weise dazu eignet, das Bild der Ruhe und des Trostes noch
einmal zu akzentuieren. Hinzu tritt die Melodieführung, die in eine ganz
ähnliche Richtung weist. Nach dem großen Schlusschor wirkt dieser Choral – auch wenn die Struktur der ersten vier Actus einen Abschlusschoral des
fünften Actus erwarten lässt – doch wie ein signifikanter Zusatz zu dem fünften Actus, ja zur gesamten Passion. Gerade dieser Eindruck des signifikanten
Zusatzes – ein Eindruck, der sich in dieser Prägnanz in den ersten vier Actus
nicht einstellt – lässt die Annahme zu, dass es Johann Sebastian Bach darum
gegangen ist, über das Glaubensbekenntnis der Gemeinde hinaus noch einmal sein eigenes Glaubensbekenntnis zu unterstreichen.

In diesem Zusammenhang sei noch einmal auf die von Alfred Dürr (2011)
verfasste Arbeit *Johann Sebastian Bach. Die Johannes-Passion* Bezug genommen, in der zu lesen ist:

> Man sieht: Die übliche Conclusio, Satz 39 (*Anm. d. Verf.: Gemeint ist hier
> der große Schlusschor Ruht wohl, ihr heiligen Gebeine*) und der Schlusschoral
> des Actus E (*Anm. d. Verf.: Hier ist die Grablegung gemeint*) sind gegenein-
> ander vertauscht, möglicherweise als ein Eingriff Bachs in das ursprüngliche
> Konzept. Diese Annahme liegt insbesondere dann nahe, wenn wir eine tätige
> Mitarbeit Bachs bei der Auswahl der Choräle unterstellen (S. 67).

Alfred Dürr nennt – bei der Suche nach Gründen für den Positionstausch
des Schlusschors mit dem Schlusschoral – die Symmetrie der einzelnen Actus
der Passion. Neben diesem Grund ließe sich, aus unserer Sicht, vielleicht noch
ein weiterer nennen, der nicht im Widerspruch zu dem von Dürr angeführten
steht, sondern nur in Ergänzung: Gerade mit diesem Schlusschoral wird das

Glaubensbekenntnis – und zwar der Glaube an die Auferstehung und das ewige Leben – noch einmal unterstrichen, noch einmal akzentuiert.

Die erste Aussage dieses Chorals (Zeile 1–6), mit dem die Mischung von Ergriffensein und Erlösungserwartung ausgedrückt wird, sollte *piano* gesungen werden, dies sei hier noch hinzugefügt. Die zweite (Zeile 7–10) kann durchaus *mezzoforte* gesungen werden, da sie eine von Zuversicht bestimmte Bitte zum Inhalt hat. Die dritte Aussage (Zeile 11–12) sollte im *forte* erklingen, denn nun mündet die mit Zuversicht vorgetragene Bitte in einen Lobpreis.

Einen thematisch verwandten Schlusschoral finden wir in der Kantate *Ich will den Kreuzstab gerne tragen* (BWV 56). „Ich will den Kreuzstab gerne tragen, er kommt von Gottes lieber Hand, der führet mich nach meinen Plagen zu Gott in das gelobte Land. Da leg ich den Kummer auf einmal ins Grab, da wischt mir die Tränen mein Heiland selbst ab": Der hier wiedergegebene Text des Eröffnungssatzes der Kantate, die – mit Ausnahme des Schlusschorals – für eine Bass-Solostimme geschrieben ist, steckt das thematische Spektrum der gesamten Kantate ab.

Im Zentrum steht die Auseinandersetzung mit dem eigenen Tod, wobei die – im Zusammenhang mit der Osterkantate *Christ lag in Todesbanden* angesprochene – Spannung zwischen Todesfurcht einerseits und Erlösungsgedanke andererseits in dieser Kantate *nicht* hervortritt. Auch wenn explizit auf den Kreuzestod Jesu Christi Bezug genommen wird („Ich will den Kreuzstab gerne tragen"), ist in dieser Kantate nicht die Todesfurcht angesprochen, sondern vielmehr die Bereitschaft des Menschen, sich in die Nachfolge Jesu Christi zu stellen und auf der Grundlage dieser Glaubenshaltung das eigene Leiden („Plagen") anzunehmen – und dies in der Gewissheit, im Tod von allen Plagen, von allem Kummer befreit zu sein („da leg ich den Kummer auf einmal ins Grab").

Eine Vorstellung von den Plagen, die der Mensch im Laufe seines Lebens erlitten hat, geben die Takte 73–80 und 102–106, in denen komplexe chromatische Wendungen das Bild des Leids, das der Mensch durchschreitet, vermitteln. Die Tonart des Eröffnungssatzes – g-Moll – stimmt dabei auf dieses Bild ein. Das folgende – in B-Dur, der Paralleltonart zu g-Moll, gesetzte – Rezitativ thematisiert den „Wandel in der Welt", der einer „Schifffahrt" gleich ist, denn „Betrübnis, Kreuz und Not sind Wellen, die mich bedecken und auf den Tod mich täglich schrecken". Die Sechzehntelbewegungen des Violoncellos drücken diese Wellenbewegung sehr deutlich aus. Die „Barmherzigkeit" Gottes wird als der „Anker" beschrieben, „der mich hält". „Und wenn das wütenvolle Schäumen sein Ende hat, so tret' ich aus dem Schiff in meine Stadt, die ist das Himmelreich, wohin ich mit den Frommen, aus vieler Trübsal werde kommen." Die mit dem Tod assoziierte Erlösungserwartung sehen wir hier sehr deutlich angesprochen.

Eine freudige, in B-Dur gesetzte, an Koloraturen reiche Arie beginnt mit zwei Erlösungsrufen des Sängers („Endlich, endlich!"), dem die Gewissheit geschenkt ist, „dass mein Joch wieder von mir weichen müssen". Dabei soll der Tod rasch kommen: „O, gescheh' es heute noch", denn „da fahr ich auf von dieser Erden." Das nachfolgende Rezitativ („Ich stehe fertig und bereit, das Erbe meiner Seligkeit mit Sehnen und Verlangen von Jesu Händen zu empfangen") beschreibt die Bereitschaft, nun zu sterben, denn: „Wie wohl wird mir geschehn, wenn ich den Port der Ruhe werde sehn." Da kann dann „der Kummer ins Grab" gelegt werden.

Diesem Rezitativ, das übrigens mit einem C-Dur-Akkord endet (mit dem noch einmal die Erlösung ausgedrückt werden soll), folgt schließlich ein Choral, der in seiner Grundaussage und seinem musikalischen Duktus durchaus verwandt ist mit dem Schlusschoral der *Johannes-Passion*. Dieser Choral *Komm, o Tod, du Schlafes Bruder* ist zwar nicht wie der Schlusschoral der *Johannes-Passion* in einem warmen, Trost und Zuversicht vermittelnden Es-Dur geschrieben, sondern in einem ernsten, klagend flehenden c-Moll, aber sein rhythmischer Gang (ein ruhiger 4/4-Takt) vermittelt den Eindruck, auf einem ruhig fahrenden Schiff von einem – dem irdischen – zum anderen – dem ewigen – Hafen geleitet zu werden.

In dieser Gefasstheit, in dieser Ruhe drückt sich eine Glaubensgewissheit aus, die ihresgleichen sucht. Fast ist man versucht zu fragen, ob Johann Sebastian Bach damit sein Sterben antizipiert hat – ein Sterben, das zwar mit zahlreichen körperlichen Qualen („Plagen") verbunden war, in dem aber trotzdem eine seelisch-geistige Konzentration dominierte, die es ihm ermöglichte, einen von ebendieser Ruhe und Gewissheit bestimmten Choral (*Vor deinen Thron tret ich hiermit*) zu schreiben, wie er es schon einmal in der Kreuzstabkantate getan hatte.

In diesem – ebenfalls mit einem C-Dur-Akkord endenden – Choral für vierstimmigen Chor singt die Gemeinde:

Komm, o Tod, du Schlafes Bruder,
Komm und führe mich nur fort;
Löse meines Schiffleins Ruder,
Bringe mich an sichern Port!
Es mag, wer da will, dich scheuen,
Du kannst mich vielmehr erfreuen;
Denn durch dich komm ich herein
Zu dem schönsten Jesulein.

Die Tatsache, dass nach den beiden Arien und Rezitativen für Bass-Solostimme ein Choral für vier Stimmen folgt, lässt schon allein aufgrund der Tatsache aufmerken, dass nur der Schlusssatz der Kantate für Chor geschrieben ist – eigentlich hätte man erwartet, dass auch der letzte Satz von dem Solisten bestritten wird. Doch führt man sich noch einmal vor Augen, dass in dem von der Gemeinde gesungenen Choral ein Glaubensbekenntnis abgelegt wird, und zwar jeweils zu spezifischen Inhalten des christlichen Glaubens, dann ist unmittelbar nachvollziehbar, warum Bach an das Ende dieser Kantate einen Choral gestellt hat. Unmittelbar wird hier einsichtig und ist zugleich von großer symbolischer Bedeutung, was seinen eigenen Glauben betrifft, was vor allem sein Bekenntnis zu dem göttlichen Erlösungs- oder Heilsversprechen anbelangt: Mit diesem Choral gibt er zu verstehen, welch große Bedeutung das Erlösungsversprechen auch für ihn persönlich besitzt. Auf sein Sterben blickend, kann durchaus die Aussage gewagt werden, dass dieses Erlösungsversprechen für ihn auch in der letzten Grenzsituation seines Lebens die Bedeutung besaß, die er diesem mit dem Schlusschoral der Kreuzstabkantate zugeordnet hatte.

Wenn über den Schlusschoral der Kantate *Ich will den Kreuzstab gerne tragen* geschrieben wird, so darf der Hinweis auf das Buch *Schlafes Bruder* nicht fehlen, auf jenen Roman also, den der österreichische Schriftsteller Robert Schneider (geboren 1961) im Jahr 1992 veröffentlicht hat. Im Zentrum der Handlung steht Johannes Elias Alder, der in einem kleinen Dorf im Vorarlberg lebt. Elias, wie er genannt wird, ist hochmusikalisch, ausgestattet mit einer herrlichen Stimme und mit einem außergewöhnlich differenzierten Gehör. In seinem sechsten Lebensjahr entwickelt es ein solches Differenzierungsvermögen, dass Elias kurzfristig in den Zustand der Bewusstlosigkeit fällt. Er ist von diesem Zeitpunkt an bestimmt von der Liebe zu einem ungeborenen Kind, dessen Herzschlag er vernommen hat. Einige Monate später wird offenbar, dass es sich um seine Cousine Elsbeth handelt.

Elias entwickelt sich zu einem im Dorf hochgradig anerkannten Musiker, der sich durch Fleiß, aber auch durch vornehmes Verhalten auszeichnet. Die Liebe zu Elsbeth bedeutet ihm überaus viel, sie bestimmt auch ganz seine Musik. Doch die von ihm ersehnte Heirat bleibt unverwirklicht, da Peter (sein Cousin und Elsbeths Bruder) – aus Angst davor, eine Frau könne ihm Elias wegnehmen – den Weg für die Hochzeit zwischen Elsbeth und einem anderen Mann ebnet.

Elias hadert ob dieses Verlustes mit Gott. Aber er entwickelt sich trotz aller Trauer über diesen Verlust zu einem ausgezeichneten Musiker, der mit 22 Jahren im Feldkircher Dom über den Choral *Komm, o Tod, du Schlafes Bruder* improvisiert. Die Kirchengemeinde ist von diesem Orgelspiel überwältigt, sie hat etwas Derartiges noch nicht erlebt. Elias ist erneut von seiner Liebe zu

Elsbeth bestimmt. Da er weiß, dass er diese Liebe nicht verwirklichen kann, fasst er den Entschluss, sein Leben zu beenden – wobei der besagte Choral den letzten Anstoß zu diesem Entschluss gegeben hat. Auf dem Weg in sein Heimatdorf fallen Elias die Worte eines Wanderpredigers ein, der gesagt hatte, dass ein wahrhaft liebender Mensch niemals schlafe. Er entschließt sich dazu, so lange wach zu bleiben, bis der Tod eintreten würde. Er nimmt Tollkirschen zu sich, um das Einschlafen zu verhindern. An ebendiesen Tollkirschen stirbt er. Begraben wird er von Peter.

Robert Schneider, der im Jahre 2007 unter dem Titel *Die Offenbarung* einen von tiefem Respekt vor Johann Sebastian Bach bestimmten Roman veröffentlicht hat (in diesem geht es um das Finden des Autographs einer bisher unbekannten, in ihrer Komplexität alle Maßstäbe sprengenden Missa des Komponisten), konnte mit seinem Erstlingswerk *Schlafes Bruder* dem Schlusschoral der Kreuzstabkantate ein weiteres Denkmal setzen. Mit seinem Roman unterstreicht er nicht nur die musikalische Ausdruckskraft, die diesem Choral eignet, sondern er rückt damit auch sein Erlösungsmotiv ins Zentrum: jenes Erlösungsmotiv nämlich, das in der Kreuzstabkantate im Kontrast zu den „Plagen" steht, die in der Eröffnungsarie wie auch in dem Rezitativ beklagt werden. Es ist jenes Erlösungsmotiv, das in dem Roman *Schlafes Bruder* im Kontrast zu den Leiden steht, mit denen der hoch begabte Musiker Elias konfrontiert war. In der Kreuzstabkantate kommt der ersehnte Tod auf ganz natürliche Weise auf den Menschen zu. In dem Roman *Schlafes Bruder* hingegen führt der von Leiden geplagte Elias letztlich diesen Tod selbst herbei.

Eine grundlegendere Betrachtung: Seelisch-geistige Entwicklungspotenziale am Lebensende

Es soll nun – im Sinne einer grundlegenderen Betrachtung – der Versuch unternommen werden, die Selbstgestaltung des Lebens am Lebensende, wie sie uns bei Johann Sebastian Bach begegnete, in *drei* thematische Kontexte einzuordnen, als da sind: (a) Seelisch-geistige Entwicklungspotenziale am Lebensende, (b) die Selbstgestaltung im Lichte des herannahenden Todes und (c) das rechtzeitige Sich-Einstellen auf den eigenen Tod. Nach dieser psychologischen Einordnung wollen wir uns dann abschließend der *Missa in h-Moll* und der *Kunst der Fuge* zuwenden, in denen sich diese Selbstgestaltung musikalisch ausdrückt.

Dieser und die nachfolgenden beiden Abschnitte verbinden Aussagen, die wir zu Johann Sebastian Bachs innerer Situation am Ende seines Lebens getroffen haben, mit grundlegenderen Aussagen zur Endlichkeit, die bei der Begleitung des Menschen am Lebensende beachtet werden sollten. Dabei wird immer wieder deutlich werden, in welcher Hinsicht uns der Blick auf das Lebensende von Johann Sebastian Bach Anregungen für die Begleitung sterbender Menschen heute geben kann. Umgekehrt lässt uns der Blick auf zentrale Aussagen der Palliativversorgung die Art und Weise, wie Johann Sebastian Bach sein Lebensende gestaltete, noch besser verstehen.

Begonnen sei mit den seelisch-geistigen Entwicklungspotenzialen am Lebensende und hier mit der von John Donne 1624 verfassten Schrift *Devotions upon Emergent Occasions* (Donne 2008), die uns Einblick in die seelisch-geistige Situation eines Menschen gibt, der an einer lebensbedrohlichen Erkrankung leidet – eine solche lag bei John Donne vor, und die Lebensbedrohung wurde ihm von den behandelnden Ärzten auch sehr deutlich vor Augen geführt. Diese Schrift lässt uns wie kaum eine andere an einem seelisch-geistigen Entwicklungsprozess teilhaben, in dem die Auseinandersetzung mit einer schweren Erkrankung wie auch mit der eigenen Verletzlichkeit und Endlichkeit dominiert. Auch wenn der Zeitpunkt ihrer Veröffentlichung bereits fast 400 Jahre zurückliegt, so hat sie an Aktualität doch nichts eingebüßt, denn sie eignet sich auch heute noch für eine genauere psychologische Analyse der seelisch-geistigen Entwicklungspotenziale am Lebensende.

Zunächst sollen aber einige Aussagen zum Autor getroffen werden, weil dieser vielen Leserinnen und Lesern nicht bekannt sein wird. John Donne, 1572 in London geboren, 1631 ebendort gestorben, war einer der führenden englischen Schriftsteller, der zunächst mit einer sehr schönen Belletristik und Lyrik (auch Liebeslyrik, siehe Donne 2009) auf sich aufmerksam machte. Sein Werk war dann in den späteren Lebensjahren, vor allem nach seiner Priesterweihe 1615 und dem Tod seiner Frau zwei Jahre darauf, mehr und mehr von metaphysischen und religiösen Themen bestimmt, wies dabei aber weiterhin in Inhalt und Sprache eine hohe Intimität auf.

Seine Frau Anne More hatte er 1601 heimlich geheiratet. In den Jahren 1601 und 1614 war er Mitglied des Parlaments, 1615 ließ er sich auf Wunsch des Königs Jakob I. zum Priester weihen. Nach dem Tod seiner Frau wurde seine Dichtung ernst, in Teilen sogar melancholisch: Die Auseinandersetzung mit der Verletzlichkeit des Menschen und mit der eigenen Endlichkeit dominierte mehr und mehr sein dichterisches Werk.

John Donne, der übrigens ein hervorragender Übersetzer und Interpret der lateinischen Literatur war, wurde 1621 zum Dekan von St. Paul's in London ernannt und bekleidete dieses Amt bis zu seinem Tod im Jahr 1631.

November/Dezember 1623 erkrankte er schwer. Es wird vermutet, dass er an Fieberrezidiven oder an Typhus litt. In dieser Zeit schwerer Erkrankung verfasste er die Schrift *Devotions upon Emergent Occasions* (2008), die er in 23

„Stationen der Erkrankung" („The Stations of the Sickness") untergliederte. Sein Bericht beginnt mit der Darstellung erster Krankheits- und Erschöpfungssymptome („Devotion I: The first alteration, the first grudging of the sickness"; „II: The strength and the function of the senses, and other faculties, change and fail"; „III: The patient takes his bed"), sie setzt fort mit elf *Devotions*, in denen die Arzt-Patienten-Beziehung, die Deutung der Krankheit durch die Ärzte und den Patienten selbst sowie die Therapievorschläge angesprochen werden, um dann schließlich in den Hauptteil überzugehen, der durch vier *Devotions* gebildet wird, in denen die Auseinandersetzung des Patienten John Donne mit der eigenen Verletzlichkeit und Endlichkeit, vor allem aber dessen Wahrnehmung einer grundlegenden Bezogenheit auf andere Menschen und auf die Menschheit im Zentrum stehen („XV: I sleep not day or night"; „XVI: From the bells of the church adjoining, I am daily remembered of my burial in the funerals of others"; „XVII: Now, this bell tolling softly for another, says to me, Thou must die"; „XVIII: The bell rings out, and tells me in him, that I am dead"). Die fünf abschließenden *Devotions* sind der – nicht nur von den Ärzten herbeigeführten, sondern nach Ansicht Donnes auch von Gott geschenkten – Genesung, der Frage nach den Ursprüngen der Krankheit sowie der Sorge vor einem möglichen Krankheitsrezidiv gewidmet.

Während also in dieser Schrift zunächst die Beschreibung der Krankheit und des ärztlichen Verhaltens im Austausch mit dem Patienten im Vordergrund steht, tritt in den weiteren Kapiteln des Buches mehr und mehr die grundlegende Bezogenheit des Menschen in das Zentrum des Bewusstseins. Und mit dieser Bezogenheit bekommt auch die Tatsache Bedeutung, dass alle Menschen auf „einen Autor" („one author") zurückgehen, ein „großes Buch" („one volume") bilden, in dem die Biografie eines jeden Individuums „ein Kapitel" darstellt, das mit dessen Tod nicht aus dem Buch herausgerissen („not torn out"), sondern in einem neuen Kapitel – durch einen anderen Menschen – weitergeführt („translated") wird.

Es ist ein bemerkenswerter seelisch-geistiger Entwicklungsprozess, der durch die Grenzsituation der schweren, lebensbedrohlichen Erkrankung angestoßen wird – was uns zeigt, dass die Verletzlichkeit und Endlichkeit des Menschen als aktuelle, vom Individuum unmittelbar erlebte Daseinsthematiken nicht allein aus der Perspektive der Belastung, der Krise, ja, der Traumatisierung betrachtet werden dürfen. Sie können durchaus auch aus der Perspektive möglicher seelisch-geistiger (und spiritueller) Entwicklung gedeutet werden. Dass John Donne selbst von einer schweren, lebensbedrohlichen Erkrankung ausgegangen ist, wird schon in der ersten *Devotion* deutlich, in der das Thema des Todes eine große Rolle spielt.

Gehen wir zunächst ausführlicher auf die *Devotion I* ein. In ihr ist zu lesen:

We die, and cannot enjoy death, because we die in the torment of sickness; we are tormented with sickness, and cannot stay till the torment come, but pre-apprehensions and presages prophesy those torments which induce that death before either come; and our dissolution is conceived in these first changes, quickened in the sickness itself, and born in death, which bears date from these first changes (Donne 2008, S. 33).

(Übersetzung durch den Verfasser: „Wir sterben, und wir können dem Tod nicht mit Freude begegnen, da wir im Prozess des Sterbens den Qualen der Krankheit ausgesetzt sind; wir sind von der Krankheit gepeinigt. Wir können nicht gefasst warten, bis die Qualen schließlich kommen, sondern Vorahnungen und Befürchtungen nehmen diese Qualen bereits vorweg, die ihrerseits darauf deuten, dass der Tod bevorsteht. Unsere Auflösung nehmen wir bereits in diesen ersten Veränderungen wahr, doch wird die erlebte Auflösung im Prozess der Krankheit nur noch beschleunigt. Die Auflösung, die eigentlich erst mit dem Tode beginnt, ist bereits vom Zeitpunkt dieser ersten Veränderungen an vorgezeichnet.")

Aus diesem Zitat geht eine bemerkenswerte Interpretation des Todes hervor: Der Tod kann – vor allem wenn er subjektiv als „Übergang" interpretiert wird – eine ganz neue Qualität im Erleben des Menschen gewinnen. Wir assoziieren mit dem Tod primär schwere Krankheitssymptome und Funktionseinbußen, die aber – in der Sprache John Donnes – möglicherweise das Wesen des Todes eher *verdecken*. Eine solche Sicht auf den Tod, wie sie von John Donne angesprochen wird, sollte nicht leichtfertig übergangen werden. Da in unserer Wahrnehmung von Endlichkeit die körperlichen, nicht selten auch die kognitiven Verluste dominieren, bleibt uns möglicherweise eine bedeutsame Qualität des Todes verborgen.

In einer Untersuchung des Verfassers zu den Versorgungsperspektiven der hausärztlichen Begleitung sterbender Menschen (ausführliche Darstellung in Kruse 2007) ließen sich die sehr verschiedenartigen Gedanken, Hoffnungen und Ängste, die mit dem herannahenden Ende verbunden sind, deutlich aufzeigen. In diese Untersuchung wurden ältere Tumorpatienten aufgenommen, bei denen die klinisch-stationäre Behandlung keine Heilung mehr versprach und zugleich Krankheit und Symptombildung so weit fortgeschritten waren, dass von einem in absehbarer Zeit eintretenden Tod ausgegangen werden musste. Die Frauen und Männer wurden aus diesem Grund in das häusliche Umfeld zurückverlegt, die Palliativversorgung lag in den Händen von Hausärzten, Pflegefachpersonen, konsiliarisch tätigen Schmerztherapeuten, Sozialarbeitern, Psychologen und Seelsorgern. Durch die über viele Monate erfolgte, kontinuierliche Begleitung dieser Frauen und Männer bis zum

Zeitpunkt des Todes war es möglich, ihr Erleben sowie ihre Verarbeitungs- und Bewältigungsversuche sehr differenziert zu erfassen.

In unserem thematischen Kontext sind drei Beobachtungen, die in dieser Untersuchung gewonnen wurden, von Bedeutung. Die erste Beobachtung: Im Fall einer nachhaltigen Schmerzlinderung (nicht selten wurde Schmerzfreiheit erzielt) durch gute Analgetika-Einstellung und einer nachhaltigen Symptomlinderung (durch stimulierende und aktivierende Pflege, durch Physiotherapie und Krankengymnastik sowie durch medikamentöse Behandlung) konnte ein Grad an Entlastung von körperlichen Symptomen erzielt werden, der es den sterbenden Frauen und Männern ermöglichte, sich bewusst auf ihr herannahendes Ende einzustellen. Auch die (vorsichtige, sensible) Applikation psychopharmakologischer Substanzen im Fall übermäßiger Angst, Erregung und Niedergeschlagenheit diente diesem Ziel. Dieses bewusste Sich-Einstellen auf das herannahende Ende wurde von fast allen Patientinnen und Patienten als der entscheidende Gewinn der Palliativversorgung gewertet.

Die zweite Beobachtung: Auch bei bester medizinisch-pflegerischer, psychosozialer und seelsorgerischer Begleitung unterschieden sich die Teilnehmerinnen und Teilnehmer erheblich in ihrer Einstellung zum herannahenden Lebensende: Manche versuchten, Gedanken an das Lebensende zu verdrängen, andere waren von der Erwartung bestimmt, wieder zu genesen, wieder andere reagierten niedergeschlagen. Doch die größte Gruppe bildeten Frauen und Männer, die das herannahende Ende bewusst annahmen („Akzeptieren"), oder die – über diese Annahme hinaus – in ihrer Situation eine Quelle der Wert- und Zielverwirklichung sahen („Sinn-Erleben"). Zu diesen Werten und Zielen gehörte vor allem die Weitergabe persönlicher Erfahrungen an Angehörige nachfolgender Generationen (dies bisweilen auch im Sinne einer symbolischen Segnung oder der Überreichung eines persönlich kostbaren Geschenks), sodann die Vermittlung von Dank an Menschen, die einem viel bedeutet hatten und aktuell viel bedeuteten, und schließlich der Versuch, mit jenen Menschen „ins Reine zu kommen", zu denen (nicht selten über Jahre) ein konfliktbesetztes Verhältnis bestanden hatte. Einige Studienteilnehmer waren zusätzlich von dem Bemühen bestimmt, ein Werk – zum Beispiel ein wissenschaftliches, literarisches oder autobiografisches Werk – zu Ende zu führen, was durchaus das Leben noch einmal um mehrere Wochen verlängern konnte.

Die dritte Beobachtung: Vor allem jene Patientinnen und Patienten, die sich als bezogen erlebten – im Hinblick auf andere Menschen, auf ihr Werk, auf Gott oder, unspezifischer, auf Transzendenz –, zeigten sehr viel häufiger eine akzeptierende beziehungsweise eine wert- und zielverwirklichende Haltung im Sterben als jene, bei denen eine derartige Bezogenheit nicht erkennbar war. Die wichtigste Form der Bezogenheit bildete dabei diejenige auf andere Menschen, wobei sich gerade in dieser zusätzlich die Bezogenheit auf Gott oder auf Transzendenz ausdrücken konnte.

Jene Frauen und Männer, die dem herannahenden Ende mit der Haltung des Akzeptierens oder mit der Suche nach Wert- und Zielverwirklichung begegneten, äußerten fast durchweg (und dabei spontan), dass „das Sterben nichts Schlimmes" sei, oder dass sie „das Sterben als einen Übergang" deuteten. Und im Prozess des Sterbens wurden nicht selten Gespräche geführt, deren existenzieller Gehalt von den Bezugspersonen als Geschenk oder als Bereicherung interpretiert wurde.

Mit anderen Worten: Wenn Schmerz- und Symptomkontrolle gelingen, wenn Sterbende die Zuwendung finden, die sie suchen und benötigen, dann kann sich ihr Blick, dann kann sich aber auch der Blick ihrer Bezugspersonen auf das Sterben noch einmal erheblich wandeln. Das Sterben kann dabei – neben einer persönlichen Krise – durchaus als ein Prozess erlebt werden, der das eigene Leben zu einer Rundung, zu einem Abschluss bringt.

Vermutlich ist das gemeint, wenn John Donne davon spricht, dass wir dem Tod „mit Freude" entgegen gehen könnten, wenn unser Erleben nicht von den Qualen der Krankheiten geprägt sei.

Betrachten wir das Sterben Johann Sebastian Bachs, müssen wir zunächst konstatieren, dass es – körperlich – natürlich nicht von jener relativen Schmerz- und Symptomfreiheit bestimmt war, die wir in der genannten Untersuchung angestrebt hatten. Und doch verwirklichten sich in diesem Sterben, wie dargestellt, unterschiedliche Formen der Bezogenheit (auf Gott, das Werk, die Familie, die Schüler), die dazu beigetragen haben, dass sich in diesem Sterben das Schöpferische dieses Komponisten eindrucksvoll zeigen konnte, dass dieser Komponist in einer gefassten, konzentrierten Haltung sein Ende erwartete.

Kehren wir zu John Donne zurück; diesmal zur *Devotion XVII*. In ihr ist zu lesen:

> All mankind is of one author, and is one volume; when one man dies, one chapter is not torn out of the book, but translated into a better language; and every chapter must be so translated. … No man is an island, entire of itself; every man is a piece of the continent, a part of the main; if a clod be washed away by the sea, Europe is the less, as well as if a promontory were, as well as if a manor of thy friend's or of thine own were. … Any man's death diminishes me, because I am involved in mankind, and therefore never send to know for whom the bell tolls; it tolls for thee (Donne 2008, S. 97 f.).
>
> (*Übersetzung durch den Verfasser: „Die gesamte Menschheit stammt von einem Autor, sie ist ein Buch; wenn ein Mensch stirbt, dann wird nicht ein Kapitel aus diesem Buch herausgetrennt, sondern vielmehr in eine bessere Sprache übersetzt;*

und jedes Kapitel muss in dieser Art übersetzt werden. . . . Niemand ist eine Insel,
nur für sich selbst; jeder Mensch ist ein Stück des Kontinents, ein Teil des Festlands.
Wenn ein Lehmkloß vom Meer fortgespült wird, so ist Europa weniger, gerade so
als ob es ein Vorgebirge wäre, als ob es das Landgut deines Freundes wäre oder
dein eigenes. Der Tod eines Menschen schwächt mich, denn ich bin ein Teil der
Menschheit; darum verlange nie zu wissen, wem die Stunde schlägt; sie schlägt
dir.")

Was diese Aussage so bemerkenswert macht, ist das hier ausgedrückte Erleben der Zugehörigkeit zur Menschheit im Prozess der inneren Auseinandersetzung mit der eigenen Verletzlichkeit und Endlichkeit (siehe auch Härle
2005). Dabei ist zu bedenken, dass dieser Prozess bei einem Menschen auf-
tritt, der sich mit seinem Lebensende konfrontiert sieht. Auch wenn – nach
Studium der Biografie John Donnes – davon ausgegangen werden kann, dass
dieser immer schon eine Offenheit gegenüber anderen Menschen gezeigt hatte, so ist doch hervorzuheben, dass in der inneren Auseinandersetzung mit
dem (von ihm und den Ärzten vermuteten) Lebensende das Erleben der Bezogenheit auf die Menschheit bei ihm ein derartiges thematisches Gewicht
gewinnt.

Hier ist daran zu erinnern, dass wir beim Versuch einer Charakterisierung
des Lebensendes von Johann Sebastian Bach auf die zahlreichen Formen der
Bezogenheit gestoßen sind, die dieser in seiner Biografie und eben auch in
der letzten Lebensphase verwirklicht hat: eine Bezogenheit, die sein Leben im
Sterben in hohem Maß geprägt hat.

Die beiden vorangestellten, John Donne entlehnten Aussagen sind auch
in besonderer Weise dazu geeignet, die seelisch-geistigen Entwicklungspotenziale am Lebensende noch besser zu verstehen – Entwicklungspotenziale, die
an vielen Stellen der palliativmedizinischen und -pflegerischen Forschung beschrieben wurden und die wir auch in unserer eigenen Untersuchung sehr
deutlich erkennen konnten. Die zunehmende Gefasstheit und Akzeptanz, das
wachsende Bemühen um Wert- und Zielverwirklichung in einer Grenzsituation, schließlich die vermehrte Bewusstwerdung eigener Bezogenheit, die auch
zu der Überzeugung beitragen kann, nach dem Tod in anderen Menschen
weiterzuleben (symbolische Immortalität), sind prägnante Beispiele für einen
derartigen seelisch-geistigen Entwicklungsprozess. Bei Johann Sebastian Bach
sehen wir ihn vor allem symbolisiert durch die Umwandlung des Chorals
Wenn wir in höchsten Nöthen sein in den Choral *Vor deinen Thron tret ich*
hiermit.

Wir wagen nun einen ideengeschichtlichen und disziplinären „Sprung" –
nämlich zur Existenzphilosophie. Er erscheint uns als gerechtfertigt und er-

hellend, wenn es um die Betrachtung des Individuums im Lichte seiner unmittelbar erlebten Endlichkeit geht.

Es sei hier nämlich kurz Bezug genommen auf die Existenzphilosophie Karl Jaspers', in deren Zentrum auch der Begriff der Grenzsituation steht, wobei die unmittelbare Konfrontation mit dem Tod (also nicht die abstrakte Beschäftigung mit diesem) im Verständnis von Jaspers eine derartige Grenzsituation darstellt. Eine Grenzsituation „lösen" wir nicht auf, eine Grenzsituation „bewältigen" wir auch nicht in dem Sinne, dass wir nach Abschluss dieses Bewältigungsprozesses die sind, die wir vorher waren. Nein, in der inneren Auseinandersetzung mit einer Grenzsituation wandeln wir uns, wobei gerade in diesem Wandlungsprozess das Umgreifende – ein von Karl Jaspers gebrauchter Begriff – fassbar werden kann. Dieser Wandlungsprozess, der – wie Jaspers hervorhebt – vor allem durch die wahrhaftig geführte Kommunikation gefördert wird, ist gemeint, wenn wir von einem seelisch-geistigen Entwicklungsprozess in der unmittelbaren Konfrontation mit dem Lebensende sprechen.

Lassen wir nun Karl Jaspers selbst zu Wort kommen – und zwar mit einer Aussage aus seiner *Philosophie* (1973), aus der das Wesen der Grenzsituation, aber auch das Wesen der Reifung (Wandlung) in einer derartigen Grenzsituation sehr deutlich hervorgeht:

Es gibt, so Karl Jaspers, Situationen,

> aus denen ich in der Tat nicht heraus kann und die mir als Ganzes nicht durchsichtig werden. Nur wo Situationen mir restlos durchsichtig sind, bin ich wissend aus ihnen heraus. Wo ich ihrer nicht wissend Herr werde, kann ich sie nur existenziell ergreifen. Jetzt scheidet sich mir das Weltsein, das ich wissend verlassen kann als eine nur spezifische Dimension des Seins, von Existenz, aus der ich nicht, sie betrachtend, hinaus, sondern ich nur sein oder nicht sein kann. … Die denkende Erhellung der Grenzsituation ist als erhellende Betrachtung noch nicht existenzielle Verwirklichung. Wenn wir die Grenzsituationen erörtern, so tun wir es nicht als Existenz – die erst in ihrer geschichtlichen Wirklichkeit selbst ist und nicht mehr in distanzierender Gelassenheit nachdenkt –, sondern als mögliche Existenz, nur in Sprungbereitschaft, nicht im Sprunge. Der Betrachtung fehlt die zugleich endliche und wirkliche Situation als der Leib der Erscheinung der Existenz. … Wenn die Grenzsituationen objektiv auch wie Situationen erfasst werden, die für den Menschen bestehen, so werden sie doch erst eigentlich Grenzsituationen durch einen einzigartigen umsetzenden Vollzug im eigenen Dasein, durch welchen Existenz sich ihrer gewiss und in ihrer Erscheinung geprägt wird. Gegenüber der Verwirklichung in endlicher Situation, welche partikular, durchsichtig und Fall eines Allgemeinen ist, geht eine Verwirklichung in der Grenzsituation auf das Ganze der Existenz, unbegreiflich und unvertret-

bar. Ich bin nicht mehr in besonderen Situationen als einzelnes Lebewesen nur endlich interessiert, sondern erfasse die Grenzsituationen des Daseins unendlich interessiert als Existenz. Es ist der dritte und eigentliche Sprung, in dem mögliche Existenz zur wirklichen wird (Jaspers 1973, S. 207).

Auf die Grenzsituation des Todes übertragen, heißt das:

> Der Tod als objektives Faktum des Daseins ist noch nicht Grenzsituation. ... Der Mensch, der weiß, dass er sterben wird, hat dieses Wissen als Erwartung für einen unbestimmten Zeitpunkt; aber solange der Tod für ihn keine andere Rolle spielt als nur durch die Sorge, ihn zu meiden, solange ist auch der Tod für den Menschen nicht Grenzsituation. Als nur Lebender verfolge ich Zwecke, erstrebe ich Dauer und Bestand für alles, das mir wert ist. Ich leide an der Vernichtung realisierten Gutes, am Untergang geliebter Wesen; ich muss das Ende erfahren; aber ich lebe, indem ich seine Unausweichlichkeit und das Ende von allem vergesse. Bin ich dagegen existierend im geschichtlichen Bewusstsein meines Daseins als Erscheinung in der Zeit gewiss: dass es Erscheinung, aber Erscheinung darin möglicher Existenz ist, so geht die Erfahrung des Endes aller Dinge auf diese erscheinende Seite der Existenz. Das Leiden am Ende wird Vergewisserung der Existenz (Jaspers 1973, S. 220).

Die Selbstgestaltung im Licht des herannahenden Todes

Wenden wir uns nun dem zweiten thematischen Kontext zu, in den die Aussagen zur Gestaltung des Lebensendes bei Johann Sebastian Bach eingefügt werden sollen: der Selbstgestaltung im Licht des herannahenden Todes.

Von besonderer Bedeutung für das Verständnis von Selbstgestaltung über den gesamten Lebenslauf hinweg – und damit auch im Prozess des Sterbens – ist das Werk des Neuplatonikers Plotin (geboren 205 n. Chr. in Oberägypten, gestorben 270 n. Chr. in Kampanien). Dabei dürfen wir davon ausgehen, dass Johann Sebastian Bach einzelne Werke Plotins studiert hat – wurden dessen Schriften doch in der *Societät der musikalischen Wissenschaften*, der Bach im Juni 1747 als 14. Mitglied beigetreten war, intensiv rezipiert.

Eine für uns grundlegende Aussage Plotins sei gleich an den Beginn dieses Abschnitts gestellt: Plotin sieht den Tod als das große Ziel an, auf das sich der Mensch in seinem Leben hinbewegt. Der Tod ist insofern das große, das entscheidende Ziel, als in ihm der individuelle Geist wieder in den Weltgeist, die individuelle Seele wieder in die Weltseele eingeht. Dabei wird der individuelle Entwicklungsprozess des Geistes und der Seele, wie er in der Biografie zu erkennen war, beim Übergang in den Weltgeist, in die Weltseele nicht „aufgehoben". Dieser Entwicklungsprozess trägt vielmehr dazu bei, dass sich der Weltgeist und die Weltseele weiter differenzieren. Da sie aus dem Einen – dem Göttlichen – hervorgehen, ist das Sterben letztendlich auch als eine Rückkehr der Seele und des Geistes in das Eine, als „Rückkehr in die Heimat" zu verstehen. Damit aber beschreibt der Tod nicht ein Ende, sondern vielmehr einen bedeutsamen Übergang. Aus diesem Grund ist davon auszugehen, dass in den Jahren vor dem Tod eine besondere Entwicklungsnotwendigkeit, aber auch eine besondere Entwicklungsmöglichkeit besteht. Es wäre vor dem Hintergrund dieser Lehre falsch, würde man die größte Entwicklungsnotwendigkeit und Entwicklungsmöglichkeit für Kindheit und Jugend postulieren, diese aber zugleich dem Alter und der Zeitspanne vor dem Tod absprechen. Im Kontext dieser Lehre ergibt sich vielmehr die große Herausforderung, die Notwendigkeit und das Potenzial der seelisch-geistigen Entwicklung im Vorfeld des Todes zu erkennen, anzuerkennen und zu verwirklichen.

Werfen wir an dieser Stelle einen Blick auf Johann Sebastian Bach: Seine Hoffnung, seine Erwartung, wieder in die göttliche Heimat zurückzukehren (die hier allerdings ganz christlich-anthropologisch definiert war), hat wesentlich dazu beigetragen, dass er noch am Lebensende bemerkenswerte schöpferische Kräfte zeigte. Sie hat sicherlich mitbewirkt, dass Bach noch im Prozess des Sterbens eine bemerkenswerte seelisch-geistige Konzentration zeigte. *Vor deinen Thron tret ich hiermit*: Kann die Vorbereitung auf die Rückkehr in die göttliche Heimat überzeugender, aber auch berührender ausgedrückt werden, als durch die Veränderung eines früheren – die Nöte des Menschen betonenden – Chorals in einer Weise, dass aus diesem die Melodie für einen neuen Choral entsteht, der den Tod als Übergang, als Übergang in das himmlische Reich beschreibt?

Gehen wir nun ausführlicher auf die Lehre Plotins ein und verbinden wir diese schließlich mit unserem Verständnis von Selbstgestaltung.

Die Seele des Menschen nimmt Plotin zufolge in dem hierarchisch gegliederten Sein eine Mittelstellung zwischen dem aus dem Göttlichen (dem Einen) hervorgehenden Geist und der Materie ein. Sie ist also auf der einen Seite mit dem wahren Sein verbunden, auf der anderen Seite an die Materie gebunden.

Diese „Mittelstellung" drückt Plotin in folgendem Bild aus:

> Immer wieder, wenn ich aus dem Leib aufwache in mich selbst, lasse ich das andre hinter mir und trete ein in mein Selbst; ich sehe eine wunderbar gewaltige Schönheit und vertraue, in solchem Augenblick ganz eigentlich zum höheren Bereich zu gehören. Ich verwirkliche höchstes Leben, bin in eins mit dem Göttlichen und auf seinem Fundament gegründet, denn ich bin gelangt

zur höheren Wirksamkeit und habe meinen Stand errichtet hoch über allem, was sonst geistig ist. Nach diesem Stillestehen im Göttlichen, wenn ich da aus dem Geist hernieder steige in das Denken – immer wieder muss ich mich dann fragen: Wie ist dies mein jetziges Herabsteigen denn möglich? Und wie ist einst meine Seele in den Leib geraten, die Seele, die trotz dieses Aufenthaltes im Leib mir ihr hohes Wesen eben noch, da sie ganz für sich war, gezeigt hat? (Plotin 1990, S. 3).

Nun ist die individuelle Seele zwar Teil der Weltseele, sie trägt das Ganze in sich. Aber das Ganze zeigt sich in der individuellen Seele in seiner individuellen Gestalt. Die Seele strebt danach, zum göttlichen Ursprung zurückzukehren, wobei dieses Streben als Prozess einer – vom Geist zu leistenden – kontinuierlichen Erkenntnis zu verstehen ist. In dieser kontinuierlichen Erkenntnis ist das zentrale Moment der Selbstgestaltung des Menschen zu sehen. In der Sprache von Plotin:

Kehre ein zu dir selbst und sieh dich an. Und wenn du siehst, dass du noch nicht schön bist, so mache es wie der Bildhauer, der von einer Statue, die schön werden soll, hier etwas fortmeißelt, dort etwas glättet und da etwas reinigt, bis er der Statue ein schönes Gesicht gegeben hat. So mach' du es auch: Nimm weg, was unnütz, richte gerade, was krumm ist, reinige, was dunkel ist und mache es hell. Lass nicht ab, an deiner eigenen Statue zu wirken, bis dir der göttliche Glanz der Tugend aufleuchtet und du sie auf ihrem heiligen Sockel stehend erblickst (Plotin 1986, S. 184).

Dabei führt uns die von Plotin beschriebene Rückkehr zum Ursprung unmittelbar zum Sterben: Denn im Prozess des Sterbens wird diese Rückkehr in besonderem Maße zum Thema, auch wenn sie schon in der Biografie vorbereitet und eingeleitet wurde. Diese Rückkehr zum Ursprung wird von Plotin mit dem Begriff des „Fliehens" – nämlich des Fliehens in die Heimat – umschrieben. Und so ist zu lesen:

Fliehen wir also in die geliebte Heimat, wie Homer sagt. Und was ist diese Flucht, und wie geht sie vor sich? Wir werden in See stechen wie Odysseus von der Zauberin Kirke oder von Kalypso, wie der Dichter sagt, der damit, so meine ich, einen geheimen Sinn verbindet: Odysseus war's nicht zufrieden zu bleiben, trotz des Erfreulichen, das er sah, und der Fülle sinnlich wahrnehmbarer Schönheit, die er genoss. Dort nämlich ist unsere Heimat, von wo wir hergekommen sind, und dort ist unser Vater. Was ist das denn für eine Reise, diese Flucht? Nicht mit den Füßen sollst du sie bewältigen, denn die Füße tragen einen ja überall nur von einem Land zum andern. Du brauchst auch kein Fahrzeug auszurüsten, das von Pferden gezogen wird oder eines, das auf dem Wasser fährt – nein, du musst all das hinter dir lassen und überhaupt nicht mehr sehen. Du musst vielmehr die Augen schließen und eine andere Art des Sehens in dir erwecken, die zwar jeder hat, von der aber nur wenige Gebrauch machen (Plotin 1986, S. 182).

Der Begriff der Selbstgestaltung – wie er in den zitierten Aussagen Plotins durchscheint – bildet den Kern eines dynamischen Verständnisses von Persönlichkeit (Thomae 1966), wobei in der Persönlichkeitspsychologie der Begriff der „Plastik" (Stern 1923) verwendet wird, um den Prozess der lebenslangen Gestaltung der eigenen Person zu veranschaulichen. So ist bei William Stern, dem Begründer der Persönlichkeitspsychologie, zu lesen:

Das, was wir ihre Bildsamkeit nennen, ist nicht ein beliebiges Sich-kneten-Lassen und Umformen-Lassen, sondern ist wirkliche Eigendisposition mit aller inneren Aktivität, ist ein Gerichtet- und Gerüstetsein, das die Nachwirkungen aller empfangenen Eindrücke selbst zielmäßig auswählt, lenkt und gestaltet (Stern 1923, S. 156).

Dabei unterstreicht Stern zugleich:

Was in den Taten eines Menschen lebt, ist nicht nur er selbst – das absolut Schöpferische ist ihm versagt –, sondern ist zugleich die Welt, die ihn umspannt wie ein elastischer Ring (Stern 1923, S. 185).

Das Sterben des Menschen darf nicht vom Leben getrennt werden, weswegen der Begriff des „menschenwürdigen Sterbens" – bei aller positiven Konnotation – auch falsch verstanden werden kann: In der Hinsicht nämlich, dass das Sterben grundsätzlich etwas Anderes darstellen würde als das Leben. Vielmehr begreifen wir das Sterben als den Ausgang aus dem Leben, damit aber ausdrücklich als „Leben". Und dies heißt, dass auch im Kontext der Begleitung sterbender Menschen alles dafür getan werden muss, dass diese ihre letzten Lebenswochen, -tage und -stunden auch wirklich gestalten können (ausführlich dazu Klaschik 2010; Remmers 2010b).

Diesen Prozess der Selbstgestaltung, der Arbeit an der eigenen Person hat Johann Sebastian Bach an seinem Lebensende in eindrucksvoller Weise dokumentiert. Er hat sich, solange die körperlichen Kräfte dies erlaubten, im öffentlichen (musischen) Leben engagiert, er hat sich für seine Familie und seine Schüler eingesetzt, er hat weiter unterrichtet, er hat sich weiter in die Musik vertieft und er hat mit dem (fast vollständigen) Abschluss großer Werke seine Biografie abgerundet und zugleich einen Nachlass für kommende Musikergenerationen geschaffen. Und er hat sich mehr und mehr auf das Göttliche konzentriert, am Schluss seines Lebens vermutlich nur noch schweigend.

In einer seiner bedeutsamsten Kompositionen den eigenen Namen in die göttliche Ordnung stellend, einen Choral schaffend, mit dem er vor das Angesicht Gottes tritt: dies ist Ausdruck von Selbstgestaltung und der Arbeit am eigenen Werk, nämlich der Person. Gerade vor dem Hintergrund dieses Gestaltungswillens und dieser Gestaltungsfähigkeit mussten alle Versuche scheitern, Bach aus dem öffentlichen Leben zu drängen, wie man es schon über ein Jahr vor seinem Tod versucht hatte.

Das rechtzeitige Sich-Einstellen auf den eigenen Tod

Wir erinnern uns: Der *Actus tragicus*, die Osterkantate *Christ lag in Todesbanden* sowie die Schlusschoräle der *Johannes-Passion* und der Kantate *Ich will den Kreuzstab gerne tragen* bildeten für uns Beispiele einer tiefen religiösen Gebundenheit Johann Sebastian Bachs in allen Phasen seines Werkschaffens und für seine frühe, intensive Auseinandersetzung mit dem eigenen Tod.

Diese Auseinandersetzung kann in zweifacher Hinsicht charakterisiert werden: Zum einen als das Aufgehen der eigenen, individuellen Ordnung in die göttliche Ordnung, zum anderen als die Verbindung der Ordnung des Lebens mit der Ordnung des Todes. Diese beiden Charakterisierungen lassen sich auch überschreiben mit der Bereitschaft und der Fähigkeit des Menschen, bereits im Leben anzusterben, das heißt, sich schon auf dem (vermeintlichen) Höhepunkt des eigenen Lebens immer wieder vor Augen zu führen, dass unser Leben begrenzt ist, dass wir „davon" müssen.

Damit ist schon eine zentrale Aussage der *Palliative care* angeführt: In dem Maße, in dem wir uns im Leben mit unserer Endlichkeit auseinandersetzen – und zwar in dem Sinne, dass wir uns auf das Faktum unseres eigenen Todes einstellen, und dies emotional und kognitiv –, wird uns später die Auseinandersetzung mit dem unmittelbar bevorstehenden Lebensende gelingen. Aus diesem Grund wird von Palliativmedizinern und -pflegern, aber auch von Krankenhausseelsorgern und -psychologen die Notwendigkeit hervorgehoben, Sterben und Tod in einer sensiblen Weise zu einem Thema unserer Kultur, unseres öffentlichen Raumes zu machen (siehe dazu die Beiträge in Eckart und Anderheiden 2012). Deshalb wird von diesen Vertretern gefordert, dass wir wieder viel stärker zu Ritualen finden, die geeignet sind, die mit Sterben und Tod verbundenen Erwartungen und Hoffnungen, Sorgen und Ängste in einer persönlich überzeugenden Art und Weise auszudrücken (siehe dazu die Beiträge in Fuchs, Kruse und Schwarzkopf 2010).

Und doch sei hier noch einmal auf Norbert Elias Bezug genommen, der in seiner bereits genannten Schrift *Über die Einsamkeit der Sterbenden in unseren Tagen* (1982) moderne Gesellschaften auch dadurch gekennzeichnet sieht, dass diesen einerseits überlieferte Konventionen des Umgangs mit Sterben und Tod als nicht mehr angemessen erscheinen, dass sie andererseits neue Rituale, an denen Menschen ihr Verhalten gegenüber Sterbenden orientieren könnten, noch nicht entwickelt haben. Das Faktum der eigenen Endlichkeit, so Norbert Elias, erscheine im Selbstverständnis des modernen Menschen als Bedrohung. Entsprechend bestehe eine Tendenz, Sterben und Tod aus dem gesellschaftlich-geselligen Leben zu verdrängen. Das Sterben des Anderen erscheine als mahnende Erinnerung an den eigenen Tod, löse entsprechende Unsicherheit aus und trage so dazu bei, dass die Menschen in modernen Gesellschaften nicht mehr in der Lage seien, Sterbenden das zu geben, was diese brauchen.

> Hier begegnet man in einer extremen Form einem allgemeineren Problem unserer Tage – der Unfähigkeit, Sterbenden diejenige Hilfe zu geben und diejenige Zuneigung zu zeigen, die sie beim Abschied von Menschen am meisten brauchen – eben weil der Tod des Andern als Mahnzeichen des eigenen Todes erscheint (Elias 1982, S. 19).

Diese Unfähigkeit bedinge eine

> eigentümliche Verlegenheit der Lebenden in der Gegenwart eines Sterbenden. Sie wissen oft nicht recht, was zu sagen. Der Sprachschatz für den Gebrauch in dieser Situation ist verhältnismäßig arm. Peinlichkeitsgefühle halten die Worte zurück. Für die Sterbenden selbst kann das recht bitter sein. Noch lebend, sind sie bereits verlassen (Elias 1982, S. 39).

Im Hinblick auf die Begleitung Sterbender existierten, so Norbert Elias weiter, keine wirklichen Rituale mehr:

> Die konventionellen Redewendungen und Riten sind gewiss noch in Gebrauch, aber mehr Menschen als früher fühlen, dass es etwas peinlich ist, sich ihrer zu bedienen, eben weil sie ihnen als schal und abgedroschen erscheinen. Die rituellen Floskeln der alten Gesellschaft, die die Bewältigung kritischer Lebenssituationen erleichterten, klingen für das Ohr vieler jüngerer Menschen abgestanden und falsch. An neuen Ritualen, die dem gegenwärtigen Empfindens- und Verhaltensstandard entsprechen und die Bewältigung wiederkehrender kritischer Lebenssituationen erleichtern können, fehlt es noch (Elias 1982, S. 40).

Entsprechend falle die Aufgabe, das rechte Wort, die rechte Geste zu finden, auf den Einzelnen zurück. Dabei sei zu bedenken, dass sich Menschen in entwickelten Gesellschaften vielfach als unabhängige Einzelwesen verstünden, denen die ganze Welt

> als Außenwelt gegenübersteht und deren Innenwelt wie durch eine unsichtbare Mauer von dieser Außenwelt, also auch von anderen Menschen, abgetrennt ist. Diese Art, sich selbst zu erleben, das für eine bestimmte Zivilisationsstufe charakteristische Selbstbild des homo clausus, steht gewiss in engster Verbindung mit einer ebenso spezifischen Art, vorwegnehmend den eigenen Tod und, in der akuten Situation, das eigene Sterben zu erleben (Elias 1982, S. 81).

Doch könne das Bewusstwerden der eigenen Endlichkeit und die kulturell geleistete Auseinandersetzung mit der Vergänglichkeit Anstöße zu einer Neubesinnung in unserer Gesellschaft geben, denn:

> Das Ethos des homo clausus, des sich allein fühlenden Menschen, wird schnell hinfällig, wenn man das Sterben nicht mehr verdrängt, wenn man es als einen integralen Bestandteil des Lebens in das Bild von Menschen mit einbezieht (Elias 1982, S. 100).

Auch wenn wir derartige kulturelle Probleme, wie sie von Norbert Elias beschrieben wurden, nicht dadurch bewältigen können, dass wir einfach auf früher praktizierte Rituale zurückgreifen (Remmers 2005), so erscheint es doch angemessen, gerade in einem Buch über den Barock-Komponisten Johann Sebastian Bach wenigstens kurz auf die Barockdichtung einzugehen und dabei zu untersuchen, (a) wie diese die Endlichkeitsthematik behandelt und (b) inwieweit sie uns Anstöße für eine gewandelte Annäherung an unsere eigene Verletzlichkeit und Endlichkeit zu geben vermag – wobei uns als zentrales Element dieser gewandelten Annäherung vor allem das rechtzeitige Sich-Einstellen auf die eigene Endlichkeit erscheint.

Bei dem Blick auf die Barockdichtung sollte man allerdings nicht den Fehler begehen, anzunehmen, dass es Menschen in dieser Epoche leichter gefallen sei, das eigene Sterben, den eigenen Tod anzunehmen. So schreibt die Züricher Sprachwissenschaftlerin und Publizistin Klara Obermüller in ihrem Buch *Weder Tag noch Stunde – Nachdenken über Sterben und Tod* (2007):

> Falsch ist aber, glaube ich, dass es den Menschen früher leichter fiel, den Gedanken an ihr nahes Ende zu akzeptieren. Da sollten wir uns vor nostalgischer Verklärung hüten. Anders ist nicht zu erklären, dass etwa im Mittelalter oder in der Barockzeit den Leuten das Bewusstsein ihrer Sterblichkeit geradezu eingehämmert werden musste. Memento mori: Bedenke, dass du sterblich bist.

Gelehrte stellten sich ein Stundenglas und einen Totenkopf auf den Schreib-
tisch, Bürger hängten sich Vanitas-Stillleben an die Wände, Mönche legten
sich zum Schlafen in ihren eigenen Sarg, um jederzeit daran erinnert zu werden, dass ihnen ihr Leben nicht gehörte und schon morgen zu Ende sein
konnte. „Media in vita in morte sumus", hat der Mönch Notker seinen Zeitgenossen zugerufen. Er hätte es nicht getan, wenn der Gedanke, dass wir mitten
im Leben vom Tod umgeben sind, so selbstverständlich gewesen wäre. Die
Mahnung war nötig, damals wie heute, damit der Mensch nicht übermütig
wird, damit er sich bewusst ist, wie kostbar, wie befristet dieses sein Leben ist
(Obermüller 2007, S. 77 f).

Es sei angemerkt, dass es sich bei der Autorin um eine profunde Kennerin der
Barockliteratur handelt, wovon ihr auch heute noch sehr lesenswertes Buch
Melancholie in der deutschen Barocklyrik (1974) Zeugnis gibt.

Die Verletzlichkeit, die Endlichkeit, die Hinfälligkeit des Lebens wurden –
auch vor dem Hintergrund der Verwüstungen im Dreißigjährigen Krieg –
von Dichtern der Barockzeit besonders deutlich thematisiert, sie bilden geradezu einen *cantus firmus* der Lyrik aus dieser Zeit. Das Ziel der Dichtung
lag dem Selbstverständnis der Schriftsteller zufolge in „vberredung und vnter-
richt auch ergetzung der Leute", wie es Martin Opitz 1617 in einem Aufruf
zur Schaffung einer volkssprachlichen Dichtung von europäischem Rang und
1624 in seinem bahnbrechenden *Buch von der Deutschen Poeterey* ausgedrückt
hat.

Ulrich Maché und Volker Meid (2005) charakterisieren im Nachwort zu
der von ihnen herausgegebenen Anthologie *Gedichte des Barock* die Dichtung
im 17. Jh. in der Hinsicht, dass diese versuche, „rhetorisch auf den Leser
und Zuhörer einzuwirken" (S. 360). Die von den beiden Herausgebern vorgenommene Charakterisierung des Werks von Andreas Gryphius, einem der
führenden Schriftsteller der Barockzeit, deutet auf das große Thema der „Verletzlichkeit, Endlichkeit und Hinfälligkeit" menschlichen Lebens hin, wie es
uns auch bei einem schwer kranken, sterbenden (moribunden) Menschen
mehr und mehr entgegentritt:

Bei Gryphius wird die Hinfälligkeit alles Irdischen, aktualisiert durch die
Gräuel des Dreißigjährigen Krieges, zum Zentralthema der Dichtung. ... [Er]
wirkt als Dichter der Angst, des Leidens und des religiösen Ringens in Zeiten der Glaubensspaltung und des Gewissenszwangs weit über seine Epoche
hinaus (Maché und Meid 2005, S. 353).

Gehen wir nun auf zwei Gedichte von Andreas Gryphius (1616–1646) ein;
das erste Gedicht (*Thraenen in schwerer Krankheit*) betont das Erleben der
Verletzlichkeit, der Hinfälligkeit, der Endlichkeit des Lebens, das zweite (*Be-*

trachtung der Zeit) die Fähigkeit des Menschen, in allen Situationen seines Lebens – somit auch in Grenzsituationen wie dem Sterben – schöpferisch zu sein. Gerade in dieser Verbindung des Erlebens von Grenzen mit dem Erleben des schöpferischen Moments in einer Situation liegt eine wesentliche Botschaft der Barock-Dichtung, die uns helfen kann, uns der Lage eines verletzlichen, sterbenden Menschen mit ausreichender Sensibilität anzunähern – einer Sensibilität, die nicht nur die Grenzen, sondern auch die Ressourcen dieses Menschen wahrnimmt.

Thraenen in schwerer Krankheit
Ich bin nicht der ich war/die Kraeffte sind verschwunden/
Die Glider sind verdorr't/als ein durchbrandter Grauß:
Mir schaut der schwartze Tod zu beyden Augen aus/
Ich werde von mir selbst nicht mehr in mir gefunden.
…
So bin ich auch benetzt mit Thraenen-tau ankommen:
So sterb ich vor der Zeit. O Erden gute Nacht!
Mein Stuendlein laufft zum End/itzt hab ich außgewacht
Und werde von dem Schlaff des Todes eingenommen.

In diesem Gedicht mündet das Erlebnis der Verletzlichkeit und Hinfälligkeit in die Auseinandersetzung mit der eigenen Endlichkeit: Die Ordnung des Lebens und die Ordnung des Todes verschränken sich auch im persönlichen Erleben des Menschen immer mehr, bis allmählich die Ordnung des Todes das Erleben dominiert. Besondere Bedeutung für die psychische Situation des schwer kranken oder sterbenden Menschen erlangt dabei die Aussage „Ich werde von mir selbst nicht mehr in mir gefunden", mit der angedeutet wird, dass sich das Individuum mehr und mehr in sich selbst verliert, mehr und mehr seine Identität einbüßt.

Dieses Gedicht steht nun im Kontrast zu einem anderen aus Gryphius Feder:

Betrachtung der Zeit
Mein sind die Jahre nicht die mir die Zeit genommen/
Mein sind die Jahre nicht/die etwa moechten kommen
Der Augenblick ist mein/und nehm' ich den in acht
So ist der mein/der Jahr und Ewigkeit gemacht.

Die Betonung des Augenblicks – in dem Menschen schöpferisch tätig werden können – erinnert an das psychologische Konstrukt der Aktualgenese. Mit diesem Konstrukt wird zum Ausdruck gebracht, dass sich unter förderlichen Bedingungen neue seelisch-geistige Qualitäten einstellen können, und dies ausdrücklich auch in den Grenzsituationen unseres Lebens. Noch näher kommt der Betonung des Augenblicks das psychologische Konstrukt der Selbstaktualisierung: Darunter ist, wie bereits dargelegt, die grundlegende Tendenz des Menschen zu verstehen, sich auszudrücken und mitzuteilen – wobei sich diese Tendenz im Denken, Fühlen, Empfinden, Kommunizieren oder Handeln zeigen kann (Kruse 2010).

Mit dem Konstrukt der Selbstaktualisierung, die von dem Neurologen, Neuropsychologen und Psychoanalytiker Kurt Goldstein als zentrales Motiv menschlichen Erlebens und Verhaltens gedeutet wurde (Goldstein 1939), kommen wir dem Schöpferischen des Menschen in seiner basalen psychischen Qualität noch näher als mit jenem der Aktualgenese. Während letztere das Schöpferische im Sinne einer Leistung beschreibt, die als Folge einer tiefgreifenden denkenden und fühlenden Auseinandersetzung mit neuen Anforderungen gezeigt wird, betont erstere den Ausdruck psychischer Prozesse – und spricht dabei alle Dimensionen der Person (Denken, Fühlen, Empfinden, Kommunizieren, Handeln) an.

Es ist nun entscheidend, dass mit dem in Andreas Gryphius' Gedicht betonten Augenblick die Möglichkeit zur Aktualgenese oder Selbstaktualisierung in allen Situationen umschrieben wird, in denen sich Menschen motiviert fühlen, bestimmte psychische Qualitäten zum Ausdruck zu bringen. Im Hinblick auf Johann Sebastian Bach heißt das: Aus den zahlreichen Formen seiner Bezogenheit, aber auch aus der Ahnung, nur noch kurze Zeit zu leben, ist eine hoch differenzierte Motivlage erwachsen, die die Aktualgenese oder Selbstaktualisierung eindrucksvoll in Gang gesetzt hat.

Wenden wir uns dem Gedicht *An sich* des Barockdichters Paul Fleming (1609–1640) zu.

An Sich.
Sey dennoch unverzagt. Gieb dennoch unverlohren.
Weich keinem Gluecke nicht. Steh' hoeher als der Neid.
Vergnuege dich an dir/und acht es fuer kein Leid/
hat sich gleich wider dich Glueck'/Ort/und Zeit verschworen.
Was dich betruebt und labt/halt alles fuer erkoren.
Nim dein Verhaengnueß an. Laß' alles unbereut.
Thu/was gethan muß seyn/und eh man dirs gebeut.
Was du noch hoffen kannst/das wird noch stets gebohren.
Was klagt/was lobt man doch? Sein Unglueck und sein Gluecke
ist ihm ein ieder selbst. Schau alle Sachen an.
Diß alles ist in dir/laß deinen eiteln Wahn/
und eh du foerder gehst/so geh' in dich zu ruecke.
Wer sein selbst Meister ist/und sich beherrschen kann/
dem ist die weite Welt und alles unterthan.

Die hier angesprochene Lebenshaltung lässt sich im Sinne der Selbstvergewisserung des Menschen, aber auch im Sinne der Identitätsbildung im Lebenslauf beschreiben. In dem bereits genannten Buch von Klara Obermüller: *Melancholie in der deutschen Barocklyrik* (1974) wird dieses Gedicht unter das Begriffspaar „Selbstbewahrung und Selbstverlust" eingeordnet, wobei, wie die Autorin darlegt, Paul Fleming

> den Konflikt zwischen der Würde seiner einmalig-unverwechselbaren Individualität und der angesichts der Versehrtheit und Gebrechlichkeit der menschlichen Natur einzig angebrachten Haltung der „humilitas" zu Gunsten seines persönlichen Stolzes entschied. Die christliche Auffassung vom Leben als dem Weg zu sich selbst erfährt hier eine erste Säkularisierung, für die die neostoizistischen Strömungen der Zeit wegbereitend gewesen sein müssen (Obermüller 1974, S. 110).

Die Fähigkeit, auf sich selbst zu blicken, sich selbst zu erkennen und anzunehmen, das eigene Leben – ausdrücklich auch in seiner Begrenztheit – zu bejahen, anderen Menschen ihr Glück zu gönnen und damit fern vom Neid zu stehen und sich auf die eigenen seelischen und geistigen Kräfte zu besinnen, ohne sich dabei zu überhöhen: Dies sind zentrale Merkmale der Identität. Identität wird hier nicht als ein einmal erreichter und sich nicht mehr differenzierender Entwicklungszustand im Jugendalter verstanden (wie es nicht selten geschieht), sondern vielmehr als ein dynamisches Geschehen, das in seinem weiteren Verlauf von den Erlebnissen und Erfahrungen des Individuums und dessen Lebensbedingungen beeinflusst ist.

Der Theorie des Psychoanalytikers Erik Homburger Erikson (1988) zufolge entwickelt sich – unter günstigen Bedingungen – die Identität nach dem Jugendalter weiter, sie differenziert sich entsprechend jenen Erlebnissen und Erfahrungen, die in den nachfolgenden Lebensaltern an Bedeutung gewinnen: So gewinnen nach Erikson im Erwachsenenalter die Themen der Intimität und Generativität, im Alter das Thema der Integrität (im Sinne des Akzeptieren-Könnens des eigenen Lebens trotz aller Beschränkungen und Grenzen, die in der Biografie stattgehabt haben) zunehmend an Bedeutung und konstituieren damit die Identität des Menschen.

In dem von Paul Fleming verfassten Gedicht scheint die Identität an mehreren Stellen im thematischen Kontext der Integrität auf, wenn nämlich die Fähigkeit des Menschen, sein Leben zu bejahen (in seinem Glück ebenso wie in seinem Leid), betont wird. Zugleich beschreibt es die Notwendigkeit der Offenheit des Menschen für neue Eindrücke, Erlebnisse und Erfahrungen. Es bleibt also nicht beim Lebensrückblick stehen, sondern verbindet ihn mit der Gegenwarts- und Zukunftsperspektive: Inwiefern bietet sich dem Menschen, inwiefern nutzt dieser die Gelegenheit, die in der Gegenwart und Zukunft liegenden Möglichkeiten zur sinnerfüllten, schöpferischen Lebensgestaltung zu nutzen?

Diese Verbindung von Lebensrückblick mit Gegenwarts- und Zukunftsperspektive bildet einen Gedanken, der für das Verständnis der Auseinandersetzung mit Anforderungen im Alter (aber auch schon in vorangehenden Lebensaltern) wichtig ist: Der Rückblick auf die Geschichte sowohl verarbeiteter und bewältigter als auch nicht verarbeiteter und nicht bewältigter Ereignisse, verbunden mit dem Annehmen der bislang gelebten Biografie, stellt eine bedeutende psychische Zäsur dar. Er bildet zugleich die Grundlage der Offenheit des Menschen für gegenwärtige und zukünftige Anforderungen sowie für in der Gegenwart und Zukunft liegende Möglichkeiten, um das eigene Leben als in sich „stimmig" zu erfahren.

Dieser Prozess der Identitätsentwicklung bis hin zur Integrität lässt sich eindrucksvoll bei Johann Sebastian Bach beobachten, wie vor allem in Kap. 2 deutlich werden sollte, in dem wir die Biografie dieses Komponisten nachgezeichnet haben. Und doch sei an dieser Stelle noch einmal ausdrücklich auf die Integrität eingegangen, wie sie sich bei Bach zeigte: Sie kommt nämlich – symbolisch – vor allem in der Tatsache zum Ausdruck, dass er in der *h-Moll-Messe*, die ja zu jenen Werken gehörte, mit denen er sich bis kurz vor seinem Tod intensiv beschäftigt hatte, frühere Kompositionen als Grundlage für die musikalische Unterlegung vieler Teile der Missa verwendete, zugleich aber für einzelne ihrer Teile neue Kompositionen schuf. Wir hatten schon hervorgehoben, dass wir darin eine bemerkenswerte Synthese der Biografie mit der Gegenwart (und Zukunft) erblicken, die das eigene Leben als gerundetes Werk erscheinen lässt. Könnte man den Gedanken der Integrität schöner zum Ausdruck bringen?

Kommen wir nun – abschließend – noch einmal zum Ausgangspunkt dieses Abschnitts zurück. Wir hatten ja hervorgehoben, dass in der rechtzeitig begonnenen Auseinandersetzung des Menschen mit seiner eigenen Endlichkeit, dass in dem „Ansterben" eine zentrale Form des Sich-Einstellens auf den Tod zu erblicken sei – eine Form des Sich-Einstellens, die wir bei Johann Sebastian Bach in besonders eindrücklicher Weise haben beobachten können.

Dieser Punkt führt uns zu den Sonetten von Michelangelo Buonarroti (1475–1564). Die Fähigkeit und Bereitschaft des Menschen, sich im Laufe seines Lebens allmählich von der Welt zu lösen, bilden in ihnen bedeutende Aussagen. Dabei ist die Loslösung nicht im Sinne von Niedergeschlagenheit und Resignation zu verstehen. Gemeint ist vielmehr eine veränderte Akzentuierung in der Lebenseinstellung: Die Weltbezogenheit wird mehr und mehr zugunsten der Einordnung des eigenen Lebens und der eigenen Person in einen umfassenderen Sinnzusammenhang aufgegeben. Diese veränderte Akzentuierung kann sich nur allmählich vollziehen, weswegen in dem nachfolgend zitierten Sonett (Michelangelo 2002) nicht von „sterben", sondern von „ansterben" gesprochen wird.

In diesem Sonett kommt die Bereitschaft zum Ausdruck, bereits viele Jahre vor Eintritt des Todes „anzusterben", dies heißt, sich allmählich von der Welt zu lösen. Damit wird deutlich gemacht, dass wir weder die uns umgebende Welt noch unser Leben als unseren Besitz auffassen dürfen. Im Gegenteil: Wir sollen uns in das Loslassen und Hergeben einüben. Mit der Loslösung von der Welt (und dies heißt in den Worten Michelangelos: mit dem „Ansterben") stellt sich der Mensch auf den eigenen Tod ein. Gelingt dies nicht, so wird der Tod den Menschen unvermittelt und plötzlich treffen – in diesem Fall wird er nicht mehr als Übergang verstanden, sondern als abruptes Lebensende.

In dem Sonett wird zwischen „Ich" und „Seele" differenziert, wobei die Seele an das Ich geradezu „appelliert". Dabei weist die Seele dem Ich einen bestimmten Entwicklungsweg – nämlich die allmähliche Loslösung von der Welt, das „Ansterben". Sie drängt geradezu das Ich dazu, sich auf diesen Entwicklungsweg einzustellen und ihn zu beschreiten.

> Des Todes sicher, nicht der Stunde, wann.
> Das Leben kurz, und wenig komm ich weiter;
> den Sinnen zwar scheint diese Wohnung heiter,
> der Seele nicht, sie bittet mich: stirb an.
>
> Die Welt ist blind, auch Beispiel kam empor,
> dem bessere Gebräuche unterlagen;
> das Licht verlosch und mit ihm alles Wagen;
> das Falsche frohlockt, Wahrheit dringt nicht vor.
>
> Ach, wann, Herr, gibst du das, was die erhoffen,
> die dir vertraun? Mehr Zögern ist verderblich,
> es knickt die Hoffnung, macht die Seele sterblich.
>
> Was hast du ihnen soviel Licht verheißen,
> wenn doch der Tod kommt, um sie hinzureißen
> in jenem Stand, in dem er sie betroffen.

Das zitierte Sonett stammt aus der Zeit von 1554 bis 1556 und ist damit als ein „Altersgedicht" anzusehen. Dies lässt uns verstehen, warum in der dritten Strophe Drängen („Ach wann, Herr, gibst du das, was die erhoffen, die dir vertraun?"), ja sogar Ungeduld („Mehr Zögern ist verderblich, es knickt die Hoffnung") dominieren: Nach vielen Lebensjahren erscheint ein weiteres Aufschieben der Erfüllung, auf die die Seele hin ausgerichtet ist, als nicht mehr vorstellbar.

Die in diesem Gedicht zum Ausdruck kommende Form des Ansterbens: Führt sie uns nicht wieder zum Schlusschoral der *Johannes-Passion*, zum Schlusschoral der Kantate *Ich will den Kreuzstab gerne tragen* zurück? Schenkt uns der zentrale Begriff dieses Gedichts: *Ansterben* nicht eine gelungene Form der Interpretation dieser beiden Schlusschoräle?

Es sei nun ein Sprung in die heutige Zeit gewagt, es sei das „Ansterben" aus der Sicht der bereits zu Wort gekommenen Züricher Sprachwissenschaftlerin und Publizistin Klara Obermüller betrachtet, die in ihrem Buch *Weder Tag noch Stunde – Nachdenken über Sterben und Tod* (2007) die Ars moriendi in einer Ars vivendi aufgehen lässt und deutlich macht, wie eng die Kunst zu sterben mit der Kunst zu leben verknüpft ist:

Wenn es denn überhaupt so etwas wie eine Ars moriendi, eine Kunst zu sterben, gibt, dann müsste es dies sein: zu lernen, wie wir leben müssen, im Wissen, dass dieses Leben jeden Tag und jede Minute zu Ende sein kann. Dieses Wissen auszuhalten, ohne zu verzweifeln, ja im Gegenteil, aus diesem Wissen erst den Wert des Lebens gewinnen, lernen zu genießen, jede Minute, jeden Tag, im Bewusstsein, dass dieses eine Mal auch das letzte Mal sein kann, und dennoch weiterleben, ohne zu wissen, wann unsere eigene Stunde schlägt – niemand könnte uns dies besser erfahren lassen als die Sterbenden selbst. Max Frisch, der Peter Noll in seiner letzten Lebenszeit begleitet hatte, sagte in seiner Totenrede auf den Freund: „Aus seinen sehr hellen Augen trifft uns der Blick eines Befreiten, der zu wissen wagt, was er weiß, und uns ein Gleiches zutraut." Ich habe etwas Ähnliches erlebt, damals als mein Mann an Krebs starb, und einige Jahre später noch einmal, als ich einen an Aids erkrankten Freund aus der Studienzeit in seinem Sterben nahe sein durfte. Bei aller Trauer über den bevorstehenden Abschied, bei aller Angst vor Leiden und Schmerz, es war beide Male so, dass die Sterbenden die Gebenden waren. Sie haben uns ihr Wissen vom nahen Ende voraus, und sie muten uns dieses Wissen zu. Es gibt kein Ausweichen, kein So-tun-als-ob mehr, es gibt nur die Wahrheit, das Eingestehen dieser Wahrheit und schließlich das Einverständnis mit ihr. Das gibt ein Gefühl ungeheurer Freiheit und zugleich eine Demut, vor der alles an Bedeutung verliert, was einmal wichtig erschienen war (Obermüller 2007, S. 79 f).

Schöpferische Kräfte am Lebensende –
der psychologische Kontext der „h-Moll-Messe"

Es wurde bereits hervorgehoben, dass in den beiden letzten Lebensjahren Johann Sebastian Bachs zwei Werke den Kern seines musikalischen Schaffens bildeten, die als „Großprojekte" angesehen werden können (eine von Christoph Wolff gewählte Charakterisierung; vgl. Wolff 2009a): Die *Messe in h-Moll* und die *Kunst der Fuge*. Dabei ist zu bedenken, dass diese beiden Werke zwar im Zeitraum von 1748 bis 1750 das kompositorische Schaffen Bachs bestimmten, dass jedoch der Zeitpunkt, an dem er die Arbeit an ihnen erstmals aufgenommen hatte, schon lange zurücklag.

Um mit der *Messe in h-Moll* zu beginnen: Das *Kyrie eleison* und das *Gloria* sind 1733 entstanden, das *Sanctus* 1724, das *Crucifixus* schließlich gründet auf einer Vorlage, deren Entstehung auf das Jahr 1714 datiert (Geistliche Kantate *Weinen, Klagen, Sorgen, Zagen*, BWV 12). An dieser Stelle sei angemerkt: Bachs Originalpartitur gliedert sich in vier Faszikel. Faszikel 1: *Kyrie* und *Gloria*; Faszikel 2: *Credo*, überschrieben mit „Symbolum Nicenum"; Faszikel 3: *Sanctus*; Faszikel 4: *Osanna, Benedictus, Agnus Dei, Dona nobis pacem*.

Bachs Originalpartitur wirkt dabei, so Konrad Küster (1999a),

> wie eine Summe aus in sich abgeschlossenen Einheiten; jede von ihnen hat ein eigenes Titelblatt, und der Zusammenhang der vier Teile wird nur damit deutlich gemacht, dass sie von 1 bis 4 durchnummeriert sind (Küster 1999a, S. 499).

Zugleich wird in allen musikwissenschaftlichen Monografien zur *h-Moll-Messe* hervorgehoben, dass dieses Werk trotz der vier in sich abgeschlossenen Einheiten als eine große Einheit verstanden werden müsse, die sich dem Hörer als solche mitteile. Auch in der Tatsache, dass Johann Sebastian Bach vier in sich abgeschlossene Teile zu einer großen Einheit zusammenzuführen vermochte, spiegelt sich den Interpreten der *h-Moll-Messe* zufolge ein Merkmal seiner Kreativität in den beiden letzten Lebensjahren wider.

Und die *Kunst der Fuge*? Die Arbeiten an diesem Werk hat Johann Sebastian Bach ungefähr 1740 aufgenommen.

Die beiden genannten „Großprojekte" umfassten also einen beträchtlichen Zeitraum seines kompositorischen Schaffens (im Fall der *h-Moll-Messe* immerhin circa 35 Jahre, im Fall der *Kunst der Fuge* immerhin circa zehn Jahre) und verleihen damit seiner Kompositionskunst ein hohes Maß an Kontinuität. Dabei traten diese Großprojekte in den beiden letzten Lebensjahren des Komponisten in Konkurrenz zueinander. Nach dem, was heute bekannt ist, hat Johann Sebastian Bach nämlich im Spätsommer 1748 die Arbeiten an der *Kunst der Fuge* zugunsten der Wiederaufnahme der Arbeiten an der *h-Moll-Messe* unterbrochen: Zu diesem Zeitpunkt war er bereits mit der Vervollständigung der Druckfassung von der *Kunst der Fuge* befasst und hatte vermutlich auch den – letztlich unvollendet gebliebenen – *Contrapunctus 14*, also die letzte als Quadrupelfuge konzipierte Fuge des Gesamtwerks, entworfen. Warum aber hat er der *h-Moll-Messe* den Vorrang vor der *Kunst der Fuge* gegeben?

Bei der Beantwortung dieser Frage ist zu berücksichtigen, dass zu diesem Zeitpunkt von der *h-Moll-Messe* nur die 1733 komponierte *Kyrie-Gloria-Messe* vorlag, die dem neuen sächsischen Kurfürsten Friedrich August II. dediziert worden war – dies mit dem Ziel, ein „Praedicat von Dero Hoff-Capelle" (Bach-Dokumente I, Nr. 27) zu erhalten, also den Titel eines Hofkompositeurs.

Mit dem vom 27. Juli jenes Jahres datierten Gesuch um Verleihung des Titels Hofkompositeur überreichte Bach seinem Landesherrn die Stimmen des Kyrie und des Gloria. Die Partitur allerdings war der Sendung nicht beigefügt. Damals wurden häufig Werke ohne Partitur aufgeführt. Der in den Bach-Dokumenten abgedruckte Text des Gesuchs lautet:

> Ew. Königl. Hoheit überreiche ich in tiefster Devotion gegenwärtige geringe Arbeit von derjenigen Wissenschaft, welche ich in der Musique erlangt, mit ganz unterthänigster Bitte, Sie wollen dieselbe nicht nach der schlechten Composition, sondern nach Dero Welt berühmten Clemenz mit gnädigsten Augen anzusehen und mich darbey in Dero anmächtigste Protektion zu nehmen geruhen. Ich habe einige Jahre und bis daher bey den beyden Haupt-Kirchen in Leipzig das Directorium in der Music gehabt, darbey aber ein und andere Bekränkung unverschuldeter weise auch jezuweilen eine Verminderung derer mit dieser Function verknüpfften Accidentien empfinden müssen, welches aber gänzlich nachbleiben möchte, daferne Ew. Königl. Hoheit mir die Gnade erweisen und ein Praedicat von Dero Hoff-Capelle conferiren, und deswegen zur Ertheilung eines Decrets, gehörigen Orts hohen Befehl ergehen lassen würden; Solche gnädigste Gewehrung meines demüthigsten Bittens wird mich zu unendlicher Verehrung verbunden und ich offerire mich in schuldigsten Gehorsam, jedesmal auf Ew. Königl. Hoheit gnädigstes Verlangen, in Componirung der Kirchen Musique sowohl als zum Orchestre meinen unermüdeten Fleiß zu erweisen, und meine ganzen Kräfte zu Dero Dienste zu widmen, in unaufhörlicher Treue verharrend Ew. Königl. Hoheit unterthänigst-gehorsamster Knecht (Bach-Dokumente I, Nr. 27).

Wie Albert Schweitzer (1979) hervorhebt, wurde dieses Bittschreiben in einer Zeit verfasst, in der sich Bach immer wieder Maßregelungen durch die Ratsherren der Stadt Leipzig wie auch durch die Kirchenoberen ausgesetzt sah. Der Titel eines *Director Musices* konnte ihn nicht ausreichend vor diesen Maßregelungen schützen, die Anbindung an den Hof des Landesfürsten hingegen schon eher. Aus diesem Grund habe Bach, so Schweitzer, den Plan gefasst, in Dresden um das Prädikat eines Hofkompositeurs nachzusuchen: Der „Kampf um Würde", nicht „Titelsucht" habe ihn dazu veranlasst.

Der Titel des Hofkompositeurs wurde Bach, wie schon an anderer Stelle angedeutet, im Jahr 1736 verliehen – allerdings erst nach Intervention einflussreicher Personen, die Johann Sebastian Bach sehr schätzten und sich aus diesem Grunde für ihn verwendeten.

Kommen wir also zur Frage zurück: Warum hat der Thomaskantor der *h-Moll-Messe* den Vorrang vor der *Kunst der Fuge* gegeben? Johann Sebastian Bach war sich ja durchaus des Arbeitsausmaßes bewusst, das er auf sich nehmen musste, um die *Kyrie-Gloria-Messe* kompositorisch zur *Missa tota* auszubauen. Der Hinweis auf die zahlreichen Parodiefassungen, die sich in der *h-Moll-Messe* finden, kann dabei die Vielfalt und den Umfang kompositorischer Aufgaben, mit denen er bei der Entwicklung einer *Missa tota* befasst war, nicht infrage stellen. Denn wenn er sich auch an vielen Stellen des Parodieverfahrens bediente, so doch meistens unter dem Vorzeichen einer tiefgreifenden Umarbeitung, wenn nicht sogar Neubearbeitung der Vorlage. Und der Entscheidung, in zahlreichen Teilen der entstehenden *Missa tota* auf frühere Kompositionen zurückzugreifen und diese als Grundlage für die Vertonung der einzelnen Textbestandteile der Missa zu wählen, lag keinesfalls das Motiv zugrunde, Zeit zu sparen und die Messe möglichst rasch fertigzustellen. Vielmehr ging es ihm darum – und der Blick in die Originalpartitur der Messe zeigt das –, diese früheren Kompositionen noch einmal gründlich zu bearbeiten, zum Teil umzukomponieren und sie in der Missa auf ein noch höheres Niveau der Kompositionskunst zu heben. Damit sollte deutlich gemacht werden, dass er sich als Komponist mit der Erschaffung der *h-Moll-Messe* ganz bewusst in die Tradition seiner eigenen Werkgeschichte stellen wollte (Kontinuität), zugleich dieses Werk aber zu einem Höhepunkt, zu einem letzten Ziel zu führen bestrebt war (Kreativität).

Wenn man sich in Erinnerung ruft, dass das lateinische *finis* sowohl mit Ziel als auch mit Ende übersetzt werden kann, so sieht man sich – wenn man die gesundheitliche Entwicklung Johann Sebastian Bachs in seinen beiden letzten Lebensjahren im Blick hat – vor die Frage gestellt, ob dieser seine deutlich erhöhte körperliche Verletzlichkeit gespürt hat und darüber die eigene Endlichkeit zu einem immer bedeutsameren Lebensthema wurde. Hier sei noch einmal an die bereits getroffene Aussage erinnert, wonach der Diabetes mellitus Typ II – wenn er unbehandelt bleibt – in den späteren Krankheitsphasen mit zahlreichen Schädigungen des Herz-Kreislaufsystems, des Stoffwechselsystems, nicht selten auch von Nervenzellen und Sinneszellen verbunden ist.

Die damit verbundene Konfrontation mit der Verletzlichkeit des Lebens kann auch eine intensivere Beschäftigung mit der eigenen Endlichkeit anstoßen. Das Verlangen Johann Sebastian Bachs, trotz der intensiven Arbeit an der *Kunst der Fuge* – also an einem Werk, das ihm überaus viel bedeutete, wollte er doch in und mit diesem Werk die Fugen-Kompositionstechnik zur höchsten Qualität führen – seine Konzentration nun ganz auf die *h-Moll-Messe* zu richten, kann durchaus in einen Zusammenhang mit dem Erleben eigener Verletzlichkeit und der an Gewicht gewinnenden Auseinandersetzung mit eigener Endlichkeit gebracht werden.

Seit einigen Jahren wird auch die These diskutiert, dass Johann Sebastian Bach möglicherweise doch mit der Aufführung der *h-Moll-Messe* rechnen konnte, dass diese Messe möglicherweise doch ein „Auftragswerk" gewesen sein könnte. Es wird verschiedentlich berichtet, dass Johann Sebastian Bach offenbar in Kontakt mit Graf Johann Adam von Questenberg (1678–1752) stand, einem Wiener Adeligen, der seit 1735 als Erster Kaiserlicher Kommissar im Mährischen Landtag diente.

Auf seinem Schloss in Jarmeritz unterhielt er eine Kapelle, die regelmäßig Opern-Aufführungen gab. Bach hat den Grafen möglicherweise schon auf seiner Konzertreise nach Karlsbad in den Monaten Mai/Juni 1718 kennengelernt. Es ist durch Dokumente belegt, dass von Questenberg Bach Ende März 1749 durch einen Boten kontaktiert und ihm dabei verschiedene „Sachen eröffnet" hat. Gleichwohl ist nicht davon auszugehen, dass der Graf eine Messe für die Aufführung in seinem Schloss in Auftrag gegeben hat. Denn Ende der 1740er-Jahre konnte die Kapelle nicht mehr im früheren Umfang unterhalten werden. Aufführungen wurden dort immer seltener.

Die Tatsache allerdings, dass Graf Johann Adam von Questenberg Mitglied der Musicalischen Congregation zu Ehren der heiligen Cäcilia, der Schutzheiligen der Musik, war, die sich aus Wiener Musikern wie auch aus einflussreichen Wiener Musikfreunden und Musikförderern zusammensetzte, könnte für die These sprechen, dass an Johann Sebastian Bach der Auftrag erging, eine „Große Messe" zu komponieren, die anlässlich der Feier des Cäcilientags zur Aufführung gelangen sollte. Die Feierlichkeiten zum Cäcilientag, der ab 1748 im Stephansdom zu Wien regelmäßig begangen wurde, waren musikalisch stets reich ausgestaltet.

Und doch wird von Musikwissenschaftlern, die sich intensiv mit der *h-Moll-Messe* und ihrer Entstehung auseinandergesetzt haben, hervorgehoben, dass ein möglicher „äußerer Anlass" für die Erstellung und Vervollkommnung dieser Messe keinesfalls die „innere Motivstruktur", also das seelisch-geistige, das religiöse Verlangen, eine Große Messe zur Ehre Gottes zu schreiben und in dieser die eigene Kompositionskunst noch einmal auf eine höhere, auf eine höchste Stufe zu stellen, relativieren könne (in dieser Weise argumentieren zum Beispiel Blankenburg (1974) und Wolff (2009b)).

Das Vertrauen in Gott als Antwort auf die eigene Verletzlichkeit und Endlichkeit

Damit ist nicht gesagt, dass Bach die eigene Endlichkeit als „Bedrohung" erlebt hätte: Vor dem Hintergrund der in den vorangehenden Abschnitten getroffenen Aussagen lässt sich vielmehr die Annahme aufstellen, dass er sehr gefasst auf das Ende seines Lebens geblickt hat, bedeutete der Tod für ihn – wenn wir seinen geistlichen Werken folgen – doch kein Ende, sondern vielmehr eine Verwandlung seiner Existenz. Doch wenn wir die Gottesfurcht ernstnehmen, die aus den geistlichen Werken Bachs spricht, und nicht nur die Gottesfurcht, sondern auch und vor allem das Vertrauen in sowie die Dankbarkeit gegenüber Gott, dann kann es nicht überraschen, dass die Auseinandersetzung mit der eigenen Endlichkeit das Bedürfnis auslöst, nun eine große Messe zu schreiben, eine *Missa solemnis*, in der sich das Bekenntnis zum Glauben und das Bekennen vor Gott und schließlich die Dankbarkeit gegenüber Gott ausdrückt.

In eine solche Messe musste notwendigerweise das gesamte Kreativitätspotenzial einfließen, das der Komponist besaß – und dies ist bei der *h-Moll-Messe* zweifelsohne der Fall gewesen. Sowohl in der *h-Moll-Messe* als auch in der *Kunst der Fuge* erkennt Christoph Wolff den Habitus des „Andere-und-sich-selbst-übertreffen-Wollens" (Wolff 1986, S. 109), wobei dies nicht Ausdruck von Eitelkeit, sondern vielmehr der erlebten Verpflichtung gegenüber der Musik, gegenüber dem Schöpfer war.

Wenn die Annahme korrekt ist, wonach das Erleben eigener Verletzlichkeit und Endlichkeit das zentrale Motiv für die Aufnahme der Arbeit an der *h-Moll-Messe* bildete, so kann der Prozess der Entstehung und Vervollkommnung dieser Messe als ein weiteres Beispiel für Johann Sebastian Bachs Grenzgänge gedeutet werden: Neben dem Verlangen, mit der *h-Moll-Messe* ein Werk zu schaffen, in dem die Fugen-Kompositionstechnik ganz ähnlich wie in der *Kunst der Fuge* zur Meisterschaft gebracht und in dem quasi eine „Lehre der Fugentechnik" entwickelt wird, soll diese auch Ausdruck des *persönlichen Glaubensbekenntnisses* sein. Hier finden wir erneut die Integration von musikalischer, theologischer und persönlicher Glaubensaussage.

Die Integration dieser drei Dimensionen ist noch um die psychologische Dimension zu erweitern: Die *h-Moll-Messe* bildet den seelisch-geistig-spirituellen Kontext, in den die Verarbeitung der schweren Erkrankung eingebettet ist. Diese Messe begleitet Johann Sebastian Bach im Prozess der

Erkrankung, und zwar nicht nur das innere Hören dieser Messe, sondern auch die aktive Arbeit an deren Entstehung und Vervollkommnung. Dabei arbeitete Bach bis zum Jahreswechsel 1749/50 an diesem Werk, wobei er bei der Niederschrift der Originalpartitur von seinem zweitjüngsten Sohn Johann Christoph Friedrich Bach unterstützt wurde, der seinem Vater in der zweiten Hälfte der 1740er-Jahre häufig als Assistent zur Seite stand. Am 1. Januar 1750 trat er eine Stelle an der Gräflichen Hofkapelle zu Bückeburg an und verließ sein Elternhaus – ein von Johann Sebastian Bach als schmerzlich erlebter Verlust.

Förderung der Verarbeitung von Verletzlichkeit: Die innere Erfüllung im Werk

Der seelisch-geistig-spirituelle Kontext, den die *h-Moll-Messe* für Johann Sebastian Bach konstituierte, hat dessen Verarbeitung der schweren Erkrankung vermutlich in zweifacher Hinsicht gefördert: Erstens im Hinblick auf die bewusste Annahme der eigenen Verletzlichkeit und Endlichkeit, zweitens im Hinblick auf die Motivation, gegebene medizinische Behandlungsmöglichkeiten zu nutzen, um körperliche Einbußen zu lindern (nur so lässt sich erklären, warum er im März 1750 das Wagnis einer schmerzhaften Augenoperation einging und es im April noch einmal wiederholte). Wir haben es hier mit zwei verschiedenartigen, gleichwohl zusammenhängenden Verarbeitungsformen zu tun.

Das gleichzeitige Auftreten verschiedenartiger Verarbeitungsformen bei einer Person ließ sich in Studien zur medizinisch-pflegerischen, psychologisch-sozialen und spirituellen Begleitung schwer kranker und sterbender Menschen nachweisen, so auch in Studien, die vom Autor selbst ausgerichtet worden sind (siehe zum Überblick: Kruse 2007).

In den eigenen Studien zur Begleitung schwer kranker und sterbender Menschen stieß der Autor immer wieder auf Patientengruppen, bei denen die Verarbeitung eigener Verletzlichkeit und Endlichkeit von einem ständigen Wechsel zwischen (a) Akzeptieren der gegebenen gesundheitlichen Situation, (b) bewusstem Sich-Einstellen auf eine mögliche Zunahme der Krankheitsschwere und das Lebensende sowie (c) der Suche nach gegebenen medizinischen und pflegerischen Interventionskonzepten (mit dem Ziel verbesserter Schmerz- und Symptomkontrolle) bestimmt war (siehe auch Filipp 1999).

Das verbindende Element dieser drei Verarbeitungsformen bildete dabei eine das eigene Leben auch in seinen letzten Grenzen annehmende, zum Teil sogar ausdrücklich bejahende Einstellung, die nicht nur an eine medizinisch, psychologisch und pflegerisch kompetente Betreuung und Begleitung gebunden war (wobei hier der pharmakologischen und psychologischen Schmerztherapie besondere Bedeutung zukam), sondern auch an die Erfahrung sozialer Bezogenheit sowie an das Erleben stimmiger, sinnerfüllter Momente in der gegebenen Situation. Diese Momente stellten sich vor allem im Verlauf einer wahrhaftig und offen geführten Kommunikation ein, beim gemeinsamen Hören von Musik, bei der gemeinsamen Betrachtung von Natur, im gemeinsamen Gebet.

Gerade in diesen Momenten schienen die Patienten *über sich hinaus* und fähig zur *Selbst-Distanzierung* zu sein (nach Viktor Frankl eine Bedingung für Sinn-Erleben; vgl. Frankl 2005b), wodurch es ihnen gelang, sich wenigstens vorübergehend von den Gedanken an die Erkrankung und die Endlichkeit zu lösen.

Zu welcher Schlussfolgerung gelangen wir, wenn wir nun die hier beschriebenen Verarbeitungsformen des Akzeptierens, des bewussten Sich-Einstellens, der Suche nach gegebenen medizinischen und pflegerischen Interventionskonzepten sowie die Bedingungen, an die diese Verarbeitungsformen gebunden waren, auf die innere Situation von Johann Sebastian Bach in den letzten Lebensjahren, den letzten Lebensmonaten übertragen? Möglichkeiten einer fundierten, auf Schmerz- und Symptomkontrolle abzielenden medizinischen, psychologischen und pflegerischen Intervention boten sich in der damaligen Zeit nicht. Diese Bedingung für die beschriebenen Verarbeitungsformen war also nicht erfüllt.

Aber in hohem Maß ausgeprägt war die Bedingung der Bezogenheit, des Über-sich-hinaus-Seins, der Selbst-Distanzierung! Johann Sebastian Bach stand, dafür finden sich viele Belege, in regem Austausch mit Familienangehörigen, Freunden und Schülern, die ihm auch in jener Zeit beistanden, in welcher der Nachfolger im Amt des Thomaskantors bestimmt wurde. Noch wenige Monate vor seinem Tod zog bei ihm ein Schüler ein, der ihm bei der Bearbeitung der *Achtzehn Orgelchoräle* (BWV 651–668) unterstützte. Für eine Lehrperson wie Johann Sebastian Bach muss die Erfahrung, trotz schwerer Erkrankung noch unterrichten und gemeinsam mit dem Schüler an bestehenden Kompositionen arbeiten zu können, sehr inspirierend und motivierend gewesen sein.

Folgen wir schließlich dem von Andreas Glöckner (2008) herausgegebenen *Kalendarium zur Lebensgeschichte Johann Sebastian Bachs*, so übernahm erst am 17. Mai 1750, an einem Pfingstmontag, der Präfekt Johann Adam Frank offiziell die Aufgaben des erkrankten Thomaskantors, was zeigt, dass Bach noch bis kurz vor seinem Tod – vermutlich bis zum Zeitpunkt der beiden Augenoperationen – alles dafür getan hat, um seinen Beruf so gut wie möglich auszufüllen.

Doch die höchste Form des Über-sich-hinaus-Seins und der Selbst-Distanzierung bildete die Entwicklung, die Vervollkommnung der *Missa tota*. In diesem Prozess verwirklichte Johann Sebastian Bach ein Maß an Kreativität, das schon ohne Vorliegen der schweren Erkrankung und Polypathie als außergewöhnlich zu charakterisieren wäre. Doch wenn man bedenkt, dass sich diese Kreativität sogar bei schwerer Erkrankung, bei stark ausgeprägter Symptomatik zeigte, so ist man noch einmal mehr beeindruckt sowohl von der geistigen als auch von der emotionalen Leistung, die dieser Komponist hier erbracht hat. Dabei ist die religiöse Inspiration zu berücksichtigen, die – als Komponente der Motivstruktur – wesentlich zu dieser Leistung beigetragen hat.

Diese seelisch-geistige, diese spirituelle Kraft zeigt sich vor allem in der *Credo*-Eröffnung des *Symbolum Nicenum* der Messe (Faszikel 2 der Originalpartitur), die sich ganz um die gregorianische Credo-Intonation – *Credo in unum deum* – zentriert, wobei diese Intonation in der *h-Moll-Messe* nicht von einem Einzelsänger gesungen wird, sondern vielmehr von einem fünfstimmigen Chor. Gemeinsam mit Violine I und Violine II entwickelt der fünfstimmige Chor über diese Intonation eine siebenstimmige Fuge, wodurch dieses Motiv ein musikalisches Gewicht, eine musikalische Überzeugungskraft gewinnt, dass sich dem Hörer die Aussage einprägen muss: „Ich glaube".

Dieses Gewicht, diese Überzeugungskraft wird noch einmal dadurch verstärkt, dass der zweite Satz des *Symbolum Nicenum* – *Patrem omnipotentem* – in der Bass-Stimme mit dem Motiv *Patrem omnipotentem, factorem coeli et terrae* beginnt, dass aber zugleich die anderen Stimmen – Sopran I und II, Alt und Tenor – noch einmal die liturgische Credo-Intonation des *Credo in unum deum* aufnehmen (Takte 1–3), und dass diese noch zwei weitere Male erklingt (Takte 6–8; Takte 10–12).

Diese seelisch-geistige und spirituelle Kraft wurde in einer von Walter Blankenburg (1974) verfassten Monografie über die *h-Moll-Messe* in der Weise charakterisiert, dass das Credo den Höhepunkt des Werkes bilde, in dem der Komponist das Äußerste an künstlerischer Gestaltungskraft mit geistiger Konzentration und symbolischer Aussage verbunden habe. Walter Blankenburg erkennt gerade im *Credo* des Symbolum Nicenum ein „Bekenntniswerk", das auch Johann Sebastian Bachs „persönliches Christentum" meine. Diese musikalische und spirituelle Charakterisierung benennt drei zentrale Merkmale der generell in der *h-Moll-Messe* zum Ausdruck kommenden, sich im *Credo* jedoch noch einmal kristallisierenden Kreativität Bachs: (a) Hohe Konzentration, (b) hohe schöpferische Kraft in der musikalischen Gestaltung und (c) hoher symbolischer Ausdrucksgehalt, in dem sich grundlegende persönliche Überzeugungen (Glaubensinhalte) widerspiegeln.

Etwas Neues wagen: Ausdruck des Schöpferischen im Werk

Die drei genannten Kreativitätsmerkmale korrespondieren dabei mit jenen empirisch ermittelten Kreativitätsmerkmalen, die die beiden Psychologen Todd I. Lubart und Robert J. Sternberg (1998) als Charakteristika der Kreativität im höheren Lebensalter beschrieben haben: Einheit und Harmonie, Integration von (zum Teil sehr verschiedenartigen) Ideen, subjektive Erfahrung, Akzentuierung der Tatsache, in einem höheren Lebensalter zu stehen und somit zahlreiche Erfahrungen gewonnen, reflektiert und in Wissenssysteme integriert zu haben. Im höheren Lebensalter – um eine weitere Formulierung zu wählen, die in der Kreativitätsforschung gerne verwendet wird – spiegelt sich die Kreativität vor allem in der Vervollkommnung von Werken (in der Schaffung von „Skulpturen") wider, seien dies materielle, seien dies ideelle Produkte (Carlsson und Smith 2011).

Der Philosoph und Soziologe Leopold Rosenmayr (2004) verbindet die Kreativität im Alter ausdrücklich mit dem Mut des Menschen, etwas Neues zu wagen, mit dessen Offenheit für neue Ideen und Lösungsansätze, mit seelischer und geistiger Flexibilität und schließlich mit Überblick, wie sich dieser im Lebenslauf ausbilden konnte. Das hohe Lebensalter, so argumentiert Rosenmayr, gebe dem Menschen die Möglichkeit, sich vom „Mainstream" der Berufs- und Arbeitswelt zu lösen und zur eigenen Ursprünglichkeit, Originalität zurückzufinden (Rosenmayr 2011b). Der Einsatz origineller, gleichwohl komplexer Ideen und Strategien werde fortan nicht mehr blockiert, wenn diese dem „Mainstream" nicht entsprächen.

Diese Konzeption von Kreativität ist auch dazu geeignet, das Werkschaffen Johann Sebastian Bachs in seinen letzten Lebensjahren zu charakterisieren: Der Mut, etwas Neues zu wagen, zeigt sich in der *h-Moll-Messe* in eindrucksvoller Weise – hier denke man nur an die beiden Neukompositionen *Credo in unum deum* oder *Et incarnatus est*. Ersteres zeichnet sich durch eine höchst kreative, originelle Weiterführung der liturgischen Intonation aus, letzteres durch eine Art der Imitation des Motivs *Et incarnatus est* in den verschiedenen Stimmen, die aus Sicht der damals geltenden Kompositionsregeln fast schon als „regelwidrig" gelten musste. Aber gerade darin liegt doch auch das Potenzial der Kreativität: Nämlich mit Absicht bestehende Systeme und Regeln zu durchbrechen und weiterzuführen.

Christoph Wolff bringt die kompositorische Leistung des *Et incarnatus est* unmittelbar mit dem Begriff der Kreativität zusammen, wenn er schreibt:

Die regelwidrige, gewagt innovative und singuläre Behandlung polyphoner Imitation beweist eindrucksvoll Bachs ungebrochen kreativen Geist, seine

Meisterung des Kontrapunkts und seine technische Zielsicherheit beim Vorstoß in musikalisches Neuland (Wolff 2009a, S. 488).

Regelwidrigkeit, Innovation, Singularität werden hier als Grundlage für die Weiterentwicklung der Kompositionslehre genannt, und eben darin erkennt Christoph Wolff ein hervorstechendes Merkmal der Kreativität Johann Sebastian Bachs.

Wir sprachen von der seelisch-geistigen, von der spirituellen Kraft, die sich in der *h-Moll-Messe* und dort vor allem im *Credo in unum deum* ausdrückt. Eine gelungene Umschreibung dieser Kraft hat James Gaines (2008) vorgenommen, wenn er schreibt:

> Der wohl großartigste Satz der Messe, eine Grundsatzerklärung, die vielleicht den Gipfel seines musikalischen Lebens bildet, greift weiter hinter sein eigenes Leben auf den Renaissance-Stil Palestrinas zurück. Das einzige Chorwerk im stile antico, das er je schrieb, ist das machtvolle „Credo in unum Deum", eine Fuge, die den gregorianischen Gesang des Priesters in der katholischen Kirche aufnimmt und zu einem der spektakulärsten polyphonen Gebilde aller Zeiten entwickelt, ein Werk von fast körperlicher Robustheit, voll glühender Leidenschaft für sein Thema – „Ich glaube" (Gaines 2008, S. 295).

Aus psychologischer Sicht und im thematischen Kontext der Grenzgänge Johann Sebastian Bachs ist die Tatsache von besonderem Interesse, dass es dem Komponisten trotz großer körperlicher Belastungen – zu denen der allmähliche Verlust des Augenlichts ebenso zu rechnen ist wie die abnehmende Fähigkeit zu schreiben – gelungen ist, eine derartige Kreativität zu zeigen. Der von James Gaines gebrauchte Begriff der „fast körperlichen Robustheit" sensibilisiert noch einmal für die in den letzten Lebensjahren, vor allem in den letzten Lebensmonaten immer deutlicher in Erscheinung tretenden Unterschiede zwischen den schwindenden körperlichen Kräften einerseits, den sich erhaltenden seelisch-geistigen Kräften andererseits.

Johann Sebastian Bach kann uns somit einen bedeutsamen Fingerzeig im Hinblick auf die potenziellen schöpferischen Kräfte des Menschen am Lebensende geben. Auch wenn nicht übersehen werden darf, dass wir es hier mit einem Menschen zu tun haben, der im gesamten Lebenslauf eine eindrucksvolle musikalische Begabung und darüber hinaus eine hohe „Glaubensbegabung" gezeigt hat, relativiert dies doch nicht die Bedeutung dieser Gegenläufigkeit von körperlicher und seelisch-geistiger Entwicklung für das tiefere Verständnis der Lebenssituation eines Menschen in dessen letzten Lebensjahren und am Lebensende.

Die Kreativitätsforschung thematisiert ausdrücklich auch die „Lebenskunst", sie beschränkt sich nicht allein auf die Erzeugung und Vervollkommnung materieller und ideeller Werke (siehe dazu die Beiträge in Kruse 2011). Im Hinblick auf die Lebenskunst interessiert dabei auch der Umgang des Menschen mit den Grenzsituationen des Lebens, zu denen die Erfahrung zunehmender Verletzlichkeit und die bewusste Wahrnehmung des eigenen Lebensendes zu zählen sind (Vaillant 1993).

Im Hinblick auf die Kreativität des Menschen in der Auseinandersetzung mit seinem deutlich gefühlten Lebensende betont der Heidelberger Psychoonkologe Rolf Verres die Prozesse der Transzendenz und Transformation, das heißt, der Integration des eigenen Lebens in eine umfassendere (vor allem: kosmische) Ordnung sowie der weiteren Differenzierung des eigenen Selbst, die in eine innere Bereitschaft mündet, sich bewusst auf das eigene Lebensende einzustellen und es als einen natürlichen Abschluss der (irdischen) Existenz zu begreifen (Verres 2011).

Unter Einführung einer derartigen Analyseperspektive in die Kreativitätsforschung – „Inwieweit werden auch in der Lebensführung Kreativitätspotenziale sichtbar?" – gewinnt die Gegenläufigkeit der körperlichen und der seelisch-geistigen Entwicklung in den letzten Lebensjahren, vor allem in den letzten Lebensmonaten noch einmal besondere Bedeutung. Spricht sie dafür, dass Menschen auch im Falle substanzieller körperlicher Schwächung und Belastung kreativ sein können, dass schöpferische Kräfte des Menschen selbst im Falle hoher und höchster Verletzlichkeit gegeben sein können?

Im Fall von Johann Sebastian Bach würde sich hier also die Frage stellen, ob in der zweifellos gegebenen kompositorischen Kreativität auch die Lebenskunst dieses Menschen zum Ausdruck kommt. Lebenskunst meint hier, dass dieser Komponist trotz erfahrener Verletzlichkeit, trotz bewusst wahrgenommener Endlichkeit seiner (irdischen) Existenz weiter mit der Vervollkommnung seines Werkes befasst war, wobei die Arbeit daran nicht durch die Verleugnung eigener Verletzlichkeit und Endlichkeit motiviert war, sondern – im Gegenteil – eben *zusätzliche* Motivation durch die Erfahrung eigener Verletzlichkeit und Endlichkeit erfuhr.

Das Schöpferische am Ende des Lebens als Ausdruck von Offenheit

Wie lässt sich diese Kreativität am Lebensende psychologisch deuten? Die bereits an mehreren Stellen dieses Kapitels akzentuierte Bezogenheit Johann Sebastian Bachs – auf Gott, auf seine Familie, seine Freunde und seine Schüler, schließlich auf sein Werk – wurde bereits als Grund genannt. Worin können weitere Gründe gesehen werden?

Zunächst darin, so lautet die Antwort, dass Johann Sebastian Bach Zeit seines Lebens offen blieb für neue Erfahrungen, Ideen und Herausforderungen. Das zeigt sein musikalisches Werk nur zu deutlich: In ihm kommt ein bemerkenswerter Überblick über die verschiedenen Seiten menschlichen Lebens, kommt ein bemerkenswertes Lebenswissen zum Ausdruck, eine Lebensfreude, die ansteckend wirkt, zugleich aber auch Ernst, Schmerz und Trauer, die tief berühren.

Für den gesamten Lebenslauf, für die gesamte Werkgeschichte Johann Sebastian Bachs gilt, dass seine Kompositionen häufig bestehende Kompositionsregeln und Kompositionsstile durchbrachen, somit nicht ein einfaches Abbild des Zeitgeistes darstellten, sondern vielmehr Ausdruck eines individuellen und innovativen Kompositionsstils bildeten, der auch Impulse für die Weiterentwicklung von Kompositionsregeln und Kompositionsstilen gab.

Dabei war Bach nicht selten mit der Erfahrung konfrontiert, dass seine Kompositionen nicht wirklich verstanden wurden; vielleicht ist das auch der Grund dafür, dass sein Name nach seinem Tod vorübergehend in Vergessenheit zu geraten drohte.

Diese Innovationsfähigkeit und Innovationsfreude im Komponieren spiegelten auch eine Lebenshaltung wider, die von Initiative, Offenheit und Mut zum Wagnis bestimmt war. Bereits in Kap. 2 wurden Beispiele für die Entdeckerfreude, die Autonomie und den Mut zum Wagnis angeführt, die schon in Kindheit und Jugend Bachs erkennbar waren. Zudem wurden Beispiele für die Lebensfreude genannt, die er im frühen Erwachsenenalter – vor dem Tod seiner ersten Ehefrau – verspürte und ausstrahlte. Aber auch nach diesem Verlust, den er in seinen Kompositionen zum Ausdruck brachte und zu verarbeiten versuchte, fasste er neuen Mut, entwickelte und verwirklichte neue Lebensperspektiven, engagierte sich sowohl für seine Familie als auch für seine Schüler, trat neue, anspruchsvolle Ämter an und setzte in eindrucksvoller Weise seine musikalische Arbeit fort.

Der Besuch bei Friedrich dem Großen im Jahr 1747 ist auch als symbolische Anerkennung seines Werkes zu deuten, das nicht nur musikalisches, sondern auch Lebenswerk war. Dabei kann davon ausgegangen werden, dass Bach spätestens mit dem Tod seiner ersten Frau, der Maria Barbara Bach, die zwei grundlegenden Ordnungen in unserem Leben – die Ordnung des Lebens und die Ordnung des Todes – zu integrieren verstand. Hierdurch gelang es ihm, im Bewusstsein der Fragilität und der Endlichkeit der Existenz die eigenen Fähigkeiten wie auch die aus ihnen erwachsenden Lebensperspektiven zu verwirklichen (Abb. 3.2).

Der Psychologe Hans Thomae, einer der Begründer der Altersforschung, hebt hervor, dass die im Lebenslauf entwickelte Offenheit für neue Möglichkeiten und Anforderungen einer Situation grundlegend für die Entwicklungs-

Abb. 3.2   Johann Sebastian Bach (am Cembalo) bei König Friedrich dem Großen, 1747. Gemälde von Carl Röhling. (© dpa-Picture-Alliance)

fähigkeit im Alter und dabei auch für die gelingende Auseinandersetzung mit den Grenzsituationen des Lebens ist. Thomae charakterisiert diesen Zusammenhang in seiner Schrift *Persönlichkeit – eine dynamische Interpretation* (Thomae 1966) wie folgt:

> So könnte man etwa als Maßstab der Reife die Art nehmen, wie der Tod integriert oder desintegriert wird, wie das Dasein im ganzen eingeschätzt und empfunden wird, als gerundetes oder unerfüllt und Fragment gebliebenes, wie Versagungen, Fehlschläge und Enttäuschungen, die sich auf einmal als endgültige abzeichnen, abgefangen oder ertragen werden, wie Lebenslügen, Hoffnungen, Ideale, Vorlieben, Gewohnheiten konserviert oder revidiert werden. Güte, Gefasstheit, Abgeklärtheit sind Endpunkte einer Entwicklung zur Reife hin, Verhärtung, Protest, ständig um sich greifende Abwertung solche eines anderen Verlaufs. (...) Güte, Abgeklärtheit und Gefasstheit sind nämlich nicht einfach Gesinnungen oder Haltungen, die man diesen oder jenen

Anlagen oder Umweltbedingungen zufolge erhält. Sie sind auch Anzeichen für das Maß, in dem eine Existenz geöffnet blieb, für das Maß also, in dem sie nicht zu Zielen, Absichten, Spuren von Erfolgen oder Misserfolgen gerann, sondern so plastisch und beeindruckbar blieb, dass sie selbst in der Bedrängnis und noch in der äußersten Düsternis des Daseins den Anreiz zu neuer Entwicklung empfindet (Thomae 1966, S. 145).

In dieser Aussage wird die Offenheit des Menschen („geöffnet blieb") hervorgehoben, die sich vor allem in der Fähigkeit und Bereitschaft des Menschen widerspiegelt, neue Entwicklungsmöglichkeiten zu erkennen und zu verwirklichen („Anreiz zu neuer Entwicklung empfindet"), und dies selbst in Grenzsituationen des Lebens („selbst in der Bedrängnis und noch in der äußersten Düsternis des Daseins"). Entscheidend für die seelisch-geistige Entwicklung im Alter ist das Maß, „in dem eine Existenz geöffnet" sowie „plastisch und beeindruckbar" bleibt. Die Offenheit des Menschen, seine Plastizität und Beeindruckbarkeit werden dabei auch als Resultate des Wissens um die Begrenztheit des Lebens, um die abschiedliche Existenz gedeutet.

Wie im zweiten Kapitel dieses Buches aufgezeigt wurde, hat Johann Sebastian Bach in der äußersten Düsternis des Daseins – nämlich nach dem Tod seiner ersten Ehefrau, Maria Barbara Bach – eindrucksvolle Entwicklungspotenziale gezeigt, als er nämlich diesen Verlust musikalisch und spirituell zu verarbeiten versuchte (hier sei noch einmal die *Chaconne* genannt, die als Epitaph gedeutet werden darf) und in diesem Prozess der Verarbeitung erneut und diesmal vielleicht in besonderer Weise erkannte, welches Gewicht jene musikalische, jene spirituelle Ordnung in seinem Leben angenommen hatte. In sie hatte er seit Jahren ein hohes Maß an seelisch-geistiger Energie investiert.

Die hier angesprochene Offenheit für neue Entwicklungsmöglichkeiten, verbunden mit der schon relativ früh ausgebildeten Fähigkeit, die Ordnung des Lebens und die Ordnung des Todes zu integrieren (*Media in vita in morte sumus, kehrs umb!, media in morte in vita sumus*"), ist ein wichtiger Grund für Bachs Kreativität in der Grenzsituation hoher Verletzlichkeit und in der Grenzsituation des nahenden Todes. Es wurde an mehreren Stellen des Buches aufgezeigt, wie intensiv sich Johann Sebastian Bach in vielen seiner Werke mit der Todesthematik auseinandergesetzt hat, wie sehr er die Endlichkeit des Lebens reflektiert und sie in seiner Musik, in seinem Glauben „durchbrochen" hat.

Gott stehet mir vor allen,
Die meine Seele liebt;
Dann soll mir auch gefallen,
Der mir sich herzlich gibt:

Mit diesen Bunds-Gesellen,
Verlach ich Pein und Not,
Geh auf den Grund der Höllen
Und breche durch den Tod.

Dieser dem Gedicht *Freundschaft* von Simon Dach (1605–1659) entnommene Vers führt den Gedanken des Durchbrechens des Todes auf, wobei hier die
Bezogenheit auf Gott („Gott stehet mir vor allen") und die Bezogenheit auf
andere Menschen („vor allen, die meine Seele liebt … der mir sich herzlich
gibt … mit diesen Bunds-Gesellen") als jener seelisch-geistige Beistand genannt werden („Bunds-Gesellen"), der bei der inneren Verarbeitung erlebter
Grenzen („verlach ich Pein und Not, geh auf den Grund der Höllen") und
schließlich der inneren Überwindung des Todes hilft („und breche durch den
Tod"). Hätte dieser Vers auch die Musik und deren Potenzial zur inneren
Überwindung von Grenzen zum Inhalt gehabt, so wäre mit diesem die Lebenseinstellung Johann Sebastian Bachs, vor allem dessen Haltung gegenüber
der Verletzlichkeit und Endlichkeit, in geradezu idealer Weise charakterisiert
worden.

Das Schöpferische am Ende des Lebens als Ausdruck von Ich-Integrität

Die Kreativität am Lebensende Johann Sebastian Bachs lässt sich auch im
Kontext der Ich-Integrität betrachten, die Erik Homburger Erikson, einer der
führenden Entwicklungspsychologen und Psychoanalytiker des vergangenen
Jahrhunderts, als die zentrale Thematik des hohen Lebensalters beschrieben
hat (ausführlich dazu Erikson 1988). Bevor diese Thematik beschrieben und
auf Johann Sebastian Bach angewendet wird, wird, sollen zunächst James Gaines und Christoph Wolff mit Charakterisierungen der *h-Moll-Messe* zu Wort
kommen, die als Interpretation der Ich-Integrität aus musikwissenschaftlicher
Sicht aufgefasst werden können.

Bei James Gaines (2008) ist zu lesen:

Bachs letztes großes Werk, das er in den letzten beiden Jahren seines Lebens
vollendete, war die h-Moll-Messe, die in seiner Familie immer nur die „große
katholische Messe" genannt wurde. Bach wusste, dass sie sein musikalisches
Testament sein würde, und zog aus allen Winkeln seines Lebenswerkes das
Material für sie heran. Schon seit einem Jahrzehnt machte er es so, griff auf seine Anfänge zurück – auf die gemeinsame Arbeit mit seinem Vetter in Weimar,
auf seine musikalische Wortmalerei über Texte von Luther, auf die Anfänge
der abendländischen Musik selbst, als gelte es, alles, was er je geschrieben

hatte, und die gesamte Musikgeschichte zu einem allumfassenden, vollkommenen Werk zu fügen (Gaines 2008, S. 294).

Und in der von Christoph Wolff (2009b) verfassten Monographie zur *h-Moll-Messe* ist zu lesen:

> Das Phänomen der h-Moll-Messe lässt sich kaum erklären ohne Blick auf den reflektierenden Musiker Bach, der seinen Stoff intellektuell durchdringt und ihn musikalisch zum Klingen und Sprechen bringt. Dass er sich der geschichtsträchtigen Gattung der Messe zuwendet, kommt nicht von ungefähr. Es ist das Bewusstsein eigener Geschichtlichkeit, ein für Bach bezeichnendes Charakteristikum. 1735, um die Zeit seines fünfzigsten Geburtstages, legte er eine Familien-Genealogie an, in der er sich in den Generationenverband der Musikerfamilie Bach einordnet, der schon im 17. Jh. namhafte Komponisten hervorgebracht hatte. In diese Tradition sah Bach nunmehr seine eigenen Söhne hineinwachsen. Er selbst hatte das Erbe der Väter gepflegt, Motetten insbesondere Johann Christoph und Johann Michael Bachs regelmäßig aufgeführt, ja eine Sammlung angelegt, die dann als „Alt-Bachisches Archiv" überliefert wurde. Die unmittelbare Beziehung zur Geschichte, der vergangenen wie der zukünftigen, war im Mikrokosmos der eigenen Familie erlebbar geworden. So präsentiert sich Bachs h-Moll-Messe, auch ohne dass es ihre primäre Zweckbestimmung gewesen wäre, als ein musikalisches Vermächtnis und trifft darin zusammen mit der 1748/49 in Druck gegebenen Kunst der Fuge. Die große Messe führt freilich mit ihrer Durchdringung von theologischer Gedankenwelt und musikalischer Materie eine zusätzliche, der Instrumentalmusik fehlende Dimension ein. Darüber hinaus bietet sie wie kein anderes Werk ein Abbild der „Wissenschaft" von der Vokalkunst in ihrer vollen Breite, ein Abbild der Einheit in der Vielfalt musikalischer Techniken, Stile, Klangfarben, Formen, Ausdrucksweisen und Wort-Ton-Beziehungen – gleichsam Bachs eigenes musikalisches Credo (Wolff 2009b, S. 127).

Gaines (2008) Aussage, wonach Bach gewusst habe, dass die *h-Moll-Messe* „sein musikalisches Testament sein würde", und wonach er „aus allen Winkeln seines Lebenswerkes das Material für sie herangeholt" und „auf seine Anfänge zurückgeblickt" habe, lässt diese Messe auch – allerdings nicht nur – als einen Lebensrückblick, als einen Rückblick auf das in der Biografie geschaffene Werk erscheinen. Dabei wissen wir – dies wurde ja schon betont –, dass die aus früheren Werkphasen stammenden Vorlagen nicht einfach übernommen, sondern vielfach systematisch überarbeitet und verbessert wurden.

Das erinnert insofern an die in der Theorie Erik Homburger Eriksons (1988) für das hohe Alter postulierte Entwicklungsaufgabe der Ich-Integrität, in deren Beschreibung der (bejahende, positive) Lebensrückblick besonders

hervorgehoben wird. Dabei bedeutet der Lebensrückblick psychologisch gesehen eine Integration der einzelnen Ereignisse, Erlebnisse und Erfahrungen
in eine „Gesamtfigur", als die das Leben nun erscheint. Zugleich geht er mit
einer Neubewertung einzelner biografischer Stationen einher: Denn gerade
das Bemühen, im Lebensrückblick eine derartige Gesamtgestalt zu entdecken,
verleiht einzelnen biografischen Stationen (Ereignissen, Erlebnissen, Erfahrungen) noch einmal eine andere Bedeutung und ein anderes Gewicht. Sowohl die Verbindung dieser Stationen als auch die damit zusammenhängende
Neudefinition kann durchaus als eine schöpferische Leistung, als Ausdruck
von Kreativität verstanden werden.

Auch Christoph Wolffs Zitat setzt bei der Biografie, also bei den persönlich
bedeutsamen Stationen des Lebenslaufes an, wenn vom „Bewusstsein eigener
Geschichtlichkeit" gesprochen wird.

Hierzu sei angemerkt: Die psychologische Theorie versteht unter „Biografie" den Lebenslauf in seinen persönlich bedeutsamen Aspekten. Der Lebenslauf lässt sich einerseits von einer Außenperspektive aus betrachten, die
diesen als eine Folge von objektiv beschreibbaren Ereignissen versteht, die in
einen spezifischen historischen, kulturellen und sozialen Kontext eingebettet sind. Der Lebenslauf lässt sich andererseits von einer Innen- oder Subjektperspektive aus betrachten, die einzelnen Ereignissen, Erlebnissen und
Erfahrungen wie auch einzelnen historischen, sozialen und kulturellen Kon-
textaspekten spezifische (subjektive) Bedeutung beimisst. Die psychologische
Theorie spricht von „Biografie", wenn die Innen- oder Subjektperspektive im
Zentrum steht (siehe ausführlich dazu Kruse 2005a).

Wenn Wolff nun von „Geschichtlichkeit" schreibt, spricht er damit genauso die Innen- oder Subjektperspektive an wie James Gaines mit seinem
Sprachbild des „Heranholens des Materials aus allen Winkeln seines Lebens-
werks". Doch mit dem Begriff der „Geschichtlichkeit" ist in Wolffs Deutung
noch mehr gemeint als der ordnende, wertende Rückblick auf den eigenen
Lebenslauf.

Bei genauem Studium des Zitats wird deutlich, dass in ihm zusätzlich
die Einordnung der eigenen Biografie in die familiäre Generationenfolge angesprochen ist. Dabei wird der Rückblick auf die vorangegangenen Generationen mit dem vorausschauenden Blick auf die Zukunft nachfolgender
Generationen verbunden. In diesem thematischen Kontext steht auch der
Begriff des „musikalischen Vermächtnisses", den Wolff in seinem Text verwendet.

Dabei sei betont, dass Erik Homburger Erikson an mehreren Stellen seines
Werkes hervorhebt, dass die Ich-Integrität auch die Generationenperspektive mit einschließt: Das Gefühl der Ich-Integrität wird dadurch signifikant
gefördert, dass die subjektive Überzeugung besteht, im eigenen Leben das

aufgegriffen und weitergeführt zu haben, was die vorangegangenen Generationen geschaffen haben, und damit zugleich zur materiellen und ideellen Lebensgrundlage nachfolgender Generationen beigetragen zu haben. Mit anderen Worten: Es bestehen enge Verbindungen zwischen dem Begriff der Geschichtlichkeit, wie dieser von einem Musikwissenschaftler und wie dieser von einem Entwicklungspsychologen und Psychoanalytiker gebraucht wird.

Es sei hier ergänzend darauf hingewiesen, dass diese Deutung der Generationenperspektive – jede Generation bildet ein Glied in der Generationenkette, das die kulturellen Leistungen früherer Generationen aufnimmt, reflektiert, modifiziert und weiterführt – enge Verbindungen zu dem grundlegenden, auch heute noch aktuellen Beitrag des Philosophen und Soziologen Karl Mannheim (1928/1964) zum Generationenbegriff aufweist.

Aber was genau ist unter *Ich-Integrität* zu verstehen?

Erik Homburger Erikson (1988; siehe auch Erikson, Erikson und Kivnick 1986) beschreibt als zentrale Merkmale der Ich-Integrität die Akzeptanz von gelebtem und ungelebtem Leben, sowohl das Annehmen der Endgültigkeit persönlicher Entscheidungen und Entwicklungen als auch der eigenen Endlichkeit, schließlich Empfindungen von Zugehörigkeit und Kontinuität. Dabei beschreibt Kontinuität zum einen den inneren Zusammenhang zwischen einzelnen Ereignissen, Erlebnissen und Erfahrungen im Lebenslauf, zum anderen die Verbindung der eigenen Biografie mit vorangegangenen und nachfolgenden Generationen.

Die Herstellung von Ich-Integrität (die auch mit Selbst-Zweifeln, mit Trauer über nicht verwirklichte Seiten des Lebens einhergehen kann) spiegelt sich im Alter in dem Bemühen wider, das eigene Leben zu ordnen. Aus diesem Grund ist der Lebensrückblick – zu dem auch die Rückschau auf die eigene Werkgeschichte zu zählen ist – ein zentrales Lebensthema im Alter.

Mit „Lebensrückblick" ist hier aber nicht die Haltung eines *laudator temporis acti* gemeint, also eines Menschen, der die Überzeugung vertritt, „früher" sei alles besser gewesen als „heute". Vielmehr ist der Lebensrückblick – wie auch der Rückblick auf das eigene Werk – immer als ein *dynamischer* zu verstehen, in dem auch (kritisch) reflektiert wird, inwiefern einzelne Entwicklungen hätten anders gestaltet, vermieden oder noch stärker betont werden können, und in dem auch die Frage gestellt wird, inwieweit man sich möglicherweise schuldig gemacht hat und welche Möglichkeiten sich ergeben, die Folgen dieser Schuld zu lindern. Ich-Integrität ist diesem Verständnis nach eine wirkliche *psychologische Leistung*, nicht etwas, was dem älteren Menschen einfach „zufällt".

Hier gewinnt nun ein weiterer Aspekt Gewicht, der von Erik H. Erikson wie auch von seiner Ehefrau, Joan Erikson, am Ende ihres eigenen Lebens besonders betont wurde: psychisches Wachstum im Angesicht der (auch subjektiv erlebten) Verletzlichkeit des eigenen Lebens, wie sie vor allem im Fall eigener Gebrechlichkeit und körperlicher und kognitiver Verluste offenbar und erfahrbar wird. Die Gebrechlichkeit stellt den Menschen seelisch-geistig vor die Herausforderung, einzelne Entwicklungsaufgaben, die sich in frühen Lebensjahren gestellt haben, nun noch einmal unter veränderten Vorzeichen zu lösen (siehe ausführlich dazu Erikson 1998).

Zu nennen ist hier zum Beispiel die Aufgabe, Vertrauen in andere Menschen zu setzen: Die Ausbildung grundlegenden Vertrauens in andere Menschen stellt die zentrale Aufgabe am Lebensanfang dar. Diese Vertrauensbildung wird dann zu einer sich erneut stellenden seelisch-geistigen Aufgabe, wenn das Individuum in seiner Leistungsfähigkeit und Selbstständigkeit in einem Maße eingeschränkt ist, dass die Lebensführung nur noch mit umfassender Hilfe durch andere Menschen möglich ist. Kann ich diesen vertrauen? Sind sie mir wohlgesinnt? Kann ich mich auf sie uneingeschränkt verlassen?

Als weitere Aufgabe ist die Autonomie zu nennen, die im Kindesalter zu einem bedeutenden Thema wird, sich aber dann erneut stellt, wenn das Individuum aufgrund stark ausgeprägter körperlicher oder geistiger Einbußen befürchten muss, in seiner Autonomie nicht mehr ausreichend geachtet zu sein. In einem Beitrag zu den grundlegenden Kategorien eines „guten Lebens" im Alter (mit dem Begriff des „guten Lebens" ist dabei eine grundlegende philosophisch-ethische Perspektive angesprochen) hat der Verfasser neben den Kategorien der Selbstständigkeit, der Selbstverantwortung und der Mitverantwortung jene der *bewusst angenommenen Abhängigkeit* eingeführt. Mit dieser Kategorie soll ausgedrückt werden, dass der Mensch im Fall unabweisbarer Einbußen seiner Leistungsfähigkeit lernen muss, Hilfe durch andere Menschen und Institutionen aktiv zu suchen und schließlich bewusst anzunehmen – eine psychologische Leistung, die eine bedeutende Grundlage für das Wachstum in Grenzsituationen des Lebens bildet (Kruse 2010).

Erik Homburger und Joan Erikson gehen nun von der These aus, dass die erneut zu leistende Auseinandersetzung mit Entwicklungsaufgaben, die bereits in früheren Phasen des Lebenslaufs bewältigt wurden, wie überhaupt auch die innere Verarbeitung der Gebrechlichkeit eine Konzentration auf die eigene Person sowie auch auf wenige Bezugspersonen erfordert. Denn nur unter der Bedingung dieser vermehrten Konzentration – auf sich selbst, auf einige wenige Personen, die einem besonders nahestehen – kann sich das Individuum in der bestehenden Grenzsituation neu orientieren, die eigenen seelisch-geistigen Kräfte differenziert wahrnehmen und nutzen. Und auch die Integration des eigenen Lebens in umfassendere Kontexte und Sinnzusammenhänge, die von Erik Homburger und Joan Erikson ebenfalls als eine bedeutsame Aufgabe *nach* Herstellung von Ich-Integrität verstanden wird,

wird durch diese innere Sammlung, durch die Konzentration auf sich selbst und auf wenige Menschen im Familien- und Freundeskreis gefördert.

Kehren wir zu Johann Sebastian Bach zurück.

Aus seinen Werken in den letzten Lebensjahren spricht äußerste Konzentration und äußerste Sammlung – dies zeigt sich in der *h-Moll-Messe* genauso wie in der *Kunst der Fuge*. Aber auch der Personenkreis, mit dem Johann Sebastian Bach regelmäßig zusammenkam, reduzierte sich zum Lebensende hin deutlich. Zugleich tritt das Motiv *Credo in unum Deum* deutlich in den Vordergrund: Der Beginn des *Symbolum Nicenum* bildet – wie bereits dargelegt – nach Meinung vieler Musikwissenschaftler und Musiker den Höhepunkt der gesamten *h-Moll-Messe*. Dessen „Robustheit" (siehe dazu noch einmal den von James Gaines gewählten Begriff) steht in einem bemerkenswerten Kontrast zur körperlichen Verletzlichkeit, zur Fragilität des Komponisten am Ende seines Lebens. Man kann davon ausgehen, dass es Bach tatsächlich gelungen ist, auch in der Phase größter Verletzlichkeit anderen Menschen, vor allem aber Gott zu vertrauen und die eigene Autonomie – trotz deutlicher körperlicher Grenzen – zu bewahren. Und schließlich spricht die *Messe in h-Moll* dafür, dass Bach seinen Glauben – *Credo in unum deum* – noch einmal ausdrücklich „erneuern" und „bestätigen" wollte.

Damit nun lässt sich sowohl eine zentrale Aussage der gerontologischen als auch der palliativ-medizinischen und palliativ-pflegerischen Forschung belegen: nämlich die Aussage der Multidimensionalität und Multidirektionalität von Entwicklung.

Mit diesen Begriffen ist gemeint, dass der Entwicklungsprozess in den verschiedenen Dimensionen der Person unterschiedlichen Gesetzen folgt und sich aus diesem Grund sehr verschiedenartig darstellt. Deswegen ist vom Entwicklungsprozess in einer Dimension – zum Beispiel der körperlichen Dimension – nicht auf Entwicklungsprozesse in den anderen Dimensionen – zum Beispiel der seelischen oder der geistigen Dimension – zu schließen (was leider nur zu häufig geschieht). Gerade im hohen Lebensalter treten in der körperlichen Dimension die Grenzen der Leistungskapazität, der Kompensationsfähigkeit und der Restitution nach eingetretenen Erkrankungen deutlich hervor. Doch zugleich können Menschen bis in das hohe Lebensalter differenzierte Wissenssysteme und effektive Denk-, Lern- und Gedächtnisstrategien zeigen, die sie in die Lage versetzen, sich geistig weiterzuentwickeln. Zudem zeigen sie vielfach ein hohes Maß an Widerstandsfähigkeit, kreativer Anpassungsfähigkeit und emotionaler Differenzierung.

Großen Einfluss auf die Richtung, die die Entwicklung in den verschiedenen Dimensionen der Person nimmt (Multidirektionalität und Multidimensionalität), besitzen körperliche und seelisch-geistige Ressourcen, die das Individuum im Lebenslauf ausgebildet hat, soziokulturelle und materielle Rah-

menbedingungen, unter denen sich Entwicklungsprozesse im Lebenslauf vollzogen haben beziehungsweise vollziehen, und schließlich der Anregungsge-
halt, der von der Umwelt des Menschen in den verschiedenen Lebensaltern ausgegangen ist beziehungsweise noch ausgeht, wobei hier neben der
physikalisch-räumlichen Umwelt sowohl die soziale und die kulturelle als
auch die institutionelle Umwelt zu berücksichtigen sind.

Bei einer genaueren Betrachtung von Johann Sebastian Bachs Lebenslauf,
der Gegenstand des zweiten Kapitels war, wird zum einen deutlich, dass dieser
Komponist schon in einem frühen Lebensalter beträchtliche emotionale, mo-
tivationale, kognitive und sozial-kommunikative Ressourcen erkennen ließ,
die er systematisch weiterentwickelte und angesichts der Schicksalsschläge,
die er schon früh erfuhr, weiterentwickeln musste.

Zum anderen zeigt sich, dass er nach dem frühen Verlust seiner Eltern auf
die Unterstützung und Förderung durch Familienmitglieder bauen konnte –
hier vor allem auf die Unterstützung und Förderung durch seinen Bruder Johann Christoph, der ihn über mehrere Jahre bei sich in Ohrdruf aufnahm
und in der Musik ausbildete. Umgekehrt hat sich Johann Sebastian Bach, als
er einflussreicher Kirchenmusiker war, sehr für das berufliche Fortkommen
seiner eigenen Familie wie auch seiner Schüler eingesetzt – dieses hohe Engagement war bis zu seinem Lebensende erkennbar. So nahm er, als nach dem
Tod seines Bruders dessen Kinder auf Unterstützung und Hilfe angewiesen
waren, seinen Neffen Johann Heinrich für vier Jahre bei sich in Leipzig auf.
Besonderes Gewicht besaß im Leben dieses Komponisten die Eigeninitiative, die sich schon früh in höchst bemerkenswerter Weise zeigte, als nämlich
der 15-jährige Johann Sebastian Bach gemeinsam mit einem Schulkameraden
von Ohrdruf (Thüringen) nach Lüneburg aufbrach, um dort seine Schulausbildung in der Partikularschule des Michaelisklosters fortsetzen zu können.
Anders als seine Geschwister – die zugunsten der Musikerlehre die höhere
Schulbildung aufgegeben hatten – hatte sich Johann Sebastian bewusst für
diese entschieden, weil sie zum Studium an einer Universität qualifizierte.
Die Umsetzung dieser Entscheidung erforderte den Mut, schon im frühen
Alter der Heimat den Rücken zu kehren und „zu neuen Orten aufzubrechen"
(sowohl physisch als auch seelisch-geistig gemeint), um die eigenen Talente
verwirklichen zu können.

Neben dieser Eigeninitiative als bedeutsamer Form der Selbstgestaltung sei
noch einmal auf die Widerstandsfähigkeit (Resilienz) hingewiesen, die Johann Sebastian Bach bereits in frühen Jahren unter Beweis stellte und die sich
in seinem gesamten Lebenslauf als ein zentrales Merkmal seiner Persönlichkeit
erweisen sollte. Und schließlich sei seine hohe geistige Bildung hervorgehoben, die sich nicht nur in seiner außerordentlichen Musikalität, sondern auch
in seinen profunden Kenntnissen auf zahlreichen geistigen Gebieten zeigte,

vor allem auf jenen der Theologie, Philosophie und Mathematik. Später in diesem Kapitel wird zu zeigen sein, wie sehr diese Qualifikationen die Entstehung der *Kunst der Fuge* mitgeprägt haben.

Diese seelisch-geistige Entwicklung lässt uns verstehen, warum die seelische und die geistige Dimension der Person Johann Sebastian Bachs bis zum Lebensende solche Entwicklungspotenziale erkennen ließen. Die hohe religiöse Bindung schließlich bildete eine bedeutende, wenn nicht sogar eine zentrale Komponente der Motivstruktur, die die Verwirklichung dieser Potenziale bis zum Lebensende förderte.

Das Schöpferische am Ende des Lebens als Ausdruck erlebter Transzendenz

Diese religiöse Bindung soll nun in das Zentrum der Betrachtung treten. Das geschieht unter dem Stichwort der Transzendenz, das heißt, des erlebten Eingebunden-Seins in eine über die individuelle Existenz hinausgehende Ordnung. Psychologische Theorien zur Entwicklung im Alter betonen die Bedeutung der Transzendenz für die positive Lebenseinstellung des Menschen gerade in Situationen hoher körperlicher und seelisch-geistiger Verletzlichkeit, wie an späterer Stelle dieses Abschnitts aufgezeigt werden soll.

Zunächst sei aber noch einmal auf das *Credo* eingegangen, nun aber nicht mehr auf den Eingangssatz – *Credo in unum deum* –, nicht mehr auf den zweiten Satz – *Patrem omnipotentem* –, sondern vielmehr auf das *Confiteor*. Der Text dieses Satzes lautet: „*Confiteor unum baptisma in remissionem peccatorum et expecto resurrectionem mortuorum et vitam venturi saeculi. Amen.*" In deutscher Übersetzung: „Ich bekenne die einige Taufe zur Vergebung der Sünden und warte auf die Auferstehung der Toten und ein Leben der zukünftigen Welt. Amen."

Erinnern wir uns: Johann Sebastian Bach überschrieb das *Credo* (Faszikel 2 der Originalpartitur) mit *Symbolum Nicenum*. Das lateinische Wort symbolum (= Sinnbild, Zeichen), das sich aus dem Altgriechischen (συμβάλ-λειν = zusammenfügen, σύμβολον = das Zusammengefügte) ableiten lässt, ist theologisch auch im Sinne von confessio (= Bekenntnis) zu deuten. Mit Bekenntnis ist dabei das Taufbekenntnis gemeint, das in der Alten Kirche abzulegen war. Mit Nicenum wird auf jene Bekenntnisform Bezug genommen, die auf dem Konzil von Nicäa (325 n. Chr.) und von Konstantinopel (382 n. Chr.) entwickelt worden war (Symbolum Nicaenum et Constantinopolitanum).

Im *Confiteor* wird die liturgische Credo-Intonation des ersten und zweiten Satzes wieder aufgegriffen und fortgesetzt: Der Satz beginnt zwar mit einer fünfstimmigen Doppelfuge, doch mündet diese schließlich in ein dem

Gregorianischen Choral entlehntes liturgisches Motiv. Nachdem diese Gregorianische Choralmelodie als Kanon durch die verschiedenen Stimmen geführt wurde, erklingt sie ab Takt 92, mit Einsatz der Tenorstimme, in vergrößerten Notenwerten (Augmentation): Durch die helle Tenorstimme, aber auch durch die vergrößerten Notenwerte wird die Bekenntnisaussage *Confiteor* nun in „sieghafter Breite", wie es Albert Schweitzer (1979, S. 650) einmal formulierte, präsentiert.

Hier bringt Johann Sebastian Bach zum einen den grundlegenden (inneren) Zusammenhang zwischen Taufe und Sündenvergebung zum Ausdruck (der theologische Aspekt), zum anderen seinen persönlichen Glauben, der ihm in seiner ganzen Biografie Halt und Orientierung bedeutet hatte und der ihm auch in der aktuellen Situation – in der die eigene Verletzlichkeit und Endlichkeit mehr und mehr erfahrbar wurde – als entscheidender seelisch-geistiger Bezugsrahmen diente (psychologischer Aspekt). Wir finden also im *Confiteor* ein ähnliches psychologisches Motiv, ein ähnliches kompositorisches Stilmittel wie im *Credo*-Satz.

Und doch geht der *Confiteor*-Satz noch einmal deutlich über den *Credo*-Satz hinaus. Inwiefern?

Auf das Bekenntnis „*Confiteor unum baptisma in remissionem peccatorum*" folgen nun zwei grundverschiedene Vertonungen des *et expecto*. Zur ersten Vertonung: Mit dem letzten *peccatorum* wird das Satztempo deutlich verringert (Adagio). Es setzt nun ein langsamer, expressiver, harmonisch reichhaltiger, kompositorisch hochkomplexer Teil (mit zahlreichen chromatischen und enharmonischen Elementen) ein: *et expecto resurrectionem mortuorum et vitam venturi saeculi* – ich erwarte die Auferstehung der Toten und das Leben der zukünftigen Welt. Welche Art des Erwartens findet hier ihren Ausdruck?

Es ist das demütige Erwarten, es ist ein Erwarten, in dem sich die eigene Verletzlichkeit und Endlichkeit ausdrückt, verbunden mit der Hoffnung, diese möge überwunden werden. Dies ist die erste musikalische Vertonung des *Et expecto*. Hierauf folgt eine zweite Vertonung, die gegensätzlicher nicht sein könnte: Hier wird in raschem Tempo (Vivace ed Allegro), in einer freudigen Tonart (D-Dur) das Hoffnungsmotiv in ganz anderer Weise ausgedrückt: Nun dominiert nicht mehr das demütige Erwarten der Erlösung, nun dominiert nicht mehr nur die Hoffnung, sondern vielmehr die sichere Erwartung, dass das Erlösungsversprechen Wirklichkeit werden wird. Die Orchesterstimmen sind an vielen Stellen von aufsteigenden Dreiklängen bestimmt, womit das Motiv der Auferstehung, der Erlösung noch einmal verstärkt wird, wie auch durch das in den verschiedenen Stimmen freudig ausgerufene *expecto*, das nun die sichere Erwartung im Sinne der Erlösungszusage meint.

Was bedeutet das für unsere Interpretation? Das „trotz", das in der Erfahrung von Verletzlichkeit und Endlichkeit ausgesprochene Bekenntnis – *Credo*,

Confiteor – ist in einen umfassenden Zusammenhang eingebettet, der hier mit dem Begriff der Transzendenz umschrieben werden soll. Dieses Erleben von Transzendenz – im konkreten Fall Johann Sebastian Bachs: die Religiosität – wird hier in einer Art und Weise ausgedeutet, die uns hilft, über den spezifischen Inhalt des Transzendenzerlebens dessen psychologischen Gehalt besser zu verstehen, ohne dabei den spezifischen Inhalt in irgendeiner Form relativieren zu wollen. Im Vordergrund steht dabei zum einen das Bedürfnis, sich in einen umfassenderen, kosmischen Kontext eingebettet zu erleben (Gerotranszendenz), zum anderen aber das Erleben einer Krise, die innerlich überwunden wird und somit in der Gewissheit mündet, dass wir im Tod nicht zerstört, sondern verwandelt werden. Beide Aspekte, jener der Gerotranszendenz und jener der Krise, sollen nachfolgend betrachtet werden.

Beginnen wir mit Überlegungen zur Gerotranszendenz: Ähnlich wie Erik Homburger Erikson, von dem ja schon im Zusammenhang mit der Entwicklung von Ich-Integrität die Rede war, nimmt der schwedische Altersforscher Lars Tornstam in seiner Theorie der Gerotranszendenz (Tornstam 1989) an, dass die Entwicklung der Persönlichkeit als lebenslanger Prozess anzusehen ist, der im Alter seinen Höhepunkt erreicht beziehungsweise dann abgeschlossen wird.

Die Theorie der Gerotranszendenz geht allerdings in der Hinsicht über das von Erik Homburger Erikson vertretene Verständnis von Ich-Integrität hinaus, als dass sie Veränderungen auf drei Ebenen differenziert: einer kosmischen Ebene, einer Ebene des Selbst und einer Ebene sozialer Beziehungen.

Auf der kosmischen Ebene geht die Theorie von einem veränderten Weltverständnis aus, das sich in einer stärkeren Integration von Vergangenheit, Gegenwart und Zukunft, in einer als intensiver empfundenen Verbundenheit mit nachfolgenden Generationen, in verminderter Todesfurcht und in einer allgemein erhöhten Akzeptanz der mystischen Dimension des Lebens zeigt.

Auf der Ebene des Selbst werden der Theorie zufolge neue Aspekte der eigenen Person entdeckt, wobei auch die Integration von positiv und negativ bewerteten Aspekten, Errungenschaften und Versäumnissen besser gelingt. Zudem ist eine stärker akzentuierte altruistische Einstellung erkennbar, die ihrerseits verbunden ist mit der Überwindung eigener Körperlichkeit und der Wiederentdeckung persönlicher Wurzeln in Kindheit und Jugend.

Auf der Ebene sozialer Beziehungen gewinnt vor allem die zunehmende Selektivität an Bedeutung: Wie auch in der sozioemotionalen Selektivitätstheorie von Laura Carstensen und Frieder Lang (2007; siehe auch Lang 2004) beschrieben, werden im hohen Alter gerade emotional bedeutsame Beziehungen wichtiger, während oberflächliche Beziehungen eher in den Hintergrund treten. Weitere Veränderungen auf der sozialen Ebene betreffen das vertiefte Verständnis der Differenz zwischen Selbst und Rolle, einen modernen Asketismus, der durch eine bewusste Relativität materieller Werte gekennzeichnet ist, sowie reifere Urteile in Fragen des täglichen Lebens, wie sie in psychologischen Weisheitstheorien beschrieben werden.

Lars Tornstam postuliert in seiner Theorie der Gerotranszendenz, dass die Persönlichkeitsentwicklung im hohen Alter eine Perspektive einschließt, die sich auch in die über die eigene Existenz hinausgehende Zukunft erstreckt und dabei vermehrt andere Menschen in den Blick nimmt (Tornstam 1989). Im Prozess der Entwicklung von Gerotranszendenz werden Menschen weniger selbstbezogen und verbringen mehr Zeit in zurückgezogener Reflexion. Jenseits der Akzeptanz des Unabänderlichen verliert die Endlichkeit der eigenen Existenz ihren bedrohlichen Charakter, das Verständnis von Zeit, Raum und Objekten verändert sich grundlegend. Ein Rückzug aus sozialen Rollen und Bezügen ist dieser Theorie zufolge ein selbst gewählter und positiv konnotierter Prozess. Inwieweit die Entwicklung von Gerotranszendenz im Alter gelingt, ist dabei nicht zuletzt vom sozialen Umfeld abhängig. Gerotranszendenz kann nicht verwirklicht werden, wenn sich Bezugspersonen an negativen Altersbildern orientieren und dabei das Bemühen des alten Menschen um Sinnfindung als Selbstbezogenheit oder übertriebene Vergangenheitsorientierung deuten und zurückweisen.

Das im *Credo* und *Confiteor* zum Ausdruck kommende Motiv, das eigene Leben in eine umfassendere, göttliche Ordnung zu stellen und auf die eigene Verletzlichkeit mit der christlichen Glaubensaussage zu antworten – deren Kern die Überzeugung bildet, dass der Mensch von allem Leiden, von aller Schuld erlöst werde –, und zwar bestimmt und deutlich vernehmbar, lässt sich durchaus im Sinne einer seelisch-geistigen Überwindung der eigenen Endlichkeit deuten, der damit auch ihr bedrohlicher Charakter genommen wird. Die Tatsache jedoch, dass wir im *Confiteor* auf zwei verschiedenartige, fast gegensätzliche musikalische Ausdeutungen des Erwartens (Et expecto) stoßen, nämlich auf eine erste, in der sich das demütige Hoffen auf Erlösung von Leiden und Schuld ausdrückt, und eine zweite, in der die Freude auf die Erlösungszusage zum Ausdruck kommt, zeigt einen Glaubensprozess an, den wir durchaus auch als psychologischen Prozess der inneren Überwindung jener seelischen Krise interpretieren dürfen, die durch das Erleben eigener Endlichkeit hervorgerufen wird.

Gehen wir also nachfolgend auf die innere Überwindung der Krise ein, wobei zunächst der Frage nachgegangen werden soll, was unter einer seelischen Krise zu verstehen ist. Hier ist ein Blick in die Schrift *Der Gestaltkreis* wertvoll, die von dem Arzt Viktor von Weizsäcker, einem der Begründer der Psychosomatischen Medizin, verfasst wurde (v. Weizsäcker 1986). Den Ausgangspunkt der von Viktor von Weizsäcker vorgenommenen Charakterisierung bildet die

Analyse des Erlebens jener Kranken, die plötzlich von einer Erkrankung oder einer deutlichen Zunahme der Krankheitsschwere getroffen werden.

Diese Analyse führt uns unmittelbar zu dem Wesen der Krise, führt uns zugleich zu zwei möglichen Entwicklungen, die sich in der Folge der Krise einstellen können: Wir können sie überwinden, wir können aber auch in ihr scheitern. Im Hinblick auf die Krankheit heißt das: Diese selbst oder – im Prozess der chronisch-progredienten Erkrankung – eine akute Krankheitsepisode kann überwunden werden. Umgekehrt ist möglich, dass die Krankheit das Subjekt „überwindet", dass es im Krankheitsprozess seinen Halt verliert und die Erkrankung nun an Schwere, wenn nicht sogar an Lebensbedrohlichkeit zunimmt.

Gerade in der Palliativmedizin werden immer wieder Krankheitsverläufe berichtet, die in eine Krise münden, eine körperliche sowie eine seelisch-geistige, die nun keine Prognose mehr darüber zulässt, wie die Erkrankung oder die Krankheitsepisode schließlich verlaufen wird: Ob sie überwunden wird oder nicht.

Lassen wir nun Viktor von Weizsäcker (1986) selbst zu Wort kommen:

Ein besonders starker Druck, dem Subjektiven nachzuspüren, geht dann von den Fällen aus, in denen die objektive Methode der Physiologie versagt. Es ist angenehm, wenn wir eine Lähmung durch eine Unterbrechung der Nerven, eine Gewichtsabnahme durch eine Steigerung des Grundumsatzes kausal erklären können. Dann aber kommen Zustände und Ereignisse, in welchen der Lebensvorgang aus der so gewiesenen Bahn der Kausalketten auszubrechen scheint. Wir können als ein Beispiel die Phänomene erkennen, die wir mit dem Namen der Krise zusammenfassen wollen. Da ist es dann so, dass der Ablauf bestimmter Ordnungen mehr oder weniger plötzlich unterbrochen wird, indem ein ganz und gar stürmisches Geschehen sich einstellt; mit diesem, durch dieses kann es zur Entstehung eines neuen, andersartigen Bildes kommen, dessen wieder stabile Ordnung dann auch wieder die durchsichtigere, erklärbare Struktur besitzt, die eine neue Kausalanalyse gestattet. Es gelingt aber nicht, diesen neuen Zustand aus dem früheren einfach abzuleiten. Dazu wäre, so scheint es nach der zeitlichen Konsequenz, nötig, die Krise als Mitglied zwischen dem ersten und dem dritten Zustand exakt zu erklären, und dies eben gelingt nicht. Mängel und Lücken nun des Kausalerklärens gibt es auch sonst in Fülle. Aber hier handelt es sich doch um Lücken besonderer Art. Der Kranke selbst nämlich ist es, der davon den stärksten Eindruck empfängt. Mehr als sonst hat er das Gefühl der Überwältigung, des inneren Zerreißens, des unbegreiflichen Sprunges … Es sind dies Personen, die eine gesteigerte innere Wahrnehmung zu haben scheinen, welche sie befähigt, ganz über das Übliche hinaus den kritischen Prozess sowohl zu leben als auch wahrzunehmen. Sie wandeln sich nicht nur, sondern sie erfahren die Wandlung als solche (v. Weizsäcker 1986, S. 171).

Worin aber besteht die Krise?

> Sie besteht in einer Krise des Subjekts. Das Subjekt erfährt in ihr die Aufhebung seiner endlichen Gestalt als Aufgabe. Der Zwang, die Unstetigkeit der Kurve aufzuheben, enthält schon die Notwendigkeit, die Kurve selbst zu opfern. Dieser Vorgang macht verständlich, dass er mit Angst, Ohnmacht, Katastrophen der Bewegung, Bewegungssturm oder Bewegungslähmung usw. einhergehen kann. Diese Phänomene werden aus der Ich-Bedrohung der Krise unmittelbar selbstverständlich. Wir haben erkannt, dass das Wesentlichste der Krise nicht nur der Übergang von einer Ordnung zu einer anderen, sondern die Preisgabe der Kontinuität oder Identität des Subjektes ist. Das Subjekt ist es, welches in dem Riss oder Sprung vernichtet wird, wenn die Wandlung nicht erfolgt, nachdem einmal der Zwang, das „Unmögliche" zu vollziehen, aufgerichtet worden ist. Das Ich würde sozusagen nach dem Sprunge nicht landen (v. Weizsäcker 1986, S. 171).

Es ist durchaus denkbar, dass Johann Sebastian Bach durch die Krankheit, die Schmerzzustände und die funktionellen (motorischen, sensorischen) Einbußen, denen er in den beiden letzten Jahren seines Lebens ausgesetzt war, in eine Krise geriet, die in ihrer psychologischen Dimension durchaus Ähnlichkeiten mit jenem Verständnis von Krise gehabt haben könnte, das Viktor von Weizsäcker in seiner Schrift *Der Gestaltkreis* expliziert. Angesichts der Ausprägung der gesundheitlichen Belastungen ist es durchaus möglich, dass Bach in seinem Leben einen „Riss", einen „Sprung" wahrnahm, der ihn vor die Aufgabe stellte, sich zu „wandeln" – um hier den von Viktor von Weizsäcker verwendeten Begriff („Wandlung") zu gebrauchen.

Gerade im *Symbolum Nicenum* finden wir ein eindrucksvolles theologisch-musikalisches Beispiel für die Wandlung des Menschen in der Erfahrung dieses Risses, dieses Sprunges. Der Beginn des *Symbolum Nicenum* bringt bereits den Inhalt dieser Wandlung deutlich zum Ausdruck: Es ist die Betonung des Glaubens, die hervorsticht. Wandlung meint hier, zentrale Aspekte jener seelisch-geistigen Ordnung, die sich im Laufe der Biografie ausgebildet hat, noch einmal besonders zu betonen, diese Ordnung auf zentrale Aussagen, ja, auf eine einzige Aussage zu konzentrieren: Ich glaube. Im ersten Teil des Confiteor wird dieses Motiv noch einmal ausdrücklich bestätigt: Ich bekenne. Der Übergang vom ersten Teil des *Confiteor* zu dessen zweitem Teil – gemeint ist hier jene Passage, die in der Partitur mit Adagio überschrieben ist und in die die Altstimme ein letztes Mal das peccatorum singt – sensibilisiert den Hörer für jene Krise, in die unsere verletzliche, endliche Existenz notgedrungen einmal geraten wird und sensibilisiert für den Riss, für den Sprung, der in dieser Krise erlebt wird.

Das sich im *Adagio* fortsetzende, erste *Et expecto* bringt nicht nur diese Krise sehr anschaulich zum Ausdruck, sondern auch den Riss, den Sprung, der in ihr erfahrbar wird: Hier sprechen Glieder einer christlichen Gemeinde, die die Verletzlichkeit und Endlichkeit ihrer Existenz spüren und eben vor diesem Hintergrund in leiser, vorsichtiger, demütiger Form die Erwartung, die Hoffnung zum Ausdruck bringen, von diesem Leiden in der Welt erlöst zu werden: *resurrectionem mortuorum*, das heißt: Auferstehung der Toten. Dieses erste *Et expecto*, das 23 Takte umfasst, symbolisiert den Prozess der Wandlung. Es beschreibt einen inneren, religiös gemeinten, aber auch psychologisch bedeutsamen Entwicklungsprozess, an dessen Ende der Ausruf der freudigen Erwartung steht, dass die Toten auferstehen werden. In der Begrifflichkeit Viktor von Weizsäckers: Das Ich ist nach dem Sprung „gelandet".

Auch wenn die *h-Moll-Messe* in ihrer allgemeinen theologischen Aussage verstanden werden muss, auch wenn die Musik Bachs nicht als unmittelbare Übersetzung der persönlichen Lebenssituation in die Musik fehlgedeutet werden darf (es würde einen schweren Fehler bedeuten, von den Kompositionen aus der Feder dieses Komponisten unmittelbar auf dessen aktuelles seelisches Befinden schließen zu wollen), so werden doch in dieser Messe Interpretationen menschlicher Grundsituationen vorgenommen. Dabei sind diese Interpretationen sicherlich nicht unabhängig von der Art und Weise, wie Johann Sebastian Bach diese Grundsituationen selbst erlebt und verarbeitet hat.

Dass – um bei dem letztgenannten Beispiel des Et expecto zu bleiben – wir die Erlösung, die Auferstehung der Toten erwarten, dies ist eine allgemeine theologische Aussage. Und die in der *h-Moll-Messe* vorgenommene Verbindung von demütiger und freudiger Erlösungserwartung entspricht dabei ganz dem Geist, von dem das *Symbolum Nicenum* bestimmt ist. Aber der Glaube ist immer auch persönlicher Glaube, die Deutung zentraler Glaubensaussagen ist immer auch individuelle Deutung, die im Kontext persönlicher Erlebnisse, Erfahrungen und Erkenntnisse steht. Der individuelle Deutungsrahmen, dies wurde an mehreren Stellen dieses Kapitels betont, hat sich im Laufe der Biografie ausgebildet. Es wurde von einer theologisch-musikalischen Ordnung gesprochen, in die Johann Sebastian Bach persönliche Erlebnisse, Erfahrungen und Erkenntnisse integriert hat. Diese Ordnung wurde im Prozess der Konfrontation mit der schweren Erkrankung (Diabetes mellitus Typ II), mit den damit verbundenen Schmerzen und funktionellen Einbußen noch einmal in besonderer Weise herausgefordert, man könnte auch sagen: auf die Probe gestellt. Wenn nun in dem *Et expecto* eine in der Theologie beschriebene Grundsituation des Menschen beschrieben wird, so ist dies nicht eine abstrakt dargestellte, sondern immer auch in persönlichen Kategorien dargestellte, weil persönlich erlebte Grundsituation. Wenn man nur einmal bedenkt, dass Johann Sebastian Bach in dem ersten und in dem zweiten *Et expecto* eine theologisch ausgedeutete Grundsituation des menschlichen Lebens zum Ausdruck bringt und dabei auch „über sich selbst spricht", dann berührt uns der im ersten *Et expecto* ausgedrückte Wandlungsprozess und der im zweiten ausgedrückte, gelungene Abschluss dieses Wandlungsprozesses noch einmal mehr.

Er gewinnt nun – neben der theologisch-musikalischen Bedeutung – eine explizit psychologische Bedeutung, und damit erweist sich Johann Sebastian Bach wieder als ein Grenzgänger, von dem wir lernen können, wie die innere Verarbeitung einer Grenzsituation gelingen kann.

Nach der Erörterung der Gerotranszendenz bleibt noch eine Frage offen: Wie können wir die intensive seelisch-geistige Tätigkeit, die *vita contemplativa*, die Grundlage jeder Gerotranszendenz bildet, mit dem nicht selten erkennbaren, nach außen gerichteten Engagement schwer kranker Menschen am Ende ihres Lebens verbinden?

Die Notwendigkeit der Integration dieser beiden Tätigkeitsformen – der *vita contemplativa* auf der einen, der *vita activa* auf der anderen Seite – ergibt sich auch im Fall Johann Sebastian Bachs. Noch in seinem letzten Lebensjahr ist die seelisch-geistige Aktivität begleitet von einer nach außen gerichteten, praktischen: Aufführungen, großes Engagement für seine Schüler und Angehörigen, die noch wenige Monate vor seinem Tod gezeigte Bereitschaft, einen Schüler bei sich aufzunehmen, sind bemerkenswerte Formen dieser *vita activa* (Arendt 1960). Mit dieser Integration der *vita contemplativa* und der *vita activa*, wie sie bei Bach sichtbar wird, erfährt die Theorie der Gerotranszendenz den Impuls zu einer bemerkenswerten Erweiterung: Die Akzentuierung der kosmischen Bezüge, in die sich das Individuum – den Aussagen dieser Theorie zufolge – am Ende seines Lebens hineingestellt sieht, muss offen bleiben für die sozial-generativen und alltagspraktischen Bezüge, die bis zum Ende des Lebens bestehen können.

Oder wie dies Jochen Brandtstädter (2007b) ausdrückt:

Die durch die Grenzerfahrung des näher rückenden Lebensendes aktivierten Sinnorientierungen und existentiellen Einstellungen scheinen mithin auch „Entgrenzungen" zu begünstigen; ein verstärktes Gefühl der Verbundenheit zu Mitmenschen, die Empfindung des „Einswerdens" mit der Natur und religiöse Bindungen sind mögliche Formen der Dezentrierung und „Selbsttranszendenz", die auch – in Eriksonschen Begriffen formuliert – eine positive Lösung der finalen Krise „Ich-Integrität versus Verzweiflung" ermöglichen. Die Orientierung auf zeitlose Sinnzusammenhänge und die Sicht der Welt *sub specie aeterni* sind Aspekte, die sich in vielen Definitionen von Mystik, aber auch in Weisheitskonzepten des Ostens finden. Eine distanzierte und abgelöste Sicht, die das Empfinden eigener Wichtigkeit abschwächt, steht in einer offensichtlichen Spannung zu lebenspraktischem Engagement; wie Nagel (1986, S. 325) bemerkt, gehört es vielleicht zu einem gut geführten Leben, ein gewisses Maß an Vermittlung beider Positionen zu finden (Brandtstädter 2007b, S. 710).

Im Hinblick auf die *h-Moll-Messe* müsste auch auf andere Teile dieses Werks Bezug genommen werden, die für das Verständnis der Gerotranszendenz, der Erlösungserwartung und der Wandlungsprozesse in Grenzsituationen ebenfalls von grundlegender Bedeutung sind – zu nennen sind hier das *Kyrie*, das *Et incarnatus est*, das *Crucifixus*, das *Et resurrexit* und das *Agnus Dei*.

Damit würden wir allerdings den Umfang des Buches sprengen. Es sei hier stellvertretend eine Aussage des Bach-Forschers und -interpreten Helmuth Rilling angeführt, in der die Bedeutung dieser Sätze für das Verständnis der *h-Moll-Messe*, aber auch für die in ihr angesprochenen Grundsituationen des menschlichen Lebens herausgearbeitet wird. Rilling (2012) schreibt:

Und sie ist vielschichtig, diese Sprache! Am Beginn des *Credo* reicht sie zurück in die geistige und stilistische Welt Palestrinas. Gleich am Beginn des Werkes wird dessen liturgische Dimension in den drei majestätischen *Kyrie*-Akkorden deutlich. Aber die traditionell kirchliche Bindung hindert Bach nicht, die Vitalität zeitgenössischer konzertanter Musik in groß angelegten Chor-Orchester-Sätzen zu nützen. Demselben konzertanten Bereich zugehörig sind manche der vokal- und instrumental-solistischen Sätze, deren virtuose Komponente sich aber nie verselbständigt, sondern immer der Sinndeutung des Textes dient. Den Formbegriff der Fuge hat ja erst Bach zu dem gemacht, was wir heute unter ihm verstehen. Wie souverän und wie verschieden nützt er ihn in seiner Messe! Die ihm wichtigste chorische Aussage formuliert Bach im Mittelteil seiner Vertonung des Glaubensbekenntnisses in drei aufeinander folgenden Sätzen. Im *Et incarnatus est* bildet er das Herabsteigen Gottes zur Erde ab, umgibt aber den wohl so zu verstehenden Chorsatz mit einem Violinmotiv, das Abbild des Kreuzzeichens ist. Die Kreuzbeziehung des *Incarnatus* wird im *Crucifixus* Mittelpunkt der Reflexion. Die jetzt verwendete Form der *Chaconne* wird musikalisches Gefäß einer Meditation, die dem wichtigsten Aspekt christlicher Theologie, dem „für uns gestorben" gilt. Am Ende des *Crucifixus* führt Bach zu den Worten „sepultus est", sinndeutend der Grablegung nachspürend, den nur vom Continuo begleiteten Chor in den tiefen Klangbereich. Unmittelbar anschließend lässt er zum et resurrexit das ganze Orchester zusammen mit dem Chor in hoher Lage einsetzen. Wohl nie ist dem Glauben an die Auferstehung entschiedener Ausdruck verliehen worden. Das vokalsolistisch für mich bedeutsamste Stück ist das *Agnus Dei*, das am Schluss des Werks alles „*eleison*" und „*miserere*" der Messe in großem Ernst zusammenfasst und mit seinem Dona nobis pacem zur mächtigen, zuversichtlichen Bitte um Frieden werden lässt (Rilling 2012, S. 21).

Im Hinblick auf die Gerotranszendenz und die Krise soll unsere Diskussion noch einmal in den Worten des Schriftstellers Rainer Maria Rilke (1875–1926) zusammengefasst werden. In einem Brief des Schriftstellers vom 13. Dezember 1905 an Arthur Holitscher ist zu lesen:

> Ich glaube an das Alter, lieber Freund, Arbeiten und Alt-werden, das ist es, was das Leben von uns erwartet. Und dann eines Tages alt sein und noch lange nicht alles verstehen, nein, aber anfangen, aber lieben, aber ahnen, aber zusammenhängen mit Fernem und Unsagbarem, bis in die Sterne hinein (Rilke 1991, S. 32).

Etwas mehr als zwei Jahre vorher, am 8. August 1903, richtet Rilke an Lou Andreas-Salomé einen Brief, in dem die Fähigkeit und Bereitschaft des Menschen „loszulassen" angesprochen wird, wenn dessen körperliche und geistige Kräfte soweit zurückgehen, dass die Gebrechlichkeit den Gesundheitszustand immer mehr bestimmt. Dieses Loslassen wird in dem Maß gefördert, in dem es dem Menschen gelingt, sein Leben in eine umfassendere Ordnung zu integrieren, vor allem in eine kosmische, die hilft, den Blick über das irdische Leben hinaus zu richten. Dabei ist allerdings noch einmal die große Bedeutung hervorzuheben, die das Eingebundensein in einen sozialen Kontext für die Erfahrung der Transzendenz in (gesundheitlichen) Grenzsituationen besitzt.

> Tage gehen hin und manchmal höre ich das Leben gehen. Und noch ist nichts geschehn, noch ist nichts Wirkliches um mich; und ich theile mich immer wieder und fließe auseinander, – und möchte doch so gerne in *einem* Bette gehen und groß werden. Denn, nichtwahr, Lou, es soll so sein; wir sollen wie ein Strom sein und nicht in Kanäle treten und Wasser zu den Weiden führen? Nichtwahr, wir sollen uns zusammenhalten und rauschen? Vielleicht dürfen wir, wenn wir sehr alt werden, einmal, ganz zum Schluß, nachgeben, uns ausbreiten, und in einem Delta münden (aus: Rilke und Andreas Salomé, 1989, S. 98 f).

Dieser Brief thematisiert die – auch subjektiv erfahrenen – Grenzen körperlicher Anpassungs- und seelisch-geistiger Verarbeitungskapazität. Im Fall der Konfrontation mit chronisch-progredienten, auszehrenden Erkrankungen kann sich ab einem gewissen Zeitpunkt eine körperliche und seelisch-geistige *Müdigkeit* (als Synonym für die erkennbar zurückgegangenen körperlichen und seelisch-geistigen Kräfte) einstellen, die dazu führt, dass die intensive, bewusst geleistete Auseinandersetzung mit bestehenden Belastungen aufgegeben wird, dass sich die Person nach und nach „fallen lässt". Ein solches Fallenlassen darf nun nicht gleichgesetzt werden mit Niedergeschlagenheit oder Resignation. Es kann genauso gut ein Loslassen bedeuten, und zwar von den in früheren Lebensjahren ausgebildeten Lebensentwürfen und Lebenszielen.

Schließlich sei in den Worten Rilkes noch einmal auf die Krise Bezug genommen, die in der letzten gesundheitlichen Grenzsituation vielfach entsteht – und die nicht immer überwunden wird: Der Prozess der „Wandlung" ist dem Menschen nicht immer vergönnt. In einem Brief vom 13. Dezember 1926, also 15 Tage vor seinem Tod, schreibt Rilke aus dem Sanatorium Valmont an Lou Andreas-Salomé:

> Das siehst Du also war's, worauf ich seit drei Jahren durch meine wachsame Natur vorbereitet und vorgewarnt war: nun hat sie's schwer, schwer durchzukommen, da sie in dieser langen Frist sich in Hilfen, Korrekturen und unmerklichen Richtigstellungen auszugeben hatte; und ehe der jetzige grenzenlos schmerzhafte Zustand mit allen seinen Komplikationen sich ausbildete war sie schon durch eine schleichende Intestinal-Grippe mit mir gegangen. Und jetzt, Lou, ich weiß nicht wie viel Höllen, du weißt wie ich den Schmerz, den physischen, den wirklich großen in meine Ordnungen untergebracht habe, es sei denn als Ausnahme und schon wieder Rückweg ins Freie. Und nun. Er deckt mich zu. Er löst mich ab, Tag und Nacht! Woher den Mut nehmen? … es weht etwas Ungutes in diesem Jahresschluss, Bedrohliches (aus: Rilke und Andreas Salomé 1989, S. 484 f.).

Dieser Brief wird hier ausdrücklich aufgeführt, da er uns daran erinnert, dass die Verarbeitung der Verletzlichkeit, vor allem des herannahenden Todes eine psychologisch hoch anspruchsvolle Leistung darstellt, die nicht von jedem Menschen erbracht werden kann. Zum anderen lässt er uns noch besser verstehen, welche psychologische Leistung Johann Sebastian Bach am Lebensende erbracht hat – eine Leistung, die – neben den zentralen theologischen und musikalischen Motiven – ein wichtiges Element der *h-Moll-Messe* bildet.

Schöpferische Kräfte am Ende des Lebens – der psychologische Kontext der „Kunst der Fuge"

Durch die Aufnahme der Arbeiten an der *h-Moll-Messe*, so wurde bereits dargelegt, wurden die Abschlussarbeiten an der *Kunst der Fuge* unterbrochen. Die chronische Erkrankung (Diabetes Typ II), das Einbüßen des Augenlichts (das sowohl das Komponieren als auch die Beaufsichtigung der Sticharbeiten im Zuge der Werk-Veröffentlichung erschwerten) und die Einschränkungen der Feinmotorik (die sich noch einmal erschwerend auf das Komponieren auswirkten) trugen zusätzlich dazu bei, dass Johann Sebastian Bach die *Kunst der Fuge* nicht mehr fertigstellen konnte. Die Tatsachen, dass (a) die letzte Fuge aus der *Kunst der Fuge* unvollendet blieb, dass (b) die letzte Fuge abbricht, nachdem das dritte Fugenthema – nämlich b-a-c'-h – eingeführt, bearbeitet und mit den beiden anderen Themen verbunden wurde, dass (c) Carl Philipp Emanuel Bach am Schluss des Autographs seines Vaters den Vermerk angebracht hat: „NB Ueber dieser Fuge, wo der Nahme BACH im Contrasubject angebracht worden, ist der Verfaßer gestorben" (Bach-Dokumente III, 631), geben der *Kunst der Fuge* eine ganz besondere Bedeutung (eine Anmerkung: Contrasubject ist wörtlich mit „Gegenthema" zu übersetzen. Damit wird ausgedrückt, dass das hier eingeführte Thema als Kontrapunkt zum Ausgangsthema der Fuge zu verstehen ist) (Abb. 3.3).

Stellt sie vielleicht, so könnte man fragen, ein Übergangswerk dar, ein Werk nämlich, das Bach bis unmittelbar vor Eintritt des Todes begleiten sollte, ein Werk, dessen Abschluss letztlich durch den Tod „vereitelt" wurde und das die theologische Konzeption des „Lebens als Fragment" sinnfällig widerzuspiegeln scheint? Der „fragmentarische Charakter" des Lebens, von dem der Theologe Dietrich Bonhoeffer in seiner „Ethik" gesprochen hat (siehe Bonhoeffer 1992), das mit Blick auf die Zukunft des Individuums „unvollendete", das mit Blick auf dessen Vergangenheit „unvollständige Leben", von dem der evangelische Theologe Henning Luther spricht (siehe Luther 1992): Wie ließen sich diese Aspekte des Lebens – im Sinne eines Symbols – besser ausdrücken als durch den fehlenden Abschluss eines Werkes, das nach übereinstimmender Meinung der Musikwissenschaftler zu den größten Werken Johann Sebastian Bachs, ja, zu den größten musikalischen Werken überhaupt gehört?

Und doch: *Die Kunst der Fuge* scheint von ihrer grundlegenden Konzeption aus betrachtet nicht unvollständig geblieben zu sein. Vielmehr ist davon auszugehen, dass Johann Sebastian Bach auch die letzte Fuge dieses Fugenzyklus – der in seiner Gesamtheit als *Kunst der Fuge* bezeichnet wird – bereits

Abb. 3.3 Die Kunst der Fuge (BWV 1080), postum gedruckt. Partitur, Seite 36. Autograph. (© dpa-Picture-Alliance)

konzipiert hatte. Hierzu eine Anmerkung: Ungefähr gegen 1747 scheint Johann Sebastian Bach den Titel *Die Kunst der Fuga* gewählt zu haben, der von seinem Schwiegersohn und Schüler Altnickol in die erste autographe Reinschrift eingetragen wurde. In dem von Bachs Sohn Carl Philipp Emanuel 1751 herausgegebenen Erstdruck findet sich die Eindeutschung *Die Kunst der Fuge*.

Jedoch hat Johann Sebastian Bach nicht mehr die Möglichkeit gehabt, die letzte Fuge noch *vollständig niederzuschreiben*. Diese letzte, den Fugenzyklus abschließende und zum Höhepunkt führende Fuge sollte eine Quadrupelfuge werden, das heißt, eine Fuge, in der nacheinander vier Themen eingeführt, bearbeitet und schließlich miteinander in Beziehung gesetzt werden. Dass der

Komponist die Absicht gehabt hatte, die *Kunst der Fuge* mit einer Quadrupelfuge abzuschließen, geht aus dem 1754 erschienenen Nekrolog hervor, in dem zu lesen ist:

> Die Kunst der Fuge. Diese ist das letzte Werk des Verfassers, welche alle Arten der Contrapuncte und Canonen, über einen eintzigen Hauptsatz enthält. Seine letzte Kranckheit, hat ihn verhindert, seinem Entwurfe nach, die vorletzte Fuge völlig zu Ende zu bringen, und die letzte, welche 4 Themata enthalten, und nachgehends in allen 4 Stimmen Note für Note umgekehrt werden sollte, auszuarbeiten. Dieses Werk ist erst nach des seeligen Verfassers Tode ans Licht getreten (Bach-Dokumente III, Nr. 666).

Was aber meint der Nekrolog mit „vorletzter Fuge", was mit „letzter Fuge"? Sind hier unterschiedliche Fugen angesprochen? Nein, dies ist nicht der Fall.

Etwas anderes ist gemeint: Die vorletzte Fuge beschreibt das dritte Fugenthema, die letzte Fuge das vierte Fugenthema in der Quadrupelfuge, das heißt, mit „Fuge" ist hier nicht eine eigene Fuge im gesamten Fugenzyklus angesprochen, sondern vielmehr ein eigenes Fugenthema in der letzten, in der Quadrupelfuge.

Und in der Tat: Diese als Quadrupelfuge konzipierte Abschlussfuge ist unvollständig geblieben, und zwar genau in der Art und Weise, wie es der Nekrolog beschreibt: das dritte, in Takt 193 eingeführte Thema – b-a-c′-h – wird ab Takt 233 mit den beiden anderen, schon vorher eingeführten Themen in Beziehung gesetzt, aber diese Zusammenführung endet bereits in Takt 239, also jenem Takt, mit dem diese Abschlussfuge abrupt endet: man sieht sofort, dass Johann Sebastian Bach hier eigentlich weiterarbeiten wollte, dabei aber eben durch äußere Faktoren gehindert wurde.

Der Nekrolog beschreibt somit korrekt, dass die vorletzte Fuge unvollständig geblieben sei, denn das dritte Thema wurde nicht ausführlich genug mit den beiden anderen in Beziehung gesetzt. Und der Nekrolog beschreibt korrekt, dass die letzte Fuge nicht ausgearbeitet werden konnte, denn die Quadrupelfuge ist mit ihren drei Themen so angelegt, dass als viertes, abschließendes Thema das Grundthema der *Kunst der Fuge* hätte eingeführt werden können: Wie Hans Heinrich Eggebrecht (1998) überzeugend darlegt, lassen sich die ersten drei Themen der Quadrupelfuge eindeutig aus dem Grundthema ableiten und somit auf dieses zurückführen.

Johann Sebastian Bach scheint erst zu jenem Zeitpunkt, zu dem bereits mit den Sticharbeiten zur Veröffentlichung der *Kunst der Fuge* begonnen worden war, den Gedanken verfolgt zu haben, eine Quadrupelfuge zu schreiben, um diese an das Ende des Fugenzyklus zu setzen. Ihr Manuskript datiert auf den Jahreswechsel 1748/49. Es trägt eine der letzten Notenhandschriften Bachs.

Man kann – wie bereits hervorgehoben wurde – davon ausgehen, dass der Komponist eine klare Vorstellung vom Aufbau der Quadrupelfuge hatte, nur konnte er sie nicht mehr vollständig in seinem Autograph niederlegen. So hebt Christoph Wolff hervor:

> Im Vorfeld der Kompositionen wird Bach die kombinatorischen Möglichkeiten der vier Themen erprobt haben müssen (Wolff 2009a, S. 476).

Ganz ähnlich schreibt der Freiburger Musikwissenschaftler Hans Heinrich Eggebrecht in seiner Monographie über die *Kunst der Fuge*:

> Wahrscheinlich hat es sogar eine bis zum Ende durchgeführte Entwurfsfassung der Schlussfuge gegeben, die später verlorenging – einen Entwurf, der dann in der Weise ausgearbeitet werden sollte, wie es bis zum Abbruch der Schlussfuge geschehen war (Eggebrecht 1998, S. 32).

Kehren wir also zur Ausgangsaussage zurück: Die *Kunst der Fuge* ist nur in der Hinsicht „Fragment" geblieben, als dass Johann Sebastian Bach nicht mehr die Möglichkeit gefunden hatte, sein in Gedanken formuliertes Konzept der Quadrupelfuge vollständig niederzuschreiben. Möglicherweise ist sogar nur der niedergeschriebene Entwurf verlorengegangen – wie es Hans Heinrich Eggebrecht annimmt. Warum bilden dann die Überlegungen zur *Kunst der Fuge* den Abschluss dieses Buches, warum werden sie in den thematischen Kontext des Lebensendes gestellt? Diese Frage gewinnt angesichts der von Hans Heinrich Eggebrecht getroffenen Aussage zur Motivlage Johann Sebastian Bachs im Prozess der Komposition der Quadrupelfuge besonderes Gewicht:

> Dass die Schlussfuge des Werkes, jedenfalls ihre vorläufige autographe Reinschrift gerade an dieser Stelle, das heißt nach der erstmaligen Kombination der drei „neuen" Themen, also nach dem Erscheinen des annähernd vollständigen Grundmodells, abbricht, kann schaffenspsychologisch erklärt werden. Bach wollte noch diese Themenkombination erreichen, bevor er die Arbeit unterbrechen musste. Dabei dachte er nicht daran, dass der Tod ihm schon so nahe sein könnte. Der Nekrolog spricht von seinem zum Zeitpunkt vor der Augenoperation „im übrigen überaus gesunden Cörper". Bachs Kunst der Fuge, an der er möglicherweise schon seit Ende der dreißiger Jahre gearbeitet hatte, und auch die Schlussfuge sind nicht in Verbindung zu bringen mit Todesgedanken, die durch die Krankheit akut wurden, sondern sie sind ihrer Art nach einzureihen in Bachs Spätwerk allgemein und in seine Kunst- und Lebensauffassung überhaupt (Eggebrecht 1998, S. 32).

Mit anderen Worten bedeutet das: Die *Kunst der Fuge* sollte, folgt man dieser Aussage, nicht in Zusammenhang mit dem herannahenden Tod gestellt werden. Und warum tun wir dies trotzdem? Gründe dafür seien im Folgenden angeführt.

Zunächst wäre zu sagen: Auch wenn Johann Sebastian Bach Ende der 1730er-, Anfang der 1740er-Jahre die Arbeiten an der *Kunst der Fuge* aufgenommen und bereits 1742 eine erste Reinschrift vorgelegt hatte, so setzte er noch bis zum Jahreswechsel 1748/49 die Arbeiten an diesem Fugenzyklus fort. Bis zu dem Zeitpunkt ist, wie bereits dargelegt wurde, die kompositorische Tätigkeit an der Quadrupelfuge nachgewiesen.

Die Arbeiten an der *Kunst der Fuge* reichen somit bis in eine Zeit, in der Johann Sebastian Bach mit einer chronischen, schmerzhaften Erkrankung sowie mit sensorischen Einbußen und feinmotorischen Einschränkungen konfrontiert war. Auch wenn im Nekrolog von einem „überaus gesunden Cörper" gesprochen wird, so relativiert diese Aussage doch nicht das Erleben eigener Verletzlichkeit angesichts des Krankheits- und Symptomverlaufs.

Damit ist nun die Grundlage für den ersten entscheidenden Grund benannt, das Buch mit Überlegungen zur *Kunst der Fuge* abzuschließen: Johann Sebastian Bach führt, wie später ausführlich zu zeigen sein wird, als drittes Thema in die Quadrupelfuge b-a-c'-h – mithin seinen eigenen Namen – ein, und es besteht unter Musikwissenschaftlern Einigkeit darin, dass dieses Thema (auch) „symbolisch" zu deuten sei, nämlich als „eingravierter" Name in jenes Werk, das Johann Sebastian Bach – ganz ähnlich wie die *h-Moll-Messe* – als musikalisches Vermächtnis verstanden wissen wollte. Das Einschreiben des eigenen Namens in den letzten Satz eines Werkes, das den Komponisten fast ein Jahrzehnt beschäftigt hatte und das er als musikalisches Vermächtnis gedeutet wissen wollte: Spricht dies nicht für ein erstes „Resümee", nicht für einen ersten biografischen Rückblick, verbunden mit einer Bewertung des bisher zurückgelegten Lebens?

Mit dieser Frage ist der zweite Grund für die Erörterung der *Kunst der Fuge* an dieser Stelle des Buches genannt: Was bedeutet denn Resümee, biografischer Rückblick, Lebensbewertung für Johann Sebastian Bach? Nach allem, was bislang zur daseinsthematischen Struktur dieses Komponisten geschrieben wurde, ist diese Bedeutung zutiefst mit der Erfahrung und Überzeugung verknüpft, Geschöpf Gottes und als solches mit den Gaben des Musikers ausgestattet worden zu sein. Wie kann die im Kontext dieser Erfahrung und Überzeugung stehende Bedeutung musikalisch ausgedrückt werden?

Wie Hans Heinrich Eggebrecht aufgezeigt und ausgedeutet hat – darauf wird noch ausführlich einzugehen sein –, führte Johann Sebastian Bach seinen Namen b-a-c'-h über eine für die Barockzeit repräsentative rhetorische Figur zum Grundton d' (die *Kunst der Fuge* steht in d-Moll, alle Fugen und Kanons sind in dieser Tonart komponiert), um damit zum Ausdruck zu bringen, dass er sein Leben wie auch sein Werk ganz in Gott fundiert sehe, dass

Gott den Ausgangs- und Zielpunkt seines Lebens bilde. In der *Kunst der Fuge* treffen wir also erneut auf das Bekenntnis (confessio) des Komponisten zu Gott, wie es auch im *Symbolum Nicenum* der *h-Moll-Messe* zum Ausdruck kommt (siehe das *Credo in unum deum*, siehe das *Confiteor unum baptisma*).

Wir konstatieren: Die musikalisch-theologische Ordnung, die in der *h-Moll-Messe* erkennbar ist, erkennen wir also im „instrumentalmusikalischen Gegenstück" zur geistlichen Komposition wieder. Unsere Überlegungen zur *Kunst der Fuge* sind dabei auch vor dem Hintergrund des Verständnisses der Fuge als Flucht, nämlich als Flucht in die geliebte Heimat zu sehen (ausführlich dazu Dentler 2004). Wenn wir uns die Integration des eigenen Namens (B-A-C-H) in die göttliche Ordnung vor Augen führen, dann ist unmittelbar evident, was im Geiste, was im Herzen Johann Sebastian Bachs mit der „geliebten Heimat" gemeint ist: Gott. Und es sei schließlich ein dritter Grund für die Entscheidung genannt, die *Kunst der Fuge* an das Ende des Buches zu stellen: Es ist die Tatsache, dass Carl Philipp Emanuel Bach bei der Veröffentlichung des Werks im Jahr 1751 anstelle der letzten sieben Takte des Fugenfragments den Orgelchoral *Vor deinen Thron tret ich hiermit* gesetzt hat, um damit zu vermeiden, dass ein Fragment veröffentlicht würde.

Dieser Choral, mit dem wir uns schon ausführlich beschäftigt haben, hat eigentlich mit der *Kunst der Fuge* nichts zu tun. Es ist nicht Johann Sebastian Bachs Entscheidung gewesen, ihn an das Ende der *Kunst der Fuge* zu setzen, sondern die Entscheidung seines Sohnes. Und doch bleibt in der musikwissenschaftlichen Werkinterpretation, bleibt in der Rezeption des Werkes dieser Choral eng mit der *Kunst der Fuge* verknüpft. Die Interpretation dieses Chorals durch Hans Heinrich Eggebrecht (1998) im Kontext der *Kunst der Fuge* ist bemerkenswert: Er erblickt in ihm ein „Nochmalsagen" und gelangt zu folgender Bewertung:

> Die Kunst der Fuge selbst ist es, die den Choral, wiewohl er zu ihrem Verständnis beiträgt, überflüssig macht und abweist (Eggebrecht 1998, S. 39).

Zugleich erkennt er den Sinn dieses Chorals

> allein in der Zweierbeziehung Bach–Gott (Eggebrecht 1998, S. 38).

Nimmt man diese beiden Deutungen zusammen, dann ist die Zweierbeziehung Bach–Gott eine wichtige seelisch-geistige und zugleich eine bedeutsame theologische Aussage der *Kunst der Fuge*, die hinter der musikalischen, ästhetischen sowie musiktheoretischen Aussage steht. Auf diesen Punkt werden wir, auch unter Aufnahme der beiden Zitate von Hans Heinrich Eggebrecht, noch einmal zurückkommen.

Wenden wir uns also nun der *Kunst der Fuge* zu, um danach noch einmal dem Choral *Vor Deinen Thron tret ich hiermit* Aufmerksamkeit zu schenken. Die Auseinandersetzung mit diesen beiden Werken soll noch einmal sensibilisieren für psychologische Merkmale der Kreativität im höheren und hohen Lebensalter, sie soll zudem deutlich machen, in welchen seelisch-geistigen und spirituellen Bereich uns das Bach'sche Verständnis der „Fuge" führt, und sie soll schließlich noch einmal dazu anregen, den Blick auf die beiden letzten Lebensjahre und das Sterben Johann Sebastian Bachs zu richten. Dabei wird mit Blick auf die beiden letzten Lebensjahre und das Sterben die Annahme vertreten, dass sich in der Verbindung des eigenen Namens – b-a-c′-h – mit dem Grundton – d′ – nicht nur das Bedürfnis ausdrückt, das eigene Leben in die Hände Gottes zu legen, sondern auch der Dank an Gott für das Geschenk, das er Johann Sebastian Bach gemacht hat, indem er diesem die hohe Musikalität gab. Dabei ist der Blick auch auf ein Selbstbildnis Rembrandts aus dessen letztem Lebensjahr gerichtet, in dem – unserer Deutung zufolge – ebenfalls der Dank an Gott zum Ausdruck kommt, und zwar für die Gabe der darstellenden Kunst, die diesem Künstler geschenkt war.

Die Kunst der Fuge: Ausdruck höchster Verdichtung, Konzentration und Originalität

Die kontinuierliche Arbeit an der *Kunst der Fuge*, das heißt, die Überarbeitung bereits bestehender und die Hinzufügung neuer Fugen und Kanons sowie die Veränderungen in der Anordnung der Fugen und Kanons, veranschaulicht die Weiterentwicklung der Lehre, die Ausarbeitung der Theorie der Fuge. Bereits entwickelte Fugenkompositionstechniken wurden verfeinert, neue wurden geschaffen, bis für Johann Sebastian Bach der Punkt gekommen war, an dem weitere Variationen des Grundthemas, weitere Ableitungen von Themen aus diesem nicht mehr möglich sein würden: Für Bach war zum Jahreswechsel 1748/49 die *Kunst der Fuge* vollständig und abgeschlossen. Nur blieb ihm nicht mehr die Zeit, dieses Werk auch vollständig niederzuschreiben: Die Quadrupelfuge wurde nicht mehr fertiggestellt. Dafür ist auch – dies sei noch einmal betont – die Tatsache verantwortlich zu machen, dass sich Bach ganz den Arbeiten an der *h-Moll-Messe* hingegeben hatte.

Die *Kunst der Fuge* begleitete Johann Sebastian Bach somit in seinem letzten Lebensjahrzehnt, und es kann davon ausgegangen werden, dass die in diesem Werk entfaltete Theorie den geistigen und musikalischen Hintergrund großer Kompositionen bildete, die im letzten Lebensjahrzehnt geschaffen wurden: Zu nennen sind hier vor allem die *Goldberg-Variationen*, das *Musikalische Opfer* und die *Missa in h-Moll*.

Die nachfolgend angeführten musikwissenschaftlichen Charakterisierungen der *Kunst der Fuge* helfen nicht nur, die außergewöhnliche Konzeption dieses Fugenzyklus besser zu verstehen, sondern sie geben zugleich Hinweise auf die Kreativität, die aus diesem Werk spricht.

Bei Friedrich Sprondel (1999) ist zu lesen:

> „Die Kunst der Fuge" ist der Titel einer Sammlung von Fugen und Kanons, deren Besonderheit, in Bachs Gesamtwerk ebenso wie im Kontext seiner Zeit, darin liegt, dass alle darin enthaltenen Sätze ein gemeinsames Grundthema verarbeiten. Das Thema wird im Verlauf der Sammlung verändert, Rhythmus und melodischer Verlauf werden variiert; doch sämtliche Stücke kommen auf immer das gleiche Thema zurück. Das Gegenbild bieten die beiden Teile des Wohltemperierten Klaviers: Der Vielfalt der unterschiedlichen Fugen entspricht die Mannigfaltigkeit der Themen. Anders in der Kunst der Fuge: Am gleichbleibenden Thema werden unterschiedliche Arten des Fugenkomponierens erprobt und demonstriert. Das verleiht dem Werk einen lehrhaften Zug, der durch die Schlichtheit des Themas, wie es zu Beginn erscheint, noch verstärkt wird. Die Reihenfolge der Einzelsätze lässt, dem didaktischen Zug folgend, einen Anstieg im Schwierigkeitsgrad der verwendeten kontrapunktischen Techniken erkennen. So stehen an erster Stelle Fugen über eine einzige Form des Grundthemas; später tritt dessen Umkehrung, Vergrößerung und Verkleinerung hinzu. In weiteren Stücken des Zyklus werden neue Themen eingeführt, die mit ähnlichen Verfahren variiert und mit dem Grundthema kombiniert werden. Teil der Sammlung ist eine sehr groß angelegte Fuge über drei neue Themen – eines davon beginnt mit den Tonbuchstaben B-A-C-H-, die mit der Kombination dieser Themen abbricht, offenbar bevor das Grundthema eingeführt wurde; weil die Kombination möglich und das Stück gemeinsam mit den übrigen überliefert ist, gilt als sicher, dass es als Teil der Kunst der Fuge vorgesehen war (Sprondel 1999, S. 942).

Friedrich Sprondel sieht in der Tatsache, dass alle Sätze der *Kunst der Fuge* ein gemeinsames Grundthema verarbeiten, dieses zwar variieren, doch zugleich immer wieder auf es zurückkommen, nicht nur eine „Besonderheit im Gesamtwerk", sondern auch eine „Besonderheit im Kontext der Zeit". Die Einführung neuer Themen, die in ähnlicher Weise variiert und mit dem Grundthema kombiniert werden, verstärkt noch einmal den Eindruck, dass die *Kunst der Fuge* letztlich um ein zentrales Thema angeordnet ist, das den Namen „Grundthema" wirklich verdient.

Dabei lassen sich die neuen Themen, wie in zahlreichen musikwissenschaftlichen Analysen dieses Fugenzyklus aufgezeigt wird, aus diesem Grundthema ableiten. Was spricht aus dieser Charakterisierung? Man könnte sagen, es sind: Eine Verdichtung (der gesamte Fugenzyklus ist letztlich auf ein Grundthema bezogen), eine Konzentration (das Thema wird vielfältig in Rhythmus und Melodik variiert, die neuen Themen werden mit dem Grundthema kombiniert, und dies alles in einer Weise, dass die – anspruchsvollen – Gesetze der Fuge besonders anschaulich werden) und eine Originalität (es werden die unterschiedlichsten Variationsmodi gewählt, sodass sich der Eindruck des Experimentierens, ja, fast des spielerischen Umgangs mit dem Grundthema ergibt) besonderer Art, besonderen Ausmaßes.

Stellen wir dieser Charakterisierung der *Kunst der Fuge* eine Definition von Kreativität gegenüber, die in der psychologischen Kreativitätsforschung vorgenommen wird (siehe schon Guilford 1967): Danach ist Kreativität als ein Prozess zu verstehen, in dessen Verlauf das Individuum flexible und originelle Ansätze zur Lösung von neuartigen Problemen entwickelt (Cropley 2011). Die Entwicklung derartiger Ansätze wird dabei durch divergentes Denken gefördert: Im Unterschied zum konvergenten Denken, das durch logische Schlussfolgerungen zu einer einzigen oder besten Lösung gelangt (wobei das Ergebnis mehr oder weniger vollständig durch die vorhandene Information determiniert ist), liefert das divergente Denken mehrere alternative Lösungen, die jeweils den gegebenen Anforderungen entsprechen. Sowohl die Anzahl der generierten Lösungen als auch deren Qualität gelten als Maß für die Ausprägung des divergenten Denkens.

Neben dem divergenten Denken werden die Flexibilität im Denken und die Fähigkeit zur Bildung von Analogien wie auch zur Herstellung von ungewöhnlichen Assoziationen als Faktoren genannt, die sich positiv auf die Kreativität auswirken (Funke 2000). Offenheit für neue Erfahrungen und effektive Organisation von Wissen bilden weitere positive Einflussfaktoren (Feist 2010; Kruse und Schmitt 2011; Ward und Kolomyts 2010).

Diese psychologische Definition von Kreativität lässt sich sehr gut auf die genannte Charakterisierung der *Kunst der Fuge* übertragen. Die zahlreichen Fugenformen, aus denen sich die *Kunst der Fuge* zusammensetzt, können auch im Sinne einer hohen Anzahl von alternativen Lösungen verstanden werden – nämlich alternativen Lösungen im Hinblick auf die Variation des Fugenthemas in Melodik und Rhythmus. Da die einzelnen Variationen (also Fugen über das Grundthema) höchste Qualitätsstandards erfüllen, ja, letztlich diese höchsten Qualitätsstandards definieren (dies wird in allen musikwissenschaftlichen Analysen, die zur *Kunst der Fuge* durchgeführt wurden, ausdrücklich konstatiert), und zugleich eine hohe Anzahl von generierten Lösungen vorliegt, finden wir hier zentrale Merkmale divergenten Denkens.

Schließlich zeigt uns Bach in der *Kunst der Fuge* seine Fähigkeit zu Bildung von Analogien und ungewöhnlichen Assoziationen: Wie später gezeigt werden soll, ist die *Kunst der Fuge* als ein Werk zu verstehen, in dem sich Kennzeichen der pythagoreischen Deutung von Welt und Kosmos finden und das sich zugleich auf das von Plotin entwickelte und dargelegte Verständnis der Flucht (nämlich als Flucht in die Heimat) bezieht – dies hat Hans-Eberhard Dentler (2004) in seiner Monographie über die *Kunst der Fuge* überzeugend aufzeigen können.

Führen wir eine weitere Charakterisierung der *Kunst der Fuge* an, diesmal eine von Christoph Wolff (2009a):

> Doch selbst in ihrem unvollendeten Zustand präsentiert sich *Die Kunst der Fuge* als das umfassendste Resümee der Instrumentalsprache des betagten Bach. Zugleich kann sie als eine sehr persönliche Aussage gelten: die Buchstabenfolge B-A-C-H, in den letzten Satz eingewoben, ist weit mehr als einfach eine kuriose Signatur. Theorie und Praxis verschmelzen in diesem Werk. Durch Aufdecken der materiellen Substanz des musikalischen Themas, durch deren systematische Ausschöpfung, durch Anwendung traditioneller und neuer Kompositionstechniken und Einbeziehung alter und neuer Stilelemente schuf Bach ein autonomes Kunstwerk, das den Charakter und die Universalität seiner Kunst verkörpert (Wolff 2009a, 476 f.).

Und an anderer Stelle:

> *Die Kunst der Fuge* war ein überwältigendes Projekt, das die Gedanken des Komponisten während des gesamten letzten Jahrzehnts seines Lebens vordringlich in Anspruch nehmen sollte (Wolff 2009a, S. 478).

In dieser Charakterisierung treten zu den bereits genannten psychologischen Merkmalen der Kreativität weitere hinzu: Zunächst ist die Aussage von Bedeutung, wonach die *Kunst der Fuge* ein „überwältigendes Projekt" bildete, „das die Gedanken des Komponisten während des gesamten letzten Jahrzehnts seines Lebens vordringlich in Anspruch nehmen sollte." Diese Aussage korrespondiert mit dem in der psychologischen Kreativitätsforschung berichteten Befund, wonach kreative Lösungen als Ergebnis eines lang andauernden, mehrjährigen Prozesses anzusehen sind (Ericsson und Lehmann 2011), wobei dieser Prozess auch ein hohes Maß an Fleiß und Anstrengung sowie die Bereitschaft, immer wieder neue Lösungen auszuprobieren, erfordert (Simonton 2010). Die Annahme, dass die Kreativität Ergebnis eines „Geistesblitzes" sei, dass der kreative Prozess vor allem ein „spielerisches Geschehen" darstelle, wird in der Kreativitätsforschung kritisch bewertet (Kozbelt et al. 2010). Lang andauernde, zum Teil mehrjährige Prozesse, die kreativen Lösungen oftmals vorausgehen, sprechen dafür, dass die schon zu Beginn des vergangenen Jahrhunderts von Henri Poincaré differenzierten Phasen der Kreativität – Vorbereitungsphase, Inkubationsphase, Erleuchtung, Verifikation – durchaus wichtige Aspekte schöpferischer Akte wiedergeben.

In diesem Kontext erscheint zunächst die postulierte Inkubationsphase als bedeutsam, die – wie der Heidelberger Psychologe Joachim Funke betont – durchaus zu Forschungen in Beziehungen gesetzt werden kann, die von einem „Kognitiven Unbewussten" ausgehen und dabei Prozesse der „Intuitiven Informationsverarbeitung" annehmen (Funke 2000). Sodann ist die von Christoph Wolff getroffene Aussage, wonach in der *Kunst der Fuge* die „Anwendung traditioneller und neuer Kompositionstechniken" sowie die „Einbeziehung alter und neuer Stilelemente" erkennbar seien, aus der Perspektive der psychologischen Kreativitätsforschung von besonderer Bedeutung – dies deshalb, weil als wichtiges Merkmal der Kreativität die Fähigkeit und Bereitschaft des Individuums gewertet wird, neue Schritte zu wagen. Das heißt vor allem, um in der Sprache Christoph Wolffs zu bleiben, traditionelle mit neuen Kompositionstechniken zu verbinden, alte und neue Stilelemente einzubeziehen.

Das Neue kann zunächst als „fremd" wahrgenommen werden. Entscheidend ist nur, dass es sich nach und nach durchsetzt, innerhalb eines Kulturkreises Anerkennung erlangt und damit eine „neue Richtung" – zum Beispiel des Komponierens – begründet. Die *Kunst der Fuge* betreffend kann festgestellt werden: Diese mag, wie andere Kompositionen Johann Sebastian Bachs auch, den Hörern seiner Zeit „fremd" erschienen sein – die Konzentration, die Strenge und die Askese, die aus diesem Werk hervorgehen, sprechen für diese Annahme. Aber in späteren Musikergenerationen hat das Gesamtwerk Johann Sebastian Bachs, darunter auch und in besonderem Maße die *Kunst der Fuge* größte Zustimmung, wenn nicht sogar Bewunderung gefunden. Auch diese Zustimmung ist, dies sei noch einmal betont, aus psychologischer Sicht ein bedeutendes Merkmal der Kreativität: Das – in diesem Fall: geistige – Produkt hat sich durchsetzen, hat großen Einfluss auf das – in diesem Fall: musikalische – Denken nehmen können.

Was auch im Hinblick auf das Verständnis von Altern und auf das Verständnis des Menschen in Phasen hoher Verletzlichkeit so bedeutsam an der *Kunst der Fuge* ist: Das kreative Potenzial des Menschen ist dann auch im hohen Alter erkennbar, wenn es über einen langen Zeitraum – Jahre, Jahrzehnte – hinweg kontinuierlich gepflegt wurde.

Das kreative Potenzial ist dabei in seiner Bereichsspezifität zu sehen: Menschen sind nicht generell kreativ. Vielmehr entwickeln sie kreative Potenziale in spezifischen Lebensbereichen. Und bei kontinuierlicher Arbeit an diesen Potenzialen gelingt es ihnen, sie bis in das hohe Lebensalter zu bewahren. Kreativität ist keine Frage des chronologischen Alters, sondern vielmehr eine Frage des über weite Abschnitte der Biografie gepflegten und in harter Arbeit (dies darf hier nicht vergessen werden!) verwirklichten schöpferischen Potenzials.

Die Tatsache, dass Johann Sebastian Bach fast ein Jahrzehnt an der *Kunst der Fuge* gearbeitet hat, macht deutlich, welche Arbeitsleistung, welche Konzentration, welche Ausdauer die Verwirklichung schöpferischer Potenziale erfordert. Sie macht aber auch deutlich, wie sehr sich Menschen, die Zugang zu ihren schöpferischen Potenzialen gefunden haben, motiviert fühlen, die Arbeit an einem Gegenstand – in diesem Falle: an der Vervollkommnung der Musik – immer weiter zu führen, den Gegenstand immer wieder aufs Neue und immer umfassender auszuleuchten. Die *Kunst der Fuge* bildet hier ein eindrucksvolles Beispiel. Die unterschiedlichsten Fugentechniken gelangen hier zum Einsatz, sodass man nach dem Studium dieses Fugenzyklus (das auch immer nur ein mehrjähriges, von zahlreichen Versuchen des Sich-Annäherns und Verstehens bestimmtes sein kann) den Eindruck gewinnt, in einer umfassenden, tiefen Weise in eine Ordnung eingeführt worden zu sein, die uns nicht nur vieles über das Wesen der Fuge, die uns nicht nur vieles über das Wesen der Musik, sondern die uns auch vieles über die Ordnung der Welt verrät. Der von Christoph Wolff in oben angeführtem Zitat verwendete Begriff der „systematischen Ausschöpfung" (Wolff 2009a, S. 476) erscheint in diesem Zusammenhang als besonders gelungen. Dabei muss man sich vor Augen führen, dass die *Kunst der Fuge* ihren Höhepunkt in der Quadrupelfuge, der Abschlussfuge also, erreicht – also in jenem Satz, der vermutlich 1748 entstanden ist, also circa zwei Jahre vor dem Tod des Komponisten.

Es sei hier noch einmal auf die Aussage Hans Heinrich Eggebrechts hingewiesen, der deutlich macht, dass der letzte Satz der *Kunst der Fuge* nicht Anklänge an die subjektiv erlebte Endlichkeit erkennen lasse. So wichtig diese Aussage ist, so wichtig ist es aber auch, noch einmal hervorzuheben, dass Johann Sebastian Bach zu diesem Zeitpunkt mit gesundheitlichen, sensorischen und feinmotorischen Einschränkungen konfrontiert war, die das Arbeiten an seinen Kompositionen deutlich erschwert haben. Und doch – dies ist hier entscheidend – nahmen sie diesem Komponisten nichts von dessen Kreativität, von dessen schöpferischem Potenzial. Dies ist mit Blick auf Alter, dies ist mit Blick auf den Menschen in Grenzsituationen des Lebens von allergrößter Bedeutung.

Die hier getroffenen Aussagen zur Kreativität, die in der *Kunst der Fuge* – die mehr und mehr zu einem „Spätwerk" Johann Sebastian Bachs werden sollte – sichtbar wird, verdichten sich in den folgenden Aussagen:

> Sergiu Celibidache sprach vom „Bachschen Prinzip, aus dem Bestehenden das Neue entstehen zu lassen". Diese Mischung aus Gelehrtheit und mathematischer Genauigkeit einerseits und Phantasie und unbekümmerter Spiellust andererseits bewirkt das Wunder Bach,

so folgert Franz Rueb (2004, S. 273).

> Wie dem auch sei: in der „Kunst der Fuge" den Erlösungsgedanken als Intention und Motiv zu erklären, ist ein gewagtes Postulat. Andererseits: was wollte Bach hier sagen? War die „Kunst der Fuge" nicht vielleicht doch nur ein grandioses Spiel, ludus tonalis, unbewusste Offenbarung einer spät gewonnenen Distanz zu allem Irdischen, eine souveräne Geste als Hinweis auf sein zum Ende neigendes Dasein? Handelt es sich um eine gelassene Deklaration der Unabhängigkeit von seinen Mitmenschen und ihrem Zweckdenken und gleichzeitig eine Loslösung von den Dingen der Welt, die er meist nur in Kleinlichkeit und provinzieller Enge erfahren hatte?,

so Wolfgang Hildesheimer (1985, S. 40) in einer Rede anlässlich des 300. Geburtstags von Johann Sebastian Bach.

In seiner Schrift *Bach – Leben und Werk* deutet Martin Geck (2000b) die *Kunst der Fuge* auch in der Hinsicht als eine sehr bemerkenswerte schöpferische Leistung, als in ihr die Verbindung der „Ordnung des Lebens" mit der „Ordnung des Todes" musikalisch ausgedrückt wird. Diese Verbindung, dies wurde ja an mehreren Stellen der vorliegenden Schrift betont, gilt auch uns als ein Schlüssel zum Verständnis der seelisch-geistigen Haltung Johann Sebastian Bachs wie auch vieler seiner Werke. So ist bei Martin Geck (2000b) zu lesen:

> Der Gedanke des „non finito" artikuliert die Spannung zwischen erhabener Unendlichkeit und menschlicher Begrenztheit. Um die *Kunst der Fuge* in diesem Kontext zu sehen, braucht man sie nicht zu inszenieren: Dieses hochkomplexe Vorhaben hatte niemals die Chance einer perfekten und definitiven Form – das ist seine ästhetische Botschaft, die sie an das Spätwerk Beethovens heranrückt (Geck 2000b, S. 692).

> Im Blick auf die *Kunst der Fuge* macht ein Moment nachdenklich: Trotz aller Lebendigkeit, die den einzelnen Kontrapunkten zukommt, und trotz ihrer kreativen Verflechtung stellt das Werk weniger einen Gedankenfluss als ein System dar. Systeme neigen dazu, ihre Ordnungen zu hypostasieren. Das hat etwas Tödliches an sich (Geck 2000b, S. 694).

> Niemand muss Bachs *Kunst der Fuge* in diesem Sinne lesen. Mit Robert Schumann lässt sich anderes an Bachs kontrapunktischen Systemen bewundern: Momente des Phantastischen und Verschlungenen und damit ein geheimnisvolles Stück Weltweisheit. Und wer die Signatur des Todes in der Schrift *Kunst der Fuge* entdeckt, könnte sich klarmachen, dass Leben und Tod zusammengehören, dass es kein Sein ohne eine Ordnung des Seins gibt, auch wenn damit dem Sein Grenzen gesetzt sind. Der Tod bedingt das Leben, jeder Verlust an

Augenblick das Bleibende. „Es war ein wunderlicher Krieg, da Tod und Leben rungen", heißt es in einem von Bach mehrfach vertonten Luther-Choral (Geck 2000b, S. 694).

Eine Fehlinterpretation der Kreativität im Alter?
Ein Blick auf Hindemiths Deutung des späten Bach

Die im letzten Abschnitt vorgenommene Charakterisierung der *Kunst der Fuge* – und damit des Spätwerks von Johann Sebastian Bach – kontrastiert in Teilen mit jener Charakterisierung dieses Spätwerks, die Paul Hindemith in seiner Rede anlässlich des zweihundertsten Todestages Johann Sebastian Bachs gegeben hat (Hindemith 1953). In dieser Rede wirft der große Komponist einen Blick auf die letzten zehn Jahre, die Zeit von 1740 bis 1750, und konstatiert:

> Der Mann, welcher in seinen sechs Köthener Jahren und den ersten zehn in Leipzig eine solch unheimliche Menge Musik produziert hat, dass es fast unmöglich scheint, sie schreibtechnisch und konzeptionell in eine so kurze Zeitspanne zu zwängen – dieser Mann wird schreiblahm (S. 36 f.).

> Durchschnittlich hat er also in diesen letzten zehn Jahren pro Jahr nicht viel mehr als ein einziges Opus geschaffen (S. 38).

Die Frage: „Was ist der Grund für dieses plötzliche Erlahmen?" (S. 38) beantwortet Paul Hindemith mit der „Melancholie des Vermögens" (S. 39). Und diese charakterisiert er wie folgt:

> Was kann ein Mann noch tun, der technisch und geistig in seiner Kunst die höchste Stufe des von Menschen Erklimmbaren erreicht hat? ... Warum darf er sich nicht des Erreichten freuen und nun einfach ausruhen? Er hat den Begriff der untätigen Ruhe nie gekannt, er wurde ohne ihn geboren und hat ihn sich nie angelernt. ... Der Zweck der Arbeit, die Richtung ihres Wirkens, die Marke, die sie anderen aufprägt – das alles ist jetzt Zutat geworden, es ist dem schöpferischen Tun nur noch umgehängt. Dieses Tun selbst ist so unabhängig von alldem geworden wie die Sonne von dem Leben, das ihre Strahlen hervorbringen. So unabhängig, dass es zuletzt nicht einmal mehr der Darstellung im Kunstwerk bedarf, um da zu sein. Es ist Gedanke geworden, ist entkleidet aller Zufälle und Gebrechen der Gestaltwerdung, und der so hoch Gestiegene ist nach der Überwindung des Materiellen zum Gedanken allein vorgedrungen (S. 40 f.).

Hindemith zieht das Fazit:

Er ist am Ende; er steht, wie es im alten persischen Gedicht heißt, vor dem Vorhang, den niemand je zur Seite zieht (S. 41). Für dieses Höchsterreichte muss er einen teuren Preis zahlen: die Melancholie, die Trauer, alle früheren Unvollkommenheiten verloren zu haben und mit ihnen die Möglichkeit weiteren Voranschreitens (S. 41 f.).

Ihm bleibt nur noch eins: den steilsten, engsten, geringen Platz, den er auf äußerstem Plateau erreicht hat, noch ein wenig auszubauen, ein wenig zu verschönern, mit den Mitteln, die er anzuwenden gewöhnt ist (S. 42).

Die Verehrung, die aus diesen Worten spricht, ist bemerkenswert, stammt sie doch von einem Komponisten, der selbst in der Theorie und Praxis der Komposition Außergewöhnliches geleistet hat, der selbst zur Avantgarde der Musik – eben seiner Zeit – gehört hat. Diese Verehrung drückt sich in folgenden Worten aus:

Ist es einer Musik gelungen, uns in unserem ganzen Wesen nach dem Edlen auszurichten, so hat sie das Beste getan. Hat ein Komponist seine Musik so weit bezwungen, dass sie dieses Beste tun konnte, so hat er das Höchste erreicht. Bach hat dieses Höchste erreicht (S. 45).

Aber darf gesagt werden, Johann Sebastian Bach sei „schreiblahm" geworden? Darf man bei den im letzten Lebensjahrzehnt entstandenen Kompositionen von „Zutat" sprechen, die dem schöpferischen Tun „nur noch umgehängt" ist, von der verbleibenden Möglichkeit, „noch ein wenig auszubauen, ein wenig zu verschönern"?

In dieser Interpretation wird eine Tendenz sichtbar, die sich in vielen Deutungen der Kreativität eines Menschen in seinen letzten Lebensjahren findet (siehe zur Kritik vor allem Lehr 2011): Es ist dies die Tendenz, Kreativität vorwiegend an der Anzahl der Werke festzumachen, also primär eine quantitative Betrachtungsweise einzuführen, dabei aber die Qualität der Werke außeracht zu lassen oder dieser nur eine nachgeordnete Bedeutung beizumessen. Im Hinblick auf die Kreativitätsforschung ist des Weiteren die Tendenz erkennbar, als Beispiel für Kreativität in den späten Lebensjahren die Komposition von Musikstücken anzuführen, die besonders „eingängig" sind und eben aus diesem Grunde große Popularität errungen haben (ausführlich dazu Simonton 2010).

Eine genaue Analyse von Bachs Spätwerk macht deutlich, dass eine derartige quantitative Betrachtungsweise und auch die Frage nach der Popularität eines Werks unvollständig sind, wenn Aussagen zur Kreativität getroffen werden sollen. Mindestens genau so wichtig, wenn nicht noch wichtiger, ist die qualitative Betrachtungsweise, die auf Merkmale wie Ausschöpfung, Durchdringung, Komplexität, Konzentration und Originalität zielt – Merkmale, die die *Kunst der Fuge* auszeichnen, Merkmale, die in besonderer Weise die Kreativität im Alter kennzeichnen, von der es ja schon an anderer Stelle hieß, dass sie in manchem der Schaffung einer Skulptur entspricht. Das kontinuierliche Arbeiten an der *Kunst der Fuge*, ein sich über mindestens acht Jahre erstreckender Prozess, ist Ausdruck der Kreativität – wobei dem anhaltenden Schaffensprozess das Motiv zugrunde liegt, noch tiefer in den Gegenstand einzudringen. Diese zunehmende Verarbeitungstiefe lässt nicht zu, zahlreiche Werke zu schaffen. Sie erfordert vielmehr, bei einer geringeren Anzahl von Werken stehenzubleiben und diesen die ganze Aufmerksamkeit zuteilwerden zu lassen. Die in der Psychologischen Gerontologie vielfach getroffene Aussage, wonach Altern seelisch-geistig auch als Prozess zunehmender Konzentration und Vertiefung betrachtet werden kann (ausführlich Lehr 2011; Rosenmayr 2011a), findet in dieser Besonderheit des musikalischen Spätwerkes ihre Entsprechung.

Die Kunst der Fuge: In welche „Ordnung" führt uns Johann Sebastian Bach ein?

Johann Sebastian Bach trat im Juni 1747 der *Societät der musikalischen Wissenschaften* bei, die 1738 von seinem ehemaligen Schüler Lorenz Christoph Mizler gegründet worden war. Mizler definierte die wissenschaftliche und historische Fundierung der Musik sowie die Entwicklung eines musikalischen, mathematischen und philosophischen Ordnungssystems als zentrale Aufgaben dieser Societät. Im Hinblick auf das mathematische Ordnungssystem stellt Mizler fest, dass die Musik „aus lauter Quantitäten" bestehe, was aber im öffentlichen Verständnis von Musik nicht ausreichend bedacht werde. Gerade die mathematische Fundierung betreffend sei, so Mizler, „große Ausbesserung vonnöten." Die mathematische Erkenntnis gilt Mizler dabei als die höchste Erkenntnisebene, sie bildet seiner nach Auffassung die höchste Stufe der Weisheit. Die mathematischen Erkenntnisse sind für die Schaffung theoretischer Grundlagen der Musik unerlässlich.

In der Musik wiederum sieht Mizler besondere Möglichkeiten, zu einem vertieften Verständnis des Kosmos zu gelangen, spiegele sich doch im Mikrokosmos der Musik die Harmonie des Weltalls wider. Damit ist auch schon angedeutet, in welchen Kontext die Societät der musikalischen Wissenschaften ihre Betrachtungen über die theoretischen Grundlagen der Musik stellte: nämlich in den Kontext der Pythagoreischen Lehre, die ja die irdische Musik als Imitation der kosmischen Musik – der Sphärenmusik – verstand. Die Pythagoreer fanden auch in der Musik die Zahlen als maßgebend, und ihre Untersuchungen über Musik zeigten ihnen, dass der reine Klang auf einfachen

Zahlenverhältnissen der Saitenlänge gründet. Die Bewegungen der Himmelskörper lassen eine Harmonie erkennen, die für eine grundlegende Ordnung spricht, ganz ähnlich der Ordnung, die sich in der Musik ausdrückt.

Die Bedeutung der *Societät der musikalischen Wissenschaften* sowohl für die musikwissenschaftliche Theorienbildung als auch für die Integration mathematischer und philosophischer Erkenntnisse in diese kann, wie Hans Eberhard Dentler (2004) in seiner Monografie über die *Kunst der Fuge* überzeugend darlegt, nicht hoch genug bewertet werden. Aus diesem Grunde darf der Versuch, zu einem differenzierteren seelisch-geistigen und spirituellen Zugang zur *Kunst der Fuge* zu gelangen, nicht an den grundlegenden Überlegungen, die in dieser Societät angestellt und intensiv diskutiert wurden, vorbeigehen. Dentlers Schrift setzt sich intensiv mit dem geistigen Fundament dieser Societät auseinander und fördert schon dadurch ein tieferes Verständnis der *Kunst der Fuge*.

Johann Sebastian Bach war das 14. Mitglied der Societät. Vor ihm waren bereits Georg Philipp Telemann und Georg Friedrich Händel beigetreten. Mit Aufnahme in die Societät verpflichtete sich das Mitglied, einmal jährlich eine musiktheoretische oder eine kompositorische Arbeit einzureichen, wobei letztere hohen theoretischen Ansprüchen zu genügen hatte. Zudem musste ein Porträt abgeliefert werden. Johann Sebastian Bach reichte ein vom Maler Elias Gottlob Haußmann angefertigtes Ölgemälde ein. Dieses Ölgemälde ist in zweifacher Hinsicht von Bedeutung: Zum einen ist es das einzige Porträt des Komponisten, über das die musikalische Nachwelt verfügt, zudem hält Johann Sebastian Bach auf diesem Ölbild einen sechsstimmigen Rätselkanon aus dem *Musikalischen Opfer* in der Hand. Es wird heute allgemein davon ausgegangen, dass das *Musikalische Opfer* jene „praktische Arbeit" bildete, die Johann Sebastian Bach für das Jahr 1748 eingereicht hatte. Für das Jahr 1747 waren vermutlich die *Canonischen Veränderungen für Orgel über das Weihnachtslied „Vom Himmel hoch"* (BWV 769) gedacht. Die *Kunst der Fuge*, so wird weiter angenommen, diente als „praktische Arbeit" für das Jahr 1749. Mit Vollendung des 65. Lebensjahres waren die Mitglieder der Societät von der jährlichen Lieferung eines theoretischen oder praktischen Beitrags befreit. Für Johann Sebastian Bach bedeutete dies, dass er ab dem Jahre 1750 keine Arbeit mehr einreichen musste.

Wenden wir uns nun der Interpretation der *Kunst der Fuge* zu, wie sie sich in der Arbeit von Hans Eberhard Dentler (2004) findet. Dieser charakterisiert den Fugenzyklus wie folgt:

> Dabei ist die *Kunst der Fuge* nicht nur ein musikalisch-philosophisches Lehrwerk, sondern anerkanntermaßen eines der bedeutendsten Kunstwerke europäischer Musik, ein opus miracolum plenum – für manchen Kenner wie Liebhaber das Höchste, das Bach geschrieben hat (Dentler 2004, S. 18).

Dentler analysiert die „pythagoreischen Kennzeichen" in der *Kunst der Fuge*. Als erstes Kennzeichen nennt er das Rätselprinzip: Die Tatsache, dass die Partitur der *Kunst der Fuge* keinen von Johann Sebastian Bach gewählten Titel trägt, die Tatsache, dass sich im Autograph keinerlei Angaben zur Besetzung und zu den Tempobezeichnungen finden, die Tatsache schließlich, dass Johann Sebastian Bach darauf verzichtet hat, Titel und Autor zu nennen, werden von Dentler als entscheidende Hinweise auf das Rätselprinzip gedeutet, das für die Pythagoreer große Bedeutung besaß und das Johann Sebastian Bach auf die *Kunst der Fuge* angewendet hat. „Das Fehlen dieser sonst bei jeder Komposition selbstverständlichen Angaben entspricht einem mit musikalischen Mitteln formulierten Rätsel" (Dentler 2004, S. 61).

Als weitere pythagoreische Kennzeichen nennt er das Dualismusprinzip (das sich im Kontrapunkt ausdrückt), das Spiegelprinzip (das sich in Spiegelfugen ausdrückt, die Bach in den Fugenzyklus eingefügt hat), das Tetrachordprinzip (das sich in den ersten vier halben Tönen des Grundthemas der *Kunst der Fuge* widerspiegelt) und das Monadenprinzip (der gesamte Fugenzyklus ist durch ein Grundthema bestimmt und steht in einer Tonart: d-Moll). Dass die Wahl auf die Tonart d-Moll gefallen ist, darf auch als pythagoreisches Kennzeichen gedeutet werden, wenn man bedenkt, dass die dorische Tonart – mit der die Tonart d-Moll unmittelbar verwandt ist (siehe dazu Mizler: „Die Dorische Weise ist heut zu Tag unser d-moll") – zu den von Pythagoras präferierten Tonarten gehörte.

Für die Pythagoreer stellen „die Gegenteile die Prinzipien der Dinge" dar. In der *Kunst der Fuge* wird das Prinzip des Kontrapunkts (punctus contra punctum) eindrucksvoll durch das Prinzip der Gegenbewegung veranschaulicht.

Die Tatsache, dass die pythagoreische Lehre das Denken der Mizler'schen Societät der musikalischen Wissenschaften bestimmte, wie auch die häufiger aufgestellte Annahme, dass die *Kunst der Fuge* vermutlich als Lieferung Johann Sebastian Bachs für das Jahr 1749 dienen sollte, rechtfertigen die Aussage, dass Bach hier ganz bewusst ein Werk geschaffen hat, das eine möglichst hohe Korrespondenz mit den pythagoreischen Kennzeichen aufweisen sollte. Die Lehre der Pythagoreer bildet somit jene Ordnung, in die uns Johann Sebastian Bach einführt. Das ganze Universum gründet auf dem Prinzip der Ordnung, und die Musik bildet jene Disziplin, die dieses Prinzip zum Klingen bringt. Dabei sind sowohl die Musik als auch die anderen Erscheinungen grundlegend von dem Prinzip der Zahl bestimmt: Sie bildet den Kern jener Ordnung, die für das gesamte Universum charakteristisch ist und es strukturiert.

Doch bilden die pythagoreischen Kennzeichen in ihrer Gesamtheit nur ein Ordnungsprinzip der *Kunst der Fuge*. Es gibt ein weiteres, wie Hans Eberhard

Dentler herausarbeitet, das durch und durch philosophisch-theologisch bestimmt ist: Es ist hier die semantische Bedeutung von „Fuge" angesprochen, die in dem Begriff der „Flucht" zu sehen ist (φυγή, griech. und fuga, lat. = die Flucht), wobei aber „Flucht" hier nicht die Flucht vor etwas meint, sondern vielmehr die Flucht zu etwas hin, nämlich zur Heimat, zum Ursprung. Die Fuge beschreibt, wie Hans Eberhard Dentler betont, diesem Verständnis zufolge die Rückkehr der Seele zu Gott.

Hier stehen wir im Zentrum des philosophischen Werks von Plotin. Wie bereits dargelegt, stammen Plotins Lehre zufolge Geist und Seele vom großen Einen ab, wobei die Seele eine Mittlerrolle zwischen Geist und Materie wahrnimmt. Die Rückkehr (man kann auch sagen: der „Aufstieg" oder „Rückstieg") zu Gott ist verbunden mit einer Loslösung der Seele von der Materie. Dabei deutet Plotin Odysseus als Symbol der Seele. Dentler (2004) hebt hervor, dass in der Mizler'schen Societät für musikalische Wissenschaften Plotins Lehre bekannt gewesen sei und dabei auch die Grundlage vieler philosophischer Diskussionen bildete. Aus diesem Grund ist davon auszugehen, dass Johann Sebastian Bach mit Plotins philosophischem System vertraut gewesen ist und dieses System den ideengeschichtlichen Hintergrund der *Kunst der Fuge* darstellt. Die entscheidende Aussage zur „Flucht in die Heimat" findet sich in den Enneaden I (Abhandlung 6) des Plotin, wo es heißt:

> „So lasst uns fliehen in die geliebte Heimat", so könnte man mit mehr Recht mahnen. Und worin besteht diese Flucht und wie geht sie vor sich? ... Was ist es denn für eine Reise, diese Flucht? Nicht mit Füßen sollst du sie vollbringen, denn die Füße tragen überall nur von einem Land in ein anderes, du brauchst auch kein Fahrzeug zuzurüsten, das Pferde ziehen oder das auf dem Meer fährt, nein, du musst dies alles dahinten lassen und nicht blicken, sondern nur gleichsam die Augen schließen und ein anderes Gesicht statt des alten in dir erwecken, welches jeder hat, aber wenige brauchen es (Plotin 1986, S. 10 f.).

Eine Anmerkung: Der Titel *Enneaden* heißt übersetzt „Neunheiten". Dieser Titel stammt nicht von Plotin selbst, sondern von seinem Schüler und Biographen Prophyrios, der die 54 vorliegenden plotinischen Abhandlungen in sechs Gruppen unterteilt hat, um damit jeweils Zahl neun zu erreichen. Die *Enneade I* trägt den Titel „Über das Schöne". Ihr ist die oben angeführte Aussage des Plotin entnommen. Diese *Enneade* gilt als die berühmteste des Philosophen. Die *Enneaden II* und III enthalten naturphilosophische Abhandlungen, die *Enneade IV* Betrachtungen über die Seele, die *Enneaden V* und *VI* Überlegungen über den Geist (nus) und das Eine (hen).

Wie bereits an anderer Stelle dargelegt, bildet die metaphysische Stufung in psychē, nus und hen das grundlegende Ordnungsprinzip im Werk Plotins. Der Abstieg und Aufstieg der Seele vollzieht sich auf der Grundlage dieser Stufung: Der Aufstieg der Seele, der uns im thematischen Kontext der *Kunst der Fuge* beschäftigt, kann auch als Rückstieg in die Heimat, zum Ursprung verstanden werden (Dentler 2004). Dieser Aufstieg oder Rückstieg beschreibt die Stufung vom Sinnlichen zum Übersinnlichen. Je höher die bei dem Rückstieg erreichte Stufe ist, desto schwieriger wird es, sprachlich darzulegen, was auf dieser Stufe erlebt, erfahren und erkannt wird. Die auf der höchsten Stufe gewonnenen Erlebnisse, Erfahrungen und Erkenntnisse lassen sich sprachlich gar nicht mehr darstellen. Dies zeigt, dass die Lehre Plotins als eine Verbindung aus Philosophie und Mystik verstanden werden kann.

Hans Eberhard Dentler erkennt vor diesem ideengeschichtlichen Hintergrund in der *Kunst der Fuge* einen religiösen Aspekt. Hier sei kommentierend angefügt, dass die Lehre des Plotin zwar nicht als christlich-theologische verstanden werden darf, dass sie aber großen Einfluss auf das Denken des Kirchenvaters Augustinus ausgeübt hat und über dessen *Confessiones* auf frühe Schriften des Christentums einwirken konnte. Für einen gläubigen Christen, wie Johann Sebastian Bach es war, bildete die Lehre Plotins durchaus einen sehr wichtigen, auch persönlich berührenden Beitrag zum Versuch, sich dem Geheimnis Gottes immer wieder anzunähern.

Die Fuge eignet sich in besonderer Weise, die Stimme Gottes in der Welt, ja, die göttliche Ordnung in der Welt zu veranschaulichen. Sie beginnt unmittelbar mit dem Thema, das ohne Begleitung vorgetragen und damit für den Hörer deutlich vernehmbar ist. Jene Stimme, die dieses Thema vorgetragen hat, übergibt dieses an eine nachfolgende, und während diese das Thema – eine Quint höher – vorträgt, entwickelt jene Stimme, die das Thema zuerst vorgetragen hat, ein „Gegenthema", einen Kontrapunkt, wobei mit der Beziehung zwischen Thema und Kontrapunkt das pythagoreische Dualismusprinzip angesprochen ist. Das Thema wird, wenn es in der zweiten Stimme erklungen ist, eine Quart höher von der dritten übernommen, und nach deren Abschluss gegebenenfalls von einer vierten und dann schließlich von einer fünften, im *Ricercare* des *Musikalischen Opfers* sogar von einer sechsten Stimme.

Während das Thema jeweils in einer Stimme erklingt, ertönen in den anderen Stimmen der Kontrapunkt sowie variierende Motive, die als Ausdeutung des Themas und des Kontrapunkts zu verstehen sind. In der Engführung schließlich, die am Ende der Fuge steht, folgen in kurzen Abständen die einzelnen Stimmen mit dem Thema. Diese Verdichtung der verschiedenen Stimmen vermittelt den Eindruck, sie seien am Ziel (und nicht nur am Endpunkt) angekommen, wobei hier noch einmal auf die Übersetzung des lateinischen *finis* mit „Ziel" und „Ende" hingewiesen sei. Als Beispiel für die Engführung sei die *Fuge in b-Moll* aus dem *Wohltemperierten Klavier I* (BWV 867) genannt. Wenn wir diesen Endpunkt symbolisch als *Ziel* verstehen (und die Führung der Stimmen legt eine entsprechende Symbolik nahe), in dem alle Stimmen zusammenfließen, dann ist es nicht mehr weit bis zum Bild der Heimat, dem Bild des Ursprungs. Vor allem aber ist wichtig, dass das Thema in der Fuge immer wieder in den verschiedenen Stimmen aufgenommen wird, sodass sich in der Vielfalt der Motive immer wieder eines – nämlich das Fugenthema – durchsetzt.

Symbolisch ausgedrückt, heißt das: Gottes Stimme tönt durch die Vielfalt der Stimmen hindurch, Gottes Stimme ist in der Welt deutlich vernehmbar, wenn wir nur genau hinhören, in dieser Welt zeigt sich die göttliche Ordnung. Neben dem pythagoreischen Ordnungsprinzip – das durch die Zahl konstituiert ist – findet sich ein christlich-theologisches Ordnungsprinzip – das durch die eine Stimme des Einen konstituiert ist. Bleiben wir noch beim *Wohltemperierten Klavier I*: Die *Fuge D-Dur* (BWV 850) lässt sich – in symbolischer Deutung – als ein bemerkenswertes klangliches Beispiel für das Erreichen des Ziels, oder noch prägnanter: für das Erreichen des Hafens, ansehen. Die letzten Takte dieser Fuge, die auf die Engführung folgen, beschreiben eine Reihung von Akkorden, die – symbolisch gesprochen – den Eindruck vermitteln, dass wir in dem sicheren Hafen angekommen sind. Hier kann man sich sogar Odysseus am Ende seiner Irrfahrten vorstellen, den Odysseus, der den rettenden Hafen erkennt und in ihn einfährt.

Nun noch einmal zurück zu der *Kunst der Fuge*: Auch dieses Werk lässt sich – in einer weiter ausholenden, gleichwohl ausreichend fundierten Interpretation – auch als ein religiös motiviertes Werk verstehen. Die *Fuge* an sich eignet sich ja, wie dargelegt wurde, besonders zur musikalischen Vermittlung der göttlichen Ordnung in unserer Welt. Dieser religiöse Bezug wird in der *Kunst der Fuge* auch noch einmal in sehr persönlicher Weise zum Ausdruck gebracht, nämlich durch die (Fort-)Führung des eigenen Namens zum Grundton „d". Diese (Fort-)Führung soll zugleich dazu dienen, den Dank des Komponisten an den Schöpfergott zu symbolisieren, den Dank nämlich für die Begabung, für die Talente, mit denen dieser den Komponisten beschenkt hat.

Das bildet ein bedeutendes Motiv in den späten Lebensjahren! Und es ist hier der Ort, den Blick auf einen anderen Künstler zu richten, bei dem sich ein ganz ähnliches Motiv findet: Rembrandt van Rijn. Gemeint ist hier dessen letztes Selbstbildnis, in dem wir gleichfalls das Motiv des Dankes eindrucksvoll verkörpert finden.

Das Dankbarkeitsmotiv: Das letzte Selbstbildnis des Rembrandt van Rijn

Bevor nun auf Rembrandts letztes Selbstbildnis eingegangen wird, seien einige biografische Daten dieses „Malers des Ewigen", wie ihn der Zürcher Philosoph und Theologe Walter Nigg in seiner Monografie „Rembrandt" charakterisiert hat (Nigg 2006), angeführt. Zudem sollen einige allgemeinere Aussagen zur Bedeutung der Selbstbildnisse im Selbstverständnis dieses Malers wie auch zu dessen Sicht auf das Alter getroffen werden.

Rembrandt Harmenszoon van Rijn wurde am 15. Juli 1606 in Leiden als achtes von neun Kindern eines Müllermeisters geboren. Er besuchte die calvinistische Lateinschule in seiner Heimatstadt und immatrikulierte sich nach der Matura an der Philosophischen Fakultät der Universität Leiden, doch schon nach zwei Jahren Studienzeit nahm er eine Lehre bei dem Maler Jacob Isaaksz van Swanenburgh auf. Seine Ausbildung schloss er in Amsterdam bei dem Historienmaler Pieter Lastman ab. Nach Leiden zurückgekehrt, richtete er gemeinsam mit dem Künstler Jan Lievens ein Atelier ein. 1632 zog er in das Haus des Kunsthändlers Hendrick van Uylenburgh in Amsterdam. Ein Jahr später verlobte er sich mit Saskia van Uylenburgh (1612–1642), der Tochter des ehemaligen Bürgermeisters von Leuwaarden und Cousine Hendrick van Uylenburghs. Ein weiteres Jahr später heiratete er Saskia.

Rembrandt wurde 1635 in die Lukas-Gilde von Amsterdam aufgenommen und eröffnete ein eigenes Atelier. 1639 erwarb er mit einer Anzahlung ein repräsentatives Bürgerhaus in Amsterdam. Die ersten drei Kinder Saskias und Rembrandts starben bereits in den ersten Wochen. Das vierte Kind, der 1641 geborene Sohn Titus, lebte bis zum Jahr 1668.

1642 starb Saskia, und der Tod seiner Ehefrau stürzte Rembrandt in eine schwere seelische Krise, die es ihm über Jahre hinweg schwer machte, seiner Tätigkeit als Maler und Lehrer nachzugehen. Zugleich zeugen seine Bilder aus dieser Zeit vom Bewusstsein dafür, eine besondere erzieherische Verantwortung für seinen Sohn Titus zu haben. Geertghe Dircx, die Rembrandt nach dem Tod Saskias als Haushälterin einstellte, wurde nun seine Lebensgefährtin. Doch nach sieben Jahren trennte er sich von ihr und ging eine Beziehung mit der 22-jährigen Hendrickje Stoffels ein.

Hendrickje wurde im Sommer 1654 wegen ihres Verhältnisses mit Rembrandt vor dem Rat der Reformierten Kirche in Amsterdam der Hurerei angeklagt und verwarnt (diese Verwarnung war zudem mit dem Ausschluss vom Abendmahl verbunden). Im Oktober des gleichen Jahres gebar sie ihre Tochter Cornelia.

1656 musste Rembrandt aufgrund seiner Verschuldung Haus, Besitz und Kunstsammlung versteigern lassen. Bis 1660 wurde ihm allerdings noch das

Wohnrecht eingeräumt. Danach zog er in ein kleines Haus an der Roozengracht, das von Titus und Hendrickje gemietet wurde. Die Roozengracht lag im Stadtviertel Jordaan, in dem die sozial schwächere Bevölkerung lebte. Rembrandt war zu dieser Zeit nicht mehr in der Lage, seine finanziellen Ausstände und Verpflichtungen zu überblicken. Aus diesem Grund eröffneten Titus und Hendrickje 1660 eine Kunsthandlung, in der sie ihn gegen Kost und Wohnung anstellten. Damit sollte er auch vor den Gläubigern geschützt werden. Und doch schloss er auch nach seinem Konkurs Verträge, die er nicht einhalten konnte.

Rembrandts Ruhm war zu diesem Zeitpunkt bis nach Italien gedrungen. Seine Bilder wurden dort mit jenen italienischer Meister verglichen. 1663 starb Hendrickje. Titus wurde 1665 für mündig erklärt. 1668 heiratete er Magdalena van Loof, starb jedoch nur wenige Monate später. Titus' Frau Magdalena brachte im Frühjahr 1669 eine Tochter zur Welt, der der Name Titia gegeben wurde. Mit diesem Namen wurde zum einen an Titus, zum anderen an Saskias Schwester erinnert, der sich Saskia sehr verbunden gefühlt und deren Tod sie sehr getroffen hatte. Rembrandt diente bei der Taufe als Pate. Am 4. Oktober 1669 starb Rembrandt Harmenszoon van Rijn im Alter von 63 Jahren.

Welche Bedeutung besaßen die Selbstbildnisse für Rembrandt, warum ist es also gerechtfertigt, Aussagen über die Einstellung Rembrandts zum eigenen Alter auf der Grundlage einer Betrachtung seiner Selbstbildnisse zu treffen? Lassen wir hier Walter Nigg (2006) sprechen:

> Das weitaus Beste über Rembrandt hat er selbst in seinen zahlreichen Selbstbildnissen gesagt, die er zu allen Stationen seines Lebens gemalt hat. Dieser schweigsame Künstler, der nicht gerne mehr sprach als unbedingt notwendig war, hat seine eigene Biografie auf seine, ihm allein entsprechende Art geschrieben, und was man auch über ihn sagen mag, es reicht alles nicht entfernt an diese Selbstäußerung heran (Nigg 2006, S. 17).

> Was hat den Künstler bewogen, sich selbst aufs Neue zu porträtieren? Mit Narzissmus und Solipsismus haben seine Bilder nichts zu tun. ... Statt von eitler Selbstbespiegelung zu reden, müssen seine Selbstschilderungen als ein Spiegelbild seiner Seele verstanden werden. Rembrandts Selbstbildnisse sind aus einem ernsthaften Umgang mit sich selbst entstanden, sie gingen aus dem Bemühen hervor, das eigene Antlitz zu erforschen (Nigg 2006, S. 19).

> Der innere Mensch entzieht sich der direkten Darstellung. Das Seelische kann nicht mit äußeren Mitteln dargestellt werden. Diese Möglichkeit ist dem Künstler versagt. Doch kann der innere Mensch indirekt gezeigt werden, und diesen Weg hat Rembrandt beschritten. Er hat die seelischen Vorgänge

durch Gebärden ausgedrückt, die eine Haltung symbolisieren und dadurch die Seele sichtbar veranschaulichen (Nigg 2006, S. 67 f.).

Kommen wir nun auf die Darstellung des Alters in Rembrandts Werk zu sprechen: Es fällt auf, dass der Maler bereits in seinen frühen Jahren das Alter intensiv betrachtet, reflektiert und dargestellt hat, dass er schon früh besonderes Interesse an älteren Menschen zeigte und der Frage nachging, wie sich die Biografie eines Menschen nicht nur in dessen Erleben und Verhalten, sondern auch in dessen Gesicht, in dessen Händen ausdrückt und widerspiegelt: Eine eindrucksvolle Darstellung des Alters gibt das Bild *Alter Mann mit gefalteten Händen* aus dem Jahr 1631.

Es fällt des Weiteren auf – und dies ist in unserem Zusammenhang besonders wichtig –, dass in den späteren Jahren aus der Beschäftigung mit dem Thema „Alter" zunehmend die Beschäftigung mit dem eigenen Altern und dem eigenen Alter wurde. Von Mitte der 1650er-Jahre an entstanden Selbstbildnisse, in denen Rembrandt das eigene Altern als einen kontinuierlichen Gestaltwandel darstellt, sodass man sich bei der Betrachtung seiner Selbstbildnisse an eine für die Alternsforschung zentrale Aussage des Mediziners Max Bürger aus dem Jahre 1947 erinnert fühlt: „Altern ist jede natürliche, irreversible Veränderung der lebenden Substanz als Funktion der Zeit."

Damit soll ausgedrückt werden: Das Alter tritt nicht ab einem bestimmten chronologischen Alter plötzlich ein, sondern vielmehr ist das Altern – das körperliche ebenso wie das seelisch-geistige – als ein Prozess gradueller Veränderungen, als eine kontinuierliche Veränderungsreihe, man könnte auch sagen: als eine Biomorphose, zu verstehen und zu konzeptualisieren (ausführlich dazu Kruse 2007). Gerade diese Biomorphose wird in den Selbstbildnissen Rembrandts akzentuiert und anschaulich dargestellt.

Wie aber interpretiert Rembrandt sein Altern und sein Alter? Er gelangt zu einer durchaus positiven, aber nicht übertrieben positiven Bewertung: Neben der Verletzlichkeit des Körpers betont er das seelisch-geistige Potenzial zu tieferer Humanität, zu innerer Einkehr, zu vermehrter Konzentration, zu zunehmender Verdichtung von Erlebnissen, Erfahrungen und Erkenntnissen in Lebenswissen. Diese Deutung bietet sich bei einer Betrachtung der Selbstbildnisse Rembrandts sowie auch seiner Selbstbildnisse in der Rolle des Apostels Paulus (1661) und des Philosophen Demokrit/des Malers Zeuxis (1663) an. Dieses Potenzial zeigt sich aber auch in der ab 1661 begonnenen Evangelisten- und Apostelreihe (siehe zum Beispiel *Der Evangelist Matthäus* aus dem Jahre 1661) sowie in der Darstellung des *Homer* aus dem Jahr 1663.

Hier sei ergänzend angemerkt: Die kunsthistorische Forschung kann bis heute nicht mit Sicherheit sagen, ob sich Rembrandt hier tatsächlich in der Rolle des Philosophen Demokrit – der in der Literatur auch als der „lachende

Philosoph" beschrieben wird – dargestellt hat und im Hintergrund tatsächlich Heraklit – der in der Literatur auch als der „ernste, weinende Philosoph" charakterisiert wird – erkennbar ist. Es gibt auch eine andere Deutung, nämlich die, dass sich Rembrandt hier in der Rolle des griechischen Malers Zeuxis dargestellt habe, von dem überliefert ist, dass er eine unförmige alte Frau zu malen hatte – und dabei so heftig lachen musste, dass er schließlich verstarb. Für diese Deutung spricht die Tatsache, dass ein Schüler Rembrandts, nämlich Arendt de Gelder, die Zeuxis-Szene dargestellt hat. Und doch ist auch diese alternative Interpretation umstritten. Hier sei aus einem Artikel von Samuel Herzog in der Neuen Zürcher Zeitung (Ausgabe vom 10. Februar 2003) zitiert, in dem zu lesen ist:

> So überzeugend diese Zeuxis-Interpretation auch ist, sie will mit Vorsicht weitergegeben sein. Denn einerseits ist die Figur am linken Bildrand so dunkel und undeutlich, dass wohl niemand hier mit absoluter Sicherheit eine hässliche alte Frau erkennen kann. Und andererseits hat man von dem Bild ein Röntgenfoto angefertigt, das Erstaunliches sichtbar werden lässt: In einer ersten Version nämlich hat sich Rembrandt nur mit einem leichten Lächeln auf den Lippen dargestellt, nicht mit dem Lachen des fertigen Bildes. Zum Zeitpunkt dieser ersten Version hat sich Rembrandt also ganz bestimmt nicht in der Rolle des Zeuxis gesehen – denn wer hat je davon gehört, dass sich jemand zu Tode gelächelt hätte? … Es könnte aber auch sein, dass diese Zeuxis-Interpretation den Blick auf das Bild gerade verstellt. Wie wäre es denn, wenn Rembrandt hier eben keine Lösung, keinen letzten Sinn gefunden hätte – weder für sich noch für die Welt noch für das Bild? Auch solche Grundlosigkeit wäre doch wohl ein Grund, aus voller Farbe heraus zu lachen.

Die Humanität, die innere Einkehr, die vermehrte Konzentration und die zunehmende Verdichtung von Erlebnissen, Erfahrungen und Erkenntnissen, die aus den Altersbildern und Selbstbildnissen Rembrandts sprechen, stehen im Kontrast zu den Verlusten, die er schon im frühen und mittleren Erwachsenenalter (zu nennen sind hier der frühe Tod seiner drei Kinder und der Tod Saskias in seinem 37. Lebensjahr) zu bewältigen hatte, vor allem aber zu den Verlusten in seinem letzten Lebensjahrzehnt: Hier kann man an die bereits erwähnten, großen wirtschaftlichen Probleme denken, die bisweilen bis zur völligen Insolvenz führten, auch an den Tod Hendrickjes 1663 und den Tod des Titus im Jahr 1668. Nun könnte man meinen, dass Rembrandt unter dem Eindruck dieser Verluste in seinem letzten Lebensjahrzehnt zunehmend verbittert und pessimistisch geworden wäre. Das ist aber nicht der Fall, wie Walter Nigg (2006) in seiner Monografie über Rembrandt deutlich macht:

„Wenn ich meinen Geist ausspannen will, suche ich nicht Ehre, sondern Freiheit". Diese eine Äußerung des schweigsamen Rembrandt wiegt viele Worte auf, weil sie einen Blick in sein innerstes Denken gewährt. Dem arm gewordenen Maler kam es nicht auf törichten Ehrgeiz und eitlen Geltungsdrang an … sondern auf die Freiheit, die er liebte und in welcher Luft der schöpferische Mensch allein atmen kann. Groß ist an Rembrandt, dass er in seinem äußeren Niedergang weder verbittert noch misanthropisch wurde, sondern nach dem Bericht eines Zeitgenossen ein „großer Humorist" blieb (Nigg 2006, S. 36).

Christian Tümpel (2002) gelangt in seiner Rembrandt-Monografie zu einer ganz ähnlichen Bewertung, wenn er schreibt:

Seit der Mitte der fünfziger Jahre erlebte er sich selbst – nachdem sein Leben offensichtlich den Höhepunkt des Erfolgs überschritten hatte – in steigendem Maße als alter Mensch. An der Reihe der Selbstporträts der beiden letzten Lebensjahrzehnte können wir verfolgen, wie sein Haar schütter wird und die Haut erschlafft. Sein Gesicht ist faltig und leicht aufgedunsen. Wie sehr mussten dem Künstler, der über sich selbst nachdachte und sich immer wieder um sein eigenes Selbstbildnis bemühte, diese Spuren des Alterns auffallen und beschäftigen. Er fand dabei jedoch zu einer positiven Einschätzung und hat sich in zwei historischen Rollen porträtiert, die Wesentliches über sein Selbstverständnis aussagen. Das berühmte Selbstbildnis in Amsterdam zeigt ihn als Apostel Paulus, das nicht minder bedeutende Gemälde in Köln in der Rolle des antiken Philosophen Demokrit. … Wenn er sich in seinem späten Bild als Apostel Paulus darstellt, erkennt er damit auch für sein Leben an, wie unvollkommen es geblieben ist und dass er ganz von der Gnade Gottes abhängt. … Um 1667/68, in dem Kölner Selbstbildnis, gab sich Rembrandt als lachender Maler an der Staffelei wieder, der das Porträt eines grimmigen Menschen malt. … Trotz seines Alters, in dem er zunehmend die Vergänglichkeit alles Lebens und vor allem der irdischen Güter erfährt, stellt sich Rembrandt wohlgemut dar (Tümpel 2002, S. 125 ff).

Kommen wir also nun zu jenem letzten Selbstbildnis Rembrandts, das in seiner grundlegenden Aussage durchaus Bezüge zu jenem symbolischen Gehalt aufweist, der in dem zum Grundton geführten Namen B-A-C-H liegt. Dass das Selbstbildnis Rembrandts hier in Beziehung zum „Glaubensbekenntnis" Johann Sebastian Bachs in der *Kunst der Fuge* gesetzt wird, hat seinen Grund zunächst darin, dass die Transzendenz im Werk Rembrandts ein ganz ähnliches Gewicht annimmt wie in jenem Johann Sebastian Bachs. Die Transzendenz kommt vor allem in den Evangelisten- und Apostelbildern sowie in der künstlerischen Darstellung von Szenen aus dem Alten und Neuen Testament zum Ausdruck.

Abb. 3.4 Rembrandt, Autoportrait, 1669 (© The National Gallery, London)

Was aber ist nun in Rembrandts letztem Selbstbildnis erkennbar? Zunächst ist es eine besondere Beziehung zwischen dem dunklen Hintergrund des Bildes und dessen Zentrum, das die Person Rembrandts selbst bildet, wobei auf einzelne Partien – auf das Haupt und auf die Hände – des abgebildeten Künstlers Licht fällt, sodass diese sehr deutlich wahrgenommen werden, während die anderen Partien mit dem dunklen Hintergrund verschmelzen. Der Maler scheint somit mehr und mehr in diesen Hintergrund einzugehen, sodass man durchaus vom Eingehen der Person in den Kosmos sprechen kann, in formaler Hinsicht von einer bemerkenswerten Harmonie der Gesamtkomposition. Die Tatsache, dass sich beschienenes Haupt und beschienene Hände noch einmal von der Gesamtperson abheben, vermittelt den Eindruck, dass zwischen diesen Körperpartien eine unmittelbare Verbindung besteht, dass diese also nicht unabhängig voneinander gedacht werden dürfen. Diese Verbindung lässt sich nun in der Weise deuten, dass hier seelisch-geistige Qualitäten (Haupt) und praktische Fertigkeiten (Hände) in der künstlerischen Identität aufgehen. Die Haltung, in der der Künstler abgebildet ist, soll zum Ausdruck bringen: „Hier bin ich, Rembrandt van Rijn, der Maler" (Abb. 3.4).

Abb. 3.5 Selbstbildnis mit Halsberge, Rembrandt, um 1629 (© picture alliance/akg-images)

Wenn wir diese Haltung vergleichen mit jener, die im Selbstbildnis aus dem Jahr 1629 zum Ausdruck kommt, dann ergibt sich eine interessante Parallele, zugleich aber auch eine bedeutende Differenz. Auch in dem frühen Selbstbildnis scheint Rembrandt sagen zu wollen: „Hier bin ich, Rembrandt van Rijn, der Maler" (Abb. 3.5). Doch während in dem frühen Selbstbildnis eine Person zu uns zu sprechen scheint, die im öffentlichen Raum „angekommen" ist, die „etwas darstellt", die von sich selbst in einer natürlichen Art und Weise überzeugt ist, tritt uns in dem späten, in dem letzten Selbstbildnis eine andere Person entgegen: Diese blickt nicht nur den Betrachter an, sondern sie blickt zugleich in sich hinein, sie erscheint konzentriert, ernst, doch zugleich milde gestimmt, sie strahlt ein bemerkenswertes Lebenswissen aus, vor allem im Hinblick auf das Leben – das eigene Leben – als Fragment.

Der Künstler erscheint dabei aber nicht als resigniert, sondern vielmehr als akzeptierend. In der Terminologie der schon mehrfach genannten Entwicklungstheorie Erik Homburger Eriksons lässt sich das frühe Selbstbildnis (aus dem Jahre 1629) als Beispiel für die Identität, das späte, das letzte Selbstbildnis als Beispiel für Ich-Integrität werten.

Doch lässt sich dieses letzte Selbstbildnis in einer noch umfassenderen Weise interpretieren – und das führt uns in die Nähe Johann Sebastian Bachs. Die enge Verbindung zwischen Künstler und Kosmos, wie sie im letzten Selbstbildnis Rembrandts zum Ausdruck kommt, gibt der Aussage: „Hier bin ich, Rembrandt van Rijn, der Maler", nämlich noch eine weitere, eine transzendentale Qualität: „Hier bin ich, Rembrandt van Rijn, der Maler, der zu seinem Ursprung – nämlich Gott – zurückkehrt, der sein Leben, sein Werk dankbar in jene Hände legt, aus denen er seine künstlerische Begabung empfangen hat". Rembrandt stellt sich ausdrücklich als Teil der göttlichen Ordnung, ja, als Werkzeug göttlichen Heils dar. Damit ist eine bemerkenswerte Parallele zu Johann Sebastian Bach gezogen: Wie dieser nämlich mit der Fortführung seines Namens zum Grundton („d") deutlich macht, dass er sich als Teil der göttlichen Ordnung versteht, dass er sich (auch) in seiner Musikalität als von Gott beschenkt erfährt und am Lebensende diese Gaben, diese Talente – in der Biografie um ein Vielfaches vermehrt – in die Hände Gottes legt, so definiert sich auch Rembrandt als Teil dieser Ordnung, so bringt auch er zum Ausdruck, dass er Dank für die Begabung, für die Talente empfindet, die Gott ihm geschenkt hat, und dass er diese – in der Biografie um ein Vielfaches vermehrt – nun, am Ende seines Lebens, in die Hände Gottes zurücklegt.

Dankbarkeit als Haltung am Ende des Lebens

Aus der Haltung sowohl des „Fünften Evangelisten" (Johann Sebastian Bach) als auch des „Malers des Ewigen" (Rembrandt von Rijn) spricht eine tiefe Dankbarkeit: nämlich für die Möglichkeit, im Leben schöpferisch sein zu können, Begabung und Talente verwirklichen zu können. Diese Haltung erkennen wir bei einem Komponisten, dem das Leben nicht nur viel geboten, sondern auch viel abverlangt hat und der zu jenem Zeitpunkt, zu dem er das Symbol der Rückbindung (religio) des eigenen Namens zum Ursprung wählt, mit gesundheitlichen Einbußen konfrontiert war, die ihm die Verletzlichkeit, die Endlichkeit des eigenen Lebens vor Augen führten.

Diese Haltung erkennen wir auch bei einem Maler, der schon in seinem Leben ein hohes Maß an Anerkennung erfuhr, der zunächst vom Glück verwöhnt zu sein schien, aber mehr und mehr mit Verlusten, ja sogar mit einer Auflösung seiner materiellen Lebensgrundlagen konfrontiert war – und nicht nur konfrontiert war, sondern diese auch selbst mit herbeigeführt hatte. Diese seelisch-geistige Konzentration auf das, was einem geschenkt, vielleicht besser: was einem geliehen war – vor allem nahestehende Menschen, aber eben auch die Talente –, half diesen beiden großen Künstlern, auch in Grenzsituationen des Lebens Dankbarkeit zu empfinden und auszudrücken.

Ob dies uns, die wir auf diese Künstler und deren Begabungen blicken, auch gelingt: Nämlich die eigenen Talente nicht als selbstverständlich gegeben zu interpretieren, sondern als Geschenk, das uns zum schöpferischen Leben befähigt, dessen Erfahrung ebenfalls Geschenk ist (Rat der EKD 2010)?

Dabei kann auf Arbeiten zur theologischen Anthropologie und Ethik des Alters Bezug genommen werden, die den Geschenk-Charakter des Lebens, der im Alter in besonderer Weise hervorzutreten vermag, in das Zentrum rücken (zum Beispiel Guardini 1953/2001; Rahner 1983). In einem Gespräch zwischen den beiden Theologen Franz Böckle und Kurt Studhalter (1992), das wenige Wochen vor dem Tod Franz Böckles stattgefunden hat, erscheint die immer deutlicher fühlbar werdende Endlichkeit nicht als ein das Leben zerstörendes Moment, sondern vielmehr als ein Endpunkt irdischen Lebens, der – auch in einer selbstkritischen Rückschau auf die Biografie – noch einmal besonders für das Faktum des „Lebens als Geschenk" sensibilisiert (siehe dazu auch Wittrahm 1991).

Als eine Grundlage dafür könnten die Arbeiten des Wiener Arztes und Psychologen Viktor Frankl (2005a,b) dienen, in denen die Bewusstwerdung eigener schöpferischer Potenziale wie auch der dankbare, achtsame Blick auf diese als Ausdrucksformen der Sinnerfahrung des Menschen beschrieben werden. Ganz ähnlich argumentiert der Bonner Psychologe und Altersforscher Hans Thomae (1968). Die Haltung der Dankbarkeit fördert in besonderer Weise die Generativität – also das Motiv, sich für nachfolgende Generationen einzusetzen, die eigenen geistigen, emotionalen und materiellen Ressourcen an nachfolgende Generationen weiterzugeben (Härle 2010). Sie fördert des Weiteren eine tiefere Humanität, die Menschen dazu befähigt, sich anderen gegenüber akzeptierend, wertschätzend, gegebenenfalls auch verzeihend zu verhalten, wenn sich diese schuldig gemacht haben (Wittrahm 2010). Schließlich beeinflusst sie auch die Achtsamkeit sich selbst gegenüber (Anderssen-Reuster 2007).

Konzentrierte, mitfühlende Betrachtung als Haltung am Ende des Lebens

In der *h-Moll-Messe* stoßen wir auf Sätze, in denen Johann Sebastian Bach die Rolle des Betrachters einnimmt, zutiefst berührt von dem Leben und Leiden Jesu Christi: Hier sei nur das *Agnus Dei* genannt, das in seiner Schlichtheit einerseits, seiner höchsten Konzentration andererseits einen der Höhepunkte der *Missa* darstellt. Aber auch beim Hören der *Kunst der Fuge* vermittelt sich der Eindruck, dass Bach die Rolle des Betrachters einnimmt. Diesmal schaut er auf die göttliche Ordnung, in die das Leben gestellt ist. In der *h-Moll-Messe* ist der Blick immer auch auf den Menschen selbst gerichtet. Um bei dem Beispiel des *Agnus Dei* zu bleiben: Das tiefe Berührtsein ist ja nicht nur durch das Lamm Gottes (agnus dei) bedingt, sondern auch und vor allem durch das Lamm Gottes, das die Sünden der Welt hinwegnimmt (qui tollis peccata mundi). Somit ist hier ausdrücklich auch der Mensch – nämlich in seiner Schuld – angesprochen.

Und ebenso wie Johann Sebastian Bach – übrigens in vielen seiner Werke, man denke hier nur an die Arien in den beiden großen Passionen – als Betrachter erscheint, ist dies auch bei Rembrandt der Fall: Er betrachtet Evangelisten und Apostel, er betrachtet Menschen, die sich schuldig gemacht haben, er betrachtet Menschen, die um Vergebung bitten – und schließlich betrachtet er sich selbst und drückt in dieser Selbstbetrachtung vieles über sich selbst und über die menschliche Natur aus.

Diese konzentrierte Betrachtung – der Welt, der eigenen Person, der anderen Menschen – kann ebenfalls als Haltung angesehen werden. In dieser Haltung können sich zahlreiche Motive ausdrücken, so zum Beispiel jenes der Achtsamkeit, des Lebensrückblicks, der Selbstvergewisserung, der Liebe, der Bezogenheit. Im palliativen Kontext gewinnt diese Einstellung zusätzlich an Bedeutung: Sie hilft dabei, sich auf das Sterben einzustellen und zur Annahme der eigenen Endlichkeit zu gelangen (Müller-Busch 2012). Dies sei nachfolgend anhand von Beispielen aus der Palliativversorgung veranschaulicht.

Der Berner Internist und Geriater Charles Chappuis (1999) beschreibt die Begleitung sterbender Menschen wie folgt: „Sie soll den Menschen befähigen, seinen Lebensweg zu sehen, zu gehen und zu gestalten" (S. 912). Die Aussage wird von ihm wie folgt ausgeführt:

> Soll also ein Patient befähigt werden, den letzten Teil seiner Existenz, das Leben zum Tode hin, zu sehen, zu gehen und zu gestalten, so wird er auch in diesem Abschnitt seines Lebens zum Menschsein befähigt (Chappuis 1999, S. 914).

Dabei geht Charles Chappuis von den folgenden vier Existenzgrundbedürfnissen des Menschen aus, die auch im Sterben Gültigkeit besitzen: 1. Angenommensein, 2. Aktivität, 3. Fortschritt und Entwicklung und 4. Sinnfindung. In Bezug auf den Fortschritt und die Entwicklung betont Chappuis die Relation zwischen *Retentio* (im Sinne des Rückblicks auf die Biografie) und *Intentio* (im Sinne der Aussicht, was werden kann). Den vier genannten Existenzgrundbedürfnissen ordnet er spezifische Aufgaben zu: Dem Angenommensein die Aufgabe der Empathie, der Aktivität die Aufgabe des Erfassens von Ressourcen, dem Fortschritt und der Entwicklung die Aufgabe der Assistenz und der Sinnfindung die Aufgabe der Begleitung.

Der Luzerner Internist und Kardiologe Frank Nager (1999) betont ein Verständnis von Heilung, das sich nicht alleine an Erkrankungen und Möglichkeiten der ursächlichen (kausalen) oder lindernden Therapie orientiert, sondern auch an den Werten der Person und den aus diesen folgenden Anforderungen an die Begleitung des erkrankten Menschen.

> Das Wort Heilung weckt zuerst die Assoziation von Kurieren und Reparieren. Wir denken an *restitutio ad integrum*. Bei akuten Organerkrankungen, in der Chirurgie und bei Unfällen ist diese Betrachtungsweise des Heilens hinreichend. Angesichts chronisch kranker oder sterbender Menschen ist es gut, sich an die Etymologie des Wortes Heilen und an seinen spirituell-religiösen Bezug zu Heil und Heiligem zu erinnern: an *restitutio ad integritatem*, das heißt, an innere Unversehrtheit, an Heilen als Voranschreiten und Begleiten. Das ursprüngliche Wesen der Therapie bedeutet – etymologisch gesehen – dienend-pflegendes Beistehen, Mit-Schwingen, Einfühlen, Verstehen, Begleiten. Dementsprechend ist Heilkunde eine dienende Disziplin und nicht nur ein Arsenal unterwerfender Herrschaftstechniken (Nager 1999, S. 27).

Auf die Palliativmedizin und Palliativpflege übertragen, heißt das:

> Die Palliativtherapie ist der moderne Beitrag der medizinischen Wissenschaft zu einer zeitgemäßen ars moriendi. Sie ist eine dienende, kommunikative, integrative, Fächer übergreifende Disziplin. Hier muss sich … die komplementäre Wirklichkeit des Arztes als krankheitsorientierter Experte und als krankenorientierter Partner und Begleiter erfüllen (Nager 1999, S. 70).

Der Heidelberger Mediziner und Psychologe Rolf Verres (1998) macht deutlich, wie wichtig für die seelisch-geistige Entwicklung im Prozess des Sterbens die vermehrte Konzentration des Arztes auf das Erleben und Verhalten des Patienten ist (siehe auch Verres 2011). Er legt vor dem Hintergrund seiner Forschungsergebnisse dar, dass bei genauer Betrachtung des Erlebens und Verhaltens nicht selten eine Sammlung und geistige Konzentration des Patienten auf das Sterben und den Tod erkennbar ist, die eine entsprechende geistige Antwort des Arztes und der anderen Begleiter erfordert. Diese *vita contemplativa* – wie wir selbst diese Sammlung und geistige Konzentration nennen möchten – dürfe, so Verres, nicht dadurch behindert werden, dass das Ankämpfen gegen den Tod im Gespräch mit dem Patienten grundsätzlich als die effektivste Form der Auseinandersetzung dargestellt werde.

> Die meisten Menschen haben nicht Angst vor dem Tod, sondern vor der Art des Sterbens. Es geht also bei der Hoffnung nicht grundsätzlich darum, immer

weiter und unendlich als Mensch leben zu wollen, sondern jedem Menschen ist völlig klar, dass sein Leben irgendwann zu Ende sein wird. Hoffnung kann sich dann allmählich transformieren im Sinne einer Eröffnung von Transzendenz, wobei sich die Menschen natürlich ja nach Religion oder Spiritualität stark unterscheiden. Der Gegenpol zur üblichen Hoffnung im Alltagssinn (nämlich auf Weiterleben) ist also nicht die Hoffnungs- oder Aussichtslosigkeit, sondern die bewusste Entscheidung, sich auf das Sterben vorzubereiten. … Die Möglichkeit des Nicht-Handelns hat nicht nur den Charakter einer Negation, sondern sie kann auf der emotionalen Ebene auch mit Begriffen wie Ruhe, Bedachtsamkeit, Besinnung, innerer Gelassenheit und Angemessenheit, also mit durchaus wichtigen positiven Werten, in Verbindung gebracht werden. Es geht um Loslassen. Für den Arzt kann das bedeuten, innerlich vom Heilungsanspruch und zu gegebener Zeit auch von einem bestimmten Patienten loszulassen, also auch einem Patienten zu helfen, von seinen bisherigen Ansprüchen an das Leben und letztendlich vom irdischen Leben überhaupt loszulassen. Ein Hauptproblem in der Onkologie ist jedoch, dass eine positive Rolle des Arztes dann, wenn medizinisch für den Patienten nichts mehr getan werden kann, bisher wenig plastische Konturen hat (Verres 1998, S. 114).

Die zuletzt getroffene Aussage stimmt überein mit der vom Heidelberger Philosophen Hans-Georg Gadamer (1993) beschriebenen Aufgabe und Chance, gerade in der Beobachtung der ärztlichen Heilkunst auch die Grenzen, die uns die Natur auferlegt hat, erkennen und akzeptieren zu lernen.

Darin besteht unser aller eigenste Aufgabe, die der Arzt uns durch sein Können am Ende vor Augen stellt: Zu erkennen, wie wir alle zwischen Natur und Kunst stehen, Naturwesen sind und uns auf unser Können verstehen müssen. Gerade am Arzt und seinen Erfolgen kann uns die Grenze allen menschlichen Könnens bewusst werden und die Aufgabe, Begrenzungen annehmen zu lernen (Gadamer 1993, S. 118).

Der Lausanner Palliativmediziner Gian Domenico Borasio hat seiner Schrift *Über das Sterben* (2011) den Untertitel gegeben: *Was wir wissen, was wir tun können, wie wir uns darauf einstellen.* Mit dem Sich-Einstellen wählt er einen Begriff, der in unmittelbarer Nachbarschaft zu jenem der Betrachtung steht. Gian Domenico Borasio widmet dem Thema „Meditation und schwere Krankheit" ein eigenes Kapitel in seinem Buch (Kap. 5, S. 98–106) und schreibt in diesem Kapitel:

Menschen, die erfahren müssen, dass sie an einer lebensbedrohlichen Krankheit leiden, erleben einen radikalen Wechsel in ihrer Lebensperspektive. Alle langfristigen Pläne oder Ziele müssen aufgegeben oder verändert werden. Die Anpassung an eine schwere Krankheit beginnt in der Regel mit einer schmerzhaften Phase der Depression und der Verdrängung, bevor eine Akzeptanz der Krankheit möglich ist. Die Zeit ist begrenzt, und das Sterben wird zu einer konkreten Realität, mit der man klarkommen muss. Das stimmt zwar für jeden von uns, aber die meisten Menschen schieben die Konfrontation mit der Frage von Sterben und Tod so lange auf, bis es zu spät ist. Alle großen spirituellen Traditionen haben betont, wie wichtig es ist, den Tod in unser Leben zu integrieren (Borasio 2011, S. 104).

Meditation kann uns helfen, loszulassen und die Dinge so zu akzeptieren, wie sie sind. Das ist möglicherweise die schwierigste psychologische Aufgabe bei einer schweren Erkrankung, aber diejenigen Menschen, denen dies gelingt ..., werden mit einem Quantensprung in ihrer Lebensqualität belohnt. Bei vielen lebensbedrohlichen Erkrankungen bleiben die intellektuellen und emotionalen Fähigkeiten bis zum Tode erhalten. Das ist allerdings eine zweischneidige Angelegenheit. Intaktes Bewusstsein kann eine ständige Angst hinsichtlich des zukünftigen Verlaufs der Erkrankung mit sich bringen und schließlich die Entwicklung einer nihilistischen Haltung befördern. ... Dies kann in Einzelfällen bis zur Bitte um Lebensverkürzung führen. Auf der anderen Seite können die intakten geistigen Fähigkeiten auch zum eigenen Wohle verwendet werden, um adäquate Strategien zur Krankheitsbewältigung zu entwickeln und damit die eigene Lebensqualität (und dadurch auch die der Angehörigen) für die verbleibende Lebenszeit zu erhöhen (Borasio 2011, S. 105).

Im Hinblick auf die Wertvorstellungen schwer kranker und sterbender Menschen stellt der Autor schließlich fest:

Wie verschiedene wissenschaftliche Studien zeigen, kommt es für die Lebensqualität am Lebensende nicht auf die physische Funktionsfähigkeit an. Die Ergebnisse zu den Wertvorstellungen Schwerstkranker legen nahe, dass die Menschen im Angesicht des Todes erkennen, worauf es wirklich ankommt. Dabei stellt der Wandel der Wertvorstellungen in Richtung Altruismus einen Schritt „aus sich selbst heraus" dar, weshalb diese Werte auch als „selbsttranszendent" bezeichnet werden (S. 90).

Die Spiritualität, so der Autor, besitze bei vielen Menschen Bedeutung als potenziell sinngebender Bereich am Lebensende. Die Aufgabe der verschiedenen Berufsgruppen in der Palliativ- und Hospizbetreuung sei auch darin zu sehen, diese Ressource zu aktivieren.

Im Kern zentrieren sich diese Aussagen sowohl um die Achtsamkeit des schwer kranken und sterbenden Menschen als auch um dessen Fähigkeit zur konzentrierten, nicht vorschnell bewertenden Betrachtung der Welt, seiner selbst, anderer Menschen (Härle 2011). Und in Bezug auf diese Haltung können die Werke von Bach und Rembrandt sehr wichtige, wertvolle Hinweise geben.

Doch kommen wir nun wieder zum Kern jener Betrachtung zurück, die wir bei Johann Sebastian Bach – wie auch bei Rembrandt – finden. Diese Betrachtung steht immer auch in einem religiösen Kontext, nicht selten ist dieser religiöse Kontext sogar der zentrale. Aus diesem Grunde sei in diesen Überlegungen abschließend Bezug auf religiöse Ausdrucksformen der Betrachtung genommen.

Hier sind ein von Thomas von Aquin (1225–1274) verfasster Hymnus sowie eine von Meister Eckhart (1260–1328) verfasste Ansprache an die Gemeinde der Gläubigen wichtig. In diesen beiden Dokumenten wird die Unaussprechlichkeit Gottes zum Ausdruck gebracht. Sie lässt den gläubigen Menschen nicht an der Existenz Gottes zweifeln. Sie verweist ihn vielmehr darauf, dass Gott den Grund und Ursprung seiner eigenen Existenz bildet, dass seine Existenz von Gott ausgeht und in ihm aufgeht. Die Kommunikation dieser Erfahrung – sowohl der Unaussprechlichkeit Gottes als auch der Erfahrung des göttlichen Grundes der eigenen Existenz – bildet ein bedeutendes Merkmal der *communicatio in communione*, das heißt der Mitteilung in einer Gemeinde von Menschen, für die der Glaube gleichfalls zentrales Lebensthema bildet.

Adoro Te
Ich bete an und beuge,
Gottheit, mich vor Dir:
Du, der Tiefgeheime,
Bist in Zeichen hier.
All mein Wesen neigt sich,
Gibt sich ganz dahin,
Weil ich, Dich betrachtend,
Nichts als Armut bin.

Thomas von Aquin (1225–1274)

Predigt 53
Wenn ich predige,
pflege ich zu sprechen:
von Abgeschiedenheit
und dass der Mensch seiner selbst
und aller Dinge ledig werde.
Zum zweiten von Wiedergeburt
in das einfaltige Gut,
das Gott ist.
Zum dritten vom hohen Adel,

den Gott in die Seele gelegt.
Zum vierten von Lauterkeit
der göttlichen Natur:
wie rein und durchsichtig sie ist,
das ist unaussagbar.

Meister Eckhart (1260–1328)

Der von Thomas von Aquin verfasste Hymnus *Adoro Te* (Ich bete Dich an) zentriert sich um die Erfahrung des „verhüllten Gottes" (*latens Deitas*). Den Ausgangspunkt seiner in der *summa theologica* (Thomas von Aquin 1985) vorgenommenen Untersuchung bildet die Aussage, dass die göttliche Vorsehung vom Menschen nicht wirklich erkannt werden könne: „Der Mensch hat von Gott seine Ordnung auf einen Endzweck hin, der die Fassenskraft der Vernunft übersteigt." Er hebt hervor, dass der Mensch zwar wisse, dass Gott sei, dass er aber nicht angeben könne, *was* Gott sei: „So ist es, dass wir von Ihm wissen, dass Er ist, obgleich Er uns unbekannt ist nach der Frage, was Er ist." Die Erkundung Gottes, so Thomas, sei somit nicht allein auf der Grundlage der menschlichen Vernunft möglich, sondern bedürfe auch des Unterrichts durch die göttliche Offenbarung: „Damit also das Heil den Menschen allgemeiner und unbezweifelbarer sich erbiete, war es notwendig, dass sie über die göttlichen Dinge durch göttliche Offenbarung unterwiesen wurden."

Folgen wir dem Hymnus *Adoro Te*, so wird uns *ein* Weg gewiesen, durch den wir an der göttlichen Offenbarung teilhaben können: jener der Betrachtung. Der Begriff der Betrachtung lässt sich nach unserem Verständnis im Sinne des „Einwirkens auf den Menschen durch dessen Nachsinnen" auslegen. Hier finden wir eine Entsprechung in den beiden lateinischen Wörtern *meditatio* (das Nachdenken, die Übung, die Vorbereitung) und *meditor* (nachsinnen, überdenken, sich vorbereiten, einüben).

Meister Eckhart ist in den begrifflichen Grundzügen seiner Predigten in hohem Maße von dem Lehrer seines Ordens – Thomas von Aquin – beeinflusst. Seine Predigten (Eckhart von Hohenheim 1979) zentrieren sich zunächst um die Aussage, dass die Gottheit, als Urgrund aller Dinge, über Sein und Erkenntnis hinausgeht. Sie wird als „Übervernunft", als „Übersein" verstanden. Gott schafft alles und ist alles – damit ist auch die menschliche Seele in ihrer innersten Natur göttlichen Wesens. Zu diesem Innersten: dem „Funken" (ein von Meister Eckhart verwandter Begriff) kann der Mensch nur im Prozess des „Abscheidens" (nämlich der Vielheit, der Materialität) vordringen, der auch im Sinne der Ausbildung des geistigen Wesens der Person zu verstehen ist. Dies ist gemeint, wenn Meister Eckhart in seiner *53. Predigt* von der „Abgeschiedenheit", von dem „Ledig-Werden", von der „Wiederge-

burt in das einfaltige Gut", vom „hohen Adel, den Gott in die Seele gelegt"
und von der „Reinheit und Durchsichtigkeit der göttlichen Natur" spricht
und zugleich betont, dass diese Reinheit und Durchsichtigkeit „unaussagbar"
seien.

Diese beiden Dokumente, deren thematischen Kern die Unaussprechlichkeit Gottes bildet, stehen zwar in der Tradition des christlichen Glaubens.
Doch beschränkt sich deren Gehalt nicht auf die Erfahrungswelt des christlichen Glaubens. Vielmehr besitzen sie Gültigkeit für alle religiösen und spirituellen Erfahrungen, die auf den erlebten Grund und Ursprung der eigenen
Existenz verweisen.

Noch einmal „Vor Deinen Thron tret ich hiermit": Zusammenführung psychologischer Themen Johann Sebastian Bachs am Ende seines Lebens

Es wurde bereits hervorgehoben, dass der Choral *Vor Deinen Thron tret ich
hiermit* jenes Werk gewesen ist, mit dem sich Johann Sebastian Bach am Lebensende – noch in den letzten Tagen seines Lebens – befasst hat. Und es
wurde auch schon dargelegt, dass Carl Philipp Emanuel Bach dieses Werk
an das Ende der *Kunst der Fuge* gestellt und zugleich die letzten sieben Takte
des Fragments der Quadrupelfuge herausgenommen hat, da er kein unfertiges
Werk veröffentlichen wollte. Nur so wurde der Choral in die *Kunst der Fuge*
aufgenommen, in die er – von der Idee des Werkes aus betrachtet – gar nicht
gehört.

Und doch widmet Hans Heinrich Eggebrecht in seiner Monografie über
die *Kunst der Fuge* diesem Choral ein eigenes Kapitel, in dem er veranschaulicht, dass dieses Stück eine zentrale symbolische Aussage der *Kunst der Fuge*
aufgreift. Aus diesem Grund erscheint es ihm als gerechtfertigt, den Choral
mit dem Begriff des „Nochmalsagens" zu belegen. Dabei hebt er hervor, dass
sich in dem Choral keine Aussage findet, die in der *Kunst der Fuge* nicht schon
enthalten wäre.

Der entsprechende Ausschnitt aus dieser Monografie sei nachfolgend wiedergegeben, weil er den symbolischen Zusammenhang zwischen dem Fugenzyklus und dem Choral auf anschauliche Art und Weise beschreibt.

Es sei an dieser Stelle angemerkt, dass Johann Sebastian Bach selbst den
Choral an das Ende seiner Choralsammlung – die 18 Choräle aus verschiede-
nen Lebensphasen umfasst – eintragen ließ. Diese Anmerkung hilft, die erste
Aussage des nachfolgenden Zitats besser einordnen zu können. Und eine wei-
tere Bemerkung: Die *Achtzehn Choräle von verschiedener Art*, auch *Leipziger
Choräle* genannt, stellte Johann Sebastian Bach in seinen letzten Lebensjahren

zusammen, da er die Absicht hatte, sie drucken zu lassen. Diese Sammlung umfasst Choralbearbeitungen für Orgel mit zwei Manualen und Pedal. Bach wählte Sätze aus ganz verschiedenen Lebensphasen aus, wobei davon auszugehen ist, dass zahlreiche Arbeiten dieser Sammlung aus der Weimarer Zeit datieren. Die Aufnahme der Arbeiten in die Zusammenstellung nutzte Bach, um an ihnen Verbesserungen vorzunehmen. Die Schrift dieses Manuskripts wird zunehmend unsicher. Auch hier finden wir wieder die Anzeichen eines allmählich einsetzenden Verlusts des Augenlichts. Die letzten drei Sätze wurden nicht mehr von Johann Sebastian Bach selbst eingetragen, sondern von dessen Schwiegersohn und Schüler Johann Christoph Altnickol.

Nun aber zu dem angekündigten Auszug aus Eggebrechts Monografie:

> Indem Bach diesen Orgelchoral ans Ende seiner Choralsammlung eintragen lässt (der er der Gattung nach zugehört), gibt er ihm selbst den Rang eines Epilogs dieser Sammlung. Gleichzeitig beschließt er mit ihm in voller Bewusstheit sein kompositorisches Werk, das somit auch als Ganzes unter die Glaubensaussage dieses Chorals gestellt ist. Denn wirklich ist jener Eintragungsvorgang schwerlich anders zu verstehen denn als ein persönliches Handeln: als ein – wenn ich es so nennen darf – kompositorisches Gebet, gesprochen in jenem Medium des Orgelchorals, bei dem die Orgelkunst, von der Bach einst beruflich und kompositorisch ausgegangen war, verbunden ist mit dem Choral, der gesungenen Sprache der christlichen Gemeinde (Eggebrecht 1998, S. 37 f.).

> Somit hat dieses Choral-Diktat, jenseits aller Werk-, Wirkungs- und Öffentlichkeitsbestimmung stehend, seinen Sinn allein in der Zweierbeziehung Bach–Gott. ... Der Bezugspunkt meines Daseins ist Gott, mit dem ich elender Mensch durch Christus aus Gnade verbunden bin. ... Als Beschluss der Kunst der Fuge bringt der Choral „Vor deinen Thron tret ich hiermit" ... seine mehrfache Bedeutung mit sich und macht sie für dieses Werk aktuell: die Bedeutung als kompositorisches Gebet, das über Bachs Lebens- und Schaffensauffassung Aufschluss gibt wie kein anderes Dokument. ... Ausgehend von der Deutung des B-A-C-H-Themas und ohne den Choral zu bemühen, besagt unsere Interpretation, dass es konkret jene Choralaussage ist, die Bach in der Kunst der Fuge, dieser Summa seines kompositorischen Vermögens, zum Thema eines rein instrumentalmusikalischen Werkes erhoben hat – wobei wir diese Aussage formelhaft durch die Begriffe „Dasein" und „Sein" zu umschreiben versuchten (Eggebrecht 1998, S. 38).

Mit Blick auf das „Nochmalsagen" heißt es:

> Nicht braucht selbst dasjenige, was der als Spiegelfuge geplante (und im Gedanken an die Kunst der Fuge mitzudenkende) letzte Teil der Schlussfuge in seiner nicht zu überbietenden Kunst bedeutet hätte, durch den Choraltext ei-

gens bestätigt zu werden, wenn es dort heißt: „Du hast mich, o Gott! Vater mild/Gemacht zu deinem Ebenbild." ... Die Kunst der Fuge selbst ist es, die den Choral, wiewohl er zu ihrem Verständnis beiträgt, überflüssig macht und abweist (Eggebrecht 1998, S. 39).

In diesem Buch soll der Choral *Vor Deinen Thron tret ich hiermit* im Sinne einer Coda, das heißt, eines ausklingenden Teils eines Musikstücks verstanden werden. Wie in der „musikalischen Coda" die wichtigsten Themen des Musikstücks zusammengeführt und verdichtet werden, so sollen in der nun versuchten „psychologischen" Coda die wichtigsten seelisch-geistigen und religiösen Themen zusammengeführt und aus einer übergeordneten thematischen Perspektive betrachtet werden.

Bevor dies geschieht, seien noch drei Deutungen dieses Chorals angeführt: Bei James Gaines (2008) ist zu lesen:

Eines Tages rief Johann Sebastian Bach einen seiner Schüler an sein Sterbebett und bat ihn, auf dem Pedalcembalo in seinem Zimmer einen Orgelchoral vorzuspielen, den er Jahrzehnte früher in Weimar für das Orgelbüchlein geschrieben hatte. Dieses zwölftaktige Stück „Wenn wir in höchsten Nöten sein" (BWV 641) hatte er später zu einem großen Werk ausgearbeitet, das in den „Achtzehn Großen Orgelchorälen" (BWV 668a) seinen Platz fand. Während er nun dem Präludium zu diesem auf Luther selbst zurückgehenden Choral lauschte, dachte er an einen anderen Text, der ebenfalls zu dieser Melodie gesungen werden konnte und der sehr genau zu diesem Augenblick seines Lebens passte, in dem er wusste, dass er bald sterben würde. Er ging nun daran, eine ruhige getragene kontrapunktische Variation für diesen Text zu komponieren. So entstand einer der schönsten Choräle, die er je geschrieben hat (BWV 668) ... Mit der mittelalterlichen Tempobezeichnung *integer valor* – dem Tempo des menschlichen Herzens, wobei jeder Takt so lang ist wie ein tiefes Ein- und Ausatmen – hat dieses Werk auch sonst in jeder Hinsicht menschliche Maße und ist voller Mitgefühl (Gaines 2008, S. 297).

Siegfried Melchinger (1983) hebt hervor:

So läuft auch die Sterbegeschichte am Ende auf Bachs Verhältnis zum Tod – und damit auf den angeblichen „Mythos" vom Sterbechoral – hinaus. Friedrich Smend hat gesagt, daß zu Bachs entscheidenden Wesenszügen die Todesbereitschaft gehört habe. Immer wieder sei vom „seligen Sterben" die Rede. Hören wir nur die Titel einiger Kantaten: „Komm, du süße Todesstunde", „Komm, süßer Tod", „So schlage doch, du letzter Stundenschlag", „Liebster Gott, wann werd ich sterben", „Schlage doch, gewünschte Stunde", „Ich habe genug", „Schlummert ein, ihr matten Augen". Nun sollte man nicht vergessen, dass die Sterblichkeit in dieser Zeit größer war als in der unsrigen. Daß das Leben auf dieser Erde im Grunde elend war, glaubten alle zu wissen, die bereit und fähig waren, darüber nachzudenken. So erschien das Leben in der anderen Welt als der eigentliche Sinn der frohen Botschaft. Es war die Hoffnung auf die Erlösung, die den Gedanken an das Sterben versüßte. ... So neigen wir dazu, die Tradition über den Choral, den Bach auf dem Sterbebett diktiert haben sollte, doch nicht nur für eine Legende zu halten, mag sie auch noch so sehr zum „Mythos" aufgebauscht worden sein. Mindestens die Tatsache, dass Bach der Melodie des Chorals „Wenn wir in höchsten Nöten sein" einen neuen Titel gegeben hat, nämlich „Vor deinen Thron tret ich hiermit", verrät, daß er sich wohl auch noch mit Noten befaßt hat. ... Nicht die Vollkommenheit der Kunst, mindestens nicht diese allein, hat Bach in seinen letzten Lebens- und Schaffensjahren vor Augen gehabt, sondern die vollkommene, das heißt ungeteilte und unteilbare Wahrheit des Kunstwerkes angesichts Gottes, der die Welt geschaffen hat, wie sie ist: zwischen Angst und Hoffnung, zwischen Sünde und Gnade, zwischen Leben und Tod. Ohne Dissonanz – als die Spiegelung von Sünde und Schuld – und Chromatik – als die Spiegelung von Angst und Leiden – ist diese Welt auch im Kunstwerk nicht darstellbar. Wer Bachs späte Noten hört, muß einsehen, daß darin ihr letzter Sinn liegt, für ihn der Sinn von Musik überhaupt (Melchinger 1983, S. 134 f).

Peter J. Billam (2001), dem wir eine sehr gelungene Klavier-Transkription dieses Chorals verdanken, hebt hervor:

The moment of death can be seen as painful, or as glorious; by his choice of notes Bach makes clear his point of view. The chorale prelude is deeply connected to humanity.

Verdichten wir also nun die biografischen Aussagen, die im Hinblick auf die letzten Lebensjahre Johann Sebastian Bachs getroffen wurden, sowie die symbolischen Aussagen, die in seinen letzten Werken zu finden sind, so lassen sich folgende – in Ich-Form ausgedrückte – Themen differenzieren (in Klammern ist das psychologische Konstrukt aufgeführt, dem das jeweilige Thema zugeordnet werden kann):

(I)   Ich lebe in Gott, in anderen Menschen, in meinem Werk (Bezogenheit)
(II)   Ich nehme meine schöpferischen Kräfte wahr (Selbstaktualisierung)
(III)   Ich gestalte mein Leben (Selbstgestaltung)
(IV)   Ich dringe immer tiefer in die Musik ein, strebe nach deren Vollendung (Kreativität)

(V)   Ich gebe mein Werk an nachfolgende Musikergenerationen weiter (Generativität)
(VI)   Ich nehme Verantwortung für andere Menschen wahr (Mitverantwortung)
(VII)   Ich nehme mich in meiner Verletzlichkeit wahr (Vulnerabilität)
(VIII)   Ich nehme mich als Teil der göttlichen Ordnung wahr (Gerotranszendenz)
(IX)   Ich blicke dankbar auf mein Leben, mein Leben als Fragment (Ich-Integrität)
(X)   Ich erwarte die Auferstehung der Toten, das ewige Leben (Religiosität)

Blicken wir auf diese Themen wie auch auf die – diesen Themen zugeordneten – psychologischen Konstrukte, so tritt uns ein reiches seelisch-geistiges Leben entgegen, das deutlich macht, welche schöpferischen Kräfte auch am Ende des Lebens wirksam sein können, vorausgesetzt, dieses Leben steht in Bezügen, die dazu motivieren, diese schöpferischen Kräfte zu erspüren und zu verwirklichen. Diese Bezüge sind am Lebensende Johann Sebastian Bachs deutlich erkennbar, ja, sie bilden selbst zentrale Themen seines Lebens: Der Große Gott, seine Angehörigen, Schüler und Freunde, die Musik oder weitere Bereiche geistiger Produktivität (man denke hier nur an die Societät der musikalischen Wissenschaften).

In diese Bezüge investiert Bach viel seelisch-geistige Energie, wobei seine Schaffenskraft auch darauf hindeutet, wie viel Positives er in diesen Bezügen, in seinem Engagement, in seinem Schaffen erfährt: Hier sieht man sich noch einmal erinnert an das von Daniel Levinson (1986) entwickelte Konzept der Lebensstrukturen, in denen sich die subjektiv bedeutsamen Beziehungen zu den „Anderen" – Menschen, Gruppen, Kulturen, Ideen oder Orte – widerspiegeln, wobei diese Anderen konstitutive Merkmale des Selbst darstellen, in die man gerne ein hohes Maß an psychischer Energie investiert, für die man sich gerne engagiert. Die hier zum Ausdruck kommende Bezogenheit erscheint somit als Grundlage sowohl für die Entdeckung und Verwirklichung schöpferischer Potenziale als auch für die Selbstgestaltung des Lebens am Lebensende (siehe auch Labouvie-Vief 1994). Zugleich bilden Selbstaktualisierung und Kreativität, Selbstgestaltung und Ich-Integrität zentrale Themen am Lebensende und damit konstitutive Merkmale des Selbst.

Die heutige Diskussion über Lebensqualität bei chronischer Erkrankung, bei Behinderung und bei einer zum Tode führenden Erkrankung zentriert sich um den Begriff der Selbstbestimmung. Die hier genannten Themen am Lebensende Johann Sebastian Bachs können uns helfen, den Begriff der Selbstbestimmung – genauso wie den Begriff der Teilhabe, der in enger Relation zu jenem der Selbstbestimmung steht – in einer Richtung zu konkretisieren: Mit Selbstbestimmung ist diesem Verständnis zufolge zunächst die Möglichkeit angesprochen, dass sich das Selbst des Menschen ausdrücken, mitteilen, weiter differenzieren kann (Selbstaktualisierung) – und dies auch in jenen Fällen, in denen dieses Selbst nicht mehr in der früher gegebenen Prägnanz und Kohärenz erkennbar ist (Kruse 2010). Die Möglichkeit zur Selbstaktualisierung ist in hohem Maße von den Bindungen des Menschen an das Leben, von der subjektiven Bewertung des eigenen Lebens beeinflusst, wie der US-amerikanische Altersforscher Powell Lawton in theoretisch-konzeptionellen und empirischen Arbeiten dargelegt hat (zum Beispiel Lawton et al. 1999). Solche Bindungen bilden ihrerseits das Ergebnis seelisch-geistiger Ordnungen, die sich im Lebenslauf ausbilden konnten und bis in das hohe und höchste Alter fortwirken. Zugleich werden sie gefördert durch aktuell gegebene Gelegenheitsstrukturen: Inwieweit vermittelt das soziale Umfeld eines Menschen Interesse an dessen Erfahrungen, Erkenntnissen, Wissen und Handlungspotenzialen? Inwieweit motiviert dieses den Menschen dazu, sich auszudrücken, sich mitzuteilen, sich weiter zu differenzieren?

Mit Selbstbestimmung ist des Weiteren die Selbstgestaltung des Lebens – auch am Lebensende – angesprochen: Inwieweit besitzt das Individuum die seelisch-geistigen Kräfte, um sein Leben im Angesicht der schweren Erkrankung, im Angesicht der eigenen Endlichkeit bewusst zu gestalten, das Sterben bewusst zu gestalten? Bei Johann Sebastian Bach treffen wir, zumindest von seiner Person aus betrachtet (über das soziale Umfeld wissen wir nicht viel), auf einen ausgeprägten Selbstgestaltungswillen auch am Ende seines Lebens, der seinerseits fundiert war durch den unbedingten Willen, sein Werk zu einem Abschluss zu bringen.

Dabei wird in der Bach-Rezeption das „Werk" immer mit dem musikalischen Werk gleichgesetzt. Was unseres Erachtens aber auch wichtig ist: Dieser musikalischen Dimension auch eine ganz persönliche hinzuzufügen, also auch das Leben dieses Komponisten als „Werk" zu betrachten und zu würdigen. Eine derartige persönliche Perspektive – die eben auch das Leben als „Werk" versteht (eine derartige Deutung findet sich ja schon in dem von Simone de Beauvoir 1970 veröffentlichen Buch *Das Alter*, auf das bereits hingewiesen wurde) – ist für die Begleitung schwer kranker, sterbender Menschen von großer Bedeutung.

Wie der Philosoph Thomas Rentsch (zum Beispiel Rentsch 1995) in seinem philosophisch-anthropologischen Entwurf des Alters als „Werden zu sich selbst" hervorhebt, ist die von Respekt und Offenheit geleitete Haltung einem alten Menschen gegenüber eine zentrale Bedingung für das „Werden zu sich selbst" in gesundheitlichen Grenzsituationen. Diese Haltung drückt sich in einem grundlegenden Interesse an dem aus, was alte Menschen „zu erzählen" haben, und dies ist nach Thomas Rentsch sehr viel – wenn es nämlich darum geht, das eigene Leben zu ordnen, es als eine Ganzheit zu betrachten, in der auch die Grenzen des Lebens ausdrücklich Berücksichtigung finden. In dem Maße, in dem der alte Mensch das Gehör Anderer findet, in dem er sich mitteilen kann, nimmt auch die Wahrscheinlichkeit zu, dass er selbst sein Leben – und auch das Leben in seiner aktuell erfahrenen Verletzlichkeit – als eine Gestalt, als ein Werk verstehen und annehmen kann (siehe auch Rentsch 2012).

Wir können davon ausgehen, dass Johann Sebastian Bach in seiner Familie, in seiner Schülerschaft, in seinem Freundeskreis Menschen gefunden hat, die ihm Gehör geschenkt haben, wenn es nicht nur um das musikalische, sondern auch um das persönliche Werk ging.

Vielleicht ist aber die von Hans Heinrich Eggebrecht angesprochene Beziehung zwischen Gott und Johann Sebastian Bach noch entscheidender. Vielleicht ist es gerade Gott gewesen, dem sich Johann Sebastian Bach in besonderer Weise anvertraute, dem gegenüber er alles aussprach, was ausgesprochen werden musste, sodass er auch oder sogar in besonderer Weise in dieser Beziehung – Gott und er selbst – den immer wieder neuen Impuls zur Selbstgestaltung seines Lebens verspürt hat. Sowohl die Musik selbst als auch der symbolische Ausdruck in der Musik sprechen für diese Annahme.

Mit dem „Leben als Werk", aber eben auch den geschaffenen Kompositionen stehen wir im Zentrum der Ich-Integrität, die auf der Fähigkeit und Bereitschaft beruht, das eigene Leben, so wie es war, so wie es sich aktuell darstellt, annehmen zu können – wobei der von Henning Luther (1992) eingeführte Aspekt des Lebens als Fragment einen bedeutenden Hinweis auf den Kern der Ich-Integrität gibt: Diese meint nämlich nicht eine frei von Ambivalenz und Zweifeln erreichte und ausgedrückte Lebenshaltung (worauf übrigens auch Erik Homburger Erikson ausdrücklich hingewiesen hat), sondern vielmehr eine Lebenshaltung, in der sowohl Erreichtes als auch Unerreichtes, in der sowohl Zeiten des Glücks als auch des Unglücks, in der sowohl Freude als auch Leid, in der sowohl verwirklichte als auch enttäuschte Hoffnungen repräsentiert sind, die aber von der Überzeugung getragen ist, dass das Leben, so wie es sich vollzogen hat, so wie es gestaltet wurde, letztlich ein gutes gewesen ist: Das Leben als Werk. In der Entwicklung einer solchen Lebenshaltung ist ein wichtiges schöpferisches Moment des Menschen zu sehen.

Im vorliegenden Buch wurden viele Beispiele für Erreichtes und Unerreichtes berichtet, für Zeiten des Glücks und des Unglücks, für Freude und Leid, für verwirklichte und enttäuschte Hoffnungen. Dieses Kapitel sollte nun deutlich machen, wie sehr es Johann Sebastian Bach gelungen ist, dieses schöpferische Potenzial am Ende des Lebens zu verwirklichen: In seinem Werk, aber auch in seiner Lebensführung.

Abb. 3.6 Denkmal Johann Sebastian Bachs des Bildhauers Carl Seffner vor der Thomaskirche in Leipzig, aufgenommen im Oktober 2012. (© dpa-Picture-Alliance)

So stellen wir die psychologische Coda unter die Überschrift des Menschen in seiner Geschöpflichkeit, damit zum Ausdruck bringend, dass uns das Leben von Gott geschenkt ist, dass dieses Leben ein verletzliches, ein endliches ist, dass wir in der Hoffnung und Erwartung leben, im Tod zu unserem Ursprung zurückzukehren, dass wir Dank empfinden für die schöpferischen Potenziale, die uns geschenkt sind, und dass wir in der Weitergabe der Ergebnisse schöpferischen Handelns an andere Menschen sowohl eine Ausdrucksform dieses Dankes als auch der erlebten Mitverantwortung für die Welt finden (Abb. 3.6).

Vor deinen Thron tret ich hiermit

Vor deinen Thron tret ich hiermit
O Gott und dich demütig bitt:
Wend doch dein gnädig Angesicht
Vor mir, dem armen Sünder nicht.

Du hast mich, o Gott Vater mild,
Gemacht nach deinem Ebenbild.
In dir web, schweb und lebe ich,
Vergehen müßt ich ohne dich.

Gott Sohn, du hast mich durch dein Blut
Erlöset von der Höllenglut,
Das schwer Gesetz für mich erfüllt,
Damit des Vaters Zorn gestillt.

Gott Heiliger Geist, du höchster Kraft,
Des Gnade in mir alles schafft,
Ist etwas Guts am Leben mein,
So ist es wahrlich alles dein.

Drum danke ich mit Herz und Mund
Dir, Gott, in dieser Morgenstund
Für alle Güte, Treu und Gnad,
Die meine Seel empfangen hat.

Und bitt, daß deine Gnadenhand
Blieb über mir heut ausgespannt;
Mein Amt, Gut, Ehr, Freund, Leib und Seel
In deinen Schutz ich dir befehl.

Hilf, daß ich werd von Herzen fromm,
Damit mein ganzes Christentum
Aufrichtig und rechtschaffen sei,
Nicht Augenschein und Heuchelei,

Daß ich fest in Anfechtung steh
Und nicht in Trübsal untergeh,
Daß ich im Herzen Trost empfind,
Zuletzt mit Freuden überwind.

Erlaß mir meine Sündenschuld
Und hab mit deinem Knecht Geduld
Zünd in mir Glauben an und Lieb,
Zu jenem Leben Hoffnung gib.

Ein selig Ende mir bescher,
Am Jüngsten Tag erweck mich, Herr,
daß ich dich schaue ewiglich.
Amen, Amen, erhöre mich.

Literaturverzeichnis

Ahrnke, D. (2010). *Die tiefgründige Kantate 21: Ich hatte viel Bekümmernis*. www. danews.de/danmusik/Kantate21.htm (Stand 8. August 2012).

Anderssen-Reuster, U. (2007). *Achtsamkeit in Psychotherapie und Psychosomatik. Haltung und Methode*. Stuttgart: Schattauer.

Antonovsky, A. (1979). *Health, stress, and coping*. San Francisco: Josse-Bass.

Antonovsky, A. (1997). *Salutogenese. Zur Entmystifizierung der Gesundheit*. Tübingen: Verlag Deutsche Gesellschaft für Verhaltenstherapie.

Ariès, P. (1996). *Geschichte des Todes*. Darmstadt: Wissenschaftliche Buchgesellschaft.

Augustinus, A. (2002). *De musica. Bücher I und VI. Vom ästhetischen Urteil zur metaphysischen Erkenntnis*. Eingeleitet, übersetzt und mit Anmerkungen versehen von Frank Hentschel. Hamburg: Felix Meiner Verlag.

Bach, P. (2012). www.bach.de|Leben (Stand 12. Juli 2012).

Bach-Dokumente Band I (1963). *Schriftstücke von der Hand Johann Sebastian Bachs*. Vorgelegt und erläutert von Werner Neumann und Hans-Joachim Schulze. Kassel: Bärenreiter.

Bach-Dokumente Band II (1969). *Fremdschriftliche und gedruckte Dokumente zur Lebensgeschichte Johann Sebastian Bachs 1685–1750*. Vorgelegt und erläutert von Werner Neumann und Hans-Joachim Schulze. Kassel: Bärenreiter.

Bach-Dokumente Band III (1984). *Dokumente zum Nachwirken Johann Sebastian Bachs 1750–1800*. Vorgelegt und erläutert von Hans-Joachim Schulze. Kassel: Bärenreiter.

Bahr, P. (2007). *Paul Gerhardt – „Geh aus, mein Herz . . . "* (3. Aufl.). Freiburg: Herder.

Beauvoir, de, S. (1970). *Das Alter*. Reinbek: Rowohlt.

Billam, P.J. (2001). *Vor deinen Thron tret' ich hiermit by J.S. Bach*. www.pjb.com.au

Blankenburg, Walter (1974). *Einführung in Bachs h-Moll-Messe* (2. Aufl.). Kassel: Bärenreiter.

Blumenberg, H. (1988). *Matthäuspassion*. Frankfurt a.M.: Suhrkamp.

Böckle, F., Studhalter, K. (1992). *Verantwortlich leben, menschenwürdig sterben*. Zürich: Benziger.

Boëthius, A.M.S. (1872). *Fünf Bücher über die Musik*. Aus der lateinischen in die deutsche Sprache übertragen und mit besonderer Berücksichtigung der griechischen Harmonik sachlich erklärt von Oscar Paul. Leipzig: Leuckart.

Bonhoeffer, D. (1992). *Widerstand und Ergebung. Briefe und Aufzeichnungen aus der Haft.* Herausgegeben von Eberhard Bethge. München: Chr. Kaiser.

Borasio, G.D. (2011). *Über das Sterben. Was wir wissen, was wir tun können, wie wir uns darauf einstellen.* München: C.H.Beck.

Brandtstädter, J. (2007a). *Das flexible Selbst. Selbstentwicklung zwischen Zielbindung und Ablösung.* Heidelberg: Elsevier/Spektrum Akademischer Verlag.

Brandtstädter, J. (2007b). Konzepte positiver Entwicklung. In J. Brandtstädter, U. Lindenberger (Hrsg.), *Entwicklungspsychologie der Lebensspanne* (S. 681–723). Stuttgart: Kohlhammer.

Brandtstädter, J., Greve, W. (2006). Entwicklung und Handeln: Aktive Selbstentwicklung und Entwicklung des Handelns. In W. Schneider, F. Wilkening (Hrsg.), *Enzyklopädie der Psychologie: Theorien, Modelle und Methoden der Entwicklungspsychologie* (S. 409–459). Göttingen: Hogrefe.

Brunstein, J.C., Maier, G.W., Dargel, A. (2007). Selbst und Identität: Entwicklung als personale Konstruktion. In J. Brandtstädter, U. Lindenberger (Hrsg.), *Entwicklungspsychologie der Lebensspanne* (S. 270–304). Stuttgart: Kohlhammer.

Bühler, Ch. (1933/1959). *Der menschliche Lebenslauf als psychologisches Problem.* Göttingen: Verlag für Psychologie.

Bühler, Ch. (1969). Das integrierende Selbst. In Ch. Bühler, F. Massarik (Hrsg.), *Lebenslauf und Lebensziele* (S. 282–299). Stuttgart: Fischer.

Carlsson, I.M., Smith, G.W. (2011). Aging. In M.A. Runco, S.R. Pritzker (Eds.), *Encyclopedia of Creativity* (Vol. I, pp. 29–32). London: Elsevier.

Carstensen, L.L., Lang, F.R. (2007). Sozioemotionale Selektivität über die Lebensspanne: Grundlagen und empirische Befunde. In J. Brandtstädter, U. Lindenberger (Hrsg.), *Entwicklungspsychologie der Lebensspanne* (S. 389–412). Stuttgart: Kohlhammer.

Chappuis, C. (1999). Rehabilitation: Aspekte am Lebensende. *Schweizerische Ärztezeitung 80:* 912–914.

Coleman, P. (2010). Generativity and reconciliation in the second half of life. In A. Kruse (Hrsg.), *Leben im Alter. Eigen- und Mitverantwortlichkeit in Gesellschaft, Kultur und Politik* (S. 159–166). Heidelberg: Akademische Verlagsgesellschaft.

Cropley, A.J. (2011). Definitions of creativity. In M.A. Runco, S.R. Pritzker (Eds.), *Encyclopedia of Creativity* (Vol. I, pp. 358–368). London: Elsevier.

Csíkszentmihályi, M. (1996). *Creativity: Flow and the Psychology of Discovery and Invention.* New York: Harper Perennial.

Csíkszentmihályi, M. (2011). Positive psychology and a positive world-view. In S.I. Donaldson, M. Csíkszentmihályi, J. Nakamura (Eds.), *Applied Positive Psychology: Improving Everyday Life, Health, Schools, Work, and Society* (pp. 205–214) New York: Psychology Press.

Dentler, H.-E. (2004). *Johann Sebastian Bachs „Kunst der Fuge". Ein pythagoreisches Werk und seine Verwirklichung.* Mainz: Schott.

Donne, J. (1624/2008). *Devotions upon Emergent Occasions.* Middlesex: The Echo Library.

Donne, J. (2009). *Erleuchte, Dame, unsere Finsternis.* Übertragen und herausgegeben von Wolfgang Held. Frankfurt a.M.: Insel.

Dührssen, A. (1954). *Psychogene Erkrankungen bei Kindern und Jugendlichen.* Göttingen: Vandenhoeck & Ruprecht.

Dürr, A. (2011). *Johann Sebastian Bach: Die Johannes-Passion* (6. Aufl.). Kassel: Bärenreiter.

Eckart, W.U., Anderheiden, M. (Hrsg.), unter Mitarbeit von E. Schmitt, H. Bardenheuer, H. Kiesel, A. Kruse, S. Leopold (2012). *Handbuch Sterben und Menschenwürde* (3 Bände). Berlin: de Gruyter.

Eckhart von Hohenheim (1979). *Einheit im Sein und Wirken.* Olten: Walter.

Eggebrecht, H.H. (1998). *Bachs Kunst der Fuge. Erscheinung und Deutung* (4. Aufl.). Wilhelmshaven: Florian Noetzel.

Eidam, K. (2005). *Das wahre Leben des Johann Sebastian Bach.* München: Piper.

Elder, G.H. (1974). *Children of the Great Depression: Social Change in Life Experience.* Chicago: University of Chicago Press.

Elias, N. (1982). *Über die Einsamkeit der Sterbenden in unseren Tagen.* Frankfurt a.M.: Suhrkamp.

Erbacher, R. (1971). *Tonus Peregrinus – Geschichte eines Psalmtons.* Münsterschwarzach: Vier-Türme-Verlag.

Ericsson, K.A., Lehmann, A.C. (2011). Expertise. In M.A. Runco, S.R. Pritzker (Eds.), *Encyclopedia of Creativity* (Vol. I, pp. 488–496). London: Elsevier.

Erikson, E.H. (1988). *Der vollständige Lebenszyklus.* Frankfurt a.M.: Suhrkamp.

Erikson, E.H. (1998). *The Life Cycle Completed. Extended Version with new Chapters on the Ninth Stage by J. M. Erikson.* New York: Norton.

Erikson, E.H., Erikson, J.M., Kivnick, H.Q. (1986). *Vital Involvement in Old Age.* New York: Norton.

Feist, G.J. (2010). The function of personality in creativity: The nature and nurture of the creative personality. In J.C. Kaufman, R.J. Sternberg (Eds.), *The Cambridge Handbook of Creativity* (pp. 113–130). New York: Cambridge University Press.

Filipp, S.-H. (1999). A three-stage model of coping with loss and trauma: Lessons from patients suffering from severe and chronic disease. In A. Maecker, M. Schützwohl, Z. Solomon (Eds.), *Post-traumatic Stress Disorder* (pp. 43–78). Seattle: Hogrefe.

Fooken, I., Zinnecker, J. (Hrsg.) (2007). *Trauma und Resilienz: Chancen und Risiken lebensgeschichtlicher Bewältigung von belasteten Kindheiten.* Weinheim: Juventa.

Forkel, Johannes Nikolaus (1802/2000). *Über J.S. Bachs Leben, Kunst und Kunstwer-*

ke. Nachdruck der Ausgabe Hoffmeister und Kühnel Leipzig 1802. Berlin: Edition Peters.

Frankl, V. (2005a). *Der Wille zum Sinn* (1. Aufl. 1972). Bern: Huber.

Frankl, V. (2005b). *Der leidende Mensch* (1. Aufl. 1974). Bern: Huber.

Frankl, V., Lapide, P. (2005). *Gottessuche und Sinnfrage*. Gütersloh: Gütersloher Verlagshaus.

Fthenakis, V. (2010). „Am Leben wachsen." Interview. *Gehirn & Geist, 3/2010:* 46–50.

Fuchs, T., Kruse, A., Schwarzkopf, G. (Hrsg.) (2010). *Menschenbild und Menschenwürde am Ende des Lebens*. Heidelberg: Universitätsverlag Winter.

Funke, J. (2000). Psychologie der Kreativität. In R.M. Holm-Hachulla (Hrsg.), *Kreativität* (S. 283–300). Heidelberg: Springer.

Gadamer, H.G. (1993). *Über die Verborgenheit der Gesundheit*. Frankfurt: Suhrkamp.

Gaines, J.R. (2008). *Das musikalische Opfer. Johann Sebastian Bach trifft Friedrich den Großen am Abend der Aufklärung*. Frankfurt: Eichborn.

Geck, M. (2000a). *Johann Sebastian Bach*. Reinbek: Rowohlt.

Geck, M. (2000b). *Bach. Leben und Werk*. Reinbek: Rowohlt.

Geiringer, K. (1977). *Die Musikerfamilie Bach. Musiktradition in sieben Generationen*. München: C.H. Beck.

Gembris, H. (2005). Musikalische Begabung. In S. Helms, R. Schneider, R. Weber (Hrsg.), *Lexikon der Musikpädagogik* (S. 31–33). Kassel: Bosse Verlag.

Glöckner, A. (2008). *Kalendarium zur Lebensgeschichte Johann Sebastian* Bachs. Berlin: Evangelische Verlagsanstalt.

Goldstein, K. (1939). *The Organism. A Holistic Approach to Biology Derived from Pathological Data in Man*. New York: Zone Books.

Greve, W. (2007). Selbst und Identität im Lebenslauf. In J. Brandtstädter, U. Lindenberger (Hrsg.), *Entwicklungspsychologie der Lebensspanne* (S. 305–336). Stuttgart: Kohlhammer.

Greve, W., Staudinger, U.M. (2006). Resilience in later adulthood and old age: resources and potentials for successful aging. In D. Cicchetti, D.J. Cohne (Eds.), *Developmental Psychopathology* (Vol. 3: Risk, Disorder and Adaption, pp. 796–840). Hoboken, NJ: John Wiley & Sons.

Guardini, R. (1953/2001). *Die Lebensalter. Ihre ethische und pädagogische Bedeutung* (12. Aufl.). Kevelaer: Topos.

Guilford, J.P. (1967). *The Nature of Human Intelligence*. New York: MacGraw Hill.

Gutknecht, D. (2001). Instrumentale Trauermusik des 17. und 18. Jahrhunderts – zwischen Topos und Sentiment. In G. Fleischhauer (Hrsg.), *Tod und Musik im 17. und 18. Jahrhundert* (S. 208–221). Michaelstein: Michaelsteiner Konferenzberichte.

't Hart, M. (2000). *Bach und ich*. Zürich: Arche.

Härle, W. (2005). *Menschsein in Beziehungen.* Tübingen: Mohr.

Härle, W. (2010). Erfahrungswissen im Dialog der Generationen. In A. Kruse (Hrsg.), *Potenziale im Altern* (S. 117–130). Heidelberg: Akademische Verlagsgesellschaft.

Härle, W. (2011). Gesundheit und Krankheit. In W. Härle (Hrsg.), *Ethik* (S. 262–303). Berlin: de Gruyter.

Herzog, S. (2003). *Grundlos oder weise?* Feuilleton Neue Zürcher Zeitung (Ausgabe vom 10. Februar 2003).

Hildesheimer, W. (1985). *Der ferne Bach* (2. Aufl.). Frankfurt: Insel.

Hilliard Ensemble, Poppen, C. (2001). *Morimur.* München: ECM Records GmbH.

Hindemith, P. (1953). *Johann Sebastian Bach. Ein verpflichtendes Erbe.* Frankfurt: Insel.

Hoffmann, K. (2006). *Johann Sebastian Bach. Die Motetten* (2. Aufl.). Kassel: Bärenreiter.

Hoffmann-Axthelm, D. (1989). Bach und die Perfidia Iudaica. *Basler Jahrbuch für Historische Musikpraxis, 13:* 31–54.

Holm-Hadulla, R.M. (Hrsg.) (2000). *Kreativität.* Heidelberg: Springer.

Jaspers, K. (1932/1973). *Philosophie. Band II: Existenzerhellung* (4. Aufl.). Heidelberg: Springer.

Kepler, J. (1596/1923). *Mysterium Cosmographicum – Das Weltgeheimnis.* Übersetzt und eingeleitet von Max Caspar. Augsburg: Filser.

Kepler, J. (1619/1967). *Harmonices mundi libri V – Fünf Bücher von der Weltharmonik.* Übersetzt und eingeleitet von Max Caspar. Darmstadt: Wissenschaftliche Buchgesellschaft.

Klaschik, E. (2010). Entscheidungen am Lebensende aus der Sicht des Patienten und des Arztes. In T. Fuchs, G. Schwarzkopf (Hrsg.), *Verantwortlichkeit – nur eine Illusion?* (S. 419–430). Heidelberg: Universitätsverlag Winter.

Klie, T., Student, J.Ch. (2007). *Sterben in Würde. Auswege aus dem Dilemma Sterbehilfe.* Freiburg: Herder.

Kobayashi, Y. (1988). Zur Chronologie der Spätwerke Johann Sebastian Bachs: Kompositions- und Aufführungstätigkeit von 1736 bis 1750. *Bach Jahrbuch 1988:* S. 7–72.

Koller, E. (1989). Nachwort. In DRS (Hrsg.), *Musikalische Meditationen* (S. 101–112). Zürich: Schweizer Verlagshaus.

Korff, M. (2000). *Johann Sebastian Bach.* München: Deutscher Taschenbuch Verlag.

Kozbelt, A., Beghetto, R.A., Runco, M.A. (2010). Theories of creativity. In J.C. Kaufman, R.J. Sternberg (Eds.), *The Cambridge Handbook of Creativity* (pp. 20–47). Cambridge: Cambridge University Press.

Kranemann, D. (1990). Bachs Krankheit und Todesursache: Versuch einer Deutung. *Bachjahrbuch 76:* 53–64

Kruse, A. (2004). Selbstverantwortung im Prozess des Sterbens. In A. Kruse, M. Martin (Hrsg.), *Enzyklopädie der Gerontologie. Alternsprozesse in multidisziplinärer Sicht* (S. 328–340). Bern: Huber.

Kruse, A. (2005a). Biografische Aspekte des Alter(n)s: Lebensgeschichte und Diachronizität. In S.-H. Filipp, U. Staudinger (Hrsg.), *Enzyklopädie der Psychologie. Entwicklungspsychologie des mittleren und höheren Erwachsenenalters* (S. 1–38). Göttingen: Hogrefe.

Kruse, A. (2005b). Zur Religiosität und Spiritualität im Alter. In Bäurle, P., Förstl, H., Hell, D. et al. (Hrsg.), *Spiritualität und Kreativität in der Psychotherapie mit älteren Menschen* (S. 49–63). Bern: Huber.

Kruse, A. (2007). *Das letzte Lebensjahr. Die körperliche, psychische und soziale Situation des alten Menschen am Ende seines Lebens.* Stuttgart: Kohlhammer.

Kruse, A. (2010). Der Respekt vor der Würde des Menschen am Ende seines Lebens. In T. Fuchs, A. Kruse, G. Schwarzkopf (Hrsg.), *Menschenbild und Menschenwürde am Ende des Lebens* (S. 27–55). Heidelberg: Universitätsverlag Winter.

Kruse, A. (Hrsg.) (2011). *Kreativität im Alter.* Heidelberg: Universitätsverlag Winter.

Kruse, A. (2012a). Sterben und Tod – Gerontologie und Geriatrie. In W. U. Eckart, M. Anderheiden (Hrsg.), *Handbuch Sterben und Menschenwürde* (Band 3, S. 2051–2071). Berlin: de Gruyter.

Kruse, A. (2012b). Das Leben im Sterben gestalten. Eine kulturell-anthropologische und empirische Analyse des persönlichen und fachlichen Umgangs mit Endlichkeit. In A. Kruse, T. Rentsch, H.-P. Zimmermann (Hrsg.), *Gutes Leben im hohen Alter. Das Altern in seinen Entwicklungsmöglichkeiten und Entwicklungsgrenzen verstehen* (S. 249–274). Heidelberg: Akademische Verlagsgesellschaft.

Kruse, A., Schmitt, E. (2010). Potenziale des Alters im Kontext individueller und gesellschaftlicher Entwicklung. In A. Kruse (Hrsg.), *Potenziale im Altern* (S. 3–30). Heidelberg: Akademische Verlagsgesellschaft.

Kruse, A., Schmitt, E. (2011). Die Ausbildung und Verwirklichung kreativer Potenziale im Alter. In A. Kruse (Hrsg.), *Kreativität im Alter* (S. 15–46). Heidelberg: Universitätsverlag Winter.

Kruse, A., Wahl, H.-W. (2010). *Zukunft Altern. Individuelle und gesellschaftliche Weichenstellungen.* Heidelberg: Spektrum Akademischer Verlag.

Küng, H. (1989). Opium des Volkes? Eine theologische Meditation. In DRS (Hrsg.), *Musikalische Meditationen* (S. 75–99). Zürich: Schweizer Verlagshaus.

Küster, K. (1999a). Die Vokalmusik. In K. Küster (Hrsg.), *Bach-Handbuch* (S. 95–534). Kassel: Bärenreiter.

Küster, K. (1999b). Orchestermusik. In K. Küster (Hrsg.), *Bach-Handbuch* (S. 897–935). Kassel: Bärenreiter.

Labouvie-Vief, G. (1994). *Psyche and Eros: Mind and Gender in the Life Course.* Cambridge: Cambridge Press University.

Lang, F.R. (2004). Soziale Einbindung und Generativität im Alter. In A. Kruse, M. Martin (Hrsg.), *Enzyklopädie der Gerontologie* (S. 362–372). Bern: Huber.

Lawton, M.P., Moss, M., Hoffman, C., Grant, R., Ten Have, T., Kleban, M. (1999). Health, valuation of life, and the wish to live. *Gerontologist, 39:* 406–416.

Lehr, U. (2007). *Psychologie des Alterns* (11. Aufl.). Wiebelsheim: Quelle & Meyer.

Lehr, U. (2011). Kreativität in einer Gesellschaft des langen Lebens. In A. Kruse (Hrsg.), *Kreativität im Alter* (S. 73–95) Heidelberg: Universitätsverlag Winter.

Lehr, U., Thomae, H. (1965). *Konflikt, seelische Belastung und Lebensalter.* Köln: Westdeutscher Verlag.

Lehr, U., Thomae, H. (Hrsg.) (1987). *Formen seelischen Alterns.* Stuttgart: Enke.

Leontjew, A.M. (1979). *Tätigkeit, Bewußtsein, Persönlichkeit.* Berlin: Volk und Wissen.

Levinson, D. (1986). A conception of adult development. *American Psychologist, 41:* 3–13.

Lösel, F., Bender, D. (1999). Von generellen Schutzfaktoren zu differentiellen protektiven Prozessen: Ergebnisse und Probleme der Resilienzforschung. In G. Opp, M. Fingerle, A. Freytag (Hrsg.), *Ergebnisse und Probleme der Resilienzforschung* (S. 37–58). München: Ernst Reinhardt Verlag.

Lowis, M.J. (2011). Music. In M.A. Runco, S.R. Pritzker (Eds.), *Encyclopedia of Creativity* (Vol. II, pp. 166–174). London: Elsevier.

Lubart, T.I., Sternberg, R.J. (1998). Creativity across time and place: Lifespan and cross-cultural perspectives. *High Ability Studies, 9:* 59–74.

Luther, H. (1992). *Religion und Alltag. Bausteine zu einer Praktischen Theologie des Subjekts.* Stuttgart: Radius.

Maché, U., Meid, V. (2005). Nachwort. In U. Maché, V. Meid (Hrsg.), *Gedichte des Barock* (S. 351–360). Stuttgart: Reclam.

Mannheim, K. (1928). Das Problem der Generationen. *Kölner Vierteljahreshefte für Soziologie 7*: 157–185 und 309–330. Wiederabdruck in K. Mannheim (1964), *Wissenssoziologie* (S. 509–565). Berlin: Neuwied.

Martin, M., Kliegel, M. (2010). *Psychologische Grundlagen der Gerontologie.* Stuttgart: Kohlhammer.

Mattheson, J. (1713). *Das Neu-eröffnete Orchester.* Köln Klavier, Sammlung historischer Quellentexte. www.koelnklavier.de (2011).

Mayo Clinic (2005a). *Type 2 Diabetes.* www.mayoclinic.com/health/type-2-diabetes/DS00585

Mayo Clinic (2005b). *Diabetes Care.* www.mayoclinic.com/health/diabetes-management/DA00008

McAdams, D.P. (2009). *The Person: An Introduction to the Science of Personality Psychology*. New York: Wiley.

McAdams, D., Josselson, R., Lieblich, A. (2006). *Identity and Story: Creating Self in Narrative*. Washington: APA Books.

Melchinger, S. (1983). Johann Sebastian Bach. In H.J. Schultz (Hrsg.), *Letzte Tage. Sterbegeschichten aus zwei Jahrtausenden* (S. 125–135). Stuttgart: Kreuz.

Mettner, M. (2004). Kulturelle Interpretation von Sterben, Tod und Endlichkeit. In A. Kruse, M. Martin (Hrsg.), *Enzyklopädie der Gerontologie. Alternsprozesse in multidisziplinärer Sicht* (S. 643–652). Bern: Huber.

Meyer-Blanck, M. (2008). *Zur theologischen Dramaturgie von Bachs Johannespassion (BWV 245)*. Stadtkirche Remscheid, 21. März 2008. www.uni-bonn.de (2011).

Michelangelo (2002). *Zweiundvierzig Sonette, in der Übertragung von Rainer Maria Rilke*. Frankfurt: Insel.

Mizler, L.C. (1736–38). *Neu eroeffnete Musicalische Bibliothek Oder Gruendliche Nachricht nebst unpartheyischem Urtheil von musikalischen Schriften und Buechern*. Köln Klavier, Sammlung historischer Quellentexte. www.koelnklavier.de (2011).

Motte, de la, D. (1974). Sondern der Geist selbst. Anmerkungen zu Bachs Motette „Der Geist hilft unser Schwachheit auf". *Musica, 28:* 235–238.

Müller-Busch, H.C. (2012). *Abschied braucht Zeit – Palliativmedizin und Ethik des Sterbens*. Berlin: Suhrkamp.

Murray, S.A., Kendall, M., Boyd, K., Sheikh, A. (2005). Illness trajectories and palliative care. *British Medical Journal, 330:* 1007–1011.

Nagel, T. (1986). *The View from Nowhere*. New York: Oxford University Press.

Nager, F. (1999). *Gesundheit, Krankheit, Heilung, Tod*. Luzern: Akademie 91.

Nakamura, J., Csikszentmihalyi, M. (2009). Flow theory and research. In C.R. Snyder, S.J. Lopez (Eds.), *Handbook of Positive Psychology* (pp. 195–206). Oxford: Oxford University Press.

Nassehi, A. (2004). „Worüber man nicht sprechen kann, darüber muss man schweigen." Über die Geschwätzigkeit des Todes in unserer Zeit. In K.P. Liessmann (Hrsg.), *Ruhm, Tod, Unsterblichkeit* (S. 118–145). Wien: Zsolnay.

Nentwig, F. (Hrsg.) (2004). *„Ich habe fleißig seyn müssen … "Johann Sebastian Bach und seine Kindheit in Eisenach*. Eisenach: Edition Bachhaus.

Neuhoff, B. (2010). *Johann Sebastian Bach. Chaconne d-Moll*. München: BR-Klassik Archiv (Sendung vom 5. 6. 2010).

Nigg, W. (2006). *Rembrandt. Maler des Ewigen*. Zürich: Diogenes.

Obermüller, K. (1974). *Melancholie in der deutschen Barocklyrik*. Bonn: Bouvier.

Obermüller, K. (2007). *Weder Tag noch Stunde – Nachdenken über Sterben und Tod*. Frauenfeld: Huber.

Platen, E. (2009). *Johann Sebastian Bach. Die Matthäus-Passion* (6. Aufl.). Kassel: Bärenreiter.

Plotin (1986). *Das Schöne – Das Gute – Entstehung und Ordnung der Dinge*. Herausgegeben und übersetzt von Richard Harder. Hamburg: Meiner.

Plotin (1990). *Seele – Geist – Eines*. Herausgegeben und übersetzt von Richard Harder. Hamburg: Meiner.

Plügge, H. (1962). *Wohlbefinden und Mißempfinden. Beiträge zu einer Medizinischen Anthropologie*. Tübingen: Max Niemeyer Verlag.

Polke, C., Brunn, F.M., Dietz, A., Rolf, S., Siebert, A. (Hrsg.) (2011). *Niemand ist eine Insel. Menschsein im Schnittpunkt von Anthropologie, Theologie und Ethik*. Berlin: de Gruyter.

Pulli, K., Karma, K., Nurio, R., Sistonen, P., Göring, H.H., Järvelä, I. (2008). Genome-wide linkage scan for loci of musical aptitude in Finnish families: evidence for a major locus at 4q22. *Journal of Medical Genetics, 45:* 451–456.

Rahner, K. (1983). Zum theologischen und anthropologischen Grundverständnis des Alters. In K. Rahner, *Schriften zur Theologie* (Band XV, S. 315–325). Zürich: Benziger.

Rampe, S., Sackmann, D. (2000). *Bachs Orchestermusik. Entstehung, Klangwelt, Interpretation*. Kassel: Bärenreiter.

Rat der EKD (Hrsg.) (2010). *Im Alter neu werden können. Evangelische Perspektiven für Individuum, Gesellschaft und Kirche*. Gütersloh: Gütersloher Verlagshaus.

Rathunde, K., Csikszentmihalyi, M. (2006). The developing person: An experiential perspective. In R.M. Lerner (Ed.), *Theoretical Models of Human Development*. (Handbook of Child Psychology, 6th ed., pp. 465–515). New York: Wiley.

Remmers, H. (2005). Der eigene Tod. Zur Geschichte und Ethik des Sterbens. In A. Brüning, G. Piechotta (Hrsg.), Die Zeit des Sterbens. Diskusionen über das Lebensende des Menschen in der Gesellschaft. Theorie-Praxis-Innovation. *Berliner Beiträge zur Sozialen Arbeit und Pflege*, Bd. 2, S. 148–181.

Remmers, H. (2010a). Moral als Mantel menschlicher Versehrbarkeiten. Bausteine einer Ethik helfender Berufe. In H. Remmers, H. Kohlen (Hrsg.), *Bioethics, Care and Gender* (S. 43–63). Göttingen: Universitätsverlag Osnabrück.

Remmers, H. (2010b). Der Beitrag der Palliativpflege zur Lebensqualität demenzkranker Menschen. In A. Kruse (Hrsg.), *Lebensqualität bei Demenz? Zum gesellschaftlichen und individuellen Umgang mit einer Grenzsituation im Alter* (S. 117–133). Heidelberg: Akademische Verlagsgesellschaft.

Rentsch, T. (1995). Altern als Werden zu sich selbst. Philosophische Ethik der späten Lebenszeit. In P. Borscheid (Hrsg.), *Alter und Gesellschaft* (S. 53–62). Stuttgart: Wissenschaftliche Verlagsgesellschaft.

Rentsch, T. (2012). Ethik des Alterns: Perspektiven eines gelingenden Lebens. In A. Kruse, T. Rentsch, H.-P. Zimmermann (Hrsg.), *Gutes Leben im hohen Alter. Das*

Altern in seinen Entwicklungsmöglichkeiten und Entwicklungsgrenzen verstehen (S. 63–72). Heidelberg: Akademische Verlagsgesellschaft.

Rilke, R.M. (1991). *Briefe in zwei Bänden.* Herausgegeben von H. Nalewski. Frankfurt: Insel.

Rilke, R.M., Andreas Salomé, L. (1989). *Briefwechsel.* Herausgegeben von E. Pfeiffer. Frankfurt: Insel.

Rilling, H. (2012). *Die Messe h-Moll als musikalisches Denkmal.* Internationale Bachakademie Stuttgart. Bach-Woche 17.–25. März 2012, S. 22. www.bachwoche.de

Rinser, L. (1989). Die Mächtigen stürzt er vom Thron. Ein politisches Gebet. In DRS (Hrsg.), *Musikalische Meditationen* (S. 53–72). Zürich: Schweizer Verlagshaus.

Ritschl, D. (1997). Leben in der Todeserwartung. In Ruprecht-Karls-Universität Heidelberg (Hrsg.), *Sterben und Tod* (S. 123–137). Heidelberg: Universitätsverlag Winter.

Rosenmayr, L. (2004) Philosophie des Alters. In A. Kruse, M. Martin (Hrsg.), *Enzyklopädie der Gerontologie* (S. 8–25). Bern: Huber.

Rosenmayr, L. (2011a). Über Offenlegung und Geheimnis von Kreativität. In A. Kruse (Hrsg.), *Kreativität im Alter* (S. 82–105). Heidelberg: Universitätsverlag Winter.

Rosenmayr, L. (2011b). *Im Alter noch einmal leben.* Wien: LIT-Verlag.

Rueb, F. (2000). *48 Variationen über Bach.* Leipzig: Reclam.

Rueb, F. (2004). 48 Variationen über Bach – Komponist. In F. Paul (Hrsg.), *Begegnungen mit Bach* (S. 267–274). Leipzig: Evangelische Verlagsanstalt.

Rueger, C. (2003). *Wie im Himmel so auf Erden. Die Kunst des Lebens im Geist der Musik – das Beispiel Johann Sebastian Bach.* Genf: Ariston-Verlag.

Runco, M.A., Pritzker, S.R. (Eds.) (2011). *Encyclopedia of Creativity.* London: Elsevier.

Rutter, M. (1990). Psychosocial resilience and protective mechanisms. In J. Rolf, A.S. Masten, D. Cicchetti, K.H. Nuechterlein, S. Weintraub (Eds.), *Risk and Protective Factors in the Development of Psychopathology* (pp. 181–214). Cambridge: Cambridge University Press.

Rutter, M. (2008). Developing concepts in developmental psychopathology. In J.J. Hudziak (Ed.), *Developmental Psychopathology and Wellness: Genetic and Environmental Influences* (pp. 3–22). Washington, DC: American Psychiatric Publishing.

Sailer, T. (2010). *Johann Sebastian Bach: Vom Sängerknaben zum Thomaskantor.* Gießen: Brunnen.

Sartre, J.-P. (1993). *Das Sein und das Nichts. Versuch einer phänomenologischen Ontologie* (11. Aufl.). Reinbek: Rowohlt.

Saunders, C. (1993). *Hospiz und Begleitung im Schmerz.* Freiburg: Herder.

Schlu, M. (2012). www.martinschlu.de *Johann Sebastian Bach* (Stand: 4. Mai 2012).

Schmitt, E. (2012a). Soziologie des Todes. In W. U. Eckart, M. Anderheiden (Hrsg.), *Handbuch Sterben und Menschenwürde* (Band 3, S. 1291–1311). Berlin: de Gruyter.

Schmitt, E. (2012b). Altersbilder, Altern und Verletzlichkeit. In A. Kruse, T. Rentsch, H.-P. Zimmermann (Hrsg.), *Gutes Leben im hohen Alter. Das Altern in seinen Entwicklungsmöglichkeiten und Entwicklungsgrenzen verstehen* (S. 3–32). Heidelberg: Akademische Verlagsgesellschaft.

Schmuck, P., Kruse, A. (2005). Entwicklung von Werthaltungen und Lebenszielen. In J.B. Asendorpf (Hrsg.), *Enzyklopädie der Psychologie: Soziale, emotionale und Persönlichkeitsentwicklung* (S. 191–258). Göttingen: Hogrefe.

Schneider, M. (2011). *„Davon ich sing'n und sagen will": Zur Verbindung von Musik und Sprache in der Kirchenmusik.* www.uni-greifswald.de (April 2011).

Schneider, R. (1992). *Schlafes Bruder.* Leipzig: Reclam.

Schneider, R. (2007). *Die Offenbarung.* Berlin: Aufbau Verlagsgruppe.

Schweitzer, A. (1908/1979). *Johann Sebastian Bach* (10. Aufl.). Wiesbaden: Breitkopf & Härtel.

Seneca, A. (58/1980). *De tranquillitate animi – Von der Seelenruhe des Menschen.* Übertragen und herausgegeben von Heinz Berthold. Frankfurt: Insel.

Simonton, D.K. (2010). Creativity in highly eminent individuals. In J.C. Kaufman, R.J. Sternberg (Eds.), *The Cambridge Handbook of Creativity* (pp. 174–188). Cambridge: Cambridge University Press.

Sölle, D. (1989). Wer hat dich so geschlagen? In DRS (Hrsg.), *Musikalische Meditationen* (S. 7–23). Zürich: Schweizer Verlagshaus.

Sperling. U. (2004). Religiosität und Spiritualität im Alter. In A. Kruse, M. Martin (Hrsg.), *Enzyklopädie der Gerontologie. Alternsprozesse in multidisziplinärer Sicht* (S. 627–642). Bern: Huber.

Spitta, P. (1873/1880). *Johann Sebastian Bach* (Erster Band: 1873, Zweiter Band: 1880). Leipzig: Breitkopf & Härtel.

Sprondel, F. (1999). Das rätselhafte Spätwerk. Musikalisches Opfer, Kunst der Fuge, Kanons. In K. Küster (Hrsg.), *Bach Handbuch* (S. 937–975). Kassel: Bärenreiter Verlag.

Staudinger, U. (2005). Lebenserfahrung, Lebenssinn und Weisheit. In S.-H. Filipp, U. Staudinger (Hrsg.), *Entwicklungspsychologie des mittleren und höheren Erwachsenenalters* (S. 740–761). Göttingen: Hogrefe.

Staudinger, U., Häfner, H. (Hrsg.) (2008). *Was ist Alter(n)?* Heidelberg: Springer.

Stauffer, G.B. (1988). „Diese Fantasie … hat nie ihres Gleichen gehabt." Zur Rätselhaftigkeit und Chronologie der Bachschen Chromatischen Fantasie und Fuge BWV 903. In W. Hoffmann, A. Schneiderheinze (Hrsg.), *Bericht über die Wissenschaftliche Konferenz zum V. Internationalen Bachfest der DDR in Verbindung mit dem 60. Bachfest der Neuen Bach-Gesellschaft* (S. 253–258). Leipzig: Deutscher Verlag für Musik.

Stern, W. (1923). *Die menschliche Persönlichkeit* (Band 2, Person und Sache). Leipzig: Barth.

Stroebe, W., Stroebe, M. (1993). Determinants of adjustment to bereavement in younger widows and widowers. In M. Stroebe, W. Stroebe, R.O. Hansson (Eds.), *Handbook of Bereavement: Theory, Research, and Intervention* (pp. 208–226). Cambridge: Cambridge University Press.

Sulmasy, D.P. (2002). A biopsychosocial-spiritual model for the care of patients at the end of life. *The Gerontologist, 42 (Special Issue III):* 24–33.

Thoene, H. (1994). Johann Sebastian Bach. Ciaccona – Tanz oder Tombeau? Verborgene Sprache eines berühmten Werkes. *Cöthener Bach-Hefte, 6:* 15–81.

Thoene, H. (2003). *Ciaccona – Tanz oder Tombeau? Eine analytische Studie.* Oschersleben: dr. ziethen verlag.

Thomae, H. (1966). *Persönlichkeit – eine dynamische Interpretation.* Bonn: Bouvier.

Thomae, H. (1968). *Das Individuum und seine Welt.* Göttingen: Hogrefe.

Thomae, H. (2002). Psychologische Modelle und Theorien des Lebenslaufs. In G. Jüttemann, H. Thomae (Hrsg.), *Persönlichkeit und Entwicklung* (S. 12–45). Weinheim: Beltz.

Thomae, H., Lehr, U. (1986). Stages, crises, conflicts and life span development. In A.B. Sørensen, F.E. Weinert, L.R. Sherrod (Eds.), *Human Development and the Life Course* (pp. 429–444). Hillsdale, NJ: Erlbaum.

Thomas von Aquin (1985). *Summe der Theologie.* Stuttgart: Kröner.

Tornstam, L. (1989). Gero-Transcendence: A meta-theoretical reformulation of the disengagement theory. *Aging: Clinical and Experimental Research, 1:* 55–63.

Tümpel, C. (2002). *Rembrandt.* Reinbek: Rowohlt.

Vaillant, G. (1993). *The Wisdom of the Ego.* Cambridge, Mass: Harvard University Press.

Verres, R. (1998). Vom Handlungsdruck zur inneren Ruhe. In R. Verres, D. Klusmann (Hrsg.), *Strahlentherapie im Erleben der Patienten* (S. 111–116). Heidelberg: Barth.

Verres, R. (2011). Aus der Welt gehen – Lebenskunst beim Älterwerden. In A. Kruse (Hrsg.), *Kreativität im Alter* (S. 121–132). Heidelberg: Universitätsverlag Winter.

Villalba, E. (2011). Critical thinking. In M.A. Runco, S.R. Pritzker (Eds.), *Encyclopedia of Creativity* (Vol. I, pp. 323–325). London: Elsevier.

Wahl, H.-W., Heyl, V. (2004). *Gerontologie – Einführung und Geschichte.* Stuttgart: Kohlhammer.

Wallraff, G. (1989). Und macht euch die Erde untertan … Eine Widerrede. In DRS (Hrsg.), *Musikalische Meditationen* (S. 25–50). Zürich: Schweizer Verlagshaus.

Walter, M. (2011). *Johann Sebastian Bach: Die Johannes-Passion. Eine musikalisch-theologische Einführung.* Stuttgart: Carus-Verlag & Philipp Reclam.

Ward, T., Kolomyts, Y. (2010). Cognition and creativity. In J.C. Kaufman, R.J. Sternberg (Eds.), *The Cambridge Handbook of Creativity* (pp. 93–112). New York: Cambridge University Press.

Weizsäcker, V. v. (1986). *Der Gestaltkreis.* Stuttgart: Thieme.

Weizsäcker, V. v. (2005). *Pathosophie.* Frankfurt: Suhrkamp.

Welter-Endelin, R., Hildenbrand, B. (Hrsg.) (2012). *Resilienz – Gedeihen trotz widriger Umstände* (4. Aufl.). Heidelberg: Carl Auer.

Werner, E. (1971). *The Children of Kauai: A Longitudinal Study from the Prenatal Period to Age Ten.* Honolulu: University of Hawaii Press.

Werner, E. (2001). *Unschuldige Zeugen. Der Zweite Weltkrieg in den Augen von Kindern.* Hamburg: Europa Verlag.

Werner, E.E, Smith, R.S. (1982). *Vulnerable but Invincible: A Study of Resilient Children.* New York: McGraw-Hill.

Werner, E.E., Smith, R.S. (2001). *Journeys from Childhood to Midlife: Risk, Resiliency, and Recovery.* Ithaca, NY: Cornell University Press.

Wilkening, K., Kunz, R. (2003). *Sterben im Pflegeheim – Perspektiven einer neuen Abschiedskultur.* Göttingen: Vandenhoeck & Ruprecht.

Wittrahm, A. (1991). *Ein Leben lang im Aufbruch. Biblische Einsichten über das Älterwerden.* Freiburg, Basel, Wien: Herder.

Wittrahm, A. (2010). „Unsere Tage zu zählen lehre uns . . . “. Theologische Bausteine zu einem Altern in Freiheit und Würde. In A. Kruse (Hrsg.), *Potenziale im Altern* (S. 131–143). Heidelberg: Akademische Verlagsgesellschaft.

Wolf, U. (2003). Johann Sebastian Bachs „Chromatische Fantasie“ BWV 903/1 – ein Tombeau auf Maria Barbara Bach? *Cöthener Bach-Hefte, 11:* 97–115.

Wolff, Ch. (1986). Bachs Spätwerk: Versuch einer Definition. In Stadt Duisburg (Hrsg.), *Johann Sebastian Bach. Spätwerk und Umfeld. 61. Bachfest der Neuen Bachgesellschaft, 24. Mai–5. Juni 1986* (S. 104–111). Duisburg: Stadt Duisburg.

Wolff, Ch. (2009a). *Johann Sebastian Bach* (3. Aufl.). Frankfurt: Fischer.

Wolff, Ch. (2009b). *Johann Sebastian Bach: Messe in h-Moll.* Kassel: Bärenreiter.

Wollny, P. (1997). Neue Bach-Funde. *Bach-Jahrbuch, 83:* 7–50.

Sachverzeichnis

Personenverzeichnis

Printing: Ten Brink, Meppel, The Netherlands
Binding: Stürtz, Würzburg, Germany